ABITUR-TRAINING
BIOLOGIE

Meinhard · Moisl

Biologie 1

Genetik, Stoffwechsel, Ökologie
Leistungskurs

STARK

Umschlagbild: Peter Kornherr, St. Wolfgang

ISBN-13: 978-3-89449-201-4
ISBN-10: 3-89449-201-5

D-85318 Freising · Postfach 1852 · Tel. (08161) 1790
v 06-10

Inhalt

Fortsetzung siehe nächste Seite

Biologie fundamentaler Stoffwechselprozesse

Ökologie und Umweltschutz

Fortsetzung siehe nächste Seite

Autoren: Brigitte Meinhard und Franz Moisl †

Vorwort

Liebe Kollegiatin, lieber Kollegiat,

mit dem vorliegenden Band halten Sie ein **kompaktes Trainingsmaterial** in Händen, mit dem Sie sich effektiv auf den Unterricht, auf Klausuren sowie auch auf das Abitur vorbereiten können.
Der Band folgt dem Lehrplan für den Leistungskurs Biologie in Bayern und enthält den gesamten **abiturrelevanten Unterrichtsstoff** der **Jahrgangsstufe 12**. Die komprimierte, übersichtliche und leicht verständliche Darstellung aller wichtigen Fakten ermöglicht es, den prüfungsrelevanten Lehrstoff in sicheres und abrufbares Wissen zu verwandeln. Unterstützend wirkt dabei der klare Aufbau des Bandes:

- Zunächst wird der gesamte Stoff ausführlich und leicht nachvollziehbar vermittelt und anhand von **Beispielen** und **Abbildungen** veranschaulicht.
- Am Ende jedes Kapitels finden Sie zahlreiche **prüfungsrelevante Aufgaben**, die Ihnen die Anwendung des erworbenen Wissens ermöglichen.
- Der **Lösungsteil** am Schluss des Bandes gibt Ihnen die Möglichkeit, umgehend die Richtigkeit Ihrer Antworten zu überprüfen.
- Mithilfe des **Glossars** können Sie Definitionen aller wichtigen Fachbegriffe schnell und gezielt nachschlagen.
- Abgerundet wird der Band durch ein ausführliches **Stichwortverzeichnis**.

Viel Erfolg bei der Arbeit mit diesem Band und im Abitur wünscht Ihnen
Ihr Autorenteam
Brigitte Meinhard und Franz Moisl

Zellbiologische Grundlagen der Vererbung

Erbsen – die Versuchspflanzen von Gregor MENDEL

1 Chromosomen als Träger der genetischen Information

Die Chromosomen wurden bei der Untersuchung von teilungsaktiven pflanzlichen Geweben als gut färbbare, fadenförmige Gebilde entdeckt, daher auch der Name (griech. *chroma:* Farbe; *soma:* Körper). Weil sie bei der Zellteilung in allen lebenden Zellen gleichmäßig verteilt vorkamen, wurde ihnen schon bald eine grundlegende Bedeutung für die Vererbung zugeschrieben.

1.1 Aufbau der Chromosomen

Metaphasechromosomen der Eukaryonten bestehen aus zwei identischen Spalthälften, den **Chromatiden**, die an einer Stelle zusammengehalten werden, dem **Zentromer**. Die beiden Chromatiden eines Chromosoms besitzen identisches Erbgut und werden deshalb auch als Schwesterchromatiden bezeichnet.

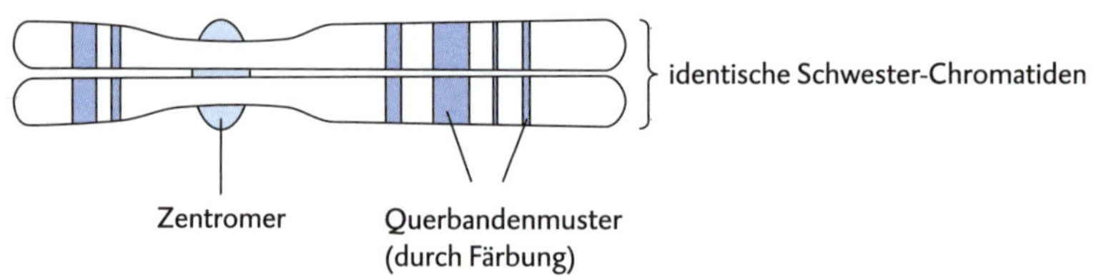

Abb. 1: Schema eines Metaphase-Chromosoms

Das Lichtmikroskop liefert keinen genaueren Aufschluss über den inneren Bau eines Chromosoms. Elektronenmikroskopische, autoradiografische und biochemische Untersuchungen ergaben, dass jede Chromosomenhälfte in der Metaphase aus einem durchgehenden DNA-Doppelstrang besteht, der Histonproteine (basische Proteine) umschlingt. **Histone** sind kugelförmige Partikel, zusammengesetzt aus acht Molekülen Histon-Protein. Ein solcher Proteinkern, der vom DNA-Doppelstrang (siehe S. 77) umwunden ist, wird als **Nukleosom** bezeichnet. Die Nukleosomenkette, auch **Elementarfaden** genannt, ist regelmäßig zu einem **Chromatinfaden** gewunden. Dieser liegt während der Metaphase stark spiralisiert und mehrfach gewunden vor (Transportform: kompakt, gut färbbar, daher im Lichtmikroskop gut sichtbar), in der Interphase ist er entknäuelt (Arbeits- oder Funktionsform: fädig, kaum spiralisiert, nur elektronenmikroskopisch sichtbar).

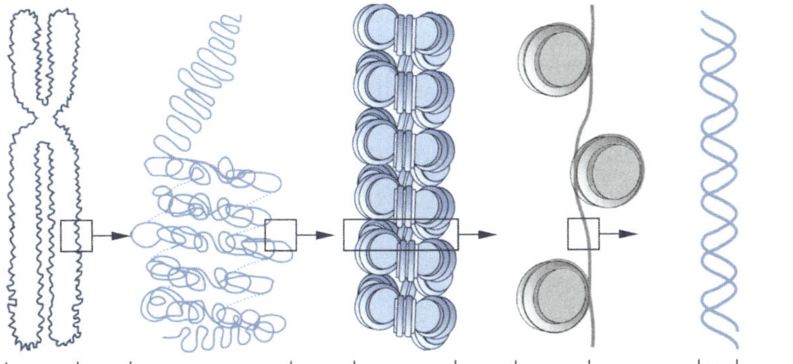

Abb. 2: Feinbau eines Metaphase-Chromosoms

1.2 Chromosomenbestände und ihre Darstellung

Die Chromosomen des Menschen

Um einen Überblick über die Chromosomen des Menschen zu erhalten, wird ein **Karyogramm** (bildliche Darstellung aller Chromosomen einer Zelle, geordnet nach Zahl, Größe und Form) angefertigt.

Prinzip der Chromosomendarstellung aus dem Blut:

1 Zellkernhaltige weiße Blutkörperchen (Lymphozyten) werden durch eine besondere Nährflüssigkeit zur Teilung angeregt.

2 Nach etwa dreitägiger Kultivierung der Blutlymphozyten werden die Zellteilungen durch Zugabe des Mitosegifts Colchicin gestoppt, das die Ausbildung des Spindelapparates (siehe S. 7) hemmt. Folge: Die Kernteilungen werden im Metaphasestadium unterbrochen, in dem die Chromosomen am besten zu erkennen sind.

3 Nach dem Abzentrifugieren der Zellen aus der Suspension wird destilliertes Wasser zugesetzt. Folge: Die Lymphozyten quellen aufgrund der amöboiden Struktur ihrer Zellmembran auf.

4 Die vergrößerten Lymphozyten werden mit einem Methanol-Eisessig-Gemisch fixiert. Folge: Die Chromosomen werden etwas verfestigt.

5 Nun lässt man einen Tropfen der konzentrierten Lymphozytensuspension auf einen Objektträger fallen. Folge: Lymphozyten, die Metaphasechromosomen beinhalten und keine Kernmembran haben, platzen auf; die Chro-

mosomen kommen dadurch meist nebeneinander auf dem Objektträger zu liegen.

6 Sie werden gefärbt und bei ca. 1 000facher Vergrößerung unter dem Lichtmikroskop fotografiert.

7 Aus den entwickelten und vergrößerten Bildern werden die Chromosomen ausgeschnitten und nach Größe, Lage der Zentromerregion und Bandenmuster geordnet.

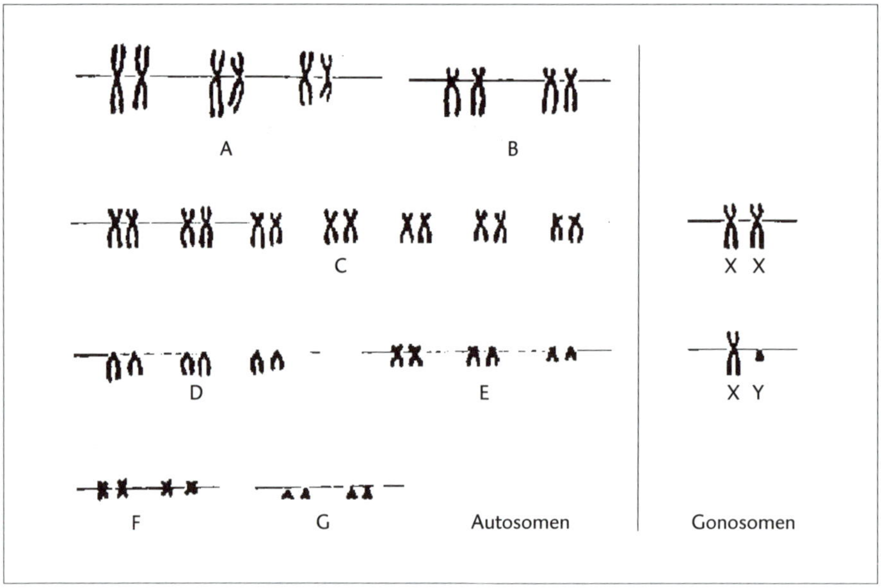

Abb. 3: Karyogramm des Menschen in schematischer Darstellung

Im Karyogramm des Menschen werden 22 Chromosomenpaare nach abnehmender Größe und gemäß der Lage des Zentromers auf sieben Gruppen (A bis G) verteilt. Sie sind bei beiden Geschlechtern gleich (**Autosomen**).
Ihnen steht das 23. Chromosomenpaar, die **Gonosomen** oder Geschlechtschromosomen, gegenüber. Sie sind für die Geschlechtsbestimmung verantwortlich. Beim Mann liegen zwei verschiedene Gonosomen vor. Das größere Chromosom heißt **X-**, das kleinere **Y-Chromosom**. Die Frau besitzt zwei gleich strukturierte (homologe) X-Chromosomen.

In einer Kurzformel, dem **Karyotyp**, kann das Karyogramm des Menschen mit 46, XX (44 **Autosomen**, 2 gleiche **Gonosomen** bei einer Frau) bzw. 46, XY (44 Autosomen, 2 unterschiedliche Gonosomen bei einem Mann) beschrieben werden.

In den normalen Körperzellen des Menschen sind die Chromosomen jeweils doppelt vorhanden. Es liegt ein doppelter **(diploider)** Chromosomensatz vor: 2n = 46. Männliche und weibliche Keimzellen besitzen nur die Hälfte der für die Art charakteristischen Chromosomenausstattung. Es liegt ein einfacher **(haploider)** Chromosomensatz vor: n = 23.
Jeweils zwei Chromosomen stimmen im charakteristischen Bandenmuster (stark färbbare Abschnitte der Chromosomen) und in der Größe überein. Man spricht von **homologen Chromosomen**. Der eine Partner eines homologen Chromosomenpaares stammt in der Regel vom Vater, der andere von der Mutter.

Chromosomenbestände verschiedener Eukaryoten

Pflanze / Tier	Chromosomenzahl	Pflanze / Tier	Chromosomenzahl
Pferdespulwurm	2 bzw. 4	Hausmaus	40
Gießkannenschimmel	4	Wanderratte	42
Stechmücke *Culex*	6	Rhesusaffe	42
Taufliege *Drosophila*	8	Gibbon	44
Champignon	8	Mensch	46
Weizen-Unterarten	14, 28, 42	Schimpanse	48
Haustaube	16	Gorilla	48
Löwenmaul	16	Kartoffel	48
Chinesischer Hamster	22	Rind	60
viele Molcharten	24	Ziege	60
Tomate	24	Pferd	64
Kiefer	24	Haushund	78
Regenwurm	32	Haushuhn	78
Honigbiene	32	Salzkrebschen	168
Zauneidechse	38	Einsiedlerkrebs	254
Hauskatze	38	Natternzungenfarn	500

Tab. 1: Chromosomenzahlen in den Körperzellen von Pilzen, Pflanzen und Tieren

Der Vergleich der Chromosomenbestände von Pflanzen und Tieren führt zu folgenden Erkenntnissen:

- Die Chromosomenzahl ist in der Regel geradzahlig.
- Alle Lebewesen, die derselben Art angehören, weisen in ihren Zellen eine arttypisch festgelegte Anzahl von Chromosomen auf.
- Unterarten weisen oft ein Mehrfaches (2-, 3-faches) der Grundchromosomenzahl auf.
- Nah verwandte Lebewesen haben häufig gleiche oder recht ähnliche Chromosomenzahlen.
- Ein gleicher oder ähnlicher Chromosomenbestand lässt jedoch keinen Hinweis auf Verwandtschaft zu.
- Die Anzahl der Chromosomen lässt keinen Schluss auf die Organisationshöhe der Organismen zu.
- Eine hohe Chromosomenzahl hat eine geringe Größe der Einzelchromosomen zur Folge.

Zusammenfassung

- Die Chromosomen der eukaryontischen Zellen sind die Transport- oder „Verpackungsform" der genetischen Information.
- Sie bestehen aus DNA und Proteinen.
- Jedes Chromosom besteht aus zwei identischen DNA-Doppelsträngen, die mit den Proteinen verbunden und sehr kompakt in Spiralen gewickelt sind = Chromatiden.
- Der Chromosomensatz in den Körperzellen des Menschen ist diploid: 2n = 46.
- Der einfache Chromosomensatz (der Keimzellen) wird als haploid (n) bezeichnet.
- Je zwei äußerlich gleiche Chromosomen bilden ein homologes Chromosomenpaar.
- Autosomen: artspezifische Anzahl homologer Chromosomen.
- Gonosomen: 1 Paar Geschlechtschromosomen.

2 Die Mitose

Bei allen Eukaryonten vollzieht sich die normale Zellteilung grundsätzlich auf gleiche Weise. Bevor sich die Zelle teilt, muss die Teilung des Zellkerns erfolgt sein.

Die Chromosomenverteilung bei der Kernteilung heißt **Mitose**.

Die Mitose beinhaltet Kernteilungsvorgänge, durch die aus diploiden Körperzellen wiederum diploide Tochterzellen hervorgehen. Dazu müssen die beiden identischen Schwesterchromatiden eines Chromosoms voneinander getrennt und auf die Tochterzellen verteilt werden. Die Mitose führt also dazu, dass während der Entwicklung eines Lebewesens Zellen entstehen, die untereinander alle eine identische chromosomale und genetische Ausstattung haben. Sie ist damit Voraussetzung für Wachstum und Regeneration (Ersatz abgestorbener Zellen).

Der Ablauf der Mitose

Der Teilungsvorgang ist in vier Phasen untergliedert.

1 **Prophase**

- Die Chromosomen verkürzen sich stark (**Spiralisierung**) und die beiden Schwesterchromatiden werden sichtbar (Transportform).
- Das Zentriol (Zentralkörperchen) teilt sich und bildet den **Spindelfaserapparat** aus, der die beiden Chromatiden später voneinander trennt. Pflanzenzellen fehlt das Zentriol. Bei ihnen entstehen die Spindelfasern aus der Kernmembran.
- Die Kernmembran und das Kernkörperchen (Nukleolus) lösen sich allmählich auf.

2 **Metaphase**

- Die Chromosomen haben ihre maximale Verkürzung erreicht und liegen nun in der kompakten, inaktiven Transportform vor. Sie wandern in die Äquatorialebene des Spindelfaserapparates und **ordnen sich nebeneinander an**.
- An den Zentromeren der Chromosomen entstehen jeweils zwei Spindelfaseransatzstellen (Kinetochoren), an die sich eine Spindelfaser von jedem der beiden Spindelpole anheftet.
- Kernmembran und Kernkörperchen sind vollständig verschwunden.

3 **Anaphase**
- Die Zentromeren der Chromosomen teilen sich.
- Die Chromosomenspalthälften ([Schwester-]Chromatiden), Einchromatid-Chromosomen genannt, bewegen sich mithilfe der Spindelfasern zu den **entgegen gesetzten Polen** der Zelle.

4 **Telophase**
- Allmähliche **Entspiralisierung** der Einchromatid-Chromosomen, sie werden lang und dünn und somit unsichtbar (Arbeits- oder Funktionsform der Chromosomen). Der Spindelfaserapparat wird zurückgebildet.
- Durch die **Teilung des Zellplasmas** entstehen zwei neue Zellen.
- Jede Tochterzelle bildet eine neue Kernmembran und einen Nukleolus aus.

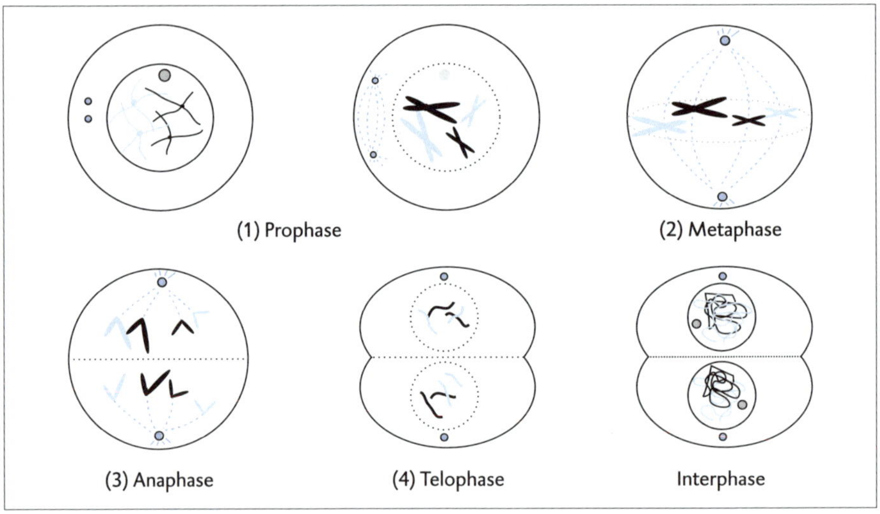

Abb. 4: Schematische Darstellung der Mitose

Die Interphase

Soll eine weitere Zell- und damit Kernteilung stattfinden, muss eine Zelle einen Abschnitt durchlaufen, in dessen Verlauf die Einchromatid-Chromosomen wieder zu Vollchromosomen (Zweichromatid-Chromosomen) verdoppelt werden. Dieses Stadium zwischen zwei Zellteilungen wird Interphase genannt. In der fädigen, kaum spiralisierten Arbeitsform der Chromosomen kann die DNA repliziert werden und ihre genetische Information zur Synthese von Proteinen nutzbar gemacht werden.

Autoradiografische Untersuchungen bei Interphasekernen lassen den Schluss zu, dass die Interphase in drei Abschnitte untergliedert werden kann:

1 **G_1-Phase** (engl. *gap*, Lücke)
- Vermehrung des Zellplasmas (**Proteinbiosynthese**)
- Bereitstellung von DNA-Vorstufen

2 **S-Phase** (Synthese-Phase)
- Verdopplung der Einchromatid-Chromosomen (**Replikation** der DNA, siehe S. 78)
- Synthese von Histon-Proteinen

3 **G_2-Phase**
Synthese weiterer Stoffe, die unentbehrlich für den Eintritt in die nächste Mitose sind (**Mitohormone**)

Mitose und Interphase zusammen ergeben den **Zellzyklus**:

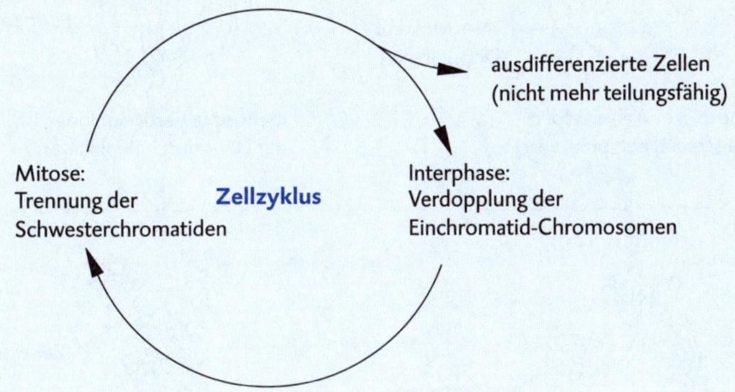

Zellenart (Beispiel)	Mitose	Interphase G_1	S	G_2	gesamte Dauer
Zelle der Wurzelspitze (Gartenbohne)	2,0 h	5,0 h	7,5 h	5,0 h	19,5 h
Hornhautzelle (Maus)	0,5 h	87,0 h	11,5 h	3,5 h	102,0 h
embryonale Bindegewebszelle (Mensch)	1,0 h	6,0 h	6,0 h	4,0 h	17,0 h

Tab. 2: Zeitdauer der Zellzyklus-Abschnitte Mitose und Interphase im Überblick

Die biologische Bedeutung der Mitose

Der Ablauf der Mitose sichert die **exakte Weitergabe der Erbinformation** bei der Teilung von Körperzellen eines Individuums. Die Tochterzellen werden mit der identischen Erbinformation ausgestattet wie die Mutterzelle.

Zusammenfassung

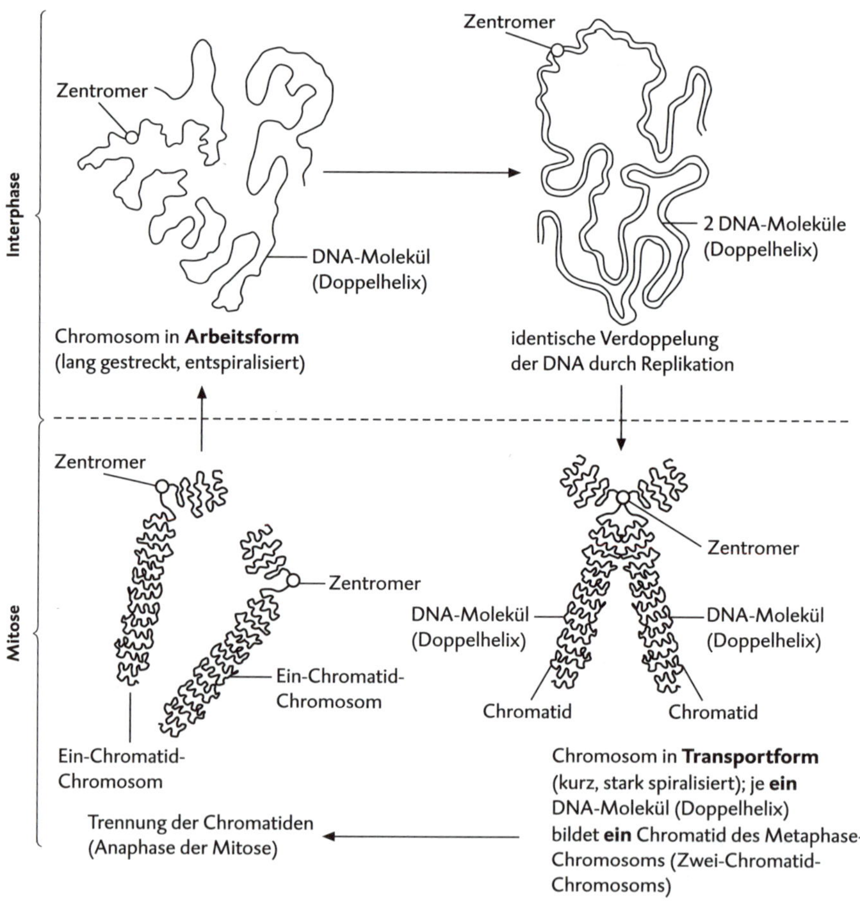

3 Die Meiose

Bei der Befruchtung verschmelzen die Zellkerne der Eizelle und des Spermiums. Hätten beide Geschlechtszellen (Keimzellen) einen doppelten Chromosomensatz, würde die befruchtete Eizelle **(Zygote)** einen vierfachen Satz aufweisen. Um eine Zunahme der Chromosomenzahl zu verhindern, muss also ein Vorgang stattfinden, bei dem der diploide Chromosomensatz der Keimzellen auf den haploiden reduziert wird.

Die in zwei Schritten verlaufende Reduktion des diploiden auf einen haploiden Chromosomensatz bei der Keimzellenbildung bezeichnet man als **Meiose** oder **Reifeteilung**.

Der Ablauf der Meiose

Die Meiose lässt sich in zwei Schritte untergliedern. Sie findet in den Keimdrüsen der Tiere und den Blüten der höheren Pflanzen statt und betrifft die **diploiden** männlichen und weiblichen **Urkeimzellen**.

A Reduktionsteilung (1. Reifeteilung): Trennung der homologen Chromosomen

1 **Prophase**
- Die verkürzten homologen Chromosomen lagern sich parallel aneinander: Ende an Ende, Zentromer an Zentromer (Chromosomenpaarung). So entstehen pro homologem Chromosomenpaar vier parallele Stränge (Vierstrangstadium, Chromatidentetrade, **Tetradenbildung**).
- Chromatiden-Stückaustausch (**Crossing-over**; siehe S. 14).
- Die Kernmembran löst sich auf, der **Spindelfaserapparat** entsteht.

2 **Metaphase**
- Die Chromosomen eines homologen Paares ordnen sich ober- und unterhalb der Äquatorialebene an. Die **Verteilung von väterlichen und mütterlichen Chromosomen** erfolgt dabei rein zufällig.
- Die Chromosomen jedes Paares richten sich mit der Spindelfaseransatzstelle nach einem der Spindelpole aus und werden mit diesem über eine Spindelfaser verbunden.

3 **Anaphase**

Die homologen Chromosomen weichen auseinander und wandern zu den Spindelpolen, jeweils ein vollständig haploider Satz. Auf diese Weise werden mütterliche und väterliche Chromosomen rein zufallsbedingt auf zwei neue Zellen verteilt. Die **Halbierung des Erbguts** ist damit abgeschlossen (Reduktionsteilung: $2n \rightarrow n + n$).

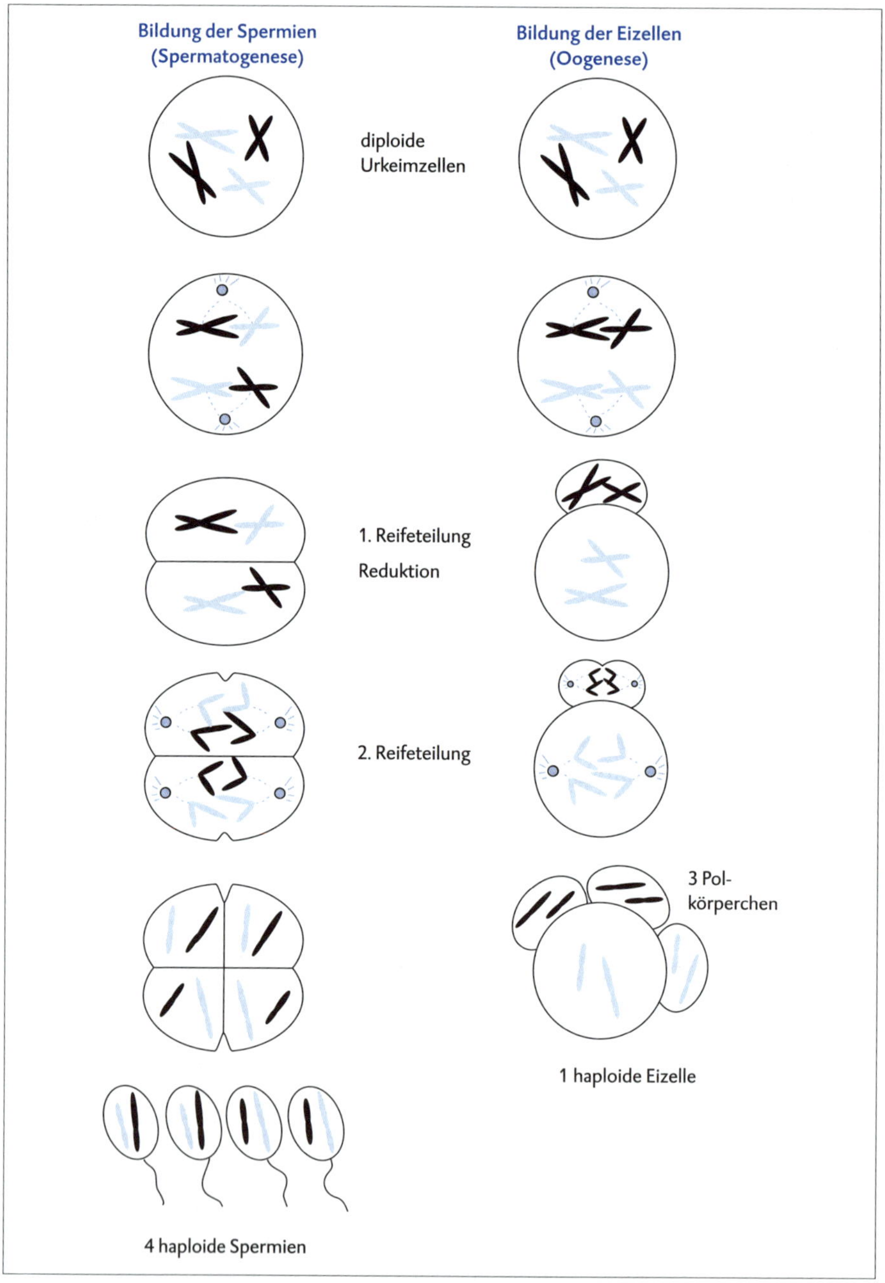

Abb. 5: Schema zum Ablauf der Meiose bei der Keimzellenbildung bei Tieren (Homologes Chromosomenpaar: gleiche Größe der Chromosomen, mütterliche/väterliche Herkunft: Chromosomen schwarz/ blau)

4 **Telophase**
Um die Chromosomen bildet sich für kurze Zeit eine provisorische Kernmembran.

B **Äquationsteilung** (2. Reifeteilung): Trennung der Schwesterchromatiden

Der ersten Reifeteilung schließt sich keine Interphase an. Statt dessen findet nun nach dem Prinzip der Mitose eine zweite Reifeteilung statt. Sie führt über die bekannten Stadien der Pro-, Meta-, Ana- und Telophase zu Keimzellen, die Einchromatid-Chromosomen enthalten: n → n + n.

Bei Tieren führt die Meiose in beiden Geschlechtern zu unterschiedlichen **Ergebnissen**:
- Im männlichen Geschlecht entstehen aus einer diploiden Ursamenzelle vier haploide Spermien. Bei höheren Pflanzen entstehen statt Spermien Pollenzellen.
- Im weiblichen Geschlecht entsteht aus einer diploiden Ureizelle nur eine befruchtungsfähige, plasmareiche Eizelle, weil von den vier Zellen drei plasmaarme als Pol- oder Richtungskörperchen verkümmern.

Die biologische Bedeutung der Meiose
- Die Chromosomen werden als einfacher Satz (n) auf die Geschlechtszellen (Gameten) verteilt, weil die homologen Chromosomen voneinander getrennt werden (**Reduktion des diploiden Chromosomensatzes**).
  Bei der Befruchtung ergibt sich aus der Vereinigung der haploiden Keimzellen der diploide Chromosomensatz der Zygote.
- Durch die zufällige Verteilung der mütterlichen und väterlichen Chromosomen wird der väterliche und der mütterliche Anteil in vielerlei Weise gemischt. Bei einem Chromosomensatz von 2n = 2 (vgl. Abb. 5) lassen sich die zwei homologen Chromosomenpaare auf viererlei Weise auf die Keimzellen verteilen ($2^2 = 4$). Bei 2n = 46 gibt es $2^{23} = 8\,388\,608$ verschiedene Kombinationsmöglichkeiten (interchromosomale Rekombination). Die Meiose bewirkt also eine vielfältige **Neukombination des genetischen Materials**.
- Diese Kombinationsmöglichkeiten werden durch **Crossing-over** noch erweitert. Darunter versteht man den Austausch von Chromatidenstücken zwischen homologen Chromosomenpaaren im Verlauf der Prophase der ersten Reifeteilung. Nichtschwesterchromatiden brechen an einer homologen Stelle und kombinieren neu über Kreuz (**intrachromosomale Rekombination**). Die Überkreuzungen und Verschränkungen der Chromati-

den homologer Chromosomen bezeichnet man als Chiasmen (Einzahl: **Chiasma**).

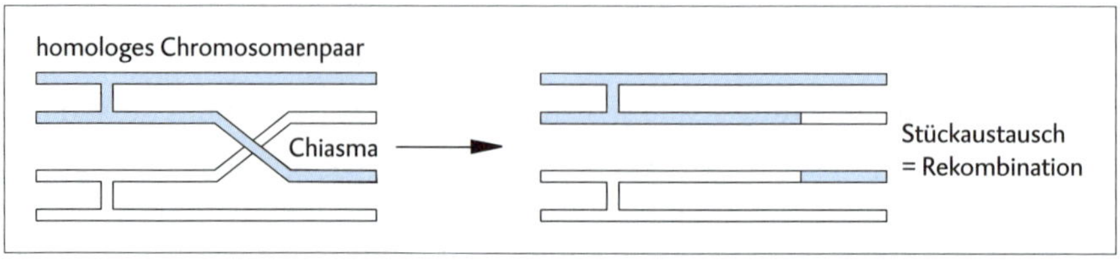

Abb. 6: Schema des Crossing-over

Die Meiose dient der zur sexuellen Fortpflanzung notwendigen **Reduktion des Chromosomensatzes** sowie der **Neukombination der Erbanlagen** bei der Keimzellbildung. Sie ist dafür verantwortlich, dass die Nachkommen eine andere genetische Information haben als ihre Eltern und auch untereinander genetisch verschieden sind.

Zusammenfassung

	Mitose	**Meiose**
• Ort:	in allen wachsenden, teilungsfähigen Geweben	in den Keimdrüsen
• Zahl der Kernteilungen:	eine	zwei
• Prophase:	keine Chromosomenpaarung → kein Crossing-over	Prophase I: Paarung der homologen Chromosomen → Crossing-over; Prophase II: siehe Mitose
• Metaphase:	Anordnung der Chromosomen in der Äquatorialebene nebeneinander	Metaphase I: Anordnung der homologen Chromosomen ober- und unterhalb der Äquatorialebene; Metaphase II: siehe Mitose
• Anaphase:	Trennung der Chromosomen in Chromatiden am Zentromer	Anaphase I: Trennung der homologen Chromosomenpaare; Anaphase II: siehe Mitose
• Tochterzellen:		
Chromosomenzahl:	bleibt konstant → zwei diploide Zellen	wird reduziert → 4 haploide Zellen
Aussehen:	etwa gleich groß	vier gleiche, kleine Spermien; eine große Eizelle und 3 Polkörperchen
genetische Information:	identisch	unterschiedlich

Aufgaben

1 Welche der folgenden Aussagen sind richtig bzw. falsch?

a Weiße Blutkörperchen und herangereifte Keimzellen desselben Organismus haben die gleiche Anzahl an Chromosomen.

b Während der Prophase der Meiose kann sich ein Chromosom mit jedem anderen Chromosom derselben Zelle paaren.

c Die Keimzellen eines Säugetiers können mehr als die Hälfte der väterlichen Chromosomen enthalten.

d Von acht Chromosomen einer Eizelle sind stets vier väterlicher Herkunft.

e Homologe Abschnitte von zwei Chromosomen liegen bei der Tetradenbildung einander gegenüber.

f Eine Eizelle hat genau die Hälfte der Chromosomen einer Urkeimzelle.

g Mitosen finden bei der Bildung neuer Körperzellen in Organismen mit haploidem Chromosomensatz statt.

h Mitosen sind für die Heilung von Wunden nötig.

i Mitosen finden auch bei der Bildung der Spermien aus den Ursamenzellen statt.

k Die Erbanlagen werden durch mitotische Teilungen durchmischt.

2 Wie viele verschiedene Spermien mit unterschiedlicher Chromosomenkombination können aus einer Urkeimzelle mit vier Chromosomen entstehen?

3 Vergleichen Sie Mitose und Meiose nach folgenden Gesichtspunkten:

a Zelltypen bzw. Gewebe, in denen diese Vorgänge ablaufen,

b Ergebnis des jeweiligen Vorgangs,

c biologische Bedeutung dieser Vorgänge.

4 Zeichnen Sie jeweils die Anaphase der Mitose und der Meiose I (Reduktionsteilung) und beschriften Sie die beiden Skizzen. Der diploide Chromosomensatz soll in beiden Fällen aus insgesamt vier Chromosomen bestehen.

5 Wodurch unterscheidet sich bei der Mitose ein Metaphase- von einem Anaphasechromosom?

6 Welche Vorteile bietet der diploide Zustand gegenüber einem haploiden Zustand der Körperzellen?

7 Welche Bedeutung hat die Meiose für die Evolution der Organismen?

8 Wodurch unterscheidet sich die Spermatogenese von der Oogenese?

9 Colchicin verhindert die Ausbildung des Spindelapparats bei mitotischen Vorgängen. Wie wirkt sich die Zugabe von Colchicin auf die Eizellenbildung einer Maus aus?

4 Erbgänge aus der Sicht der Chromosomentheorie der Vererbung

4.1 Gregor MENDEL und sein Werk

Der Augustinermönch Gregor MENDEL (1822–1884) führte im Klostergarten von Brünn Kreuzungsexperimente mit Erbsenpflanzen durch und wertete die Ergebnisse statistisch aus. Dabei fand MENDEL einige grundlegende Gesetze, nach denen sich bestimmte Merkmale bei den Versuchspflanzen vererbten. Er wählte Erbsenpflanzen als Versuchsobjekte, da sich diese normalerweise selbst bestäuben und somit eine Fremdbestäubung praktisch ausgeschlossen war.
Zunächst untersuchte er jeweils über einen längeren Zeitraum die durch Selbstbestäubung entstandenen Nachkommen einer Erbsenpflanze. Waren sie bezüglich eines Merkmals untereinander alle gleich (z. B. nur gelbe Erbsensamen), konnte er davon ausgehen, dass die Elternpflanzen in Bezug auf dieses Merkmal reinerbig waren. Als er genügend reinerbige Pflanzen gefunden hatte, führte er über künstliche Bestäubung eine Kreuzung durch und wertete die Zahl der Nachkommen bezüglich des zu untersuchenden Merkmals statistisch aus. Die Bedeutung dieser Untersuchungsergebnisse wurde zu MENDELS Lebzeiten nicht erkannt. Erst um die Jahrhundertwende wurden die von ihm aufgestellten Gesetze (**mendelsche Regeln**) wieder entdeckt.

Jedes Merkmal wird bei diploiden Organismen immer von mindestens zwei Erbanlagen bestimmt, einer väterlichen und einer mütterlichen. Diese Erbanlagen (die später als Gene bezeichnet wurden) können in ihrer „Durchsetzungskraft“ im **Phänotyp** (äußeres Erscheinungsbild) unterschiedlich sein. Setzt sich eine Erbanlage gegenüber der anderen im Phänotyp durch, bezeichnet man sie als **dominant** (beherrschend), die unterdrückbare Anlage als **rezessiv** (lat. *recedere,* zurückweichen). Einen Erbgang mit je einer beherrschenden und einer zurückweichenden Anlage nennt man **dominant-rezessiven Erbgang**. Setzen sich beide Erbanlagen im Phänotyp nebeneinander durch, spricht man von einem **intermediären Erbgang** (*inter,* zwischen; *media,* Mitte). Stimmen bei einem Lebewesen bezüglich eines Merkmals beide Erbanlagen überein, bezeichnet man seinen **Genotyp** (Erbbild) als reinerbig (**homozygot**), sind sie verschieden, als mischerbig (**heterozygot**).

Da die Zahl der Erbanlagen bei jedem Lebewesen immer gleich bleibt, müssen die beiden Anlagen pro Merkmal bei der **Keimzellenbildung** auf die Samen- bzw. Eizellen verteilt werden. Erst bei der Befruchtung, d. h. bei der Bildung der Zygote (befruchtete Eizelle), werden sie wieder kombiniert. Im Gegensatz zu den Körperzellen, die pro Merkmal immer mindestens zwei Erbanlagen aufweisen, besitzen die Keimzellen jeweils nur eine Erbanlage. Die Aufteilung der beiden Erbanlagen erfolgt in der sog. Reduktionsteilung (siehe S. 11 f.). Im Erbschema wird dies häufig durch ein "R!" gekennzeichnet.

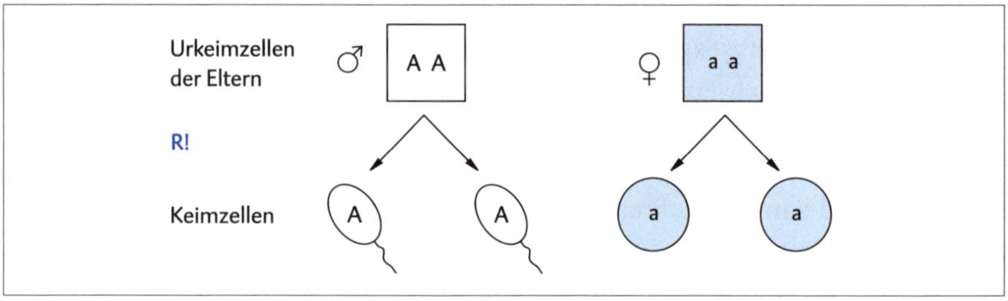

Abb. 7: Aufteilung von zwei Erbanlagen bei der Keimzellenbildung

4.2 Die mendelschen Regeln

1. mendelsche Regel (Uniformitätsregel)

Kreuzt man zwei **reinerbige** Eltern (P-Generation von lat. *parentes*), die sich in der Ausprägung eines Merkmals (Phänotyp) unterscheiden, sind die Nachkommen in der F_1-Generation (erste Tochtergeneration, von lat. *filia*) untereinander alle gleich bzw. uniform (**Uniformitätsregel**).

Dabei spielt es keine Rolle, ob es sich um einen **monohybriden** (nur ein Merkmal betreffend), einen **dihybriden** (zwei Merkmale betreffend), um einen dominant-rezessiven oder einen intermediären Erbgang handelt. Sind die Eltern reinerbig, sind die Individuen der F_1-Generation untereinander immer gleich.

Beispiele

Beispiel für einen **monohybriden, dominant-rezessiven Erbgang:**

P-Generation: runde Erbsen × kantige Erbsen

F_1-Generation: runde Erbsen

In diesem Fall ist „rund" dominant und „kantig" rezessiv.

Beispiele für **dihybride, dominant-rezessive Erbgänge:**

P-Generation: runde, gelbe Erbsen × kantige, grüne Erbsen

F_1-Generation: runde, gelbe Erbsen

oder

P-Generation: runde, grüne Erbsen × kantige, gelbe Erbsen
F_1-Generation: runde, gelbe Erbsen
In beiden Fällen ist „rund" und „gelb" dominant.

Beispiel für einen **monohybriden, intermediären Erbgang:**
P-Generation: rot blühende Tulpen × gelb blühende Tulpen
F_1-Generation: orange blühende Tulpen

Beispiele für **dihybride, intermediäre Erbgänge:**
P-Generation: rote, kugelförmige Radieschen × weiße, längliche R.
F_1-Generation: rosa, ovale Radieschen
oder
P-Generation: weiße, kugelförmige Radieschen × rote, längliche R.
F_1-Generation: rosa, ovale Radieschen

Für die **schematische Darstellung** eines solchen Erbgangs bedient man sich einer Symbol- bzw. Kurzschreibweise. Zunächst wird einem Gen ein beliebiger Buchstabe zugeordnet. Allerdings ist es sinnvoll, dafür den Anfangsbuchstaben des dominanten Merkmals zu wählen oder die Anfangsbuchstaben des Alphabets zu verwenden. Damit man später den Phänotyp leichter bestimmen kann, erhalten beim dominant-rezessiven Erbgang beide homologen Gene, die **Allele** (unterschiedlichen Ausprägungen eines Gens), den gleichen Buchstaben. Großbuchstaben werden für dominante, Kleinbuchstaben für rezessive Gene verwendet.

Beispiel

Eine reinerbig rot blühende Pflanze wird mit einer reinerbig weiß blühenden Pflanze gekreuzt:
Gen für „rot" (dominant): R oder A
Gen für „weiß" (rezessiv): r oder a

Bei sich geschlechtlich fortpflanzenden Organismen wird jedes Merkmal von zwei Genen bestimmt:
Genotyp der reinerbig rot blühenden Pflanze: RR oder AA
Genotyp der reinerbig weiß blühenden Pflanze: rr oder aa

Bei der Bildung der Gameten bzw. der Keimzellen werden die beiden Gene eines Merkmals auf die Keimzellen verteilt. Die Keimzellen der rot blühenden Pflanzen erhalten jeweils das Gen R (bzw. A), die der weiß blühenden Pflanzen jeweils das Gen r (bzw. a).

Der ausführliche Erbgang des Beispiels lautet in der Symbolschreibweise:

Phänotypen der P-Generation:	rot blühend x		weiß blühend	
Genotypen der P-Generation:	RR		rr	
Keimzellen der P-Generation:	R	R	r	r

Genotyp der F_1-Generation:	Rr	Rr	Rr	Rr
Phänotyp der F_1-Generation:	rot	rot	rot	rot

Da das Gen für „Rot" dominant ist, sind alle Phänotypen der F_1-Generation rot. Sie sind untereinander alle gleich (1. mendelsche Regel).

Eine vereinfachte Darstellung des Erbgangs erfolgt durch die Erstellung des **Kombinationsquadrates.** Dabei werden die Gene der Gameten eines Elternteils waagrecht nebeneinander, die des anderen Elternteils senkrecht untereinander geschrieben und im daneben stehenden Quadrat kombiniert.

Beispiel

Kombinationsquadrat des o. g. Beispiels:

Keimzellen	R	R
r	Rr	Rr
r	Rr	Rr

oder

Keimzellen	A	A
a	Aa	Aa
a	Aa	Aa

Der Genotyp Rr/Aa ergibt für diesen Fall in der F_1-Generation den einheitlichen Phänotyp „Rot".

Beim intermediären Erbgang treten beide Gene im Phänotyp in Erscheinung. Deshalb empfiehlt es sich, den Anfangsbuchstaben der Merkmale (R für „Rot", G für „Gelb") zu nehmen und für beide Allele Großbuchstaben zu verwenden. Am Auftreten von Großbuchstaben im Kombinationsquadrat kann man erkennen, dass beide Gene im Phänotyp auftauchen (In diesem Fall entweder Orange als Mischfarbe oder Rot-gelb gefleckt als Mischtyp).

Beispiel

Phänotypen der P-Generation:	rot blühend ×	gelb blühend
Genotypen der P-Generation:	RR	GG

Kombinationsquadrat:

Keimzellen	R	R
G	RG	RG
G	RG	RG

Phänotyp der F_1-Generation: orange blühende Pflanzen

Sollen die Anfangsbuchstaben des Alphabets gewählt werden, kann das entsprechende Allel durch einen hochgestellten Buchstaben angegeben werden, z. B. Allel für rot a^R, Allel für gelb a^G.

2. mendelsche Regel (Spaltungsregel)

Kreuzt man die Individuen der F_1-Generation untereinander, treten in der F_2-Generation sowohl Merkmalsausprägungen der F_1- als auch der P-Generation in einem bestimmten Zahlenverhältnis auf (**Spaltungsregel**).

Beispiele

Bei einem **dominant-rezessiven Erbgang** werden die rot blühenden heterozygoten (mischerbigen) Pflanzen der F_1-Generation (Genotyp Rr) untereinander gekreuzt.

Kombinationsquadrat:

Keimzellen	R	r
R	RR	Rr
r	Rr	rr

Im Phänotyp entstehen drei rot blühende Pflanzen (davon eine reinerbige (RR), zwei mischerbige (Rr)) und eine weiß blühende Pflanze (rr).

Verhältnis der Genotypen: RR Rr rr
1 : 2 : 1

Verhältnis der Phänotypen: rot weiß
3 : 1

Bei einem **intermediären Erbgang** werden die orange blühenden Pflanzen der F_1-Generation (Genotyp RG) untereinander gekreuzt.

Kombinationsquadrat:

Keimzellen	R	G
R	RR	RG
G	RG	GG

Es entstehen im Phänotyp eine rot blühende (RR), zwei orange blühende (RG) und eine gelb blühende (GG) Pflanze. Wie das Kombinationsquadrat zeigt, entspricht beim intermediären Erbgang das Verhältnis der Genotypen dem Verhältnis der Phänotypen.

Verhältnis der Geno- und Phänotypen: rot orange gelb
1 : 2 : 1

3. mendelsche Regel

Die 3. mendelsche Regel bezieht sich auf einen **dihybriden Erbgang**, d. h. es wird die Vererbung von zwei Merkmalen untersucht. Diese Regel gilt allerdings nur, wenn die Gene nicht gekoppelt sind, d. h. wenn sie auf verschiedenen Chromosomen liegen.

Kreuzt man einem dihybriden, dominant-rezessiven Erbgang die Individuen der F_1-Generation untereinander, spalten sich die Merkmale der Nachkommen der F_2-Generation im Zahlenverhältnis 9:3:3:1 auf Dabei werden die Gene unabhängig voneinander neu kombiniert (**Unabhängigkeitsregel und Regel von der freien Kombinierbarkeit der Gene**).

Beispiel

Phänotypen der P-Generation: gelb, rund × grün, kantig
Genotypen der P-Generation: GGRR ggrr
(Gelb (G) und rund (R) sind dominant, grün (g) und kantig (r) rezessiv.)
Keimzellen der P-Generation: GR gr

Kombinationsquadrat:

Keimzellen	GR	GR
gr	GgRr	GgRr
gr	GgRr	GgRr

Die Phänotypen der F_1-Generation sind alle gelb und rund (Uniformitätsregel).

Da die Gene für Farbe und Form auf verschiedenen Chromosomen liegen (Unabhängigkeit der Gene), können sich folgende Keimzellen in der F_1-Generation bilden:

Keimzellen der F_1-Generation: GR Gr gR gr

Für die F_2-Generation ergibt sich daher folgendes Kombinationsquadrat:

Keimzellen	GR	Gr	gR	gr
GR	**GGRR**	GGRr	GgRR	GgRr
Gr	GGRr	**GGrr**	GgRr	Ggrr
gR	GgRR	GgRr	**ggRR**	ggRr
gr	GgRr	Ggrr	ggRr	**ggrr**

Es treten die zwei neuen reinerbigen Geno- und Phänotypen der F_2-Generation auf (Neukombination der Gene): GGrr (gelb, kantig) und ggRR (grün, rund).

Verhältnis der Phänotypen:

gelb-rund	gelb-kantig	grün-rund	grün-kantig
9 :	3 :	3 :	1

Rückkreuzung

Eine Rückkreuzung besteht darin, bei einem Individuum, das im Phänotyp ein bestimmtes dominantes Merkmal aufweist, herauszufinden, ob bei ihm ein homozygoter oder heterozygoter Genotyp vorliegt. Es wird mit einem Individuum gekreuzt, das das entsprechende rezessive Merkmal zeigt und natürlich homozygot ist. Aus dem Ergebnis der Kreuzung lässt sich auf den Genotyp **rück**schließen.

Beispiele

Annahme: Testindividuum ist homozygot
reinerbig runde Erbse (RR) × reinerbig kantige Erbse (rr)

Kombinationsquadrat:

Keimzellen	r	r
R	Rr	Rr
R	Rr	Rr

In diesem Fall ist die Samenform aller Nachkommen rund.

Annahme: Testindividuum ist heterozygot
mischerbig runde Erbse (Rr) × reinerbig kantige Erbse (rr)

Kombinationsquadrat:

Keimzellen	r	r
R	Rr	Rr
r	rr	rr

Verhältnis der Phänotypen: rund 1 : kantig 1

> Sind alle Nachkommen aus der **Rückkreuzung** uniform, ist das Testindividuum homozygot. Tritt das dominante und das rezessive Merkmal bei einem monohybriden Erbgang im Verhältnis 1 : 1 auf, ist das Testindividuum heterozygot.

Auch bei einem dihybriden Erbgang lässt sich durch Rückkreuzung mit einem reinerbig rezessiven Partner herausfinden, ob das Testindividuum mit den dominanten Merkmalen reinerbig oder mischerbig ist. Ist es reinerbig, sind alle

Nachkommen untereinander phänotypisch gleich. Ist es mischerbig, treten die vier möglichen Phänotypen im Verhältnis 1 : 1 : 1 : 1 auf.
Ein weiteres Ziel einer Rückkreuzung kann die Erzeugung einer F_2-Generation sein, bei der bei jedem Phänotyp auf den Genotyp geschlossen werden kann. Dazu werden die heterozygoten Nachkommen aus der F_1-Generation mit Individuen gekreuzt, die den Genotyp des rezessiven Elternteils aufweisen (entsprechend der zweiten Annahme zur Rückkreuzung). Bei der daraus entstehenden RF_2-Generation kann jedes Individuum mit dominantem Merkmal nur heterozygot sein.

4.3 Polygenie und Polyphänie

Tatsächlich trifft die allen mendelschen Regeln zugrunde liegende „Ein-Gen-ein-Merkmal"-Hypothese nur in den seltensten Fällen zu.

In der Regel wird ein einzelnes beobachtetes Merkmal nicht nur durch eines, sondern durch viele Gene bestimmt (**Polygenie**). Beeinflusst dagegen ein einzelnes Gen mehrere Merkmalsausprägungen, so spricht man von **Polyphänie** oder Pleiotropie (vgl. Marfan-Syndrom, S. 42).

Die Ausprägung des Phänotyps kann außer von den Erbanlagen auch durch Umwelteinflüsse verändert werden. Solche **Modifikationen** werden allerdings nicht vererbt. An die Nachkommen weitergegeben wird nur die Variationsbreite (**Reaktionsnorm**), innerhalb derer die tatsächliche Ausprägung des betreffenden Merkmals schwanken kann.

4.4 Die Chromosomentheorie der Vererbung

Gegen Ende des 19. Jahrhunderts wurden zahlreiche Erkenntnisse über den Zellkern und die Chromosomen sowie die Verteilung der Chromosomen bei Mitose und Meiose gewonnen. Sie ließen sich ohne Widersprüche den Ergebnissen der Kreuzungsexperimente zuordnen. BOVERI und SUTTON formulierten daraus 1903 die Chromosomentheorie der Vererbung:

Die **Chromosomen** sind die **Träger der Erbanlagen**.

Ergebnisse der Chromosomenforschung (Zellforschung)	Ergebnisse der Kreuzungsforschung (klassische Genetik)
Chromosomen sind selbstständige Strukturen des Zellkerns, die verdoppelt und von Zelle zu Zelle und von Generation zu Generation weitergegeben werden.	Gene sind selbstständige Einheiten, die verdoppelt und gleichmäßig von Zelle zu Zelle und von Generation zu Generation weitergegeben werden.
Chromosomen sind in den Körperzellen höherer Organismen stets doppelt vorhanden. Jede Körperzelle hat einen doppelten Chromosomensatz, einen einfachen väterlichen und einen einfachen mütterlichen.	Gene sind in den Körperzellen höherer Organismen stets doppelt vorhanden. Jede Körperzelle hat einen doppelten Gensatz, einen einfachen väterlichen und einen einfachen mütterlichen.
In der Meiose wird der doppelte Chromosomensatz halbiert, sodass in jede reife Keimzelle nur ein einfacher, kompletter Chromosomensatz gelangt.	In der Meiose wird der doppelte Gensatz halbiert, sodass von jedem Genpaar nur ein Gen in die reife Keimzelle gelangt, die dann einen einfachen kompletten Gensatz enthält.
In der Meiose erfolgt die Verteilung der elterlichen Chromosomen völlig unabhängig voneinander. Bei der Reduktionsteilung tritt eine freie Kombination der väterlichen und mütterlichen Chromosomen zu zwei einfachen Sätzen auf.	In der Meiose erfolgt die Verteilung der elterlichen Gene völlig unabhängig voneinander. Bei der Reduktionsteilung tritt eine freie Kombination der väterlichen und mütterlichen Erbanlagen zu zwei einfachen vollständigen Sätzen auf.
Bei der Befruchtung verschmelzen zwei Keimzellen mit je einem haploiden Chromosomensatz zu einer diploiden Zygote. Ein Chromosomensatz stammt von der Mutter, einer vom Vater.	Bei der Befruchtung verschmelzen zwei Keimzellen mit je einem haploiden Gensatz zu einer diploiden Zygote. Ein Gensatz stammt von der Mutter, einer vom Vater.

Tab. 3: Vergleich der Ergebnisse aus Chromosomen- und Kreuzungsforschung

4.5 Genkopplung, Genaustausch und Genkartierung

Die dritte mendelsche Regel gilt nur, wenn die ausgewählten Gene auf verschiedenen Chromosomen liegen. Diese Erkenntnis stimmt auch mit der Chromosomentheorie der Vererbung überein. Je eines der beiden für ein Merkmal verantwortlichen Allele befindet sich auf einem der beiden homologen Chromosomen. Folglich verhalten sich die Gene bei der Meiose wie die Chromosomen: Sie werden wie diese in der Reduktionsteilung voneinander getrennt und auf die Keimzellen verteilt. Bei der Befruchtung werden die homologen Chromosomen und damit auch die auf ihnen liegenden Gene wieder neu kombiniert.

Genkopplung

Da es bei jedem Lebewesen wesentlich mehr Gene als Chromosomen gibt, enthält ein Chromosom eine große Anzahl verschiedener Gene. Liegen zwei Gene auf demselben Chromosom, können sie in der Reduktionsteilung nicht voneinander getrennt und damit auch nicht auf verschiedene Gameten verteilt werden.

> Liegen zwei oder mehrere Gene auf ein und demselben Chromosom, werden diese meist zusammen vererbt, es liegt **Genkopplung** vor.

Beispiel

Mendel hatte großes Glück bei der Auswahl seiner Versuchspflanzen für einen dihybriden Erbgang. Die Gene für Form und Farbe der Erbsensamen liegen auf verschiedenen Chromosomen. Im Folgenden soll der Fall untersucht werden, wenn diese beiden Gene gekoppelt wären. Die Kopplung wird durch den senkrechten Strich, auf dem die beiden Gene liegen, angedeutet.

Phänotypen der P-Generation:	gelb, rund	x	grün, kantig
Genotypen der P-Generation:	⊢G ⊢G ⊢R ⊢R		⊢g ⊢g ⊢r ⊢r
Keimzellen der P-Generation:	⊢G ⊢R		⊢g ⊢r

Kombinationsquadrat:

Keimzellen	⊢G ⊢R	⊢G ⊢R
⊢g ⊢r	⊢G ⊢g ⊢R ⊢r	⊢G ⊢g ⊢R ⊢r
⊢g ⊢r	⊢G ⊢g ⊢R ⊢r	⊢G ⊢g ⊢R ⊢r

Die Phänotypen der F_1-Generation sind alle gelb und rund.

Aufgrund der Genkopplung können sich in der F_1-Generation nur zwei verschiedene Keimzellen bilden.

Keimzellen der F_1-Generation: ⊢G/⊢R ⊢g/⊢r

Es ergibt sich daher folgendes Kombinationsquadrat für die F_2-Generation:

Keimzellen	G / R	g / r
G / R	G / R G / R	G / R g / r
g / r	G / R g / r	g / r g / r

Im Gegensatz zum dihybriden Erbgang, bei dem die beiden ausgewählten Gene auf verschiedenen Chromosomen liegen (siehe S. 22), spalten die Phänotypen bei diesem dihybriden Erbgang mit gekoppelten Genen in der F_2-Generation im Verhältnis von 3 (gelb, rund) : 1 (grün, kantig) auf.

Genaustausch

In einigen Fällen weicht bei einem dihybriden Erbgang mit zwei gekoppelten Genen das Zahlenverhältnis in der F_2-Generation von dem oben ermittelten Wert 3 : 1 ab. Neben gelben, runden und grünen, kantigen Erbsen treten auch einige gelbe, kantige und grüne, runde Erbsensamen auf. Diese Abweichung kann nur erklärt werden, wenn man davon ausgeht, dass **ein Teil der Gene sich entkoppelt** und somit ein Genaustausch stattgefunden hat (siehe S. 13).

> In der Meiose kann es zwischen Nichtschwesterchromatiden homologer Chromosomen während der Prophase der 1. Reifeteilung zum Stückaustausch kommen **(Crossing-over)**.

MORGAN beobachtete in zahlreichen Experimenten, dass gekoppelte Gene nicht mit derselben Wahrscheinlichkeit entkoppelt wurden. Bestimmte gekoppelte Gene wurden relativ häufig, andere nur sehr selten voneinander getrennt. Da jede Entkopplung mit einer Überkreuzung der Nichtschwesterchromatiden verbunden ist **(Chiasmabildung)**, stellte er folgende Hypothese auf:

- Die Gene sind auf den Chromosomen linear, d. h. ähnlich wie Perlen auf einer Schnur, angeordnet.
- Jede Chiasmabildung erfolgt rein zufällig und kann an jedem Ort innerhalb der beiden homologen Chromosomen stattfinden.
- Die Wahrscheinlichkeit einer Chiasmabildung ist innerhalb eines Chromosoms überall gleich groß.

Je weiter nun zwei gekoppelte Gene auf einem Chromosom auseinander liegen, desto größer ist die Wahrscheinlichkeit, dass sich ein Crossing-over zwischen diesen beiden Genorten ereignet.

Die Entkopplung bzw. Austauschhäufigkeit zweier Gene ist direkt proportional zur Entfernung der Gene auf dem Chromosom oder anders: Die Austauschhäufigkeit ist ein Maß für den linearen Abstand dieser Gene auf dem Chromosom. Eine Austauschhäufigkeit von 1 % wird als **Morganeinheit** bezeichnet.

Genkartierung

Sind die Austauschhäufigkeiten verschiedener Gene untereinander bekannt, kann rechnerisch ihre Lage auf dem Chromosom ermittelt werden. Auf diesem Prinzip beruht die Erstellung von **Genkarten**.

Beispiel

Drei Gene A, B und C zeigen folgende Austauschhäufigkeiten:
CA = 1,6 %; AB = 3,6 %

Die Entfernung der Gene CA beträgt folglich 1,6 und die der Gene AB 3,6 Morganeinheiten. Aus diesen Angaben lässt sich die relative Lage der Gene auf dem Chromosom konstruieren. Für den genannten Fall gibt es zwei Möglichkeiten:

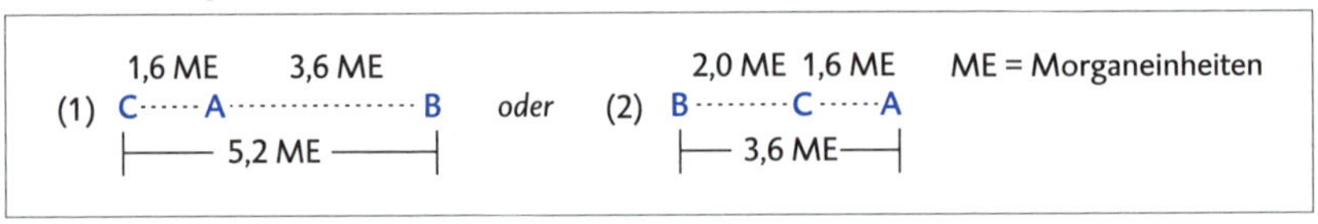

Um eine eindeutige Aussage über die Lage der Gene A, B und C zueinander machen zu können, braucht man daher noch einen dritten Austauschwert, nämlich den für die Gene BC (**Dreipunktanalyse**). Beträgt er 5,2 %, trifft Genanordnung (1) zu, liegt er bei 2,0 %, ergibt sich Genanordnung (2).

Bei weit auseinander liegenden Genen muss beachtet werden, dass innerhalb des Abschnitts der beiden Gene auch **Doppel-Crossing-over** stattfinden können. Man erhält dann für den Austauschwert der beiden weiter auseinander liegenden Gene einen geringeren Austauschwert als beim einfachen Crossing-over.

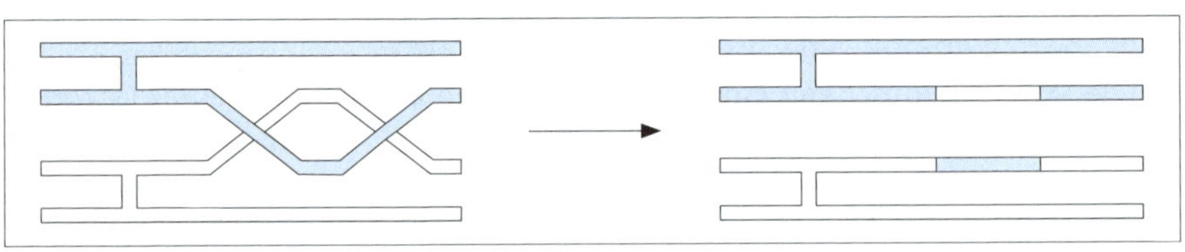

Abb. 8: Doppel-Crossing-over

Zusammenfassung

Mendelsche Regeln
zur Weitergabe der Erbanlagen
an die Nachkommen:

1. mendelsche Regel: Uniformitätsregel
2. mendelsche Regel: Spaltungsregel
3. mendelsche Regel: Regel von der Unabhängigkeit und Neukombination der Erbanlagen

Erforschung von Zellkern
und Chromosomen

Die Chromosomen sind die Träger der Erbanlagen (Gene).

- Einschränkung der 3. mendelschen Regel: Sie gilt nur für Gene, die auf verschiedenen Chromosomen liegen.
- Genkopplung: Gene, die auf einem Chromosom liegen, werden gemeinsam weitergegeben.
- Gekoppelte Gene können durch Crossing-over getrennt werden.

Aufgaben

10 Eine reinerbige Petunie mit roten, glatten Blütenblättern wird mit einer ebenfalls reinerbigen Petunie, die blaue, gefranste Blütenblätter besitzt, gekreuzt.

Alle Pflanzen der F_1-Generation haben violettfarbene, glatte Blütenblätter. (Verwenden Sie für die Erbanlagen folgende Buchstaben: b = blau, r = rot, f = fransig; Groß- und Kleinschreibung müssen Sie selbst entscheiden!)

- a Um welchen Erbgang handelt es sich?
- b Wie lautet die 1. mendelsche Regel und wo findet sie hier Anwendung?
- c Wie lauten die Genotypen der Eltern- und der F_1-Generation?
- d Wie viele verschiedene Phänotypen treten in der F_2-Generation auf?
- e Welcher Phänotyp ist in der F_2-Generation am häufigsten, welcher am seltensten vorhanden?
- f Geben Sie die Phänotypen an, die bei gekoppelter Vererbung der Anlagen für Farbe und Form der Blütenblätter in der F_2-Generation zu erwarten sind (inklusive Erbschema!).

11 Folgende reinerbige Blütenpflanzen werden miteinander gekreuzt: rote Tulpen mit langem Stiel und weiße Tulpen mit kurzem Stiel.

In der F_1-Generation waren alle Tulpen rot mit langem Stiel.

Von 398 Individuen der F_2-Generation waren 292 rot mit langem Stiel, 98 weiß mit kurzem Stiel, vier weiß mit langem Stiel und vier rot mit kurzem Stiel.

- a Wie lauten die Genotypen der P- und der F_1-Generation? Verwenden Sie die Bezeichnung der Allele die Anfangsbuchstaben des Alphabets!
- b Welche verschiedenen Genotypen lagen in den Keimzellen der F_1-Generation vor, die die rot-langstieligen und die weiß-kurzstieligen Individuen der F_2-Generation ergaben?
- c Erklären Sie das Zustandekommen der rot-kurzstieligen und der weiß-langstieligen Pflanzen der F_2-Generation.

12 Wie lautet die 3. mendelsche Regel? Unter welchen Bedingungen lässt sich diese Regel nicht anwenden?

13 Wie kann man ermitteln, ob eine rot blühende Pflanze reinerbig oder mischerbig ist? (Es sollen nur Pflanzen dieser Rasse zur Verfügung stehen!)

14 Zwei Rinderrassen werden gekreuzt:
Rasse 1: heterozygot schwarz-einfarbig
Rasse 2: homozygot braun-gescheckt

Aus dieser Kreuzung gehen vier verschiedene Phänotypen im Verhältnis 1 : 1 : 1 : 1 hervor.
(Verwenden Sie für die Bezeichnung der Allele die Anfangsbuchstaben des Alphabets!).

- a Welche der angegebenen Merkmale sind dominant?
- b Geben Sie die Genotypen der beiden Rinderrassen an.
- c Um welche Art von Kreuzung handelt es sich?
- d Erstellen Sie das Kombinationsquadrat für die F_1-Generation und geben Sie die möglichen Phänotypen an.

15 Wie lautet die 2. Mendelsche Regel? Geben Sie einen selbst gewählten monohybriden Erbgang an, bei dem das Zahlenverhältnis der Phänotypen in der F_1-Generation nicht 3 :1, sondern 1 : 2 : 1 beträgt.

16 Eine Frau besitzt zwei dominant vererbte Merkmale: Kurzfingrigkeit und erbliche Schwerhörigkeit. Das eine Merkmal hat sie von der Mutter, das andere vom Vater geerbt. Ihr Mann ist gesund.

a Welche Voraussage für ein künftiges Kind ist die wahrscheinlichste, wenn man annimmt, dass die Genorte für beide Merkmale sehr eng nebeneinander auf einem Chromosomenpaar liegen? Begründen Sie Ihre Aussage!
- Das Kind ist schwerhörig oder kurzfingrig.
- Das Kind besitzt beide Merkmale.
- Das Kind besitzt keines der beiden Merkmale.

b Wären die anderen Lösungen von a auch denkbar? Begründen Sie!

17 Bei einem Kreuzungsexperiment in Bezug auf die Gene A, B, C, D wurden folgende Entkopplungs- bzw. Austauschwerte festgestellt:

BA = 8 %; DC = 4,2 %; CA = 3,0 %; BC = 5 %;

a Welche Anordnungen der Gene auf dem Chromosom sind möglich?

b Welche der folgenden Austauschwerte sind falsch?
AD: 7,2 %, 2,0 %, 1,2 %, 0,5 %
BD: 3,0 %, 9,2 %, 1,2 %, 1,0 %

c Wie lautet die eindeutige Anordnung der vier Gene, wenn die Austauschhäufigkeit für AD = 1,2 % beträgt?

5 Erscheinungsbild und Erbgang von Merkmalen beim Menschen

5.1 Vererbung der Blutgruppen

Die Blutgruppensysteme des Menschen (neben AB0- und Rhesussystem ca. 50 weitere Systeme) werden **monogen** vererbt, d. h. ein Gen bedingt die Ausprägung eines Merkmals, hier einer bestimmten Blutgruppe. Der Vererbungsmodus entspricht den mendelschen Regeln für einen **dominant-rezessiven Erbgang.**

Das AB0-System

Den Blutgruppen des AB0-Systems liegen drei Allele eines Gens auf dem Chromosom 9 zugrunde: I^A, I^B, i. Durch Mutation eines einzigen Gens sind mehr als zwei Allele entstanden, die am gleichen Genort liegen (eigentlich mehr als drei Allele, da I^A in verschiedenen Untergruppen auftritt).

Kommt das Gen für ein bestimmtes Merkmal in mehr als zwei unterschiedlichen Ausprägungen (**Allelen**) vor, so spricht man von **multipler Allelie.**

I^A und I^B dominieren über i und werden beide ausgeprägt, wenn sie ein Genpaar bilden (**Kodominanz**). Die genetische Information der Gene I^A und I^B führt zur Bildung von bestimmten Eiweißstrukturen (**Antigene**, siehe Kapitel 2.5) auf der Zellmembran von roten Blutkörperchen. Antigene sind große Moleküle (Proteine, Polysaccharide), die an die Oberfläche von Zellen, Bakterien oder Viren gebunden sind. Gelangen sie in einen Organismus, führen sie als Fremdstoffe zur Bildung von Antikörpern und lösen Abwehrreaktionen (Immunreaktionen) aus.

Genotyp	Phänotyp = Blutgruppe	Antigene	% in Europa
$I^A I^A$ $I^A i$	A	A	42,5
$I^B I^B$ $I^B i$	B	B	14
$I^A I^B$	AB	AB	6,5
i i	0	keine	37

Tab. 4: Blutgruppen des AB0-Systems

Zur Blutgruppenbestimmung wird eine **Antigen-Antikörper-Reaktion** ausgenutzt. Das Blut enthält Antikörper (Gegenstoffe), die nach dem Schlüssel-Schloss-Prinzip spezielle Antigene binden können. Zu den Antigenen A und B auf den Erythrozyten existieren demnach die „passenden" Antikörper A und B (Tab. 5). Da Antikörper zwei Antigenbindestellen aufweisen, können sie die roten Blutkörperchen untereinander vernetzen, was zu einer sichtbaren Verklumpung (Ausfällung = **Agglutination**) führt.

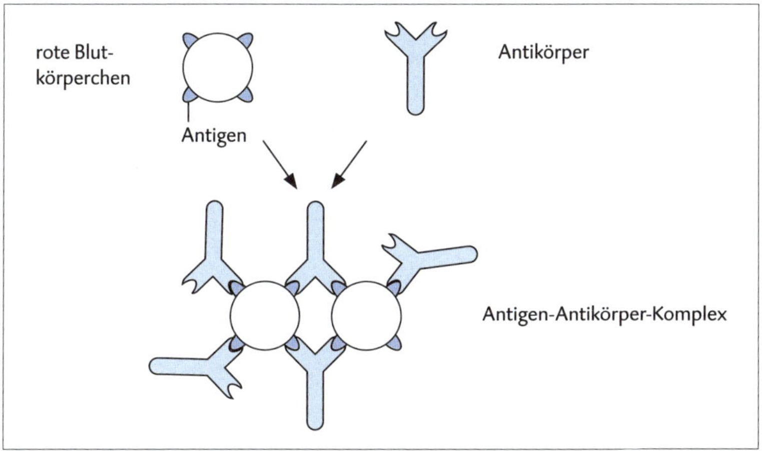

Abb. 9: Schlüssel-Schloss-Prinzip der Antigen-Antikörper-Reaktion

Bei der **Blutgruppenbestimmung** werden zum Blut der Versuchsperson Testseren gegeben, die die Antikörper A oder B oder beide Antikörper (Kontrolle) enthalten. Aus dem Auftreten oder Ausbleiben von Verklumpungen lässt sich die Blutgruppe festlegen.

Blutgruppe/ Antigene der Blutkörperchen	Antikörper im Blutserum	Verklumpung der Blutkörperchen mit Testserum
A	Anti-B	Anti-A
B	Anti-A	Anti-B
AB	keine	Anti-A, Anti-B
0	Anti-A + Anti-B	

Tab. 5: Antigene und Antikörper der Blutgruppen; Blutgruppenbestimmung

Vor der **Entstehung des AB0-Systems** enthält das Blut eines ungeborenen Kindes noch keine Blutgruppenantikörper. Sie entwickeln sich erst durch Kontakt mit *E. coli*-Bakterien. Diese tragen auf ihrer Zellwand die gleichen Antigene A und B wie die roten Blutkörperchen des Menschen. Zwischen dem 3. und 6. Monat nach der Geburt besiedeln Coli-Bakterien den Darm eines Säuglings und lösen dadurch die Antikörperbildung aus. Bei Blutgruppe 0 werden beide Antikörpertypen gebildet, bei A dagegen nur Anti-B (das A-Antigen wird in diesem Fall als körpereigenes Molekül erkannt).
In etwa 17 % der Fälle von Vaterschaftsklagen kann die Vaterschaft eines Mannes mithilfe des AB0-Systems ausgeschlossen werden (**Vaterschaftsausschlussverfahren**). Die 14 bei Gericht zugelassenen Blutgruppensysteme führen zur Klärung von über 90 % Vaterschaftsfragen.

Mutter	Kind	ausgeschlossene Blutgruppe des Vaters
0	A, B	0
0	0	AB
A	AB, B	A, 0
B	AB, A	B, 0

Tab. 6: Sich ausschließende Blutgruppenkonstellationen

Das Rhesus-System

Die Rhesuseigenschaft des Bluts wird durch die Antigene C, D und E bestimmt, die auf verschiedenen Bereichen der Oberfläche der roten Blutkörperchen zu finden sind.
Die genetische Information zur Ausprägung der Rhesus-Antigene liegt auf drei sehr eng benachbarten Genorten (C, D, E) und tritt in zwei Allelen auf. Vereinfacht wird der Genkomplex mit D bezeichnet, weil Gen D zur Bildung des Antigens mit der stärksten antigenen Wirkung führt.
Menschen, die den Genotyp DD oder Dd haben und daher Antigene D ausbilden, werden als **rhesuspositiv** bezeichnet. In **rhesusnegativem** Blut kommen – im Unterschied zum AB0-System – normalerweise keine Antikörper vor. Die Bildung von Antikörpern D wird erst ausgelöst, wenn einer rhesusnegativen Person rhesuspositives Blut übertragen wird (**Sensibilisierung**). Kommt diese Person ein zweites Mal mit rhesuspositivem Blut in Kontakt, tritt eine Antigen-Antikörper Reaktion ein.

Blutgruppe	Genotyp	Antigen	Antikörper D	% in Europa
Rh^+ (positiv)	DD, Dd	D	keine	85
rh^- (negativ)	dd	fehlt	normalerweise keine	15

Tab. 7: Blutgruppen des Rhesus-Systems

Die **Entstehung einer Rhesusunverträglichkeit** kann z. B. bei Schwangerschaften auftreten. Die Schädigung eines Kindes ist dabei nur möglich, wenn eine rhesusnegative Mutter ein rhesuspositives Kind erwartet und bereits durch eine Schwangerschaft mit einem ebenfalls rhesuspositiven Kind sensibilisiert wurde. Die **Sensibilisierung** tritt ein, wenn durch Risse in der Placenta während der Geburt geringe Mengen kindlichen Bluts in die Mutter übertreten und dort die Bildung von Antikörpern D auslösen. Bei einer weiteren Schwangerschaft können die kleinen Antikörper D in den kindlichen Blutkreislauf übertreten und, falls das Kind rhesuspositiv ist, zur Zerstörung von roten Blutkörperchen führen. Die Folgen sind Blutarmut, schwere Gelbsucht, Hirnschäden durch Blutabbauprodukte und häufig der Tod des Neugeborenen.

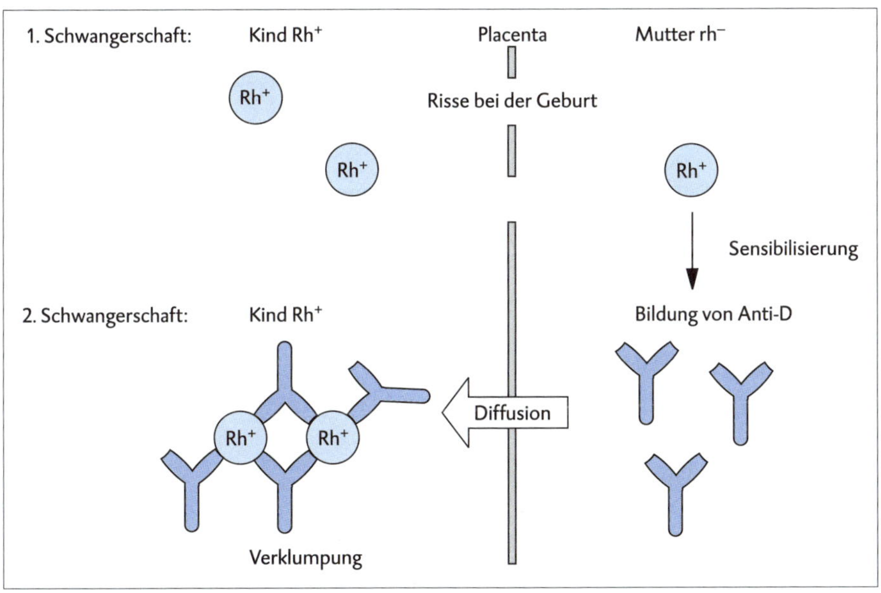

Abb. 10: Rhesus-Unverträglichkeit

Die **Verhinderung einer Rhesusunverträglichkeit** ist durch eine Impfung möglich: Die Injektion von Antikörper D bei einer rhesusnegativen Mutter nach der Geburt eines rhesuspositiven Kindes führt zur Zerstörung der kindlichen Blutkörperchen in ihrem Blut, eine Sensibilisierung ist verhindert. Die gespritzten Antikörper D werden später abgebaut.

5.2 Erbkrankheiten

Ursache für das Auftreten von Erbkrankheiten sind defekte Gene und Chromosomenanomalien, die vererbt werden. Diese Veränderungen des genetischen Materials beruhen auf Mutationen (siehe S. 96).

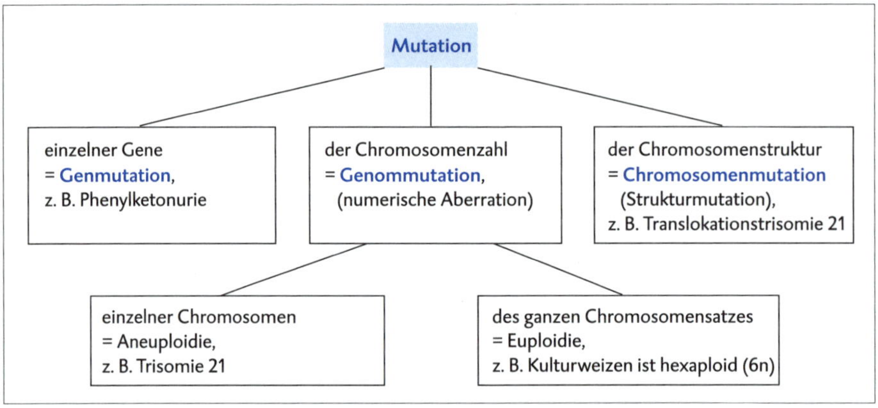

Abb. 11: Mutationsarten

Trisomie 21 als Beispiel einer autosomalen Genommutation

Zum Erscheinungsbild der Trisomie 21 (Down-Syndrom) gehören folgende Merkmale, die von Fall zu Fall unterschiedlich deutlich ausgeprägt sein können:

- kleiner, runder Schädel
- kleine Nase mit flacher Nasenwurzel
- schräg gestellte, weit auseinander stehende Augen
- Lidfalte
- dicke Zunge, daher Mund meist geöffnet
- kurze Finger bzw. Zehen
- kleine Ohren
- Vierfingerfurche
- Organfehlbildungen (Herz, Verdauungstrakt)
- geistig zurückgeblieben (Schwachsinn), IQ meist unter 80
- Immunabwehrschwäche

Männer mit Trisomie 21 sind meist steril, Frauen mit Down-Syndrom dagegen fruchtbar. Die Nachkommen einer Frau mit Down-Syndrom und eines gesunden Mannes werden mit einer Wahrscheinlichkeit von 50 % Trisomie 21 aufweisen.

Freie Trisomie 21 (92 % der Trisomie-Fälle) entsteht durch **Nondisjunction** (Nichttrennung, N!) in der Meiose: Die Trennung der homologen Chromosomen 21 in der Reduktionsteilung oder die Trennung der Chromatiden in der Äquationsteilung unterbleibt. Dies kann sowohl bei der Eizellen- wie auch bei der Spermienbildung passieren.

> Die Nichttrennung zweier homologer Chromosomen oder zweier Schwester-Chromatiden während der 1. bzw. 2. Reduktionsteilung der Meiose nennt man **Nondisjunction**.

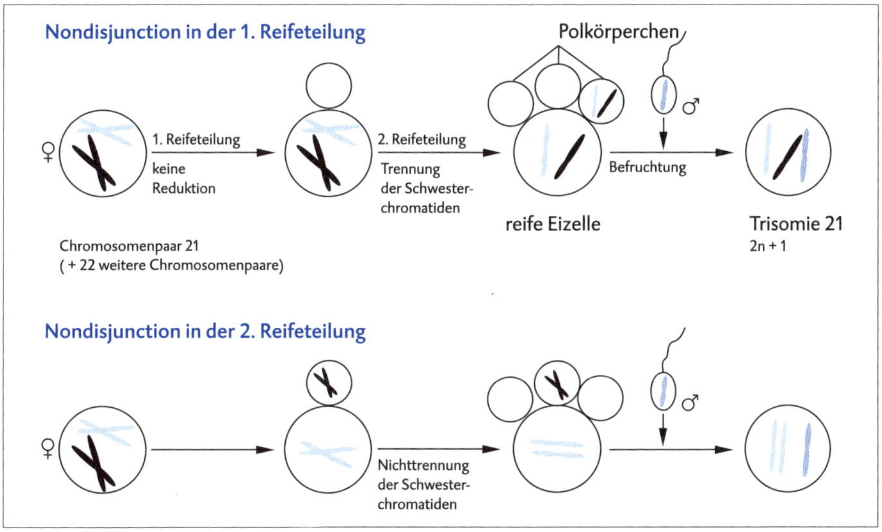

Abb. 12: Entstehung einer freien Trisomie 21 durch Nondisjunction bei der Eizellenbildung

Die Häufigkeit der Trisomie 21 nimmt mit zunehmendem Alter der Mutter zu:

Durchschnittshäufigkeit	1 : 600
bei Müttern unter 20 Jahren	1 : 2 000
bei Müttern über 45 Jahren	1 : 50

Ob zwischen dem Alter des Vaters und dem Auftreten von Trisomie 21 ein Zusammenhang besteht, ist noch unklar.

Bei der **Translokationstrisomie 21** (5 %) wird eines der Chromosomen 21 meist mit einem der beiden homologen Chromosomen 14 verbunden.

Als **Translokation** bezeichnet man die Mutation der Chromosomenstruktur, bei der Chromosomenstücke oder ganze Chromosomen wahrscheinlich durch ein falsches Crossing-over auf ein anderes Chromosom übertragen werden.

Bei beiden Chromosomen tritt ein Verlust (**Deletion**) der sehr kleinen Chromosomenarme ein (ohne phänotypische Auswirkung). Die langen Arme fusionieren im oder unmittelbar neben dem Zentromer (zentrische Fusion). Der Träger dieser Mutation besitzt in jeder Körperzelle nur 45 Chromosomen (z. B. weiblicher Karyotyp 45, XX, 14–21). Die Trisomie 21 kann erst bei den Kindern auftreten, da sich bei der Meiose an einem ungeradzahligen Chromosomensatz Fehler ergeben können. In der Reduktionsteilung verhalten sich die Chromosomen 14 und 14–21 homolog und werden getrennt. Das kleine Chromosom 21 wird dagegen dem Zufall entsprechend verteilt.

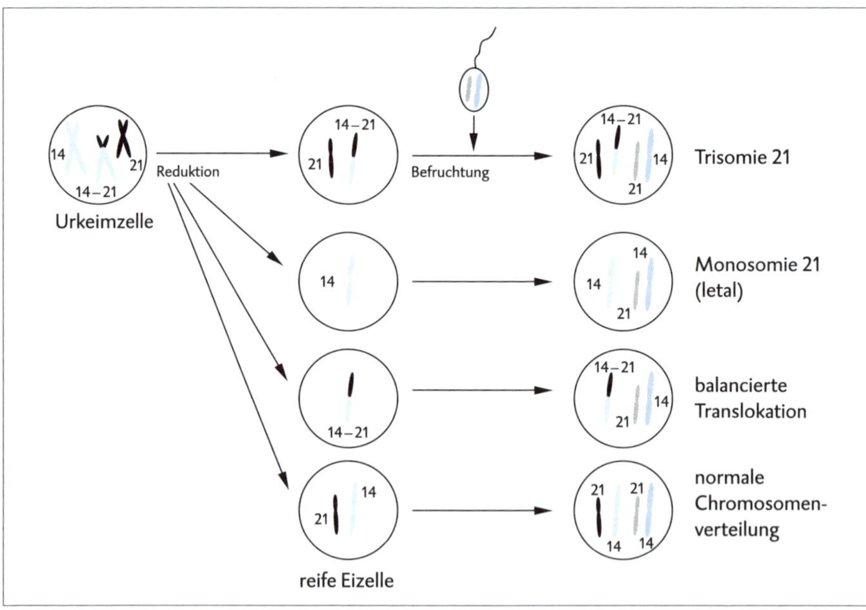

Abb. 13: Entstehung einer Translokationstrisomie 21

Für einen Träger der balancierten Translokation beträgt das Risiko, ein Kind mit Trisomie 21 zu bekommen, 33,3 % unabhängig von Alter und Geschlecht (Keime mit Monosomie sterben sehr früh in der Entwicklung ab).

Eine Trisomie 21 kann nicht nur während der Keimzellbildung ausgelöst werden, sondern auch während der frühen Entwicklung des Embryos: Durch Nondisjunction während der ersten Mitosen einer normalen Zygote entstehen einige trisome, überlebensfähige Zellen und monosome Zellen, die jedoch absterben. Da auch normale Zelllinien vorhanden sind, treten die Down-Symptome in schwächerer Ausprägung auf (**Mosaike**, ca. 3 %). Die Häufigkeit dieser Form der Trisomie 21 ist vom Alter der Mutter unabhängig.

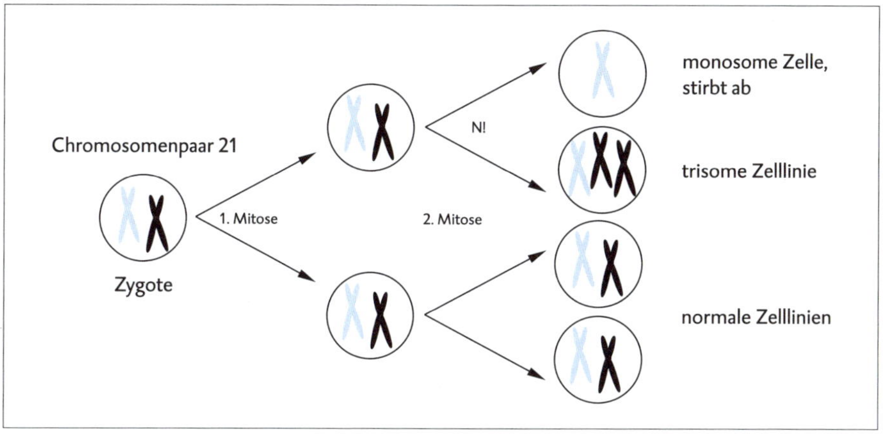

Abb. 14: Trisomie 21 durch Mosaikbildung

Gonosomale Genommutationen

Wie die Trisomie 21 kann auch eine vermehrte oder verminderte Zahl an Gonosomen durch Nondisjunction in der 1. oder 2. Reifeteilung bei der Keimzellbildung entstehen oder durch mitotische Nondisjunction bzw. Gonosomenverlust in der Zygote.

Fast alle gonosomalen Aneuploidien (Ausnahmen: 45,Y0; 46,YY0) führen zu lebensfähigen Individuen. Dies wird mit der **Lyon-Hypothese** erklärt: Zwischen dem 12. und 16. Tag in der Entwicklung eines weiblichen Embryos wird zufallsmäßig eines der X-Chromosomen fast vollständig inaktiviert und bleibt auch nach jeder Mitose inaktiv. Dadurch wird verhindert, dass in weiblichen Zellen die doppelte Menge an Genprodukten (z. B. Enzymen) mithilfe von zwei aktiven X-Chromosomen gebildet wird, verglichen mit männlichen Zellen, die nur ein X-Chromosom und das genarme Y-Chromosom (nur Geschlechtsrealisator) besitzen. Das inaktivierte X-Chromosom ist in einem Teil der Zellkerne weiblicher Körperzellen als ein am Rand liegender, dunkel anfärbbarer Punkt zu erkennen (**Barr-Körperchen**).

Dass die Inaktivierung nicht vollständig und ein zweites X-Chromosom nicht wirkungslos ist, zeigt sich z. B. darin, dass Turner-Frauen (nur ein X-Chromosom, kein Barr-Körperchen) bzw. Klinefelter-Männer (zwei X-Chromosomen, ein Barr-Körperchen) sich phänotypisch von normalen Personen unterscheiden. Andererseits ist die Inaktivierung überzähliger X-Chromosomen wohl der Grund, dass Träger von X-Polysomien nur geringe Schädigungen aufweisen. Autosomale Polysomien wie Trisomie 21 führen dagegen zu starken Beeinträchtigungen.
In der folgenden Tabelle sind einige der häufigen gonosomalen Chromosomenaberrationen sowie deren phänotypische Auswirkungen zusammengestellt. (Die Kombinationen eines XX-Spermiums mit monosomen bis tetrasomen Eizellen wurden der Übersichtlichkeit wegen weggelassen. Die resultierenden Karyotypen können sich auch aus der Kombination anderer Keimzellen ergeben und sind dort beschrieben.)

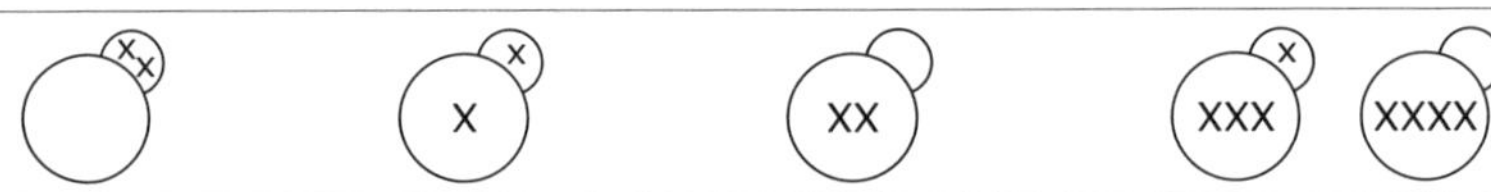

X	45,X0 Turner-Syndrom unfruchtbare kleinwüchsige Frau, mit breitem Hals, Intelligenz meist normal	46,XX normale Frau	47,XXX Triplo-X-Syndrom Aussehen und Fruchtbarkeit normal, Intelligenzentwicklung oft gestört	48,XXXX 49,XXXXX Poly-X-Frauen meist unfruchtbare Frauen mit körperlichen und geistigen Behinderungen, die Symptome treten mit steigender Zahl der X-Chromosomen verstärkt auf
Y	45,Y0 nicht lebensfähig	46,XY normaler Mann	47,XXY 48,XXXY 49,XXXXY Klinefelter-Syndrom unfruchtbare Männer von eunuchoidem Hochwuchs, weiblich wirkende Fettverteilung, meist normale Intelligenz, Antriebsarmut	
YY	46,YY0 nicht lebensfähig	47,XYY 48,XXYY 49,XXXYY 50,XXXXYY Diplo-Y-Syndrom Männer von relativ hohem Wuchs, verspätete und meist gestörte Pubertät, erhöhte Labilität, niedrige Frustrationstoleranz, Haltlosigkeit und Entschlusslosigkeit		

Tab. 8: Die häufigsten gonosomalen Chromosomenaberrationen und ihre Auswirkungen

Autosomal-dominante Erbleiden

Die Vererbung entspricht in diesen Fällen einem monohybriden, dominant-rezessiven Erbgang, d. h. es gelten die mendelschen Regeln.

Kennzeichen von autosomal-dominant vererbten Krankheiten sind:

- Merkmalsträger können homozygot (AA) oder heterozygot (Aa) sein, d. h. das defekte Allel verhält sich dominant.
- Homozygote Träger zeigen häufig eine sehr starke Ausprägung des Leidens, sodass ihre Lebenserwartung gering ist. Bei Heterozygoten kompensiert das intakte, aber rezessive Allel den Gendefekt teilweise.
- Phänotypisch Gesunde tragen die intakten, rezessiven Allele, sie sind auch genotypisch gesund (aa).
- Das Auftreten eines Merkmalsträgers in einer gesunden Familie ist auf eine Neumutation zurückzuführen.
- Die Vererbung ist unabhängig vom Geschlecht, da das betreffende Gen auf einem Autosom liegt.

Wenn bei einer autosomal-dominant vererbten Krankheit ein Elternpaar, das das untersuchte Merkmal in gleicher Ausprägung aufweist (beide mit Merkmal), wenigstens ein Kind mit anderem Erscheinungsbild hat (ohne Merkmal), muss dieses Kind reinerbig rezessiv sein. Die Eltern sind dann zwangsläufig mischerbig (heterozygote Merkmalsträger).

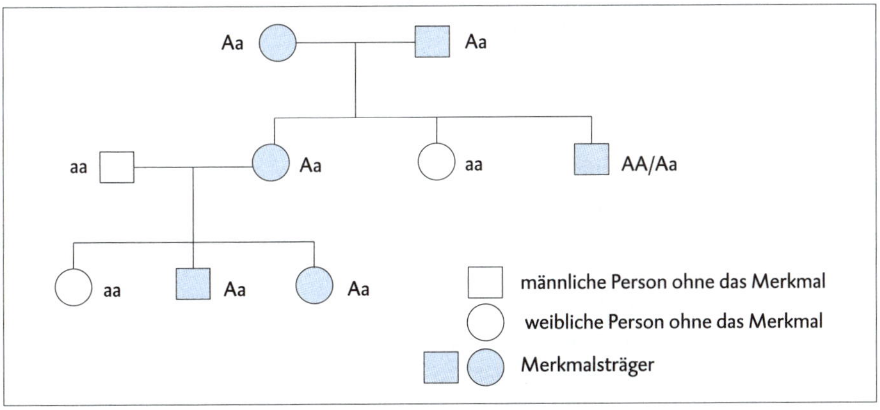

Abb. 15: Modellstammbaum zu einem autosomal-dominanten Erbleiden

Erbkrankheit	Häufigkeit	Krankheitsbild
Vielfingrigkeit	1 : 5 000	überzählige Finger oder Zehen, normal ausgebildet oder missgebildet
Kurzfingrigkeit	1 : 200 000	verkürzte oder fehlende mittlere Fingerknochen
Erblicher Zwergwuchs	1 : 50 000	unproportionierter Zwergwuchs durch verkürzte Gliedmaßen (Störung der Knochenbildung)
Erbliche Schwerhörigkeit	1 : 330	Störung im knöchernen Labyrinth, Beginn 15. – 40. Lebensjahr

Tab. 9: Beispiele autosomal-dominanter Erbleiden

Beispiel:

Marfan-Syndrom

Ursache ist ein mutiertes Gen (Häufigkeit ca. 1 : 10 000). Die Verwirklichung seiner genetischen Information führt zu einem defekten Struktureiweiß, das die Ausbildung von übermäßig elastischen Bindegewebsfasern in verschiedenen Körperteilen bedingt.

Die Folgen sind:
- überdehnbare Gelenkkapseln und Sehnen,
- verstärktes Längenwachstum der Knochen (Spinnengliedrigkeit),
- unterentwickelte Skelettmuskulatur,
- Deformation von Linse und Augapfel (→ Kurzsichtigkeit),
- Überdehnung des Aortenbogens, Krampfadern, Herzklappenfehler.

Das veränderte Gen beeinflusst in diesem Fall mehrere Merkmale (**Polyphänie**). Aus den verschiedenen Einzelsymptomen ergibt sich ein charakteristisches Krankheitsbild (Syndrom).

Autosomal-rezessive Erbleiden

Kennzeichen von autosomal-rezessiv vererbten Krankheiten sind:
- Merkmalsträger sind homozygot (aa), d. h. das defekte Allel verhält sich rezessiv.
- Phänotypisch Gesunde können homozygot gesund sein (AA), aber auch neben dem intakten Allel ein mutiertes besitzen. Sie sind (selbst merkmalsfreie) Überträger (**Konduktoren**, Aa).
- Das Auftreten eines Merkmalsträgers in einer gesunden Familie ist also nicht zwangsläufig auf eine Neumutation zurückzuführen, sondern das mutierte Allel kann über Generationen verdeckt weitergegeben werden.
- Eine relative Häufung von Merkmalsträgern ist bei Verwandtenehen zu beobachten, da die Wahrscheinlichkeit, dass beide Partner Überträger der rezessiven Krankheit sind, mit dem Verwandtschaftsgrad zunimmt.

- Die Vererbung ist unabhängig vom Geschlecht, da das betreffende Gen auf einem Autosom liegt.

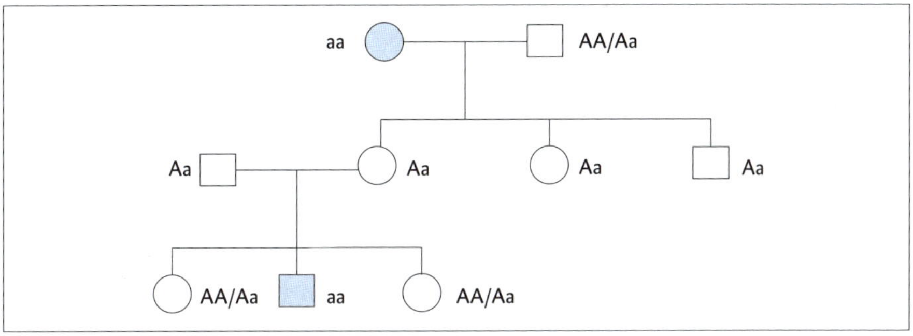

Abb. 16: Modellstammbaum zu einem autosomal-rezessiven Erbleiden

> Wenn bei einer autosomal-rezessiv vererbten Krankheit ein Elternpaar, das das untersuchte Merkmal in gleicher Ausprägung aufweist (beide ohne Merkmal), wenigstens ein Kind mit anderem Erscheinungsbild hat (mit Merkmal), so ist das Kind reinerbig rezessiv. Die Eltern sind zwangsläufig mischerbig (heterozygot gesund).

Erbkrankheit	Häufigkeit	Krankheitsbild
Albinismus	1 : 15 000	Fehlen des Enzyms zur Umwandlung von Tyrosin in Melanin Folge: Pigmentmangel in Haut, Haaren und Augen
Mukoviscidose	1 : 1 000	Fehlfunktion der exokrinen Drüsen, z. B. Produktion von zähem Schleim in Lunge und Atemwegen
Galaktosämie	1 : 20 000	Fehlen eines Enzyms bei der Umwandlung von Galaktose (Bestandteil des Milchzuckers) in Glucose Folgen: Leberschäden, Gelbsucht, Schwachsinn
Sichelzellanämie	häufig unter der schwarzen Bevölkerung in Malariagebieten	Basenaustauschmutation führt zu verändertem Hämoglobin, Sichelform der roten Blutkörperchen bei Sauerstoffmangel Folgen: Blutzersetzung, Leber- und Milzschäden, Anämie; Heterozygote zeigen nur schwache Schäden (eigentlich kodominante Wirkung der Allele A und a)

Tab. 10: Beispiele für autosomal-rezessive Erbleiden

Beispiel

Phenylketonurie (PKU)

Den homozygoten Trägern dieser erblichen Stoffwechselstörung, die durchschnittlich bei 1 : 10 000 Neugeborenen auftritt, fehlt das funktionsfähige Enzym Phenylalaninhydroxylase. **Ursache** dafür ist eine Punktmutation (siehe S. 96) im entsprechenden Gen. Das Protein, das dem mutierten Gen entsprechend gebildet wird, hat keine Enzymwirkung und die Umwandlung der Aminosäure Phenylalanin in die Aminosäure Tyrosin unterbleibt. Da im Stoffwechsel zahlreiche Enzym gesteuerte Reaktionen hintereinander geschaltet sind, führt der Ausfall der Phenylalaninhydroxylase zum Abbruch einer ganzen Stoffwechselkette (Stoffwechselblock, siehe S. 95). Bei Heterozygoten kompensiert das zweite, intakte Allel den Gendefekt; es wird eine geringere, aber ausreichende Menge des Enzyms gebildet.

Das Fehlen der Phenylalaninhydroxylase führt zu mehreren Symptomen (**Polyphänie**), wenn die PKU nicht frühzeitig erkannt und therapiert wird:

- Bereits nach wenigen Wochen kommt es zu einem Entwicklungsrückstand des Säuglings und ohne Behandlung zu sehr schweren geistigen Schäden. Vor der Geburt ist der Fetus durch den Stoffaustausch mit dem mütterlichen Körper vor einer Anhäufung von Phenylalanin geschützt. Nach der Geburt steigt der Phenylalaningehalt von Blut und Gewebe durch die Milchnahrung rasch an und kann das 30-fache des normalen Werts erreichen. Ein Teil des Phenylalanins wird in Phenylbrenztraubensäure (Phenylketon) umgewandelt und zusammen mit überschüssigem Phenylalanin im Urin ausgeschieden. Diese anomalen Stoffwechselprodukte bedingen auch den strengen Geruch des Harns von unbehandelten PKU-Kranken.
- Phenylbrenztraubensäure und andere, ebenfalls giftige Abbauprodukte des Phenylalanins beeinträchtigen u. a. die Ausbildung der Myelinscheiden um die Nervenzellen des Großhirns und führen zu Schwachsinn, Krämpfen und Lähmungen.
- Da durch den Enzymmangel die Umwandlung von Phenylalanin in Tyrosin unterbleibt, sinkt der Tyrosinspiegel im Körper. Aus Tyrosin entsteht das Schilddrüsenhormon Thyroxin, das den Grundumsatz im Körpers regelt. Ein verminderter Thyroxingehalt führt zu Wachstumsstörungen und Schädigungen des Nervensystems.
- Tyrosin ist außerdem die Vorstufe des Hormons Adrenalin und des Farbstoffs Melanin. Der Melaninmangel von PKU-Kranken zeigt sich in hellen Haaren (blond oder rot), blauen Augen und fahler Haut.

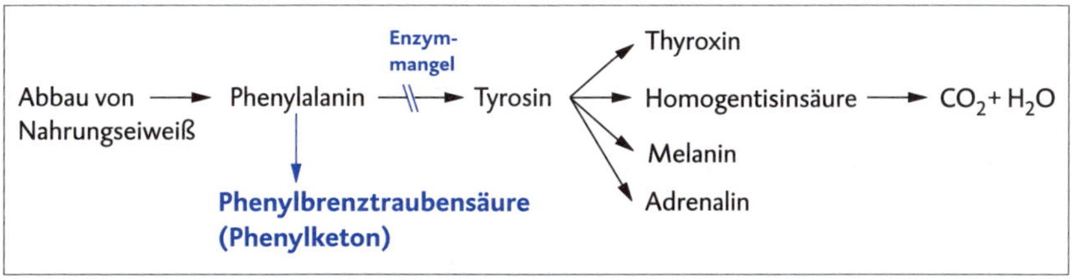

Abb. 17: Phenylalanin-Stoffwechsel beim Menschen

Wichtig für die Behandlung von PKU ist die frühzeitige **Erkennung**:

- Alle Neugeborenen werden einige Tage nach der Geburt auf einen erhöhten Gehalt von Phenylalanin im Blut mittels **Guthrie-Test** untersucht. Blut des Kindes wird auf ein Filterpapierstückchen aufgebracht und dieses auf einen mit Bakterien *(Bacillus subtilis)* bestrichenen Nährboden gelegt. Diese Bakterien können nur bei Phenylalanin-Zufuhr wachsen, da ihre Phenylalaninsynthese durch einen kompetitiven Hemmstoff blockiert wurde (siehe S. 165). Enthält das Blut Phenylalanin, wachsen die Bakterien ringförmig um den Blutfleck, da Phenylalanin die Wirkung des kompetitiven Hemmstoffs aufhebt.
- Beim Windeltest, bei dem zu einer Urinprobe des Kindes gelbe Eisen(III)-chloridlösung gegeben wird, zeigt eine intensiv blau-grüne Färbung Phenylbrenztraubensäure an. Dieser Test ist jedoch weniger spezifisch und kann auch erst später (etwa ab der 3. Lebenswoche) durchgeführt werden als der Guthrie-Test.

Die **Therapie** der PKU besteht in einer **Diät**: Die Kinder erhalten möglichst bald nach der Geburt eine phenylalaninarme, tyrosinreiche Kost. Sie dürfen nur wenig Eiweiß zu sich nehmen, da dieses bis zu 5 % Phenylalanin enthalten kann. Um eine ausreichende Versorgung mit Aminosäuren zu gewährleisten, erhalten sie speziell zusammengestellte Aminosäuregemische, in denen Phenylalanin in geringen, aber genau dosierten Mengen enthalten ist. Phenylalanin darf als essenzielle Aminosäure in der Nahrung nicht völlig fehlen, da es sonst zu Mangelerscheinungen käme.

Wird diese Diät konsequent bis zum 10. Lebensjahr eingehalten, verläuft die Gehirnentwicklung normal. Ab diesem Alter ist das Nervensystem soweit entwickelt, dass keine Schäden durch hohe Phenylalaninkonzentrationen mehr zu erwarten sind. Neuere Untersuchungen zeigen jedoch, dass Frauen mit PKU die Diät weiterführen sollten, da bei einer Schwangerschaft die Gehirnentwicklung des Embryos durch zu hohe Phenylalaninmengen im mütterlichen Blut gestört werden kann.

Gonosomal-rezessive Erbleiden

Kennzeichen gonosomal-rezessiv vererbter Krankheiten sind:

- Das betreffende Gen ist auf dem X-Chromosom lokalisiert.
- Merkmalsträger sind homozygote Frauen (X_aX_a), d. h. das defekte Gen verhält sich rezessiv, und hemizygote Männer (X_aY).
  Hemizygotie: Auf dem Y-Chromosom befinden sich keine dem X-Chromosom entsprechenden Allele. Liegen rezessive Gene auf dem X-Chromosom, prägen sie sich auch im Phänotyp aus, deshalb kann man bei Männern vom Phänotyp auf den Genotyp schließen und umgekehrt.
- Überträger können nur Frauen sein (Konduktorinnen: X_AX_a).

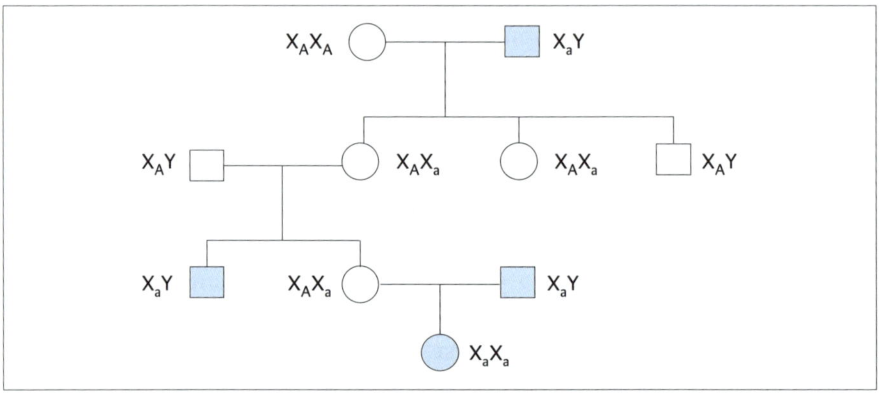

Abb. 18: Modellstammbaum zu einem gonosomal-rezessiven Erbleiden

Bei X-chromosomalen, rezessiven Erbgängen ist die Mehrzahl der Merkmalsträger männlich. Der Großvater mütterlicherseits und die Enkel (mit 50 % Wahrscheinlichkeit) sind Merkmalsträger. Aus einer Ehe zwischen einer Überträgerin und einem gesunden Mann können erkrankte Söhne, aber keine erkrankten Töchter hervorgehen. Erkrankte Väter vererben das defekte Gen nur an die Töchter, nicht an die Söhne.

Beispiele

Bei der **Rotgrünblindheit** können manche Rot- und Grüntöne, aber auch Orange- und Olivtöne nicht unterschieden werden. Personen mit Rotgrünblindheit haben vom Farbspektrum einen anderen Eindruck als Normalsichtige.

Als Ursache für die verschiedenen Formen von Rotgrünblindheit und -schwäche nimmt man Mutationen in zwei eng beieinander liegenden Genorten auf dem X-Chromosom an. Jedes Gen liegt in drei Allelen vor:

für Normalsichtigkeit, Farbschwäche und Farbblindheit. Diese Anomalien treten bei etwa 8 % der Männer und 0,5 % der Frauen auf.

Bei der **Bluterkrankheit** tritt die Blutgerinnung erst nach mehr als 15 Minuten ein (normal: 5–7 Minuten). Starke innere Blutungen durch leichte Prellungen oder schwerer Blutverlust durch Wunden können ohne ärztliche Hilfe zum Tod führen.
Ursache ist das Fehlen eines der 13 Blutgerinnungsfaktoren (Eiweißstoffe und Calciumionen) und zwar meist Faktor VIII (Hämophilie A). Normalerweise führen die Faktoren zur Bildung von Fibrin aus Fibrinogen (Bestandteil des Blutplasmas). Fibrinfäden verfestigen den Blutpfropf aus Blutplättchen in der Wunde. Diese Faktoren stellen primäre Genprodukte (siehe S. 94 f.) dar; ihr Fehlen wird also direkt durch ein defektes Gen verursacht.

Zusammenfassung

- Die Blutgruppen des Menschen werden monogen vererbt.
- Beim AB0-Blutgruppensystem liegt multiple Allelie vor.
- Das Blutserum enthält Antikörper gegen fremde Blutgruppen des AB0-Systems.
- Bei rhesusnegativen Personen bilden sich Antikörper D erst nach Kontakt mit rhesuspositivem Blut.
- Mutationen (Veränderungen des genetischen Materials) können die Ursache von Erbkrankheiten sein.
- Eine Mutation kann ein Gen (Genmutation), die Chromosomenzahl (Genommutation) oder die Chromosomenstruktur (Chromosomenmutation) betreffen.
- Beim Menschen kommen autosomale Genommutationen (z. B. Trisomie 21) und gonosomale Genommutationen (z. B. Klinefelter-Syndrom) vor.
- Genmutationen sind die Ursache einiger Erbkrankheiten des Menschen:
  a Bei autosomal-dominanten Erbleiden liegt das mutierte, die Krankheit auslösende Gen auf einem Autosom und verhält sich dominant. Erkrankte Personen weisen den Genotyp Aa oder (selten) AA auf. Beispiel: Marfan-Syndrom.
  b Voraussetzung für das Auftreten einer autosomal-rezessiven Erbkrankheit ist der homozygot rezessive Genotyp aa. Heterozygote Personen sind phänotypisch gesund. Beispiel: Phenylketonurie.
  c Bei gonosomal-rezessiven Erbleiden des Menschen liegt das mutierte Gen auf dem X-Chromosom. Bei weiblichen Personen bricht die Krankheit nur aus, wenn beide X-Chromosomen das mutierte Gen tragen. Bei männlichen Personen genügt die Mutation auf dem X-Chromosom, da das Y-Chromosom kein entsprechendes Allel aufweist, das den Gendefekt kompensieren könnte (Hemizygotie). Beispiel: Bluterkrankheit.

Aufgaben

18 Eine Frau erhält bei einer Operation eine Bluttransfusion, wobei ihr Mann als Spender auftritt (er besitzt wie seine Frau ebenfalls die Blutgruppe A). Ein Jahr später kommt ihr erstes gemeinsames Kind mit einer schweren Gelbsucht zur Welt.
Geben Sie für diesen sehr seltenen Fall eine detaillierte Erklärung, die alle Vorgänge bis hin zur Entstehung der Gelbsucht umfasst.

19 Bei rhesusnegativen Frauen kommt es häufig nicht zur Bildung von Antikörpern D, obwohl ihr Kind rhesuspositiv ist, wenn sie z. B. Blutgruppe B besitzen und das Kind Blutgruppe AB aufweist.
Entwickeln Sie eine mögliche Erklärung unter Berücksichtigung des AB0-Blutgruppensystems!

20 Bei der Blutgruppenbestimmung einer Familie ergibt sich, dass der Vater die Blutgruppe A hat und rhesuspositiv ist, während die Mutter die Blutgruppe 0 aufweist und rhesusnegativ ist. Das erste Kind hat die Blutgruppe 0 und ist rhesusnegativ.

- a Leiten Sie aus diesen Angaben die Genotypen der Eltern und des Kindes ab. Begründen Sie!
- b Geben Sie an, mit welcher Wahrscheinlichkeit ein weiteres Kind die Merkmalskombination Blutgruppe 0/rhesuspositiv haben wird. Fertigen Sie hierzu ein Schema des Erbgangs an.

21 Ein Elternpaar mit den phänotypischen Blutgruppen A und AB hat drei Kinder mit den Blutgruppen A, B und AB. Können aus genetischer Sicht alle drei Kinder von diesem Elternpaar stammen? Kurze Begründung!

22 In Einzelfällen können beim Mann Spermien mit zwei X-Chromosomen (Chromatiden) und mit zwei Y-Chromosomen (Chromatiden) gebildet werden. Erläutern Sie unter Verwendung der entsprechenden Fachbegriffe und mit einer einfachen Skizze eine Möglichkeit für die Bildung der oben genannten Spermienzelle.

23 Skizzieren Sie alle Möglichkeiten für das Zustandekommen einer Zygote mit dem Karyotyp 47, XXY ausgehend von den Urkeimzellen!

24 Männer mit dem Diplo-Y-Syndrom sind phänotypisch wenig auffällig.

- a Nennen Sie drei körperliche bzw. psychische Merkmale, die für dieses Syndrom typisch sind.
- b Zeigen Sie anhand einer beschrifteten Skizze eine Möglichkeit für das Zustandekommen dieses Genotyps auf.

25 Das Karyogramm einer Frau weist nur 45 Chromosomen auf und lässt erkennen, dass die homologen Chromosomen Nr. 21 verwachsen sind.
Wie groß ist die Wahrscheinlichkeit, dass diese Frau mit einem genotypisch gesunden Mann ein Kind mit Down-Syndrom bekommt? Begründung!

26 Der nebenstehende Stammbaum zeigt Auftreten von Phenylketonurie (farbig markiert) in einer Familie:

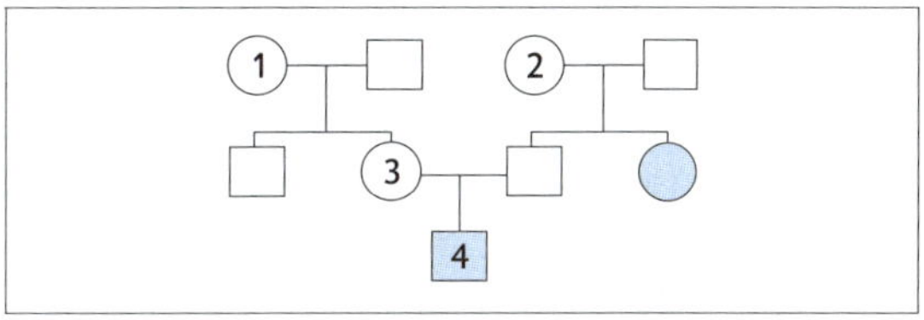

a Um welche Art des Erbgangs handelt es sich? Begründen Sie Ihre Antwort aus dem Stammbaumschema und ordnen Sie den Personen 1–4 die entsprechenden Genotypen zu!

b Welche Auswirkungen hat der genetische Defekt auf die Entwicklung des neugeborenen Kindes Nr. 4?

c Wie lassen sich die Auswirkungen dieses Erbleidens heute verhindern?

27 Die Krankheit Muskeldystrophie wird X-chromosomal-rezessiv vererbt.

a Eine phänotypisch gesunde Frau heiratet einen Mann, der an Muskeldystrophie erkrankt ist. Aus dieser Ehe geht ein rotgrünblindes Turner-Mädchen und ein bezüglich einer der beiden Erbkrankheiten nur phänotypisch gesundes Mädchen hervor.
Erklären Sie die Erbgänge durch ein Erbschema mit genauer Legende der Genotypen und Phänotypen.

b Das phänotypisch gesunde Mädchen aus a heiratet als Erwachsene einen Mann mit Rotgrünblindheit. Mit welcher Wahrscheinlichkeit vererben die Eltern die beiden Erbkrankheiten an ihre Söhne und Töchter weiter? Erbschema mit genauer Legende!

28 In einer Familie sind Vater, Sohn und Tochter rotgrünblind, nur die Mutter ist farbtüchtig.

a Von welchem Elternteil hat der Sohn die Rotgrünblindheit geerbt?

b Wie lässt sich das Auftreten des seltenen Falls einer Rotgrünblindheit bei einer Frau (Tochter) erklären?

29 Welche Folge hat Nondisjunction eines Chromosoms 21 bei der 1. (!) Zellteilung der Zygote für die spätere Entwicklung des Kindes? (Alle weiteren Zellteilungen sollen normal verlaufen.) Geben Sie eine genaue (!) Erklärung bzw. Begründung an!

6 Genetische Familienberatung und genetische Diagnostik

Ziel der genetischen Diagnostik ist es, mögliche genetische Risiken zu erkennen oder sie auszuschließen. Im Rahmen der genetischen Familienberatung können Voraussagen über das wahrscheinliche Auftreten genetisch bedingter Defekte bei den Nachkommen gemacht werden.

Die genetische Familienberatung wird meist aufgesucht, wenn eine oder mehrere der folgenden Voraussetzungen zutreffen:

- Ein Elternteil leidet an einer Krankheit, die möglicherweise vererbt wird, z. B. Phenylketonurie (siehe S. 44).
- In der Familie eines der beiden Eltern ist bereits eine Erbkrankheit aufgetreten, z. B. angeborene Gehörlosigkeit.
- Die gesunden Eltern haben bereits ein behindertes Kind; am häufigsten ist dies bei der Trisomie 21 (Down-Syndrom) der Fall.
- Die Eltern sind besorgt, dass ihre Keimzellen möglicherweise genetisch geschädigt sind, z. B. durch radioaktive Strahlen oder Röntgenstrahlung.
- Das Alter der Eltern liegt über 35 Jahre; ist die Mutter älter als 35 Jahre, erhöht sich das Risiko für das Auftreten von Trisomie 21 und anderer numerischer Chromosomenaberrationen.
- Die Eltern befürchten eine Schädigung ihres Kindes, weil sie miteinander verwandt sind. Je näher zwei Menschen miteinander verwandt sind, desto ähnlicher sind ihre Erbanlagen. Da sich viele Gene, die zu Krankheiten führen, rezessiv verhalten, ist die Wahrscheinlichkeit einer reinerbigen Kombination bei Verwandten höher als bei Nichtverwandten.
- Die Eltern befürchten mögliche Umwelteinflüsse auf den Embryo in der Gebärmutter, z. B. durch Alkoholmissbrauch, durch die Einnahme von Medikamenten oder Schädigungen des Embryos aufgrund einer Infektionskrankheit während der Schwangerschaft (z. B. Röteln).
- Es liegen frühere Schwangerschaften mit Fehlgeburten ohne gynäkologische Ursachen vor.
- Die Ultraschalluntersuchung zeigt Abweichungen oder erkennbare Defekte beim Embryo oder Fetus.

6.1 Risikoabschätzung durch Stammbaumanalyse und Heterozygotentest

Stammbaumanalysen beim Menschen sind nur sinnvoll, wenn die Erbleiden monogen bedingt sind, d. h. nur durch ein einziges Gen hervorgerufen werden und die Gene eine fast völlige Penetranz (Ausprägung im Phänotyp) besitzen. Nur dann finden auch beim Menschen die mendelschen Regeln Anwendung, ohne die Voraussagen über die Wahrscheinlichkeit des Auftretens von Erbkrankheiten nicht gemacht werden können.
Ca. 1 % aller Neugeborenen leidet an einem monogenen Defekt. Der Defekt kann Gene betreffen, die dominant oder rezessiv und auf den Autosomen oder dem X-Chromosom lokalisiert sind (das Y-Chromosom ist nahezu genleer).
Bei der Familienberatung wird zuerst der **Familienbefund** (Familienanamnese) aufgestellt. Dabei muss nach dem Auftreten des Erbleidens bei möglichst vielen Verwandten eines Rat suchenden Paars geforscht werden, auch bei solchen, die früh verstorben sind sowie bei Fehl- oder Totgeburten. Wenn sich dadurch der Genotyp der Rat Suchenden ermitteln lässt, können Wahrscheinlichkeitsaussagen über das Auftreten der Erbkrankheit bei ihren Nachkommen gemacht werden.

Beispiele

Beispiel für ein **autosomal-dominantes Erbleiden:**

heterozygot erkrankter Partner	×	gesunder Partner
Aa		aa

→ 50 % der Nachkommen sind heterozygote Merkmalsträger, 50 % sind gesund.

Beispiele für ein **autosomal-rezessives Erbleiden:**

heterozygot gesunder Partner	×	homozygot gesunder Partner
Aa		AA

→ Alle Nachkommen sind phänotypisch gesund, jedoch die Hälfte davon ist Träger eines mutierten Allels (heterozygot).

oder

heterozygot gesunder Partner	×	heterozygot gesunder Partner
Aa		Aa

→ 25 % der Nachkommen sind gesund, 50 % der Nachkommen sind zwar phänotypisch gesund, jedoch heterozygot. 25 % der Nachkommen sind erkrankt.

X-chromosomal-rezessive Erbleiden:

homozygot gesunde Frau × hemizygot kranker Mann

$X_A X_A$ $X_a Y$

→ Alle Nachkommen sind phänotypisch gesund, die Töchter jedoch Konduktorinnen.

oder

heterozygot gesunde Frau × hemizygot gesunder Mann

$X_A X_a$ $X_A Y$

→ Alle Töchter sind phänotypisch gesund, 50 % davon Konduktorinnen. 50 % der Söhne sind gesund, 50 % krank.

Bei Erkrankungen und Fehlbildungen, die zwar vererbt werden, aber keinem einfachen Erbgang folgen oder durch mehrere Gene bedingt sind, können empirische Risikowerte bei familiär gehäuftem Auftreten angegeben werden.

Beispiele

0,6 % aller Neugeborenen haben einen angeborenen **Herzfehler**. Das Risiko für Geschwister solcher Kinder, ebenfalls mit einem Herzfehler geboren zu werden, beträgt 2 %.

Wenn ein Elternteil mit einer **Lippen-Kiefer-Gaumenspalte** geboren wurde, ist das Risiko für diese Fehlbildung bei seinem ersten Kind 4 % und steigt auf 17 %, falls dieses Kind die Fehlbildung tatsächlich aufweist. Im Bevölkerungsdurchschnitt beträgt die Häufigkeit für Lippen-Kiefer-Gaumenspalten 0,1–0,2 %.

Mithilfe des **Heterozygotentests** können bei rezessiven Erbkrankheiten heterozygote Träger von Erbanlagen bestimmt werden, z. B. solche für Phenylketonurie oder Konduktorinnen für Bluterkrankheit.

Bei diesem Test wird dem mutmaßlichen Träger eine bestimmte Dosis Phenylalanin verabreicht. Gesunde Personen bauen das ins Blut gelangende Phenylalanin rasch ab, sodass die Konzentration von Phenylalanin kaum ansteigt. Gleichzeitig steigt der Tyrosinspiegel im Blut an, da Tyrosin ein Abbauprodukt des Phenylalanins ist. Heterozygote Träger des Gens für Phenylketonurie (das rezessiv vererbt wird) sind dagegen am Anstieg der Phenylalaninkonzentration im Blut zu erkennen, während die Tyrosinkonzentration bei ihnen nur leicht zunimmt. Bei Phenylketonurie-Kranken führt die Zufuhr von Phenylalanin zu einem starken Anstieg der Phenylalaninkonzentration im Blut. Die Tyrosinkonzentration bleibt unverändert niedrig. Durch Gendiagnose (s. S. 124) lassen sich Gendefekte nachweisen, die die Ursache schwerer Erbkrankheiten wie Chorea Huntington oder Sichelzellanämie sind.

6.2 Methoden der pränatalen Diagnostik

Die pränatale Diagnostik stützt sich in erster Linie auf folgende Untersuchungsmethoden:

- **Ultraschalluntersuchung** des Fetus: Die Ultraschall-Sonographie ist im Gegensatz zur Röntgendiagnostik und zur Fruchtwasserentnahme für die Mutter und den Embryo ungefährlich. Sie wird vor allem bei Schwangeren unter 35 Jahren durchgeführt. Schon im dritten Schwangerschaftsmonat kann man beim Fetus in vielen Fällen anhand einer verdickten Nackenfalte feststellen, ob eventuell eine Trisomie 21 vorliegt. Fehlbildungen des Gehirns weisen auf eine Trisomie 13 (Patau-Syndrom) hin.
- **Amniozentese** (Fruchtwasseruntersuchung): Der Schwangeren wird ab der 15. Schwangerschaftswoche durch die Bauchdecke etwas Fruchtwasser aus der Fruchtblase entnommen. Dies geschieht mithilfe einer Kanüle, die in die Fruchtblase eingeführt wird. Mit einer Spritze werden einige Milliliter Fruchtwasser abgesaugt. Das Fruchtwasser enthält immer auch einige fetale Zellen, die durch Zentrifugieren von der Flüssigkeit abgetrennt und anschließend auf einem Nährboden verteilt werden. Die Zellen vermehren sich (Zellkultur) und stehen dann für biochemische Untersuchungen und Chromosomenanalysen zur Verfügung. Das Ergebnis liegt nach ca. drei Wochen vor.
- **Chorionzottenbiopsie:** Die Chorionzotten sind fransige Fortsätze der äußeren Embryonalhülle (Chorion) und stellen Gewebe des ungeborenen Kindes dar.
  Die Entnahme einer Probe kann bereits in der 8.–10. Schwangerschaftswoche erfolgen. Mithilfe eines Katheters werden durch den Muttermund Zottenzellen abgesaugt. Diese Zellen können sofort, ohne Anlegen einer Zellkultur, untersucht werden. Die Schwangere erhält das Ergebnis nach etwa einer Woche.
- **Nabelschnurpunktion:** Diese Untersuchungsmethode kann angewendet werden, wenn Chorionzottenbiopsie und Amniozentese versäumt wurden oder unklare Ergebnisse erbracht haben. Mittels einer Spritze wird durch die Bauchdecke der Schwangeren und durch die Fruchtblase in die Nabelschnur des Fetus gestochen und einige Milliliter Blut entnommen. Das Blut kann sofort cytogenetisch und biochemisch untersucht werden.
- **Chromosomenanalyse:** Durch die Chromosomenanalyse (hierzu ist die Erstellung eines Karyogramms nötig, siehe S. 3 f.) können strukturelle (z. B. Translokationstrisomie 21), autosomale numerische (z. B. Trisomie 21 und

18) und gonosomale numerische Chromosomenaberrationen (z. B. Turner-Syndrom, Klinefelter-Syndrom u. Ä.) festgestellt werden.

- **Biochemische Untersuchungen:** Biochemische Untersuchungen werden sowohl mit dem Fruchtwasser direkt als auch mit den fetalen Zellen bzw. Zellkulturen durchgeführt. Dadurch können Stoffwechselerkrankungen des Embryos, z. B. Galaktosämie und Sichelzellanämie während der Schwangerschaft erkannt werden und die Behandlung kann schon im Mutterleib während der Embryonalentwicklung beginnen.
- **Gentests:** Durch fetale DNA-Diagnose mithilfe gentechnologischer Methoden lassen sich Krankheiten wie Phenylketonurie, Bluterkrankheit und Mukoviscidose diagnostizieren.

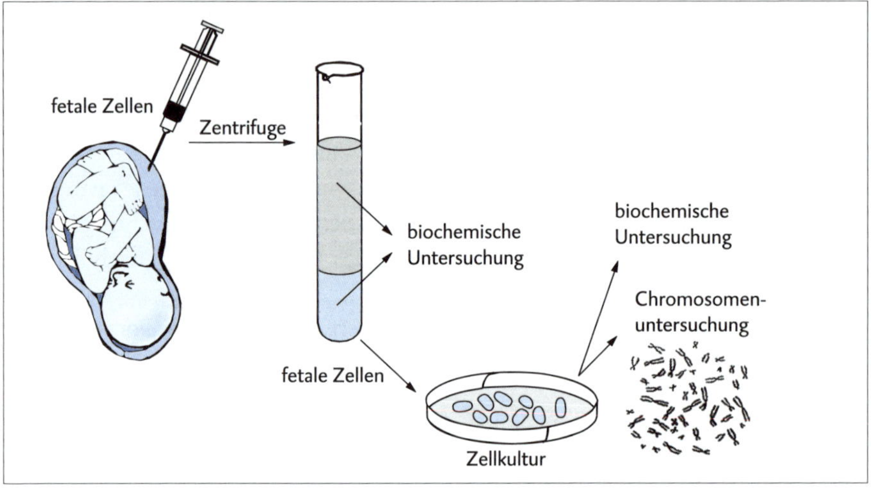

Abb. 19: Pränatale Diagnose durch Amniozentese einer Fruchtwasserprobe

6.3 Eugenische Aspekte und begrenzte Behandlungsmöglichkeiten von Erbleiden

Das Ziel der Eugenik (Erbgesundheitslehre oder Erbhygiene) ist es, einerseits die Ausbreitung von krankheitsauslösenden Genen beim Menschen zu verhindern oder zumindest einzuschränken (negative oder präventive Eugenik), andererseits bestimmte, positive Genkonstellationen zu fördern (positive oder progressive Eugenik).

In Form der Rassenhygiene hat die Eugenik während der Zeit des Nationalsozialismus traurige Berühmtheit erlangt, zum einen durch die Förderung von erbgesundem Nachwuchs in der Aktion „Lebensborn", zum anderen vor allem

durch die Ausmerzung erbgeschädigter und geistig behinderter Menschen. Letzteres wurde von den Nationalsozialisten zur Tarnung ihrer Morde mit dem Begriff „Euthanasie" (wörtlich: *schöner Tod)* umschrieben.
Im Bereich der präventiven Eugenik werden folgende Maßnahmen angewandt:
- genetische Familienberatung (s. o.)
- Eheverbot (z. B. unter Blutsverwandten 1. Grades)
- freiwillige oder gesetzlich festgelegte Sterilisation (in einigen Staaten der USA)
- Mutationsprophylaxe (Untersuchung von Nahrungsmitteln, Medikamenten, Kosmetika sowie chemischen Substanzen und Stoffen im Hinblick auf mutagene Wirkung; Schutz vor mutationsauslösender Strahlung)

Trotz aller heute angewandten präventiven eugenischen Maßnahmen – positive Eugenik beim Menschen spielt in der Praxis kaum eine Rolle – gelingt es nicht, eine Verschlechterung des menschlichen **Genpools** (Gesamtheit der Gene aller heute lebenden Menschen) zu verhindern. Diese Verschlechterung wird durch zwei wesentliche Faktoren bestimmt:
- Durch den medizinischen Fortschritt wird der Selektionsdruck beim Menschen zunehmend verringert. Gewaltige Fortschritte in der Medizin in den letzten Jahrzehnten haben bewirkt, dass Menschen mit Krankheiten oder Erbleiden das Fortpflanzungsalter erreichen, die früher vor Eintritt der Geschlechtsreife gestorben wären oder sich aufgrund ihrer Krankheit nicht fortgepflanzt hätten (z. B. Phenylketonurie). Zeugen sie Nachkommen, tragen sie zur Verbreitung der defekten Gene bei.
- Gleichzeitig wird die Mutationsrate in letzter Zeit immer mehr erhöht. Der Mensch wurde, wie alle Lebewesen, im Lauf von zwei Millionen Jahren durch Mutation und Selektion sehr gut an seine Umwelt angepasst. Neue Mutationen wirken sich daher fast immer nachteilig aus. Der Einsatz und die Verwendung unzähliger synthetisch gewonnener chemischer Stoffe und die steigende Umweltbelastung führen zur Zunahme mutagener Substanzen. Die damit verbundene Erhöhung der Mutationsrate bewirkt daher zwangsläufig eine Verschlechterung des menschlichen Genpools.

Die genetische Familienberatung trägt dazu bei, die Verschlechterung des Genpools zu verlangsamen. Sie wird aber nicht wegen dieses Effekts durchgeführt, sondern ihr eigentliches Ziel besteht darin, menschliches Leid zu verhindern oder zu vermindern.
Was die Ausbreitung von bereits im Genpool vorhandenen Erbkrankheiten betrifft, spielt die Zunahme dieser Krankheiten für die genetische Zukunft des Menschen keine entscheidende Rolle. Berechnungen zeigen, dass es ca. ein- bis

zweitausend Jahre dauert, bis der Anstieg einer rezessiven Erbkrankheit zum ernsten Problem wird. Blickt man auf die Erfolge der genetischen Forschung in den letzten 50 Jahren zurück, so ist zu erwarten, dass innerhalb eines so großen Zeitraums auch entsprechende Heilungschancen für Erbkrankheiten gefunden werden.
Wesentlich problematischer ist die Erhöhung der Mutationsrate durch neue Umweltgifte. Dazu zählen vor allem die in Auto- und Industrieabgasen enthaltenen Stickstoffoxide, die in Verbindung mit Wasser salpetrige und Salpetersäure bilden, zwei hochwirksame mutagene Agenzien (siehe S. 98).
Die Hoffnung, genetisch bedingte Krankheiten direkt an der Wurzel, d.h. in den Genen selbst zu heilen, hat sich bis heute noch nicht erfüllt. Bis zum jetzigen Zeitpunkt können nur die Symptome einiger Erbleiden, z.B. der Diabetes (Zuckerkrankheit) oder der Phenylketonurie geheilt werden. Durch eine gezielte Therapie ist man auch in der Lage, die Situation der Träger von Chromosomenaberrationen (siehe S. 36) zu verbessern. Das Zeitalter der Gentechnologie hat jedoch gerade erst begonnen. Die gentechnische Manipulation von Mikroorganismen ist bereits gelungen (siehe S. 110). Bei einigen Erbkrankheiten des Menschen (z.B. Mukoviscidose, Immunschwäche SCID) wurde versucht, die defekten Gene in den erkrankten Zellen der Patienten durch intakte zu ersetzen. Die Gentherapie führte zwar bei der Immunschwäche-Krankheit zu einem Aufbau der Immunabwehr (siehe S. 126), bei den behandelten Mukoviscidose-Patienten trat jedoch keine Besserung ein. Wegen der vielen ungelösten experimentellen Probleme wird bis zu einer gezielten, erfolgreichen Veränderung der Gene beim Menschen wohl noch geraume Zeit vergehen.

Zusammenfassung

- Durch Stammbaumanalyse bei der genetischen Familienberatung können Wahrscheinlichkeitsaussagen über das Auftreten einer Erbkrankheit bei den Nachkommen gemacht werden.
- Die wichtigsten Methoden der pränatalen Diagnose sind Amniozentese und Chorionzottenbiopsie.
- Durch Heterozygotentests können phänotypisch gesunde Träger rezessiver Erbleiden erkannt werden.
- Ziel der Eugenik ist die Verbesserung des Genpools des Menschen (Förderung positiver Genkonstellationen, Einschränkung der Auswirkung negativer Gene). Die Gedanken der Eugenik wurden im Nationalsozialismus missbraucht.

Aufgaben

30 Ein phänotypisch gesundes Ehepaar hat zwei Kinder. Der Sohn leidet an der Erbkrankheit Phenylketonurie. Die gesunde Tochter kommt zur genetischen Familienberatung und fragt nach dem Risiko (Wahrscheinlichkeit), ein krankes Kind zu bekommen.
Was würden Sie antworten? (Es genügen Stichpunkte. Beachten Sie aber alle in Frage kommenden Möglichkeiten.)

31 Beschreiben Sie in Stichpunkten, wie man klinisch feststellen kann, ob die Tochter (Aufgabe 29) Überträgerin für Phenylketonurie ist.

32. Zwei phänotypisch gesunde Eltern haben ein an Phenylketonurie erkranktes Kind.

a Mit welcher Wahrscheinlichkeit (Angabe in Prozent) wird ihr zweites Kind an Phenylketonurie erkranken? Begründung!

b Wie hoch ist die Wahrscheinlichkeit (in Prozent), dass beide Kinder eines Elternpaars, von denen jeder Überträger für Phenylketonurie ist, die Krankheit Phenylketonurie zeigen?

33 Im Karyogramm einer gesunden Frau zeigt sich, dass die homologen Chromosomen Nr. 21 miteinander verklebt sind. Auch bei ihrem Partner tritt diese Chromosomenanomalie auf.

a Wie hoch ist für diese zukünftigen Eltern die Wahrscheinlichkeit, ein Kind mit Down-Syndrom zu bekommen? Geben Sie den Erbgang (Kombinationsquadrat) dafür an.

b Wie hoch ist die Wahrscheinlichkeit, dass diese Frau mit einem Partner ohne Chromosomenanomalie ein Kind mit Down-Syndrom bekommt (ebenfalls nur Wahrscheinlichkeit angeben)?

34 Mit welcher Wahrscheinlichkeit sind die Nachkommen einer Frau mit Down-Syndrom und eines gesunden Mannes ebenfalls von Trisomie 21 betroffen? Kurze Begründung mit Skizze.

35 Bei einem Elternpaar ist die Mutter Überträgerin der Rotgrünblindheit und der Bluterkrankheit (beide Krankheiten werden X-chromosomal-rezessiv vererbt). Der Vater ist phänotypisch gesund. Die Mutter erwartet Zwillinge und zwar, wie die Ultraschalldiagnose ergab, ein Mädchen und einen Jungen. Geben Sie die Wahrscheinlichkeiten an, mit denen der Junge oder das Mädchen erkranken wird.

36 Der Großvater einer bluterkranken Frau war selbst Bluter, seine beiden Töchter und sein Sohn waren phänotypisch gesund.

a Beurteilen Sie, ob der Vater oder die Mutter der Bluterin von diesem Großvater abstammen. Begründen Sie Ihre Antwort!

b Ist der Vater der Bluterin ebenfalls phänotypisch krank? Begründen Sie!

c Wie groß ist die Wahrscheinlichkeit, dass die Brüder der Bluterin ebenfalls von dieser Krankheit betroffen sind?

37 Nennen Sie die Methoden der pränatalen Diagnostik in der genetischen Familienberatung! Welche weiteren Methoden finden in der genetischen Familienberatung Anwendung?

Molekulargenetik

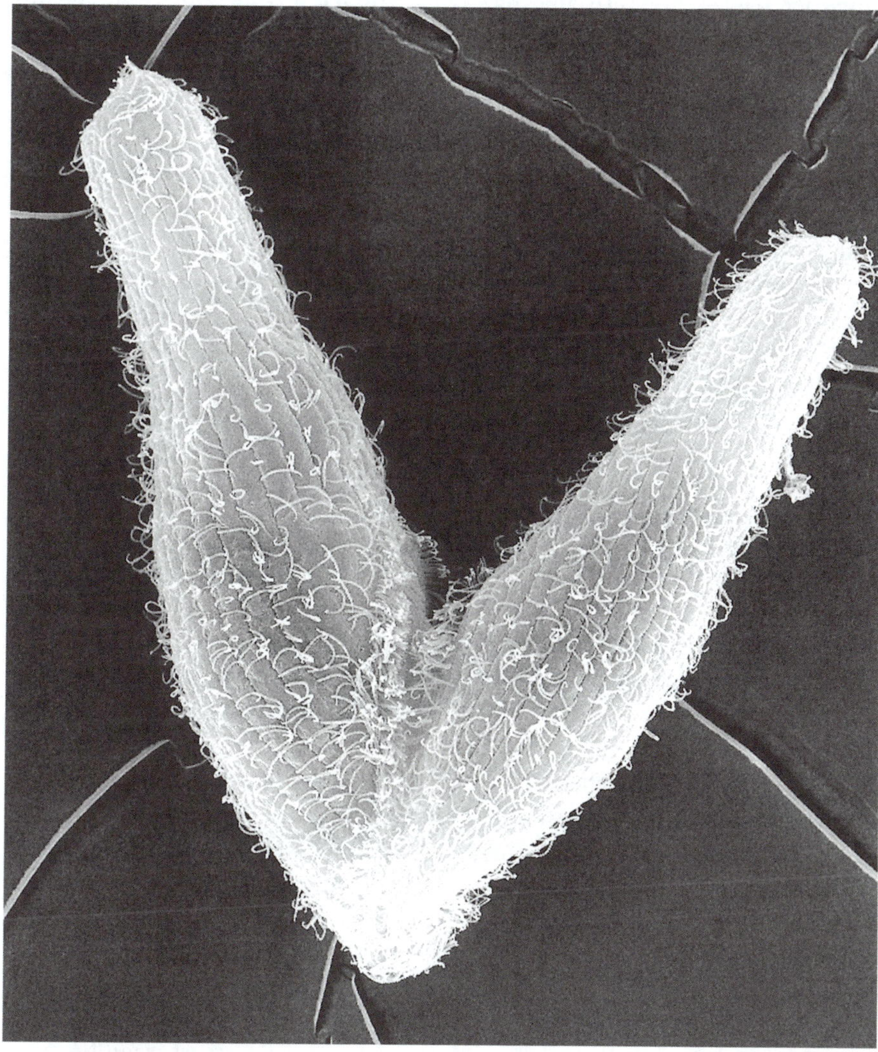

Nicht nur bei Bakterien, sondern auch bei eukaryontischen Einzellern wie diesen Ciliaten findet Austausch von Erbmaterial durch Konjugation statt.

7 Bakterien und Viren als Objekte genetischer Forschung

Die wichtigsten Erkenntnisse der Molekulargenetik wurden nicht an eukaryontischen Zellen, sondern an Bakterien (**Prokaryonten**) und Viren gewonnen, nachdem man in den vierziger Jahren entdeckt hatte, dass grundlegende genetische Vorgänge wie Mutation und Rekombination auch bei diesen Lebensformen stattfinden.

Vorteile dieser Mikroorganismen als Forschungsobjekte sind:

- Sie lassen sich in großer Zahl und kurzer Zeit relativ einfach heranziehen (1 mL Nährlösung enthält bis zu 10^9 *E. coli*-Bakterien, Verdopplungszeit ca. 20 min.)
- Das Genom ist klein und überschaubar (*E. coli:* ein ringförmiges Chromosom mit ca. 4 Millionen Basenpaaren und etwa 3 000 Genen, haploid).
- Mutanten sind gut erkennbar, da der Phänotyp dem Genotyp entspricht.
- Die Stoffwechselvorgänge aller Organismen basieren auf den gleichen molekularen und biochemischen Mechanismen.

7.1 Bau und Vermehrung von Bakterien

Bau der prokaryontischen Zelle

Als Prokaryonten besitzen Bakterienzellen im Gegensatz zu Eukaryontenzellen keinen mit einer Membran abgegrenzten Zellkern. Das **Bakterienchromosom**, ein geschlossener DNA-Ring, liegt frei im Cytoplasma. Daneben können noch kleine ringförmige DNA-Stücke, die **Plasmide**, vorhanden sein. Plasmide werden unabhängig vom Bakterienchromosom vermehrt und an alle Tochterzellen weitergegeben. Typische Zellorganellen der Eukaryonten wie Mitochondrien, Chloroplasten oder der Golgi-Apparat fehlen. Bestimmte Enzyme, z. B. für die Zellatmung, oder die Fotosynthesekomplexe sitzen, wenn sie vorhanden sind, direkt an der Cytoplasmamembran.

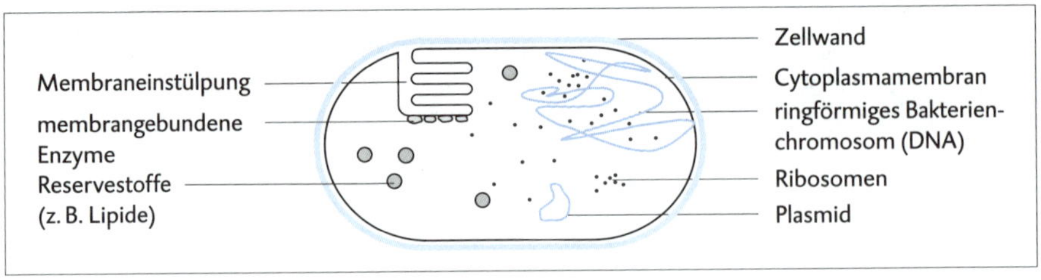

Abb. 20: Bakterium *Escherichia coli* (Länge 1/1000 mm = 1 μm)

Vermehrung der Prokaryonten

Die Vermehrung von Bakterienzellen erfolgt in einem relativ einfachen Vorgang, dem die Verdopplung des Ringchromosoms vorausgeht. In sich rege teilenden Bakterienkolonien findet man deshalb häufig Zellen mit zwei Ringchromosomen.

Werden Bakterien (z. B. *E. coli*) in frisches flüssiges Nährmedium übertragen, setzt nach einer Anlaufphase **(lag-Phase)** von etwa einer Stunde, in der sich die Bakterien auf die neuen Lebensbedingungen einstellen, exponentielles Wachstum (logarithmische Phase, **log-Phase**) ein. *E. coli*-Zellen teilen sich alle zwanzig Minuten. Nach einigen Stunden verlangsamt sich die Vermehrung infolge von Nahrungsmangel und Anhäufung von Stoffwechselabfallprodukten und kommt schließlich zum Stillstand **(stationäre Phase)**. Nach einigen Tagen sterben immer mehr Bakterien ab **(Absterbephase)**.

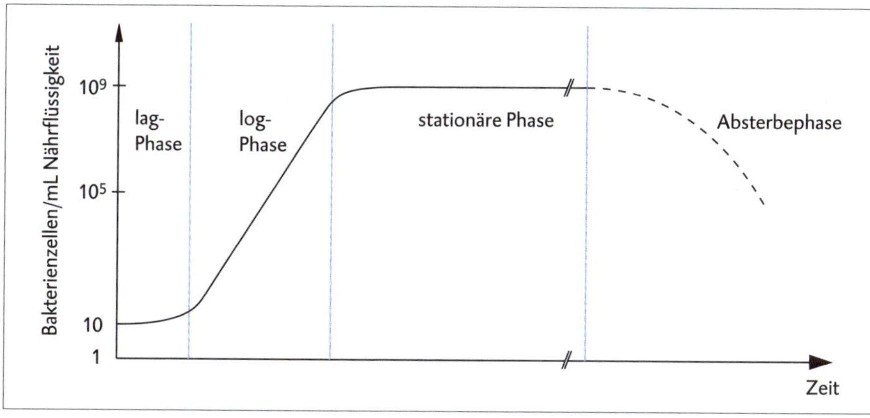

Abb. 21: Phasen des Bakterienwachstums

Bakterien haben nur ein einziges, ringförmig geschlossenes Chromosom. Sie vermehren sich ungeschlechtlich durch Zellteilung.

7.2 Bau und Vermehrung von Viren

Bau eines Virus

Viren sind kleiner und einfacher gebaut als Bakterien und bestehen nur aus einer mehr oder weniger strukturierten **Proteinhülle und Nukleinsäure** (DNA oder RNA). Sie werden nicht als vollwertige Organismen angesehen, da sie keinen eigenständigen Stoffwechsel besitzen und folglich kein Wachstum und keine Bewegung zeigen. Zu ihrer Vermehrung benötigen sie lebende

Zellen, die dabei zerstört werden (die Wirtszelle für den Phagen T2 ist *E. coli*). Als einziges echtes Kennzeichen des Lebens zeigen sie eine Form von Reizbarkeit, indem sie die spezifische Oberflächenstruktur ihrer Wirtszelle erkennen.

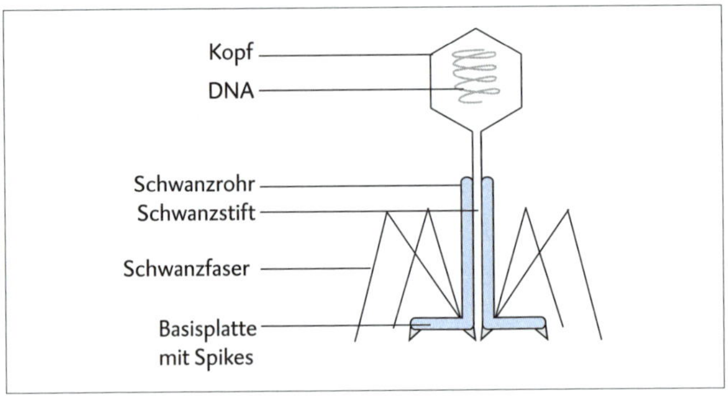

Abb. 22: Bakteriophage T2 (Länge ca. 200 nm)

Viele Viren sind gefährliche **Krankheitserreger**, z. B. von Grippe, Kinderlähmung und AIDS beim Menschen, Maul- und Klauenseuche und Schweinepest bei Tieren oder der Mosaikkrankheit bei Tabakpflanzen. Viren, die Bakterien befallen und zerstören, werden **Bakteriophagen** (kurz: Phagen) genannt. Sie wurden zu den wichtigsten Versuchsobjekten aus der Gruppe der Viren.

Vermehrung von Bakteriophagen

Bakteriophagen unterscheiden sich in der Art der Vermehrung.

Virulente Bakteriophagen haben einen lytischen Vermehrungszyklus. Nach der Infektion erfolgt sofort die Lyse (Zerstörung) der Bakterienzelle. **Temperente Phagen** haben zusätzlich eine lysogene Phase, in der sie „schlafend" in der Bakterienzelle vorliegen.

Die Vermehrung eines **virulenten Bakteriophagen** (z. B. Phage T2) wird als **lytische Vermehrung** bezeichnet und in folgende Phasen eingeteilt:

1 **Adsorption:** Die Phagen heften sich mit dem Schwanzteil an spezifische Rezeptoren auf der Zellmembran der Wirtszelle.

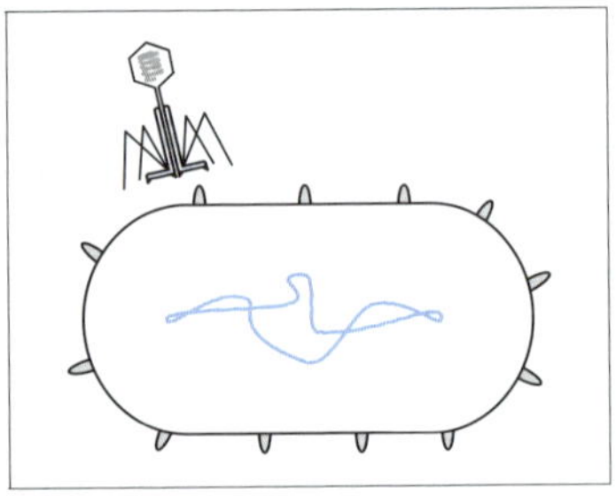

2 **Injektion:** Der Schwanzstift durchdringt die Zellwand des Bakteriums und die Phagen-DNA wird injiziert.

3 **Synthese von Phagenenzymen** (Expression der Phagen-Gene) zum Abbau des Bakterienchromosoms und für die Replikation der Phagen-DNA

4 **Synthese von Phagenproteinen** für Kopf, Schwanz u. a. Bestandteile der Phagen

5 **Zusammensetzen der Phagen und Lyse:** Auflösen der Bakterienzellwand durch Enzyme (Lysozym); Austreten von ca. 100 neuen Phagen

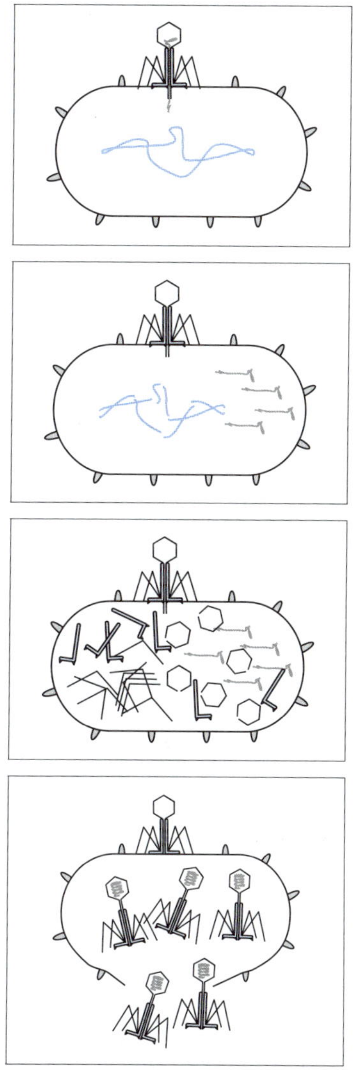

Abb. 23: Lytischer Vermehrungszyklus

Im Gegensatz zu den virulenten Phagen, die sofort nach der Infektion die Zerstörung ihrer Wirtszellen einleiten, bauen **temperente Phagen** (z. B. Phage λ) ihre DNA in das Bakterienchromosom ein. Das befallene Bakterium wird dabei nicht zerstört, sondern nach der Adsorption und Injektion (Abb. 23, 1–2) erfolgt die Integration der Phagen-DNA als **Prophage** in das Bakterienchromosom. In diesem Zustand ist der Phage nicht infektiös.

Man spricht von einem **lysogenen Vermehrungszyklus**. Der Prophage wird bei den Zellteilungen mit der Bakterien-DNA vermehrt und weitergegeben (lysogene Phase). Nur unter bestimmten Bedingungen (z. B. UV-Bestrahlung, Hitze oder Chemikalien) wird der Prophage aus dem Bakterienchromosom ausgebaut und geht in den lytischen Vermehrungszyklus über (siehe Abb. 23, 3–5).

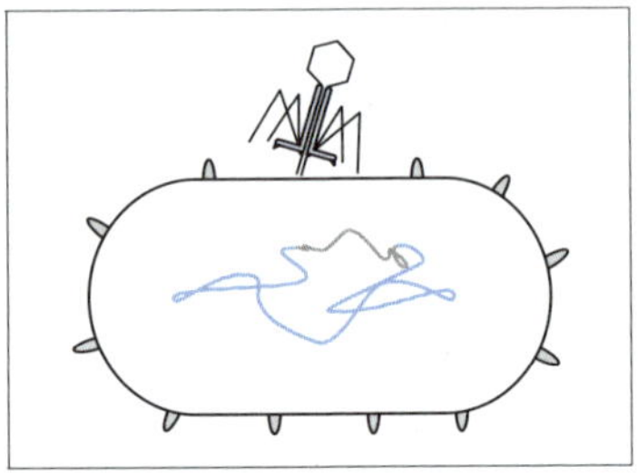

Abb. 24: Bakterienchromosom mit Prophage

Mit einem sog. **Plaque-Test** können virulente Phagen vermehrt und nachgewiesen werden. Dabei werden einige Tropfen einer konzentrierten Bakteriensuspension mit einem Tropfen einer stark verdünnten Phagensuspension vermischt. Das Gemisch wird auf einem Agar-Nährboden verteilt und bebrütet. Über Nacht hat sich ein trüber gleichmäßiger Bakterienrasen gebildet, der einige kreisrunde klare Stellen, sog. Plaques (Durchmesser ca. 1 mm), aufweist. Jeder Plaque geht auf Bakteriophagen zurück, die ihre Wirtzellen lysiert haben.

7.3 Transformation: Übertragung reiner DNA

Durch die Transformationsversuche an Pneumokokken konnte AVERY 1944 zum ersten Mal eindeutig nachweisen, dass die DNA die Trägerin der genetischen Information ist und nicht die Proteine, die als zweiter Bestandteil der Chromosomen auch in Frage kamen.

Die **Transformation** ist eine Form des **Gentransfers**, bei der reine, „nackte" DNA aus Spenderzellen von Bakterienzellen aufgenommen wird.

Die Versuche von Avery

AVERY griff auf Versuchsergebnisse von GRIFFITH aus dem Jahr 1928 zurück. Eine bestimmte Pneumokokkenart, bei der jeweils zwei Zellen von einer Schleimkapsel umgeben sind, führt zu einer tödlichen Lungenentzündung bei Mäusen (pathogener S-Stamm: glatte Oberfläche der Bakterienkolonien; engl. *smooth*). Eine Mutante dieser Art bildet keine Schleimkapsel um die Doppelzelle und ist daher nicht krankheitserregend (nicht pathogener R-Stamm: raue Oberfläche der Kolonien; engl. *rough*).

GRIFFITH spritzte durch Hitze abgetötete S-Pneumokokken in Mäuse, die dadurch nicht erkrankten. Impfte er dagegen die Mäuse mit abgetöteten S-Pneumokokken und gleichzeitig mit lebenden nicht pathogenen R-Pneumokokken, so starben die Mäuse. In ihren Körpern fand er S-Pneumokokken mit Schleimkapseln. Die abgetöteten S-Pneumokokken hatten ihre kapselbildenden und krankheitserregenden Eigenschaften auf die harmlosen Mutanten übertragen.
AVERY verwendete für seine Versuche nur die reine DNA der S-Pneumokokken, die er mit lebenden R-Pneumokokken vermischte. In der sich entwickelnden Bakterienkultur traten neben kapsellosen R-Pneumokokken auch kapselbildende S-Pneumokokken auf. Einige R-Pneumokokken hatten also die DNA der S-Bakterien aufgenommen, dadurch die Information zur Ausbildung einer Schleimkapsel und damit das Merkmal „pathogen" erhalten (sie wurden **transformiert**).
In weiteren Versuchen zeigte AVERY, dass nur durch das Enzym Desoxyribonuklease (DNase), das die DNA spaltet, nicht aber durch Proteasen (Eiweiß spaltende Enzyme) eine Transformation verhindert werden kann. Dies war der endgültige Beweis, dass nur die **DNA der genetische Informationsspeicher** sein kann.

Ablauf der Transformation

Voraussetzung für die Aufnahme reiner DNA einer Spenderzelle ist ein bestimmter Stoffwechselzustand der Empfängerzelle, d. h. sie muss **kompetent** sein (empfangsbereit). Durch eine spezielle Behandlung der Zellen, z. B. mit Calciumchlorid, werden vermutlich Rezeptorproteine auf der Zellwand aktiviert, sodass sich freie DNA an die Zelloberfläche anlagern kann. Die Spender-DNA muss als Doppelstrang vorliegen und eine bestimmte Molekülgröße aufweisen, damit anschließend die Aufnahme in die Empfängerzelle möglich wird (z. B. durch eine Hitzebehandlung). Der genaue Mechanismus, mit dem reine DNA von Bakterien-, Tier und Pflanzenzellen aufgenommen werden kann, ist bisher noch nicht bekannt.

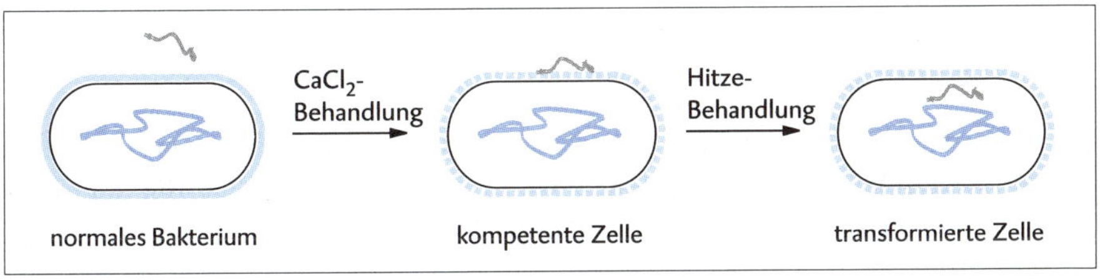

Abb. 25: Aufnahme von nackter DNA bei der Transformation

Auf diese Weise können Plasmide, aber auch kurze, nicht zirkuläre DNA-Doppelstränge in die Zelle aufgenommen werden. Die Spender-DNA lagert sich anschließend an weitgehend homologe Abschnitte der DNA der Empfängerzelle an. Es kommt zur **Rekombination**, d. h. die Spender-DNA wird gegen die Empfänger-DNA ausgetauscht.

Molekulares Modell der **Rekombination** bei der Transformation: Einer der beiden Stränge der Spender-DNA wird mit dem homologen Einzelstrang-Abschnitt der Empfänger-DNA verbunden. Bei der anschließenden **Integration** verdrängt dieser Einzelstrang der Spender-DNA den entsprechenden Abschnitt der Empfänger-DNA, der dann ausgeschnitten und abgebaut wird.

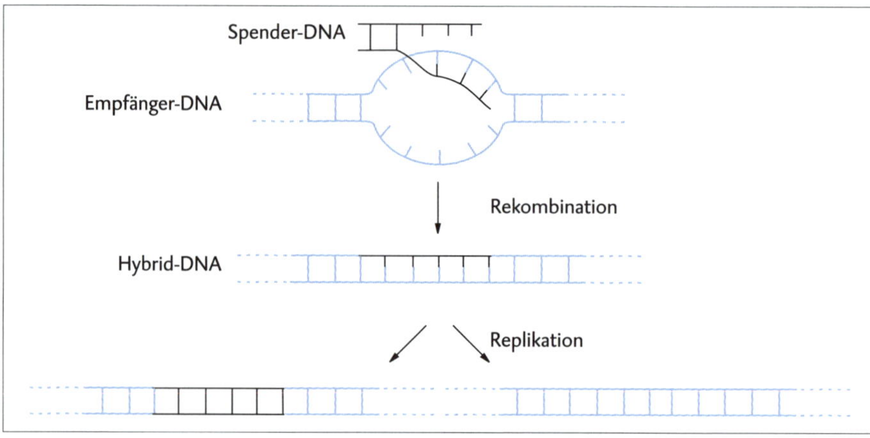

Abb. 26: Rekombination bei der Transformation

Nach Replikation (siehe S. 78) der so entstandenen sog. **Hybrid-DNA** und Teilung der Bakterienzellen liegen zur Hälfte Bakterien vor, die aufgrund der eingebauten Spender-DNA andere Eigenschaften aufweisen als die Empfänger-Bakterien.

7.4 Konjugation: Gentransfer zwischen Bakterien

Auch bei diesem Vorgang wird DNA eines Bakteriums auf ein anderes übertragen. Es sind jedoch zwei lebende Bakterienzellen daran beteiligt, die über eine Plasmabrücke (sog. Sexualpilus oder **F-Pilus**) miteinander Kontakt aufnehmen (siehe S. 59).

Bei der **Konjugation** wird DNA über einen Pilus (Plasmabrücke) von einem Bakterium auf ein anderes übertragen.

Die DNA-Übertragung ist nur in eine Richtung möglich. Sie geht von dem Bakterium aus, das ein konjugatives Plasmid mit den Genen für die Steuerung der Konjugation enthält (Spenderzelle). Bei *E. coli* ist dies der F-Faktor (**Fertilitätsfaktor**): konjugierende *E. coli*-Bakterien sind F^+, sie besitzen den Fertilitätsfaktor, die Empfängerzelle ist F^-.

Übertragung des F-Faktors

Der DNA-Doppelstrang des konjugativen Plasmids wird an einer bestimmten Stelle, der sog. **Startstelle**, geöffnet. Einer der Einzelstränge tritt in die F^--Zelle über. Am in der F^+-Zelle verbleibenden Einzelstrang beginnt sofort die Replikation. Der übertragene Einzelstrang wird in der Empfängerzelle ebenfalls zum Doppelstrang ergänzt und zum Ring geschlossen. Am Ende des Vorgangs ist die Empfängerzelle ebenfalls F^+.

Wie der F-Faktor können auch Resistenz-Plasmide (**R-Plasmide**) zwischen Bakterien übertragen werden. Sie enthalten neben den Genen zum Transfer des Plasmids auch mindestens ein Gen für die Resistenz gegen Antibiotika. Wenn unterschiedliche R-Plasmide in ein und derselben Bakterienzelle zusammen kommen, kann es zu Genaustausch kommen, sodass sich mehrere Antibiotika-Resistenzgene auf einem Plasmid ansammeln können (**Multiresistenzen**). Da R-Plasmide außerdem zwischen verschiedenen Bakterienarten übertragen werden können, verbreiten sich die Resistenzen leicht.

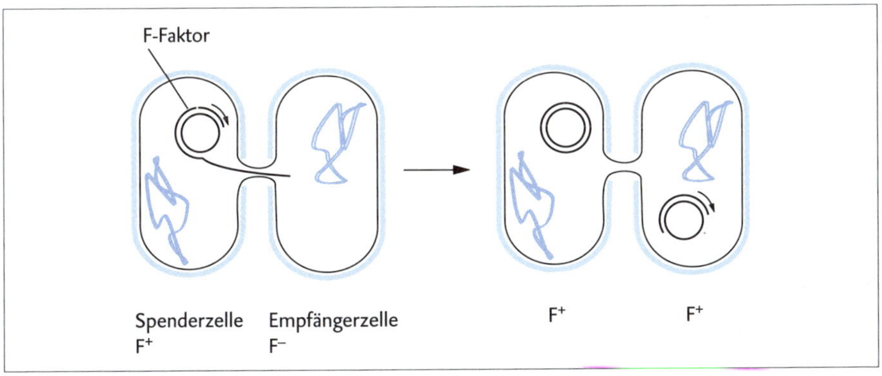

Abb. 27: Übertragung des F-Faktors

Chromosomenübertragung bei Hfr-Stämmen

Bei einigen Stämmen von *E. coli* wurde beobachtet, dass bei der Konjugation mit bestimmten Zellen deren Bakterienchromosom ganz oder größtenteils in F^--Zellen transferiert werden konnte. Im Genom der Empfängerzellen traten mit großer Häufigkeit Rekombinationen auf. Die effizienten Überträgerstämme erhielten die Bezeichnung Hfr: *high frequency of recombination.* Bei Bakterien dieser Stämme ist der **F-Faktor in das Bakterienchromosom eingebaut**.

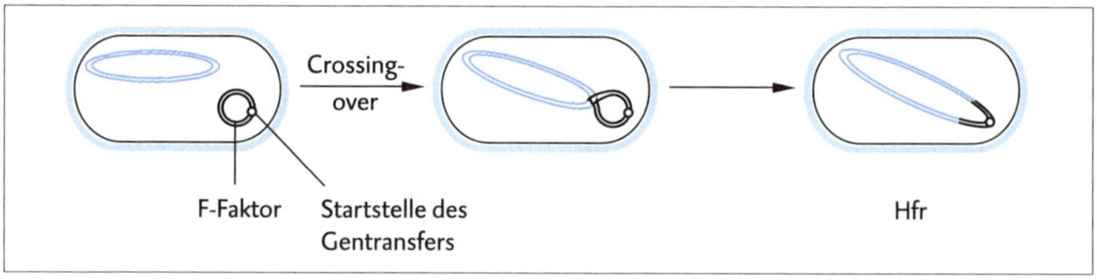

Abb. 28: Entstehung von Hfr-Stämmen

Der Gentransfer beginnt mit der Öffnung eines Strangs des Bakterienchromosoms und zwar an der Startstelle des integrierten F-Faktors. Der entstehende Einzelstrang schiebt sich mit der Hälfte des F-Faktors voran in die F^--Zelle. Die an den F-Faktor angrenzenden Gene werden nach und nach mit übertragen, im Idealfall der komplette Bakterien-DNA-Einzelstrang. Sowohl der übertragene als auch der zurückgebliebene DNA-Einzelstrang werden sofort zum Doppelstrang ergänzt. Zwischen der Spender-DNA und homologen Abschnitten der Empfänger-DNA kommt es zur Rekombination: durch Crossing-over werden Gene ausgetauscht. Der DNA-Doppelstrang mit dem unvollständigen F-Faktor wird abgebaut, die Empfängerzelle bleibt F^-.

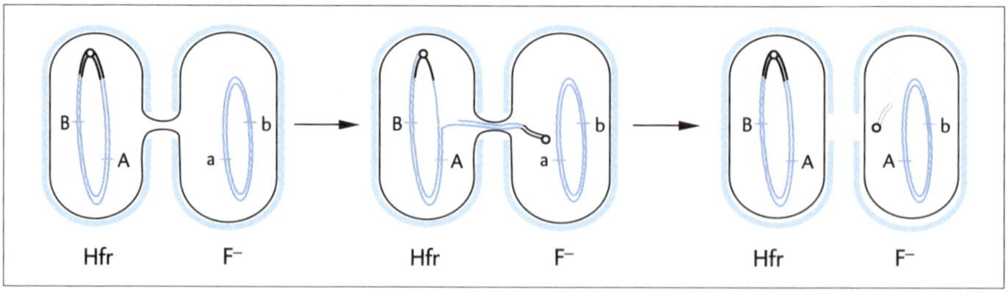

Abb. 29: Gentransfer zwischen Hfr- und F^--Zellen

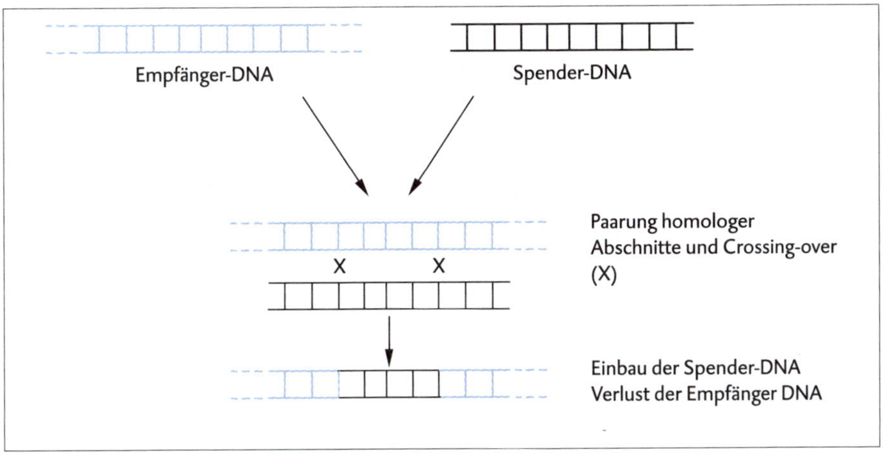

Abb. 30: Rekombination bei der Konjugation

Die Übertragung des kompletten Bakterienchromosoms bei *E. coli* dauert ca. 90 Minuten. Durch Schütteln der Bakteriensuspension im Experiment kann die Plasmabrücke unterbrochen und dadurch der DNA-Transfer abgebrochen werden. Ein Abbruch der Genübertragung zu verschiedenen Zeitpunkten ermöglicht die **Kartierung** des *E. coli*-Genoms. Voraussetzung sind mehrere messbare Gendefekte in der Empfängerzelle, die durch die Rekombination mit den intakten Genen der Spender-Hfr-Bakterien (Wildtypgene) „repariert" werden. Aus der zeitlichen Aufeinanderfolge, in der die Wildtypeigenschaften beim Empfänger wieder auftreten, lassen sich die Reihenfolge und der relative Abstand der Gene auf dem Bakterienchromosom ermitteln.

F-Duktion

Das integrierte F-Plasmid kann auch wieder aus dem Bakterienchromosom ausgegliedert werden und in seltenen Fällen (10^{-5} pro Generation) dabei ein angrenzendes Stück der DNA der F^+-Zelle mitnehmen (F'-Plasmid). Welche Gene des Bakterienchromosoms im **F'-Plasmid** enthalten sind, hängt davon ab, an welcher Stelle des Chromosoms der F-Faktor integriert war.

Bei einer anschließenden Konjugation mit Übertragung des F'-Plasmids werden diese DNA-Stücke in die F^--Zelle mit übertragen und dort genetisch aktiv. Eine Mangelmutante, die z. B. Lactose nicht abbauen kann, wird nach F'-Übertragung dazu fähig.

Bei der F-Duktion erfolgt die Übertragung bestimmter Gene mithilfe der F'-Plasmide in großer Ausbeute (über 50 %). Sie wird daher häufig in Experimenten eingesetzt (z. B. zur Aufklärung der Regulation von Genaktivitäten).

Abb. 31: Entstehung eines F'-Plasmids

7.5 Transduktion: Gentransfer durch Viren

Bei der **Transduktion** erfolgt die Übertragung der DNA zwischen Bakterienzellen mittels eines „Vehikels", eines Bakteriophagen.

Spezielle Transduktion

Die Transduktion erfolgt hier mithilfe eines **temperenten Phagen** (siehe S. 63). Bei der Ausgliederung des Prophagen bildet sich eine Schleife wie bei der F-Duktion (siehe S. 69). Das Crossing-over tritt nicht an der Kreuzungsstelle zwischen Bakterien- und Phagen-DNA, sondern etwas weiter rechts oder links davon ein (wie bei der Bildung des F'-Plasmids). Der transduzierende Phage enthält nun einen Abschnitt Bakterien-DNA, der bei der anschließenden Infektion auf die neue Wirtszelle übertragen wird und mit der Empfänger-DNA rekombiniert.

Der temperente *E. coli*-Phage Lambda (λ) baut seine DNA zwischen die Genabschnitte für den Abbau der Galaktose *(gal)* und die Synthese von Biotin *(bio)* der Bakterien-DNA ein. Transduzierende Phagen können die *gal*- oder die *bio*-Region enthalten. Es ist gelungen, die *gal*-Region mithilfe dieser Phagen in menschliche Zellen zu übertragen, die von Säuglingen mit Galaktosämie (rezessiv vererbte Stoffwechselkrankheit, die zum Schwachsinn führt) stammten. Die Empfängerzellen wurden dadurch fähig, das für den Abbau der Galaktose fehlende Enzym herzustellen.

Generelle Transduktion

Transduzierend wirkt hier ein **virulenter Phage**. Während des lytischen Vermehrungszyklus wird in seltenen Fällen beim Zusammenbau der Phagen (siehe S. 62) statt der Phagen-DNA ein Stück Bakterien-DNA (ca. 100 Gene) in den Phagenkopf verpackt. Bei der Infektion der nächsten Wirtszelle erhält diese die bakterielle DNA, die mit der Wirts-DNA rekombiniert. (Da die Phagen-DNA nicht mit übertragen wurde, wird die Wirtszelle auch nicht lysiert.) Verwendet man als Spenderzellen *E. coli*-Wildtypbakterien und als Empfänger Mangelmutanten (denen z. B. die Fähigkeit zur Leucin-Synthese fehlt), so können durch Transduktion Bakterienzellen entstehen, die auf Minimalmedium (der Nährboden enthält nur eine Energiequelle, z. B. Glucose, einige Salze, aber kein Leucin) zu Kolonien heranwachsen.

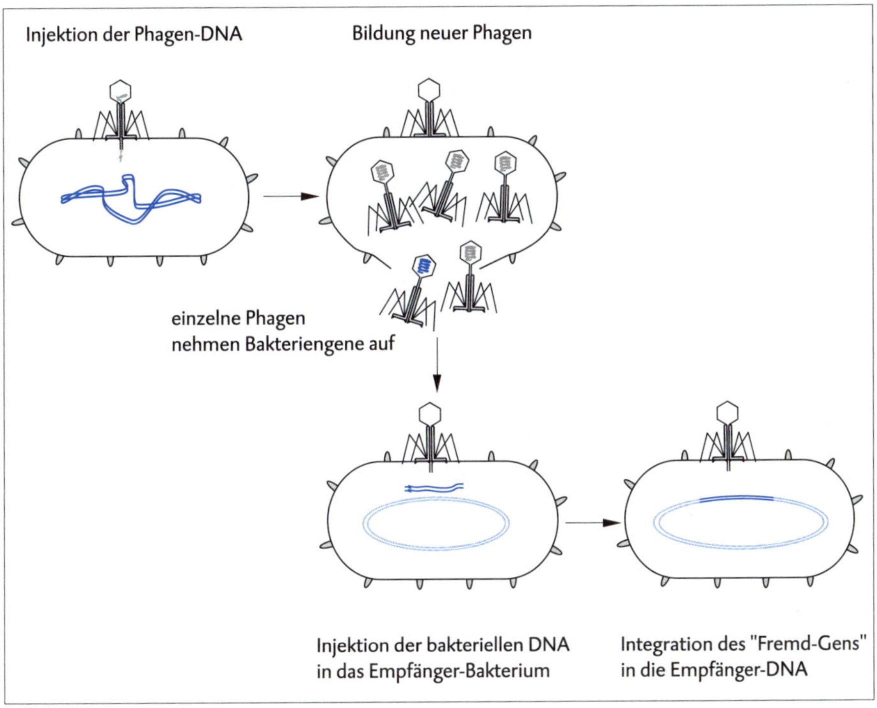

Abb. 32: Generelle Transduktion. Ein Gen wird vom Spenderorganismus über einen Phagen als Vektor zum Empfänger transduziert.

Zusammenfassung

- Vermehrung der Bakteriophagen:
  - a Bei virulenten Bakteriophagen endet der Vermehrungsvorgang mit dem Auflösen der Bakterienzelle = lytische Vermehrung.
  - b Temperente Bakteriophagen bauen ihre DNA als Prophage in die Bakterien-DNA ein. Nach einer Vermehrungsphase dieser lysogenen Bakterien tritt der Prophage aus der Bakterien-DNA aus und geht in den lytischen Vermehrungszyklus über.
- Der Genaustausch bei Bakterien und Viren wird als parasexuell bezeichnet, da bei ihnen Meiose und Bildung von Keimzellen fehlen.
  - a Transformation: Übertragung von isolierter DNA (aus dem Genom von Spender-Bakterien oder in Form von Plasmiden) auf ein Empfänger-Bakterium.
  - b Konjugation: Übertragung von Genen zwischen Bakterienstämmen, einem Spender- und einem Empfänger-Stamm.
  - c F-Duktion: Übertragung der Gene mithilfe des F-Faktors
  - d Transduktion: Übertragung von Genen zwischen Bakterien mithilfe von Phagen als Vektoren. Die generelle Transduktion erfolgt mittels virulenter Phagen, die spezielle Transduktion mit temperenten Phagen.

Aufgaben

38 Nennen Sie die Vorteile, die Bakterien als genetische Forschungsobjekte gegenüber höheren Organismen haben!

39 Stellen Sie wesentliche Unterschiede zwischen einer Bakterienzelle und einer tierischen Zelle heraus!

40 Warum lassen die Ergebnisse aus den Versuchen von GRIFFITH allein nicht den Schluss zu, dass die DNA der Träger der genetischen Information ist?

41 Wird die Vermehrung von Phagen in Bakterien nach der Hälfte der Dauer des Vermehrungszyklus abgebrochen, kann man mit dem Inhalt der befallenen Bakterienzellen keine anderen Bakterien infizieren. Geben Sie dafür eine Erklärung!

42 Erklären Sie den Begriff Transduktion und erläutern Sie den Ablauf einer generellen Transduktion an einem Beispiel!

43 Bakteriophagen, die in Bakterienzellen mit den Genen A und b gezüchtet wurden, infizieren Bakterien mit den Genen a und B. Nach der Infektion treten Bakterien mit folgenden Genen auf: aB, ab, AB, jedoch keine mit Ab.

a Wie lassen sich Phagen in Bakterien züchten, ohne dass die Bakterien lysiert werden?

b Welcher Vorgang führt hier zur Entstehung neuer Kombinanten? (Kurze Beschreibung des Vorgangs)

c Versuchen Sie zu erklären, wie es zur Bildung der neuen Kombinanten kommt und warum die Kombinante Ab fehlt!

44 Auf einen bestimmten F-Stamm werden in Konjugationsversuchen mit verschiedenen Hfr-Stämmen Chromosomenabschnitte (A–U) übertragen:

Hfr 1: A B C D E ...... R S T U
Hfr 2: C D E ...... R S T U A B
Hfr 3: B A U T S R ...... E D C

a Beschreiben Sie den Chromosomentransfer bei der Konjugation!

b Welche Folgerungen ergeben sich aus den Versuchsergebnissen?

45 Eine Aminosäure-Mangelmutante von *E. coli* wächst nur auf Leucin-Medium, eine andere nur auf Prolin-Medium. Werden beide Stämme zusammen auf Minimalmedium kultiviert, wachsen einige wenige Kolonien. Geben Sie eine kurze Erklärung!

8 Nukleinsäuren als Speicher der genetischen Information

Um eine Information zu speichern, benötigt man bestimmte Zeichen, wie die Buchstaben unseres Alphabets oder Punkt und Strich (bzw. „kurz" und „lang") wie beim Morsealphabet. Grundsätzlich kann man schon mit zwei Zeichen beim Computer mit 0 (kein Strom) bzw. 1 (Strom) jede Art von Information speichern.

Theoretische Überlegungen führten zu dem Schluss, dass sich als Träger der genetischen Information nur Makromoleküle eignen, die unterschiedlich aufgebaut sind, wie Eiweiß- und Desoxyribonukleinsäuremoleküle.

AVERY konnte durch seine Experimente 1944 die DNA als Trägerin der genetischen Information identifizieren (vgl. Transformationsexperiment auf S. 64).

8.1 Bausteine der Nukleinsäuren

Bereits 1869 wurde im Zellkern (Nukleus) ein Molekül gefunden, das saure Eigenschaften besaß und daher als Nukleinsäure bezeichnet wurde. Als weitere Bausteine der Kernsäuren entdeckte man Zuckermoleküle und zwar je nach Nukleinsäuretyp Ribose bzw. Desoxyribose (Desoxyribose enthält ein Sauerstoffatom weniger als Ribose). Aufgrund des verschiedenen Zuckerbestandteils unterscheidet man zwei Arten von Nukleinsäuren, die Ribonukleinsäure (RNS; engl. *RNA* von *acid*) und die Desoxyribonukleinsäure (DNS; engl. *DNA*).

Am Aufbau der Nukleinsäuren (DNA bzw. RNA) sind drei Grundbausteine beteiligt: **organische Basen, Zucker und Phosphatrest.**

Bezeichnung		Symbol
Phosphorsäure		P
Zucker:		Z
	Desoxyribose (DNA)	D
	Ribose (RNA)	R
Organische Basen:	Adenin	A
	Guanin	G
	Cytosin	C
	Thymin (DNA)	T
	Uracil (RNA)	U

Tab. 11: Bestandteile der DNA bzw. RNA

Bei der Phosphorsäure handelt es sich um eine dreiwertige anorganische Säure, d. h. sie besitzt drei H-Atome (chemische Formel: H_3PO_4). Durch Abgabe von drei H^+-Ionen entsteht Phosphat (PO_4^{3-}, Phosphorsäurerest). Das Zuckermolekül Desoxyribose ist eine Pentose, ein Zuckermolekül mit fünf C-Atomen (die Zahlen in der symbolischen Darstellung geben die Nummerierung der C-Atome an). Das molare Verhältnis von Zucker zu Phosphat beträgt stets 1:1.

Die organischen Basen lassen sich aufgrund ihrer Struktur in zwei Gruppen einteilen:

- Die „längeren“ Purinbasen (Adenin, Guanin), deren Grundgerüste aus einem Sechser- und einem Fünferring aus Kohlenstoff- und Stickstoffatomen bestehen.
- Die „kürzeren“ Pyrimidinbasen (Cytosin, Thymin, bei der RNA Uracil) mit dem Grundgerüst eines einfachen Sechserrings.

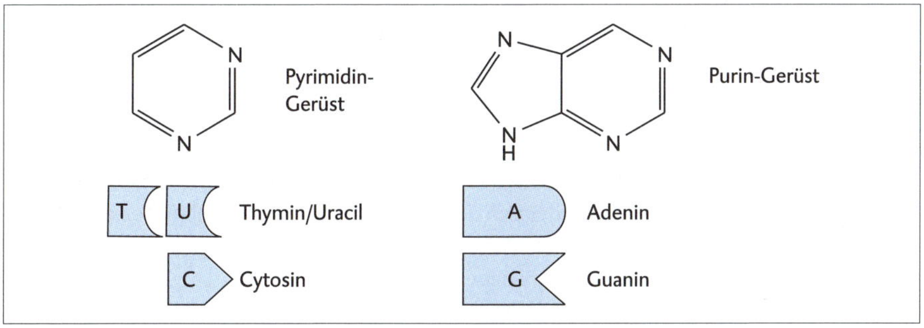

Abb. 33: Symbolische Darstellung der organischen Basen der DNA bzw. RNA

Die Verbindung aus einem Zucker(molekül) und einer Base nennt man **Nukleosid**, die Verbindung aus Zucker, einer Base und Phosphorsäure **Nukleotid**.

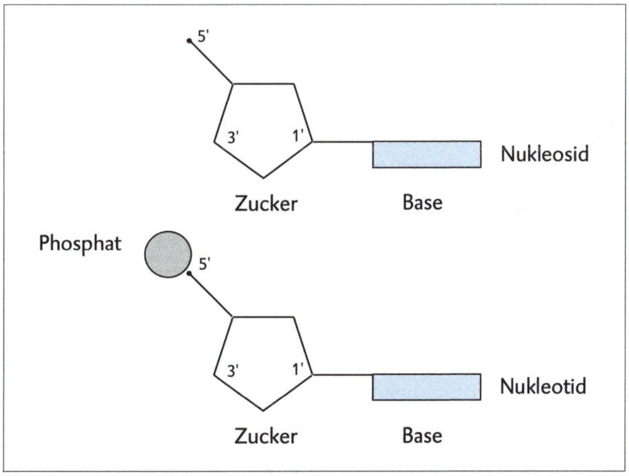

Abb. 34: Symbolische Darstellung der Nukleinsäure-Bausteine

Desoxyribose kann sich als mehrwertiger Alkohol (verfügt über mehrere Hydroxygruppen, -OH) mit Phosphorsäure über ein Sauerstoffatom (Esterbindung) verknüpfen. Dies geschieht sowohl am C3-Atom (3') als auch am C5-Atom (5') des Zuckers. Auf diese Weise entsteht eine lange Kette aus einer abwechselnden Folge von Zucker- und Phosphatmolekülen. Das Kohlenstoffatom Nr. 1 (1') des Zuckers ist jeweils mit einer der vier organischen Basen verknüpft (Polynukleotidstrang = **Primärstruktur der DNA/RNA**).

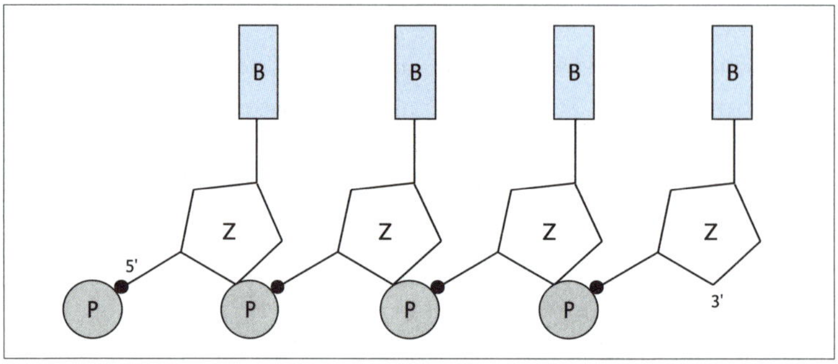

Abb. 35: Ausschnitt aus einem Polynukleotidstrang (Primärstruktur) der DNA bzw. RNA

Die Enden der Nukleinsäure-Kette, die aus verknüpften Nukleotiden besteht, sind nicht identisch. Nur an einem Ende befindet sich der Phosphatrest, die DNA/RNA-Kette besitzt daher eine bestimmte „Richtung" oder **Polarität** (5' → 3'). Eine Verlängerung der DNA/RNA erfolgt nur am 3'-Ende durch Anhängen eines neuen Nukleotids.

8.2 Das Watson-Crick-Modell der DNA

Bei der Untersuchung des Basengehalts der DNA verschiedener Tier- und Pflanzenarten zeigte sich, dass das Mengenverhältnis der Basen Adenin zu Thymin einerseits sowie Guanin zu Cytosin andererseits immer gleich war.
1953 beschäftigten sich der amerikanische Forscher WATSON und die britischen Wissenschaftler CRICK und WILKINS mit dem Problem der DNA-Struktur. Durch Röntgenstrukturanalyse des DNA-Moleküls gelang der wichtigste Schritt bei der Aufklärung der DNA-Struktur. Bei diesem Verfahren schickt man Röntgenstrahlen durch die zu untersuchende Substanz. Die Röntgenstrahlen werden von Kristallen und manchen Makromolekülen abgelenkt (gebeugt) und erzeugen auf lichtempfindlichem Papier ein bestimmtes Muster. Anhand dieses Musters lassen sich Abstände im Molekül und dreidimensionale Molekülstrukturen berechnen.

Demnach liegen bei der DNA zwei parallel verlaufende Molekülfäden vor, abwechselnd aus Zucker und Phosphat aufgebaut, deren anhängende Basen über Wasserstoffbrückenbindungen miteinander verknüpft sind (**Sekundärstruktur der DNA**). Dabei bilden sich zwischen Cytosin und Guanin jeweils drei und zwischen Adenin und Thymin jeweils zwei Wasserstoffbrückenbindungen aus.

Aufgrund des gleichen Abstands der Zucker-Phosphat-Ketten kann sich immer nur eine (lange) Purinbase mit einer (kurzen) Pyrimidinbase paaren. Wegen der unterschiedlichen Zahl der Wasserstoffbrückenbindungen ist eine Paarung nur zwischen Adenin–Thymin und Cytosin–Guanin möglich (**komplementäre Basenpaarung**). Zwangsläufig ergibt sich aus diesen Bindungsverhältnissen eine gegenläufige Polarität (**Antiparallelität**) der beiden Zucker-Phosphat-Ketten des Doppelstrangs (5' → 3' bzw. 3' → 5'). Die Röntgenstrukturanalyse der DNA führte noch zu einer weiteren wichtigen Erkenntnis. Für die DNA ergibt sich die räumliche Struktur eines schraubig gewundenen Doppelstranges (**Doppelhelix**), der sich nach je zehn Basenpaaren einmal um die (gedachte) Achse der Schraube windet (**Tertiärstruktur der DNA**).

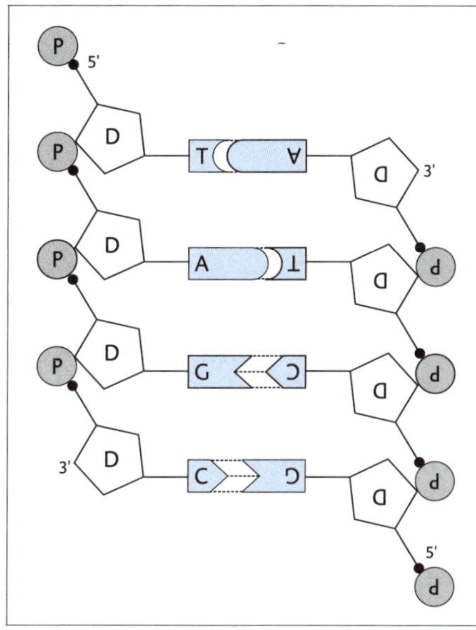

Abb. 36: Sekundärstruktur der DNA mit jeweils zwei zueinander komplementären Basensträngen

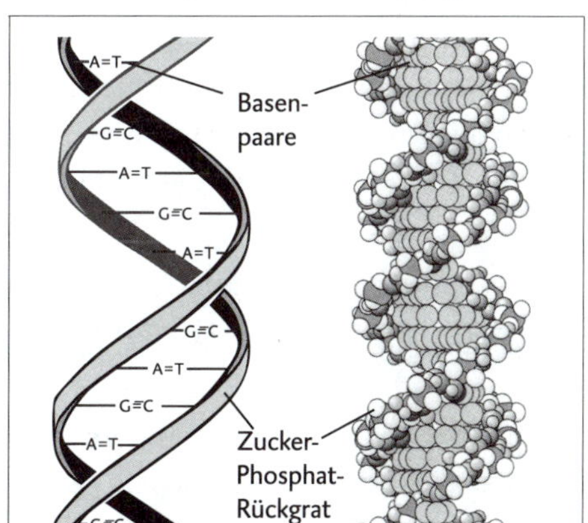

Abb. 37: Tertiärstruktur der DNA (schraubig gewundene Doppelhelix); Watson-Crick-Modell

In der RNA kommt anstelle der Base Thymin die Base Uracil vor. Die Polynukleotidketten der RNA weisen den gleichen Aufbau auf wie die der DNA, sind jedoch kürzer und liegen meist als Einzelstrang vor. Abschnittsweise kann sich ein RNA-

Strang mit sich selbst komplementär paaren (Intrastrangpaarung), sodass schlaufen- oder kleeblattähnliche Sekundärstrukturen entstehen wie bei der tRNA (siehe S. 90).

Die DNA liegt als Doppelstrang vor. Durch komplementäre Basenpaarung (Wasserstoffbrückenbindungen zwischen A/T und C/G) ergibt sich die **Doppelhelix-Struktur** der DNA, die beiden umeinander gewickelten antiparallelen Stränge (5' → 3' bzw. 3' → 5'). Die RNA liegt hauptsächlich als Einzelstrang vor, Intrastrangpaarungen sind aber möglich.

8.3 Der semikonservative Replikationsmechanismus der DNA

Die genetische Information wird von einer Zelle zur anderen weitergegeben. Die DNA als Träger dieser Information muss gewährleisten, dass dies ohne Fehler geschieht. Das von WATSON und CRICK vorgeschlagene Modell legt nahe, der Zweisträngigkeit eine wichtige Rolle bei der Verdopplung der DNA zuzuschreiben.

Da die Wasserstoffbrückenbindungen zwischen den Basen der doppelsträngigen DNA nur eine geringe Bindungsenergie besitzen, können die Einzelstränge leicht voneinander getrennt werden. Dies und die Basenpaarung sind die entscheidenden Voraussetzungen für den Verdopplungsmechanismus der DNA.

Der Doppelstrang der DNA teilt sich nach Art eines Reißverschlusses in zwei Hälften: Die Wasserstoffbrückenbindungen zwischen den komplementären Basenpaarungen werden enzymatisch gelöst und es entstehen zwei Einzelstränge. An jede der getrennten Basen lagert sich jeweils das Nukleotid mit der entsprechenden komplementären Base an und die beiden Basen verknüpfen sich erneut über Wasserstoffbrückenbindungen. Die nur parallel zum vorhandenen Einzelstrang angeordneten Nukleotide werden über die Zucker- und Phosphatreste miteinander verbunden.

Der Doppelstrang der neu gebildeten DNA setzt sich aus einem „alten" und einem neu gebildeten Strang zusammen (**semikonservative Replikation**).

Theoretisch wären auch andere Verdopplungsmechanismen denkbar. So könnte sich der Doppelstrang zunächst entspiralisieren, bliebe aber als Doppelstrang erhalten. In dieser Form könnte er dann als Matrize für den Tochterstrang dienen, der sich in diesem Fall aus völlig neuen Nukleotiden zusammensetzt (konservative Replikation). Schließlich gäbe es noch die Möglichkeit, dass der Doppelstrang beim Entspiralisieren nach je einer Schraubenwindung mithilfe von Enzymen durchtrennt würde und die Einzelstränge des abgetrennten Stücks jeweils die komplementären Nukleotide bände, bevor es wieder zusammenwachsen würde (disperse Replikation).

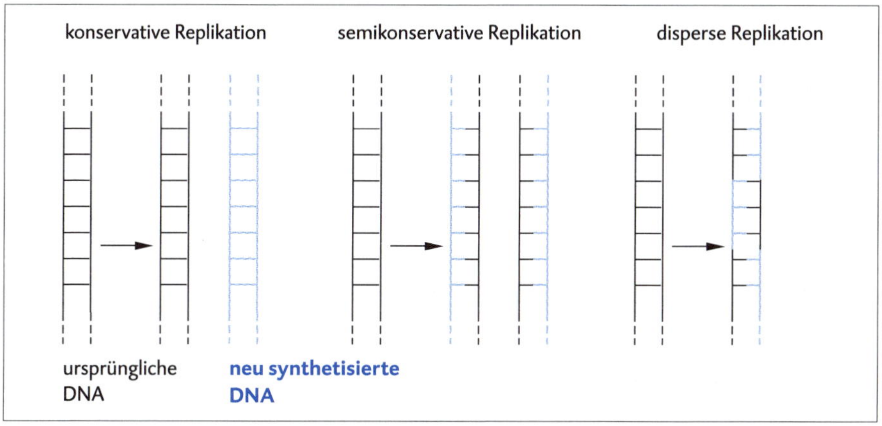

Abb. 38: Theoretisch mögliche Verdopplungsmechanismen der DNA

Das Experiment von Meselson und Stahl

MESELSON und STAHL züchteten *Escherichia-coli*-Bakterien (siehe S. 60) in einem Medium, dem nur Stickstoffsalze mit dem schweren Stickstoffisotop ^{15}N zugesetzt wurden. Nach einiger Zeit enthielt die DNA dieser Bakterien nur noch schweren Stickstoff, was zu einer Erhöhung ihres spezifischen Gewichts im Vergleich zu normaler ^{14}N-DNA führte. Zur Unterscheidung von ^{15}N- und ^{14}N-DNA wurde eine Dichtegradientenzentrifugation durchgeführt. Zur Dichtegradientenzentrifugation wird das Gemisch aus ^{15}N- und ^{14}N-DNA in ein Zentrifugenglas gegeben, das eine Caesiumchloridlösung steigender Konzentration enthält. Beim Zentrifugieren mit hoher Umdrehungszahl wandert die schwere ^{15}N-DNA weiter nach unten und man kann deutlich zwei getrennte Banden erkennen. Meselson und Stahl übertrugen die Bakterien mit schwerer DNA in ein Nährmedium mit ^{14}N-Salzen, präparierten nach einer Generationenfolge die von den Bakterien neu synthetisierte DNA und zentrifugierten sie unter den gleichen Bedingungen wie vorher. Es trat nur eine einzige Bande auf, die zwischen den Banden von ^{15}N- und ^{14}N-DNA lag. Nach einer weiteren Generationenfolge zentrifugierten sie auch die DNA der F_2-Generation. Jetzt bildeten sich zwei Banden: eine, die auf gleicher Höhe lag wie die der reinen ^{14}N-DNA-und eine, die sich wiederum zwischen der ^{15}N- und der ^{14}N-Bande befand. Damit war der semikonservative Replikationsmechanismus der DNA bewiesen.

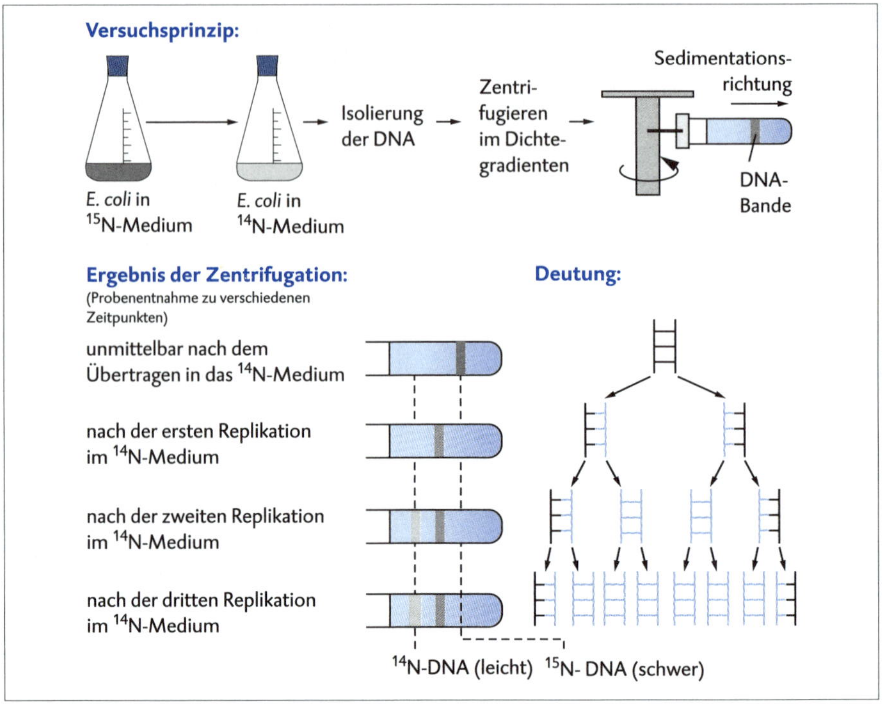

Abb. 39: Durchführung, Ergebnis und Deutung des Versuchs von Meselson und Stahl

Molekularer Mechanismus der Replikation

1. **Entspiralisierung und Öffnung des DNA-Doppelstrangs:** Unter Mitwirkung von Enzymen wird der Doppelstrang entdrillt. Das Enzym Helicase spaltet die Wasserstoffbrückenbindungen zwischen den komplementären Basen unter ATP-Verbrauch. Damit sich die getrennten Einzelstränge nicht wieder verbinden oder von DNA-spaltenden Enzymen angegriffen werden, lagern sich Proteine an die einzelsträngigen Abschnitte. Dieser aufgespreizte Bereich der DNA wird als Replikationsgabel bezeichnet.
2. **Ergänzung des Einzelstrangs mit dem 3'-Ende:** Als Bausteine dienen die Nukleosidtriphosphate ATP (Adenosintriphosphat), GTP (Guanosintriphosphat), CTP (Cytidintriphosphat) und TTP (Thymidintriphosphat), die im Zellplasma hergestellt werden. Das Enzym DNA-Polymerase lagert die komplementären Nukleosidtriphosphate an und verknüpft sie zu einem

Einzelstrang. Die Energie für diese Reaktion wird durch die Abspaltung von zwei Phosphatgruppen (Pyrophosphat) vom Triphosphat aufgebracht.
Die DNA-Polymerase liest den DNA-Einzelstrang vom 3'-Ende zum 5'-Ende ab und wandert dabei in der gleichen Richtung wie die Helicase. Der Einzelstrang wird so in einem Stück, also **kontinuierlich**, zum Doppelstrang ergänzt.

3. **Ergänzung des Einzelstrangs mit dem 5'-Ende:** Da die DNA-Polymerase einen DNA-Einzelstrang nur vom 3'-Ende zum 5'-Ende (s. o.) ablesen kann und der zweite Einzelstrang die gegenläufige Polarität besitzt, wird er nicht kontinuierlich ergänzt, sondern abschnittsweise (**diskontinuierlich**). Die DNA-Polymerase wandert dabei von der Replikationsgabel weg.
   Wenn ein längerer Einzelstrangabschnitt durch die Helicase freigelegt ist, kopiert ihn die DNA-Polymerase zum 5'-Ende hin oder bis sie an einem bereits ergänzten Abschnitt ankommt. Die neu synthetisierten Einzelstrangabschnitte werden nach ihrem Entdecker **Okazaki-Fragmente** genannt. Das Enzym DNA-Ligase schließt die Lücken zwischen den Okazaki-Stücken (unter Energieverbrauch).

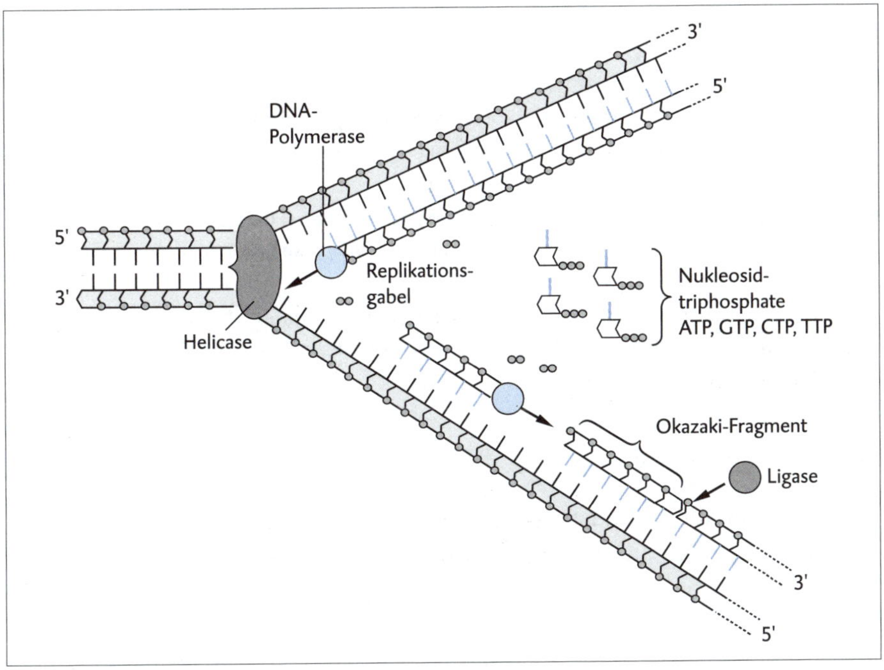

Abb. 40: Semikonservative Replikation der DNA

Nach der **Entspiralisierung** durch die Helicase verläuft die **Replikation** durch die DNA-Polymerase in 5' → 3'-Richtung (Anknüpfung der neuen Nukleotide an das 3'-Ende).
Dies funktioniert nur an dem Strang kontinuierlich, der in 3' → 5'-Richtung entspiralisiert wird („Leitstrang"). Am 2. Strang, der in 5' → 3'-Richtung freigelegt wird („Folgestrang"), wird die DNA diskontinuierlich in **Okazaki-Fragmenten** repliziert und durch die Ligase verbunden.

Bei dem angenommenen semikonservativen Replikationsmechanismus stellt sich allerdings ein Problem, das bis heute noch nicht vollständig gelöst ist. Der schraubig gewundene DNA-Faden muss sich erst entspiralisieren, bevor er in zwei Einzelstränge aufgespalten werden kann. Da sowohl die Länge des DNA-Fadens, die Zeit für eine Verdopplung als auch die Länge einer Schraubenwindung bekannt sind, kann man daraus die Rotationsgeschwindigkeit des DNA-Fadens berechnen, wenn er am Stück entdrillt werden soll. Sie beträgt 7 500 Umdrehungen pro Minute. In der Realität ist eine derartige Rotation des DNA-Fadens schon allein wegen der dabei entstehenden Reibungswärme, die die Zelle schädigen würde, undenkbar.

Zusammenfassung

- Ein DNA-Molekül besteht aus zwei komplementären, gegenläufig orientierten und umeinander gewundenen Polynukleotidsträngen, die untereinander über Wasserstoffbrückenbindungen verbunden sind.
- Ein Polynukleotidstrang besteht abwechselnd aus Pentosen (Fünferzucker) und Phosphorsäureresten. Jeder Zucker ist mit einer der vier Basen Adenin, Cytosin, Guanin und Thymin verbunden.
- Bei der Replikation werden die DNA-Moleküle identisch verdoppelt. Dabei entsteht an jedem der beiden Polynukleotidstränge der DNA ein neuer Strang (semikonservativer Mechanismus).

Aufgaben

46 Erklären Sie den Namen DNA.

47 Wie sieht die Grundstruktur der beiden unterschiedlichen Basentypen aus? Wie lauten die Namen dieser Basen?

48 Wie lauten die Molverhältnisse der folgenden Komponenten im DNA-Molekül?

a Zucker : Phosphat
b Adenin : Guanin
c Cytosin : Thymin
d Thymin : Adenin

49 Bei der quantitativen Analyse eines DNA-Abschnitts wurde festgestellt, dass sie zu 22 % aus Adenin-Nukleotiden besteht. Wie groß ist der prozentuale Anteil an Cytosin-Nukleotiden? Begründen Sie!

50 Zeichnen Sie einen Ausschnitt aus der Sekundärstruktur eines DNA-Moleküls.

51 Auf welche Weise konnte man die doppelsträngige, räumliche Struktur der DNA ermitteln?

52 Was sind die wesentlichen Unterschiede im Aufbau zwischen RNA und DNA?

53 In welchem Verhältnis stehen beim Versuch von MESELSON und STAHL in der 3. Generation halbschwere ($^{15}N/^{14}N$) DNA und leichte (^{14}N) DNA?

54 Angenommen, die Replikation der DNA verliefe nach dem konservativen Mechanismus ab: Welche Arten von DNA (schwer, halbschwer, leicht) würden dann beim Versuch von MESELSON und STAHL in der 3. Generation entstehen?

55 Eine DNA wird radioaktiv markiert. In welcher Generation tritt zum ersten Mal nicht radioaktive DNA auf?

56 Angenommen, man könnte eine DNA radioaktiv markieren, ohne dabei ein schwereres oder leichteres Isotop zu verwenden. Könnte man in der Praxis für das Experiment von MESELSON und STAHL diese radioaktiv markierte DNA als Ausgangs-DNA verwenden? Begründen Sie Ihre Antwort!

57 Welchen Vorteil hat Ihrer Meinung nach eine doppelsträngige gegenüber einer einsträngigen DNA als Erbsubstanz?

9 Molekulare Wirkungsweise der Gene

Erbanlagen oder Gene sind verantwortlich für die Ausprägung bestimmter Merkmale eines Organismus. Gene im weitesten Sinne sind definiert als Abschnitte auf der DNA, die eine „ablesbare“ Information enthalten. Viele der Gene werden in Proteine übersetzt (exprimiert) und führen so zum beobachtbaren Merkmal. Andere Gene steuern die Expression der Protein codierenden Erbanlagen und tragen so zu einem geregelten Ablauf der Lebensprozesse bei.

9.1 Bauprinzip und Bedeutung der Proteine

Proteine (Eiweißstoffe) sind organische Makromoleküle lebender Zellen mit vielfältigen Funktionen:

Protein	Beispiele und Aufgaben
Strukturprotein	Stützgewebe wie Kollagen der Knochen, Knorpel, Sehnen, α-Keratin von Horn und Haaren
Enzym	Biokatalysatoren für biochemische Reaktionen des Stoffwechsels
Transportprotein	Hämoglobin, Sauerstofftransport im Blut
Regulationsprotein	Hormone wie Insulin, das den Blutzuckerspiegel steuert
Schutzprotein	Antikörper, Abwehr von körperfremden Proteinen

Tab. 12: Gruppen und Aufgaben von Proteinen

Proteine sind **Polymere**, d. h. Makromoleküle, die durch wiederholte Verknüpfung bestimmter Grundbausteine (Monomere), den **Aminosäuren**, entstehen.

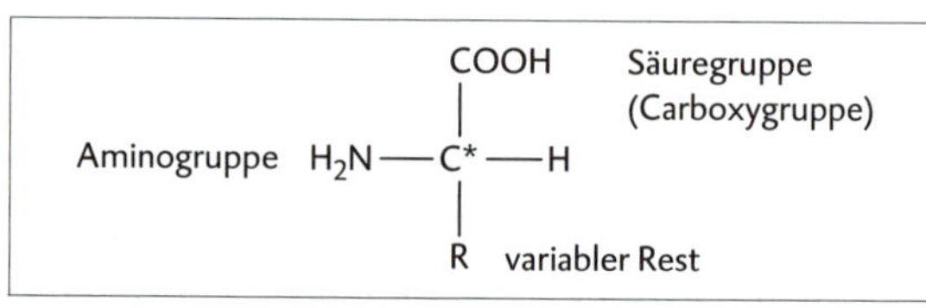

Abb. 41: Struktur einer Aminosäure in Fischer-Projektion

Das mit * markierte C-Atom trägt vier verschiedene, tetraedrisch angeordnete Gruppen. Es existieren zwei Möglichkeiten, diese vier Gruppen an dem zentralen asymmetrischen C-Atom anzuordnen; die denkbaren räumlichen Strukturen verhalten sich zueinander wie Bild und Spiegelbild (Spiegelbildisomerie, Enantiomerie). In der Fischer-Projektion werden die Enantiomere als D- und L-Form bezeichnet, wobei bei der L-Form die Aminogruppe links und bei der D-Form rechts steht. Von den 20 natürlich vorkommenden Aminosäuren weisen 19 die L-Konfiguration auf (außer Glycin, das kein asymmetrisches C-Atom besitzt).

In wässriger Lösung, d. h. auch in der Zelle, liegen die Aminosäuren größtenteils als **Zwitterionen** vor, die durch intramolekulare Protonenwanderung entstehen.

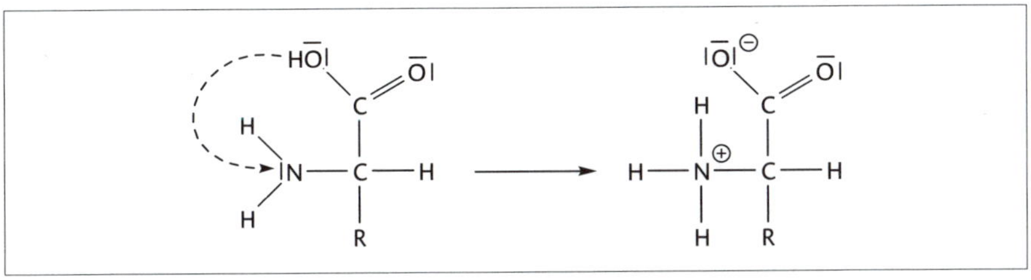

Abb. 42: Zwitterion-Charakter der Aminosäuren unter den Bedingungen in der Zelle

An die negativ geladene Carboxylatgruppe ($-COO^-$) kann ein Proton angelagert (Basenwirkung), von der positiv geladenen Aminogruppe ($-NH_3^+$) ein Proton abgespalten werden (Säurewirkung). Aminosäuren sind demnach **Ampholyte** (amphoter). Sie wirken als Puffer, d. h. sie können den pH-Wert einer Lösung bei Säure- oder Basenzusatz konstant halten. Damit erfüllen sie eine wichtige Funktion bei der Aufrechterhaltung eines konstanten Zellmilieus.
Nicht alle Aminosäuren puffern im gleichen pH-Bereich. Dieser und andere Unterschiede in den chemischen und physikalischen Eigenschaften der Aminosäuren beruhen auf den unterschiedlichen organischen Resten R. Die Methylgruppe des Alanins beispielsweise ist unpolar (neutral), während Glutaminsäure eine zweite Carboxygruppe in der Seitenkette trägt und daher saure Eigenschaften hat.

Die Carboxygruppe ($-COOH$) einer Aminosäure kann formal mit der Aminogruppe ($-NH_2$) einer zweiten Aminosäure unter Wasseraustritt reagieren (Kondensation).

Die bei der Kondensation zweier Aminosäuren entstehende Verknüpfung wird als **Peptidbindung** bezeichnet.

Durch Kondensation mit weiteren Aminosäuren entsteht eine **Polypeptidkette**. Bei bis zu zehn Aminosäuren bezeichnet man die Kette als Oligo-, bei bis zu 100 als Polypeptid. Sind mehr als 100 Aminosäuren verknüpft, spricht man von einem Protein. Durch die verschiedenen Aminosäuren, ihre Anzahl und Abfolge entsteht die unvorstellbar große Vielfalt der Proteine.

Die Reihenfolge der Aminosäuren, die Aminosäuresequenz, wird als **Primärstruktur** des Proteins bezeichnet.

Beispiel

Die drei Aminosäuren Serin (R_1: $-CH_2OH$), Alanin (R_2: $-CH_3$) und Asparaginsäure (R_3: $-CH_2COOH$) kondensieren zu einem Tripeptid.

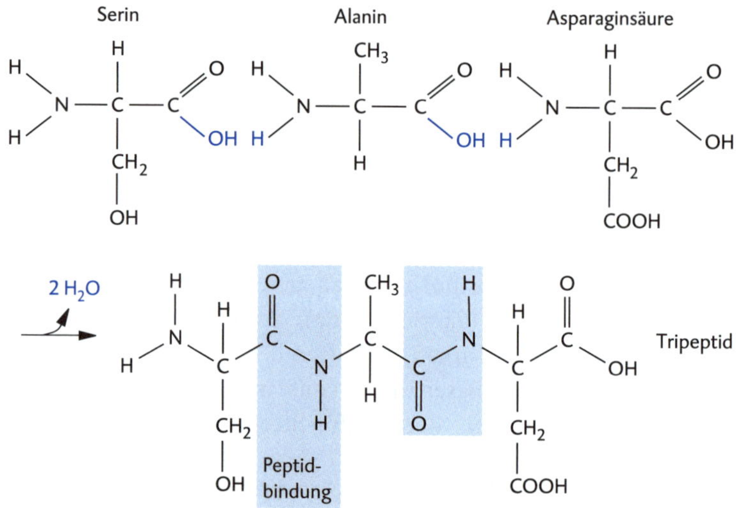

Durch die Primärstruktur mit ihren spezifischen Seitenketten wird die **Sekundärstruktur**, die räumliche Anordnung der Polypeptidketten, festgelegt. Sie wird durch Wasserstoffbrückenbindungen stabilisiert, die jeweils zwischen zwei Peptidbindungen ausgebildet werden.

Verknüpfen sich durch intramolekulare Wasserstoffbrückenbindungen zwei übereinander liegende Windungen einer schraubigen Polypeptidkette, ergibt sich eine **α-Helix**-Struktur (z. B. Wolle, Haare). Sind mehrere parallel oder antiparallel (gegenläufig) angeordnete Abschnitte der Polypeptidkette durch intramolekulare Wasserstoffbrücken verbunden, entsteht eine **β-Faltblatt**-Struktur (z. B. Seide).

Typische **Sekundärstrukturen** wie die α-Helix oder das β-Faltblatt entstehen durch Wasserstoffbrückenbindungen zwischen den an den Peptidbindungen beteiligten Gruppen.

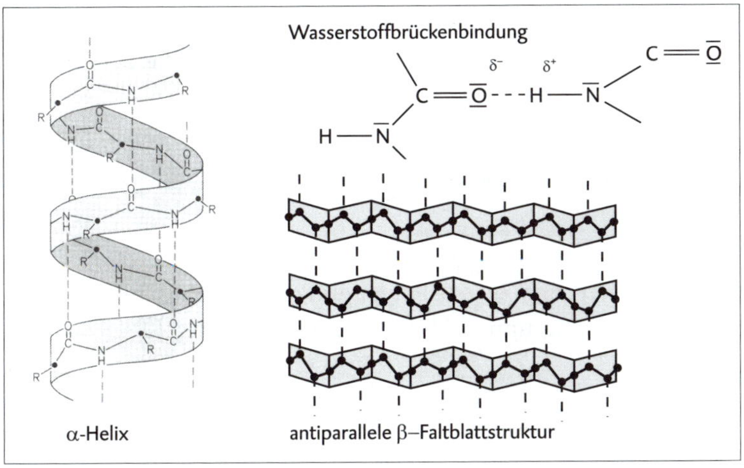

Abb. 43: Sekundärstrukturen der Proteine

Die α-Helix- und β-Faltblatt-Bereiche werden durch zusätzliche Bindungen in einer spezifischen räumlichen Anordnung (**Tertiärstruktur**) gehalten. Diese Bindungen entstehen zwischen bestimmten Aminosäure-Resten.

> Die **Tertiärstruktur** ist die übergeordnete Raumstruktur (**Konformation**), die die Sekundärstrukturen eines Proteins einnehmen können.

Die Art der Tertiärstruktur ist also ebenfalls durch die Primärstruktur festgelegt. Insbesondere die Funktionsfähigkeit der Enzymproteine ist von der Tertiärstruktur abhängig. Geringe Änderungen des pH-Werts z. B. beeinflussen die Säure- bzw. Basengruppen der Reste und damit die Raumstruktur. Die Tertiärstruktur wird stabilisiert durch

- Disulfidbrücken (–S — S–),
- Ionenbindungen (zwischen geladenen Gruppen der Reste, z. B. $-COO^- \cdots {}^+NH_3$),
- Wasserstoffbrückenbindungen (zwischen polaren Seitenketten),
- van-der-Waals-Kräfte (Anziehungskräfte zwischen unpolaren Resten),

Beispiel

Im Myoglobin, einem Chromoproteid, umschließt die Polypeptidkette mit ihrer spezifischen Raumstruktur eine zentrale Farbstoffgruppe (Häm). Am Eisenatom dieser Farbstoffgruppe kann ein Sauerstoffmolekül gebunden werden. Myoglobin speichert und transportiert Sauerstoff im Gewebe.

Quartärstruktur: Viele Proteine sind aus mehreren verschiedenen Polypeptidketten aufgebaut. Der Zusammenhalt erfolgt über die gleichen Bindungsarten wie bei der Tertiärstruktur.

> Die **Quartärstruktur** beschreibt die Anordnung der Polypeptidketten (Untereinheiten) in einem komplexen Protein.

Beispiel

Hämoglobin: zwei α- und zwei β-Polypeptidketten mit eisenhaltigen Farbstoffgruppen, ähnlich dem Myoglobin

9.2 Die Proteinbiosynthese

Der polymere Aufbau von DNA und Proteinen lässt vermuten, dass die Basenfolge der DNA für die Reihenfolge der Aminosäuren im Protein verantwortlich ist. Durch die Codierung (Verschlüsselung) einer Aminosäure mit drei aufeinander folgenden Basen der DNA (Triplett) lassen sich ausreichend „Codeworte“ für die Aminosäuren bilden (Dreierkombinationen der vier Basen A,T,C,G: $4^3 = 64$ Kombinationen).

Die Verknüpfung der Aminosäuren zu Proteinen entsprechend der „Anweisung der DNA“ erfolgt in zwei Phasen:

- **Transkription:** Übertragung der Basensequenz der DNA-Abschnitte (Gene) in die Basensequenz einer Boten-Nukleinsäure = messenger-RNA (mRNA)
- **Translation:** Übersetzung der Basensequenz der mRNA in die Aminosäure-Sequenz des Proteins

Gen (DNA-Abschnitt) --- Transkription ---> mRNA --- Translation ---> Protein (Enzym) --- Wirkung ---> Merkmal

Abb. 44: Umsetzung genetischer Information

Transkription

Die **Transkription** ist der Prozess der „Umschreibung“ (Herstellung von Kopien) der in der DNA gespeicherten Information in eine Transportform, die mRNA.

Der Mechanismus der Transkription ähnelt dem der Replikation der DNA. Es wird jedoch nur einer der beiden Einzelstränge abgelesen, der **codogene**

Strang, und der synthetisierte RNA-Einzelstrang (mRNA) löst sich von diesem Matrizenstrang. Nach einer Modellvorstellung verläuft die „Umschreibung" der genetischen Information in mRNA in folgenden Schritten:

1 Die **RNA-Polymerase** (Transkriptase), ein Enzym mit komplexer Quartärstruktur, die einen Hohlzylinder ergibt, erkennt eine bestimmte Basensequenz der DNA als Startstelle (**Promotor**) und heftet sich an.
2 Sie entwindet und öffnet den DNA-Doppelstrang.
3 Die Ablesung des codogenen Strangs erfolgt vom 3'- zum 5'-Ende. Die Ableserichtung und das Erkennen des codogenen Strangs werden durch den Promotor angegeben.
4 Die RNA-Bausteine ATP, GTP, CTP, UTP werden (entsprechend der komplementären Basenpaarung mit den Basen des codogenen Strangs) von der RNA-Polymerase miteinander unter Abspaltung von zwei Phosphatgruppen (Pyrophosphat) verknüpft. Die Basensequenz der mRNA entspricht der Sequenz des (anderen) sog. Codestrangs der DNA (5'-3'-Richtung). Die mRNA tritt mit dem 5'-Ende voran aus der RNA-Polymerase aus. Bei Bakterien enthält ein mRNA-Strang mehrere Gene, bei Eukaryonten nur jeweils ein Gen.
5 An der Zielstelle (mit spezifischer Basensequenz), bei Eukaryonten am Ende des Gens (**Terminator**), löst sich die RNA-Polymerase ab.
6 Bei Eukaryonten verlässt die mRNA den Zellkern, damit die Translation im Cytoplasma stattfinden kann. Bei Prokaryoten (die keinen Zellkern besitzen) setzt die Translation bereits an der gerade transkribierten mRNA ein.

Translation

Die **Translation** ist der Prozess der „Übersetzung" der in der RNA gespeicherten Information in die Aminosäuresequenz einer Polypeptidkette.
Die Übersetzung der mRNA in die Aminosäure-Sequenz erfolgt an den **Ribosomen** im Cytoplasma. Um eine rasche und effektive Translation zu ermöglichen, besetzen mehrere Ribosomen hintereinander eine mRNA. Solche Ribosomengruppen an einer mRNA werden als **Polysomen** bezeichnet.
Ribosomen bestehen zu zwei Dritteln aus RNA (ribosomale RNA, rRNA) und zu einem Drittel aus Proteinen. Sie setzen sich aus einer großen und einer kleinen Untereinheit zusammen, die im inaktiven Zustand voneinander getrennt vorliegen. Erst zusammen mit einer mRNA entsteht ein zusammengesetztes Ribosom mit zwei Bindestellen für die **transfer-RNA (tRNA)**.
Die tRNA vermittelt zwischen Basentriplett und Aminosäuren. Dazu hat eine tRNA ein **Anticodon**, das komplementär zu dem Triplett (Codon) auf der

mRNA ist, das für diejenige Aminosäure codiert, die an die tRNA angebunden ist. Es gibt 61 verschiedene tRNAs, jede mit einem anderen spezifischen Anticodon. Die Beladung einer tRNA mit der passenden Aminosäure erfolgt mithilfe des Enzyms Synthetase, das sowohl eine Aminosäure- als auch eine tRNA-Erkennungsregion aufweist. Ein tRNA-Molekül besteht aus ca. 80 RNA-Nukleotiden. Komplementäre Basenabschnitte eines tRNA-Einzelstrangs paaren sich und das Molekül bildet dadurch eine kleeblattähnliche Struktur aus. Es entsteht eine spezifische Tertiärstruktur, die von der Synthetase erkannt wird.

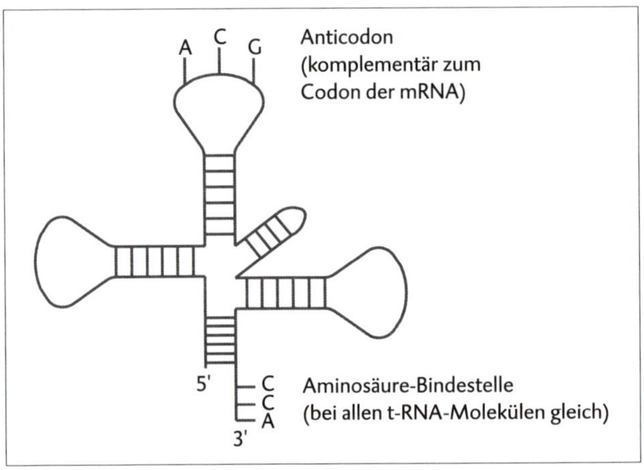

Abb. 45: Schematische Darstellung einer tRNA

Da ein Synthetase-Molekül nur eine bestimmte der 20 natürlich vorkommenden Aminosäuren (aber mehrere unterschiedliche tRNAs) erkennen kann, gibt es 20 verschiedene Formen der Synthetase. Zuerst bindet die Synthetase ihre Aminosäure und ein Molekül ATP. Die Reaktion zwischen Aminosäure und ATP führt zu einer Aktivierung der Aminosäure. Dann lagert sich die entsprechende tRNA an die zweite Erkennungsregion an und wird mit der aktivierten Aminosäure verknüpft. Die „beladene" tRNA kann dann bei der Translation die Basensequenz der mRNA und Aminosäuresequenz des Proteins übersetzen. Modellhaft läuft die Translation in folgenden Schritten ab:

1 Die kleine Untereinheit des Ribosoms heftet sich an das **Startcodon**, z. B. AUG, der mRNA (5'-Ende).
2 Die tRNA mit dem **Anticodon** UAC (trägt als Aminosäure Formyl-Methionin, fMet) lagert sich an die Bindestelle P im Ribosom an. Nun lagert sich auch die große Untereinheit des Ribosoms an. Damit ist die Startposition für das Ribosom exakt festgelegt.

3 An der Bindestelle A heftet sich die zum nächsten Codon der mRNA passende tRNA (beladen mit der entsprechenden Aminosäure) an. Zwischen den beiden Aminosäuren wird eine **Peptidbindung** geknüpft.
4 Das Ribosom rutscht um ein Triplett weiter, dabei wird die erste tRNA abgespalten. Die als zweite gebundene tRNA befindet sich nun mit der daran gebundenen wachsenden Peptidkette in Bindestelle P. Die Schritte (3) und (4) wiederholen sich so lange, bis ein **Stoppcodon** (UAA, UAG oder UGA) erreicht wird.
5 Bei Erreichen eines Stoppcodons, zu dem keine passende tRNA existiert, wird die Polypeptidkette von der letzten tRNA abgespalten. Das Ribosom zerfällt erneut in die Untereinheiten.

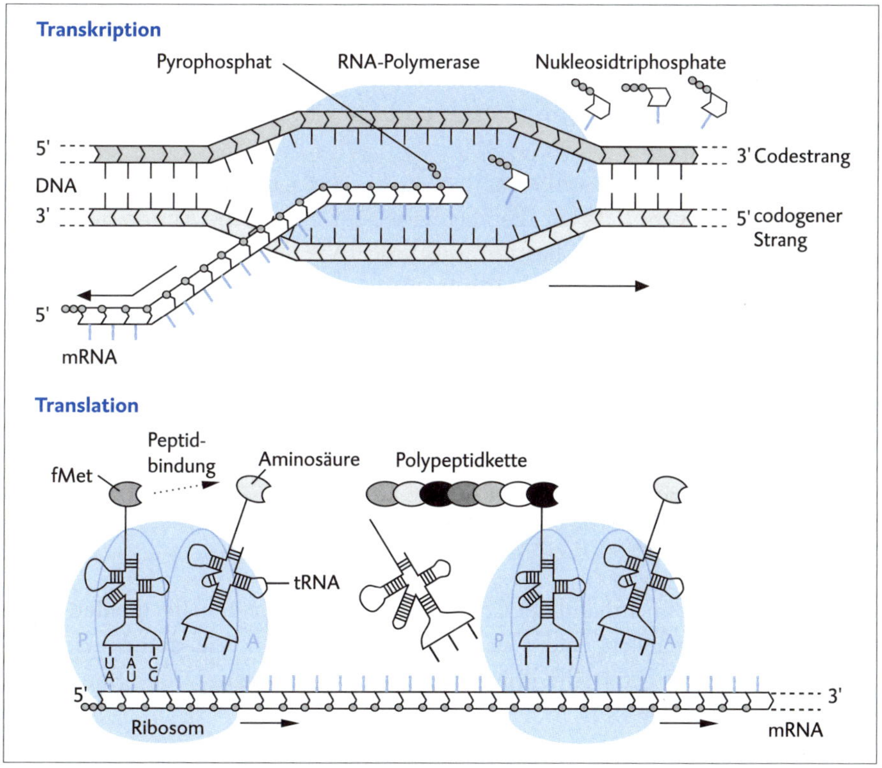

Abb. 46: Modellvorstellung zum Ablauf der Proteinbiosynthese

9.3 Der genetische Code

NIRENBERG und KHORANA entzifferten 1965 den genetischen Code: immer drei aufeinander folgende Basen (Triplett) codieren für eine Aminosäure. Mit den vier unterschiedlichen Basen (A,T,C,G) der DNA ergeben sich damit $4^3 = 64$ Kombinationsmöglichkeiten.
61 verschiedene Codons bezeichnen die 20 proteinogenen Aminosäuren. Für jede fast Aminosäure (außer für Tryptophan und Methionin) existieren also zwei bis sechs Triplettwörter: der genetische Code ist **degeneriert**.
Drei weitere Codons sind Stopp- oder Abbruchcodons zur Beendigung der Translation. Die beiden Startcodons AUG und GUG zeigen auf einer mRNA den Beginn eines zu translatierenden Bereiches an und codieren zusätzlich in der Mitte der mRNA stehend für Methionin (AUG) und Valin (GUG). Zwischen dem Start- und dem Stoppsignal reihen sich die codierenden Basentripletts durchgehend ohne Trennzeichen oder Zwischenräumen aneinander, der genetische Code ist **kommafrei** und es gibt **keine Überlappungen** zwischen den Tripletts.
Der genetische Code ist **universell**, d. h. bis auf ganz wenige Ausnahmen codieren die Basentripletts bei allen Lebwesen für die gleiche Aminosäure, d. h. bei der Translation einer bestimmten mRNA entsteht in verschiedenen Organismen immer die gleiche Polypeptidkette.

Der **genetische Code** ist
- ein **Triplett**-Code (immer drei Nukleotide codieren für eine Aminosäure),
- **kommafrei** (es gibt keine Trennzeichen am Anfang oder Ende eines Tripletts),
- **überlappungsfrei** (es gibt keine Überschneidungen zwischen den Tripletts),
- **degeneriert** (es gibt mehrere Triplett-Codons für eine Aminosäure),
- **universell** (bei fast allen Organismen identisch).

Die Translation kann anhand der Code-Sonne bzw. Code-Tabelle, die den Code für die mRNA angeben, leicht nachvollzogen werden. Die drei Nukleotide müssen in der richtigen Reihenfolge abgelesen werden, in der Code-Sonne von innen (5') nach außen (3').

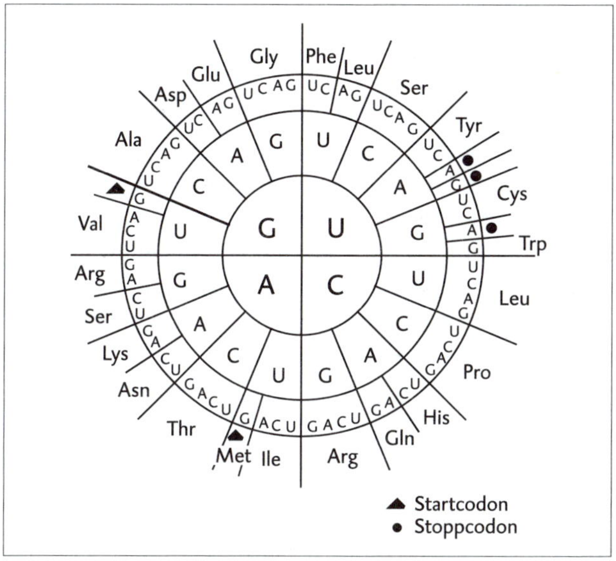

Abb. 47: Code-Sonne

1. Nukleotid		2. Nukleotid: U	C	A	G	3. Nukleotid
U	U	Phenylanlanin	Serin	Tyrosin	Cystein	U
		Phenylanlanin	Serin	Tyrosin	Cystein	C
		Leucin	Serin	*Stopp*	*Stopp*	A
		Leucin	Serin	*Stopp*	Tryptophan	G
C	C	Leucin	Prolin	Histidin	Arginin	U
		Leucin	Prolin	Histidin	Arginin	C
		Leucin	Prolin	Glutamin	Arginin	A
		Leucin	Prolin	Glutamin	Arginin	G
A	A	Isoleucin	Threonin	Asparagin	Serin	U
		Isoleucin	Threonin	Asparagin	Serin	C
		Isoleucin	Threonin	Lysin	Arginin	A
		Methionin= *Start*	Threonin	Lysin	Arginin	G
G	G	Valin	Alanin	Asparaginsäure	Glycin	U
		Valin	Alanin	Asparaginsäure	Glycin	C
		Valin	Alanin	Glutaminsäure	Glycin	A
		Valin (= *Start*)	Alanin	Glutaminsäure	Glycin	G

Tab. 13: Code-Tabelle

Beispiel

DNA (codogener Strang)	TAC	GCT	ATG	TCT
mRNA	AUG	CGA	UAC	AGA
Aminosäure	Met = Start	Arg	Tyr	Arg

9.4 Ausprägung von Merkmalen

Der molekulargenetische Genbegriff

Im klassischen Sinn wurde eine Erbanlage oder ein Gen als Einheit genetischer Information angesehen, durch die ein Merkmal bestimmt wird (Ein-Gen-Ein-Merkmal-Hypothese). Heute ist bekannt, dass von der genetischen Information bis zur Ausprägung eines Merkmals viele Reaktionen ablaufen müssen, von denen jede durch ein Enzym gesteuert wird. Für die Bildung eines Enzyms ist ein bestimmter DNA-Abschnitt zuständig. Dieser Zusammenhang zwischen Genen und Enzymen wurde 1941 von BEADLE und TATUM erkannt und in der **Ein-Gen-ein-Enzym-Hypothese** formuliert.

Als Versuchsobjekt diente der Schimmelpilz *Neurospora crassa*, da Sporen und Mycel haploid sind und man damit vom Phänotyp direkt auf den Genotyp schließen kann. Sie bestrahlten Sporen des Pilzes mit Röntgenstrahlen, um Mutationen auszulösen, und untersuchten die aus den Sporen hervorgegangenen Kulturen auf mutierte Phänotypen. Sie fanden zahlreiche Mutantenstämme, die nur bei Zusatz spezifischer Nährstoffe auf Minimalmedium wachsen können (**Mangelmutanten**).
Eine Gruppe dieser Mutanten benötigt beispielsweise Arginin, um wachsen zu können. Sie unterscheiden sich in ihrer Reaktion auf die organischen Verbindungen Ornithin und Citrullin, die mit Arginin chemisch verwandt sind. Enthält das Minimalmedium zusätzlich Ornithin, wächst Mutante A-1, wird Citrullin zugegeben, wachsen die Mutanten A-1 und A-2. Bei Zusatz von Arginin wachsen alle drei Mutanten.
Da damals bereits bekannt war, dass in den Zellen chemisch verwandte Stoffe durch Enzyme ineinander umgewandelt werden, entwickelten BEADLE und TATUM folgendes biochemisches Modell einer **Genwirkkette**:

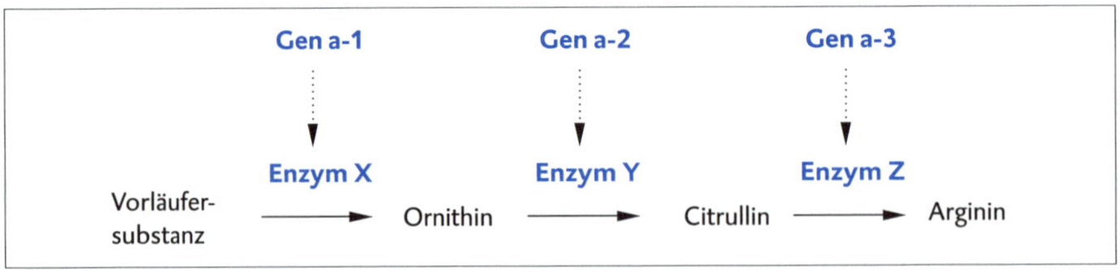

Abb. 48: Schema einer Genwirkkette

Alle Gene, die zusammen über die in ihnen codierten Enzyme eine Synthesekette steuern, bilden eine **Genwirkkette**.

Die Mutante A-1 konnte aufgrund des defekten Gens a-1 kein Ornithin aus der Vorläufersubstanz herstellen. Wird ihr jedoch Ornithin oder Citrullin angeboten, ist dieser **Stoffwechselblock** (genetischer Block) umgangen und Wachstum möglich. Es muss also der Gendefekt zu einem Ausfall des Enzyms X geführt haben, das normalerweise die Umsetzung der Vorläufersubstanz in Ornithin katalysiert. Bei Mutante A-2 verhindert das defekte Gen a-2 bzw. Enzym Y die Umsetzung von Ornithin in Citrullin. Die Zugabe des Stoffes, der in intakten Zellen nach dem Block gebildet wird, also Citrullin, hebt den Block auf.
Da manche Enzyme aus mehreren Polypeptidketten aufgebaut sind und Gene auch zur Bildung von Polypeptiden ohne Enzymcharakter (z. B. Strukturproteinen) führen, spricht man heute allgemeiner von der **Ein-Gen-ein-Polypeptid-Hypothese**.

> Ein **Gen** ist molekulargenetisch betrachtet ein DNA-Abschnitt, dessen primäres Genprodukt ein Polypeptid bzw. Protein ist.

Beispiel

Phenylalanin-Tyrosin-Stoffwechsel und Enzymdefekte beim Menschen

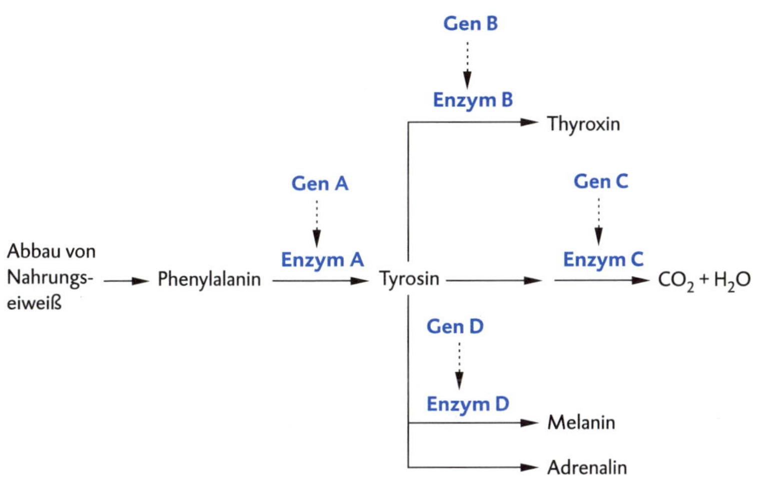

Genotyp aa: Phenylketonurie
Genotyp bb: Kretinismus
Genotyp cc: Alkaptonurie (Schwarzharn)
Genotyp dd: Albinismus

9.5 Ursachen und Folgen von Genmutationen

Mutationen sind plötzlich eintretende, nicht zielgerichtete Veränderungen des Erbguts. Ereignet sich die Mutation in einer Körperzelle (somatische Mutation), kann die DNA-Veränderung an die Tochterzellen weitergegeben werden. Handelt es sich bei den mutierten Zellen um Keimzellen, ist die Mutation an die Nachkommen vererbbar. Sie können entweder spontan, d. h. unter natürlichen Bedingungen, auftreten (**Spontanmutationen**) oder experimentell ausgelöst werden (**induzierte Mutationen**). Man unterscheidet drei Arten von Mutationen (vgl. S. 36).

- **Genommutation:** Diese Mutationsform führt zu einer Änderung der Chromosomenzahl. Bei der **Aneuploidie** vermindert oder erhöht sich die Zahl der Chromosomen. Wird der gesamte Chromosomensatz vervielfacht, spricht man von **Euploidie** oder **Polyploidie**.
- **Chromosomenmutation:** Die im Mikroskop sichtbare Veränderungen der Chromosomenstruktur kann verschiedene Formen haben. Bei der **Deletion** geht ein Teilstück eines Chromosoms verloren, bei der **Duplikation** wird ein Chromosomenabschnitt verdoppelt. Bei der **Translokation** bricht ein Chromosomenstück ab und verbindet sich mit einem anderen, nicht homologen Chromosom. Bei der **Inversion** verbindet sich das abgebrochene Chromosomenstück umgekehrt wieder mit demselben Chromosom.
- **Genmutationen:** Hier ändert sich die Information eines Gens im submikroskopischen Bereich. Die Basensequenz der DNA verschiebt sich durch Verlust oder Hinzufügen eines Nukleotids oder ändert sich durch den Austausch von Basen.

Genommutationen betreffen die Anzahl der Chromosomen, **Chromosomenmutationen** die Struktur der Chromosomen und **Genmutationen** die Basensequenz. Änderung einer Base nennt man **Punktmutation**, Einschub oder Verlust von Basen **Rastermutation**. Die Auswirkungen aller Mutationstypen können sehr unterschiedlich stark ausfallen.

Wird bei einer Genmutation nur ein einziges Basenpaar der DNA verändert, spricht man von einer **Punktmutation**. Im entstehenden Protein- bzw. Enzymmolekül wird eine andere Aminosäure eingebaut. Wenn sich durch diese Aminosäure die Tertiärstruktur des Proteins nur unwesentlich ändert, bleibt die Wirkung des Enzyms erhalten. Der Basenaustausch kann auch folgenlos („stumm") bleiben, wenn durch den Austausch die dritte Position eines Tripletts betroffen ist und das neu entstandene Triplett die gleiche Aminosäure codiert (degenerierter Code). Ergibt sich durch den Basenaustausch ein Stopp-

Codon, kommt es zum vorzeitigen Abbruch der Proteinbiosynthese. Das gebildete Protein ist mehr oder weniger verkürzt und kann seine Funktion nicht mehr erfüllen.

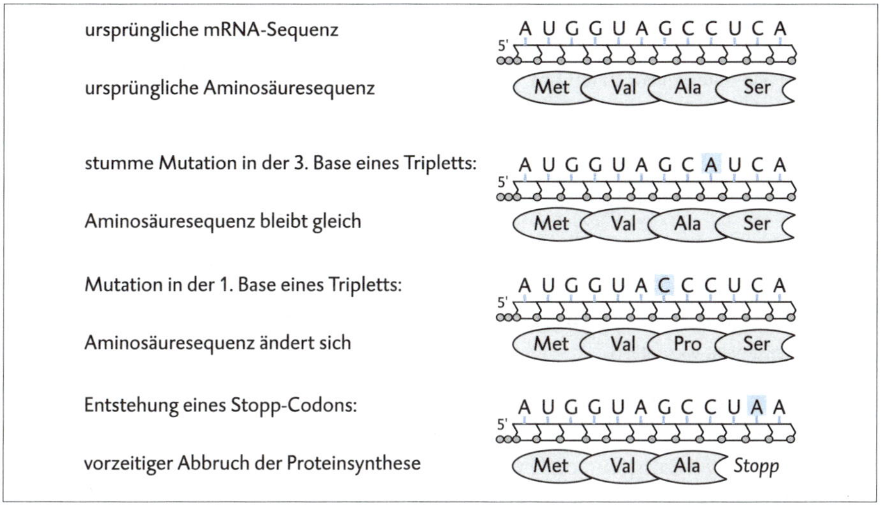

Abb. 49: mögliche Auswirkungen von Punktmutationen

Beispiel

Das Beispiel der **Sichelzellanämie** macht deutlich, dass die Veränderung einer einzigen Base schwer wiegende Folgen haben kann. Bei dieser Punktmutation wird die 17. Base (Thymin) im codogenen Strang des Gens für die Bildung der ß-Ketten des Hämoglobins gegen Adenin ausgetauscht. Statt der Aminosäure Glutaminsäure wird Valin in das Protein eingebaut. Dies hat zur Folge, dass sich die Ladung und dadurch auch die Raumstruktur und Löslichkeit des Hämoglobins ändert. Das Sichelzell-Hämoglobin kristallisiert bei Sauerstoffmangel aus und die roten Blutkörperchen nehmen eine sichelartige Form an. Heterozygote Träger der Sichelzellanämie sind weniger belastbar als Gesunde. Trotzdem ist der genetisch bedingte Defekt vor allem in Afrika weit verbreitet, weil er gleichzeitig mit Malariaresistenz verknüpft ist.

Werden in ein Gen ein, zwei oder mehrere Basen eingefügt oder daraus entfernt, spricht man von einer **Rastermutation**. Aufgrund des kommafreien Triplettcodes verschiebt sich durch Einschub oder Verlust von Basen das gesamte Triplettraster ab der mutierten Stelle. Diese Mutation hat einen umso geringeren Einfluss auf die Veränderung der Information, je näher der Verlust bzw. Einschub von Basen am Ende des Gens liegt.

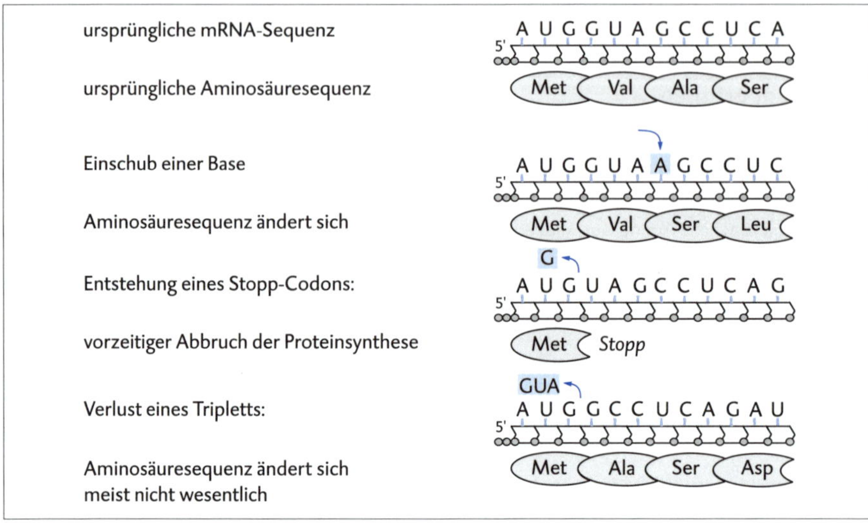

Abb. 50: mögliche Auswirkungen von Rastermutationen

Beispiel

Die Auswirkungen von Punkt- und Rastermutationen lassen sich auch mithilfe der Buchstabenschrift verdeutlichen:

ursprüngliches Gen:	EINGENISTAUSDNA ein/gen/ist/aus/dna
Punktmutation:	EINGENISTAUSDRA ein/gen/ist/aus/dra
Einschub einer Base:	EINEGENISTAUSDNA ein/ege/nis/tau/sdn/a
Verlust einer Base:	EINGENISAUSDNA ein/gen/isa/usd/na

Mutagene Stoffe und Strahlen

Mutationen können durch **chemische Substanzen** (mutagene Stoffe), z. B. Teerstoffe im Tabakrauch, Nitrosamine in gepökeltem Fleisch, Mykotoxine (Giftstoffe von Schimmelpilzen), salpetrige Säure, Akridinorange oder Bromuracil ausgelöst werden.

Mutationsauslösende Chemikalien können mit bestimmten Basen reagieren und die Basensequenz verändern. Ein Beispiel dafür ist die mutagene Wirkung von **salpetriger Säure** (HNO_2). Sie ersetzt die Aminogruppe (NH_2) der Basen durch eine OH-Gruppe. Auf diese Weise wird Cytosin in Uracil umgewandelt, das dann mit einer anderen Base (Adenin statt Guanin) paart. So kann auch aus Adenin Hypoxanthin (Hx) entstehen, das sich wie Guanin mit Cytosin paart.

Wird dieser Schaden an der DNA nicht repariert (siehe S. 101), kommt es bei der Replikation dadurch in einem der Tochterstränge zum **Basenaustausch**.

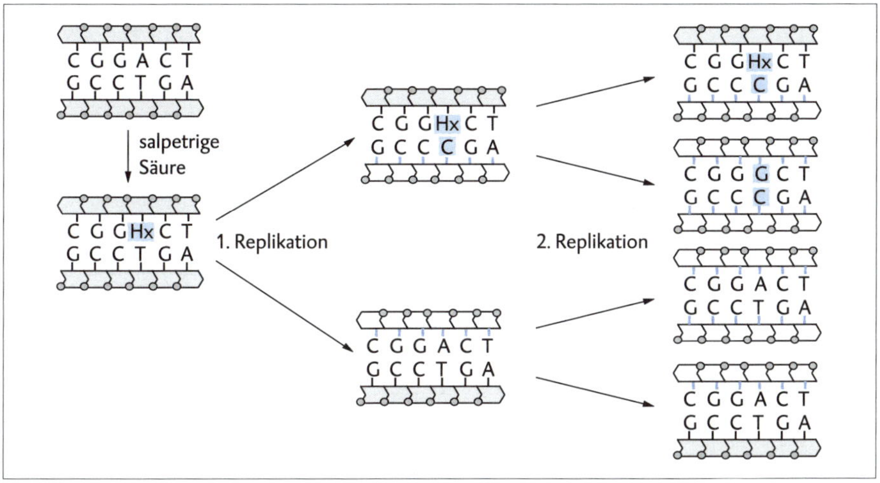

Abb. 51: Basenaustausch durch salpetrige Säure

5-Bromuracil (bU) zählt zu den **Basenanaloga**, d. h. basenähnlichen Substanzen, die in ihrer Struktur den Purin- und Pyrimidinbasen ähneln. Es kann bei der Replikation der DNA anstelle von Thymin eingebaut werden, d. h. in diesem Fall paart sich Adenin mit Bromuracil. Gelegentlich gehen Bromuracilmoleküle durch Umstellung von Atomen kurzfristig in eine isomere Form über (Umlagerung von der Keto- in die Enolform: Keto-Enol-Tautomerie) und paaren bei der nächsten Replikation nicht mit Adenin, sondern mit Guanin. Unter Normalbedingungen paart dann Guanin wieder mit Cytosin. Auf diese Weise entsteht aus dem ursprünglichen Basenpaar A–T das neue Basenpaar G–C.

Moleküle der **Akridinfarbstoffe** drängen sich als „Scheinbase“ zwischen zwei benachbarte Nukleotide der DNA. Bei der Replikation dieses DNA-Abschnitts wird ein beliebiges Nukleotid mit dem Akridin gepaart. Nach einer weiteren Replikation weist der komplementäre Strang ein Basenpaar mehr auf (**Baseneinschub**).
Ein Akridin-Molekül kann auch bei der Replikation der DNA ein Nukleotid ersetzen. Das falsch eingebaute Akridin wird vor der nächsten Replikation wieder ausgestoßen, dadurch kommt es zu einem **Basenverlust**.

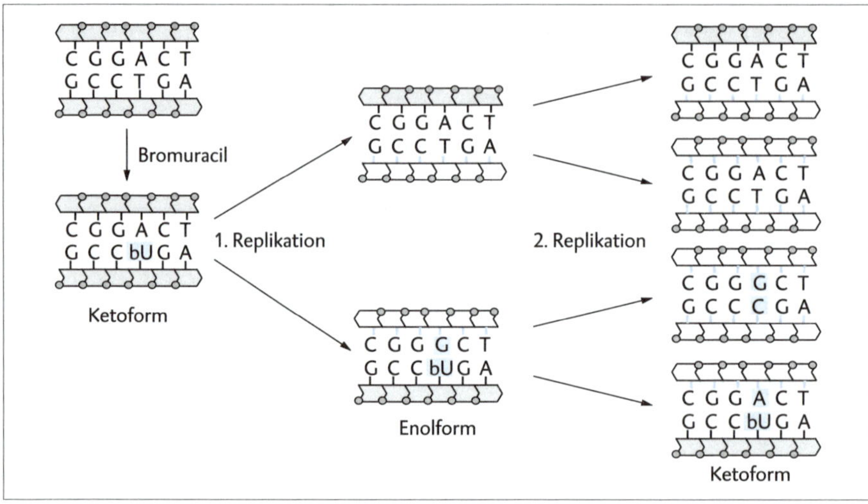

Abb. 52: Basenaustausch durch Bromuracil

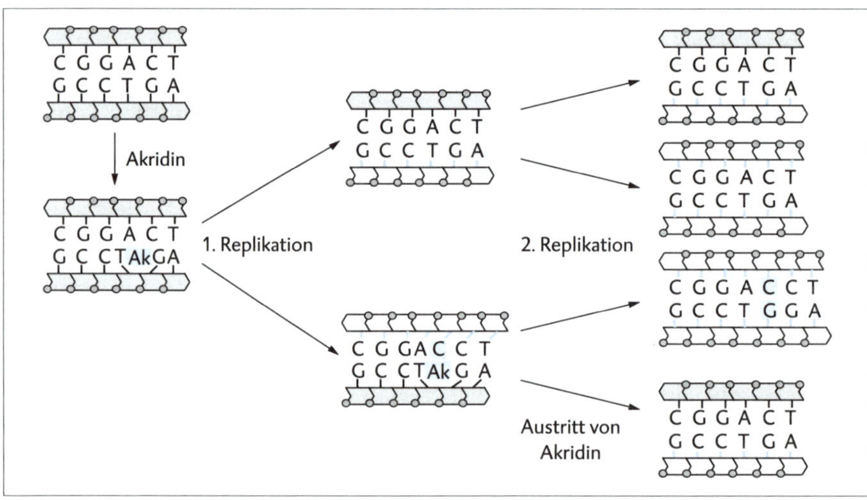

Abb. 53: Baseneinschub durch Akridin

Ebenfalls mutationsauslösend sind **energiereiche Strahlen** (mutagene Strahlen) wie z. B. UV-, Röntgen- oder radioaktive Strahlung.

Unter den energiereichen Strahlen sind die **UV-Strahlen** die energieärmsten. Dennoch nimmt ihre mutationsauslösende Wirkung in letzter Zeit immer mehr zu. Grund dafür ist der Abbau der Ozonschicht, die einen Großteil der schädlichen UV-Strahlen absorbiert. UV-Bestrahlung kann zur Dimerisierung von Thyminbasen führen, d. h. die nebeneinander liegenden Thyminbasen in der DNA verbinden sich miteinander statt mit den komplementären Adenin-Basen.

Sehr energiereiche Strahlen, z. B. **Röntgen- und radioaktive Strahlen**, können zu chemischen Veränderungen der Basen und zu Brüchen (Einzel- und Doppelstrangbrüchen) in der DNA führen. Dadurch kann es innerhalb der DNA sowohl zum Basenaustausch als auch zum Ausfall von Nukleotiden kommen. Die schwerwiegendsten Folgen zeigen dabei Doppelstrangbrüche, da es zu einer Rasterverschiebung der Triplettinformation kommt und die Information in beiden Strängen der DNA gestört ist.

Solche energiereichen Strahlen führen auch indirekt zur Veränderung der DNA. Die ionisierenden Strahlen bewirken die Radiolyse des Wassers (Aufspaltung von Atombindungen), sodass freie, sehr reaktionsfreudige Radikale (z. B. •OH und H•) entstehen. Diese freien Radikale können nicht nur mit Chromosomen, Aminosäuren und Proteinen reagieren, sondern direkt auf die DNA einwirken und diese durch chemische Veränderung der Basen oder Einzelstrangbrüche schädigen.

Reparaturvorgänge an der DNA

Die DNA-Moleküle in den lebenden Zellen sind fortwährend Schädigungen und Veränderungen ausgesetzt. Wäre die Zelle nicht in der Lage, einen Großteil der Strukturveränderungen der DNA zu korrigieren, müssten sich diese Schäden in viel mehr Mutationen zeigen, als dies tatsächlich der Fall ist.

> Zellen sind ständig von Mutationen betroffen. Im Lauf der Evolution haben sich zahlreiche Mechanismen entwickelt, die mithilfe von Enzymen defekte Stellen in der DNA reparieren.

Bestimmte Reparaturenzyme können die genetische Information des ausgefallenen DNA-Stücks bei einem Einzelstrangbruch vom Parallelstrang oder – bei einem Doppelstrangbruch – vom Schwesterchromatid ablesen und ersetzen. Man unterscheidet folgende Reparaturmechanismen:

- **Fotoreaktivierung:** Unter Lichteinwirkung wird die durch UV-Strahlen ausgelöste Dimerisierung von Thyminbasen rückgängig gemacht.
- **Postreplikations-Reparatur:** Fehlerhafte Stellen in der DNA werden bei der Replikation ausgelassen und die entstandenen Lücken durch Rekombination mit entsprechenden intakten DNA-Abschnitten repariert.
- **Excisions-Reparatur** (Ausschneidungsreparatur): Der fehlerhafte DNA-Abschnitt wird mithilfe des Enzyms Nuklease herausgetrennt und durch die ursprüngliche Nukleotidsequenz ersetzt.

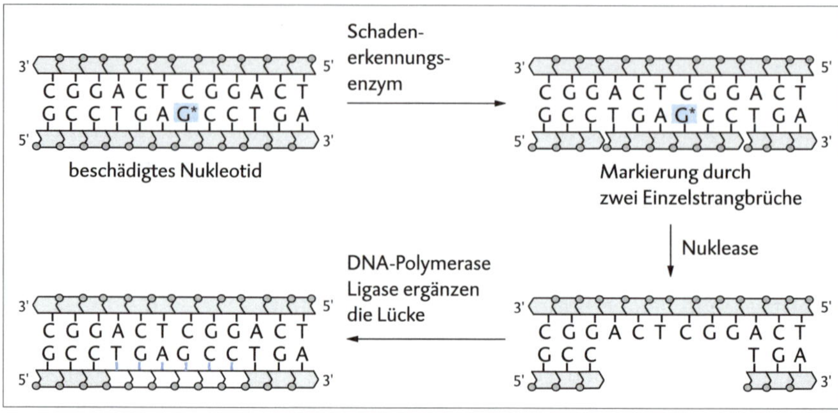

Abb. 54: Excisions-Reparatur

Die drei beschriebenen Reparaturmechanismen stehen der Zelle dauerhaft zur Verfügung und arbeiten relativ fehlerfrei. Darüber hinaus gibt es noch eine sog. „Notreparatur", die allerdings fehlerhafter arbeitet als die drei genannten:

- **SOS-Reparatur:** Bei der Replikation einer extrem geschädigten DNA wird z. B. über ein Thymin-Dimer hinwegrepliziert. Dabei werden beliebige Nukleotide an der Fehlerstelle als „komplementär" eingesetzt. Diese Veränderungen der DNA können später nicht mehr erkannt und repariert werden.

Genetische Defekte und Krebsentstehung

Zahlreiche mutagene Substanzen und Strahlen wirken gleichzeitig **kanzerogen** (oder karzinogen), d. h. sie lösen Krebs aus. Am deutlichsten ist dieser Zusammenhang bei den energiereichen Strahlen erkennbar. Nach der Katastrophe von Tschernobyl konnte im Bereich des geborstenen Kernreaktors ein deutlicher Anstieg der Krebsrate festgestellt werden. Auch die Zunahme an Hautkrebsfällen in letzter Zeit geht wahrscheinlich auf eine höhere Dosierung von UV-Strahlung zurück. Diese Erkenntnisse führten schon früh zu der Vermutung, dass zwischen Krebs und genetischen Defekten in der DNA ein Zusammenhang besteht.

Die Zellen von Krebsgeschwülsten oder bösartigen Tumoren (**Karzinomen**) wachsen ungehemmt mit hohen Zellteilungsraten, da sie die Kontrolle über den Zellzyklus verloren haben. Es entstehen meist undifferenzierte Zellen mit veränderter Oberflächenstruktur.

Durch die veränderte Struktur der Zelloberfläche können Krebszellen vom Immunsystem als körperfremd erkannt und vernichtet werden (Killerzellen,

siehe S. 135). Wenn das Immunsystem überfordert ist, wuchern Karzinome in gesundes Gewebe, konkurrieren mit ihm um Nährstoffe und Sauerstoff und bringen es so zum Absterben. Nach einer bestimmten Zeit sondern sie Krebszellen ab, die im Körper verteilt werden und an anderen Stellen Tochtergeschwülste, sog. **Metastasen**, bilden. Durch neue Forschungsergebnisse konnte folgende Theorie zur Krebsentstehung aufgestellt werden:
Die in den Chromosomen menschlicher Zellen identifizierten **Proto-Onkogene** codieren Proteine, deren Aufgabe die Regulation von Wachstums- und Zellteilungsvorgängen ist. Durch somatische Mutation werden Proto-Onkogene in **Onkogene** umgewandelt, deren Genprodukte Wachstum und Zellteilung stören.
Daneben wurden **Tumor-Suppressor-Gene** gefunden, deren Genprodukte die Zellteilung unterdrücken oder an der Reparatur der DNA beteiligt sind. Fallen diese Funktionen durch Mutation aus, sind ungehemmtes Zellwachstum und mangelhafte Reparatur von DNA-Schäden die Folge.
Die Mutation der Proto-Onkogene und Tumor-Suppressor-Gene können spontan eintreten oder durch Karzinogene (Mutagene, die Krebs induzieren) ausgelöst werden, z. B. Teerstoffe, Asbest, UV-Strahlung.
Auch Viren können zur Krebsentstehung beitragen, indem sie Proto-Onkogene einer Zelle durch spezielle Transduktion (siehe S. 70) auf andere Zellen übertragen. Da der Einbau der Proto-Onkogene zufällig erfolgt, ist ihre Regulationsfunktion gestört.

Mutationen als Voraussetzung der Evolution

Nach der Evolutionstheorie von Charles DARWIN sind Mutationen eine entscheidende Voraussetzung für die Entwicklung der Arten. Aus einem Überangebot von Nachkommen, die eine hohe genetische Variabilität aufweisen, überlebt der am besten Angepasste. Die **genetische Variabilität** entsteht durch Neukombination (siehe S. 13) und durch Mutation der Gene. Während durch die Neukombination der Gene bereits vorhandenes Erbmaterial neu zusammengestellt und kombiniert wird, entstehen durch Mutationen jeder Art völlig neue Eigenschaften. Die meisten Mutationen wirken sich negativ auf ihre Träger aus; sie verschwinden durch die Selektion im Kampf ums Dasein. Die Mutationen, die eine positive Wirkung haben und damit die Überlebenschance erhöhen, setzen sich im Daseinskampf durch.

> Mutationen sind die entscheidenden **Erbgutveränderungen**, die die Evolution vorantreiben.

9.6 Regulation der Genaktivität bei Bakterien

Bestimmte Enzyme und Strukturproteine werden in den Zellen ständig benötigt, z. B. die Enzyme für den Glucoseabbau zur Energiegewinnung und Eiweißstoffe für den Aufbau von Membranen. Dagegen sind andere Proteine nur in besonderen Stoffwechselsituationen erforderlich, z. B. in der Phase der Zellteilung oder zur Verwertung anderer Nährstoffe als Glucose. Bei *E. coli* sind nur etwa 600 der ca. 3 000 Gene ständig aktiv (konstitutive Gene). Die regulierten Gene werden bei Bedarf an- oder abgeschaltet.

Aufgrund ihrer Untersuchungen entwickelten JACOB und MONOD die Operon-Hypothese zur Genregulation:
Das **Operon** ist ein DNA-Abschnitt, der aus dem **Promotor** (Startstelle für die RNA-Polymerase), dem **Operator** und mehreren **Strukturgenen** besteht. Das Operatorgen kontrolliert die Strukturgene. Die strukturelle und funktionelle Einheit des Operons wird von einem **Regulatorgen** in einem benachbarten DNA-Abschnitt gesteuert.

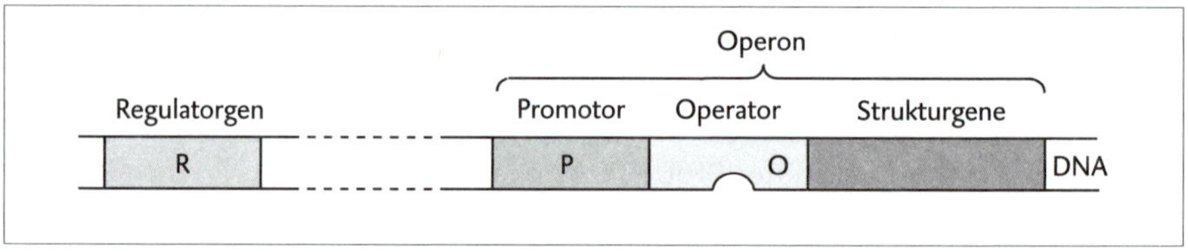

Abb. 55: Operon-Modell

Beispiel

Genregulation durch Induktion

E. coli-Bakterien können verschiedene Kohlenhydrate als Energiequellen nutzen. Enthält das Nährmedium z. B. Glucose, produzieren die Bakterien alle zum Abbau benötigten Enzyme. Werden diese Bakterien in einem Medium kultiviert, das Lactose (Milchzucker) statt Glucose enthält, werden von den Bakterien jetzt die Enzyme hergestellt, die zur Spaltung von Lactose in Glucose und Galaktose sowie zum Abbau der Galaktose erforderlich sind. Der abzubauende Stoff löst also selbst die Enzymsynthese aus (Induktion), er ist der **Induktor**.

Das lac-Operon enthält drei Strukturgene (Sg):

Sg 1 für β-Galaktosidase: spaltet Lactose in Galaktose und Glucose.

Sg 2 für β-Galaktosid-Permease: erleichtert den Eintritt der Lactose in die Zelle und die Hydrolyse durch die β-Galaktosidase.

Sg 3 für Transacetylase: begrenzt den Lactose-Eintritt in die Zelle.

Ist keine Lactose im Nährmedium vorhanden, wird die Transkription dieser Strukturgene durch einen **Repressor**, der das Operatorgen blockiert, verhindert. Der Repressor ist das Genprodukt des Regulatorgens.
Im aktiven Zustand tritt der Repressor mit dem Operator in Wechselwirkung; er bindet sich über eine spezifische Bindungsstelle an den DNA-Abschnitt des Operators und verhindert, dass die RNA-Polymerase, die sich an den Promotor angeheftet hat, mit der Transkription beginnt.

Operon mit aktivem Repressor

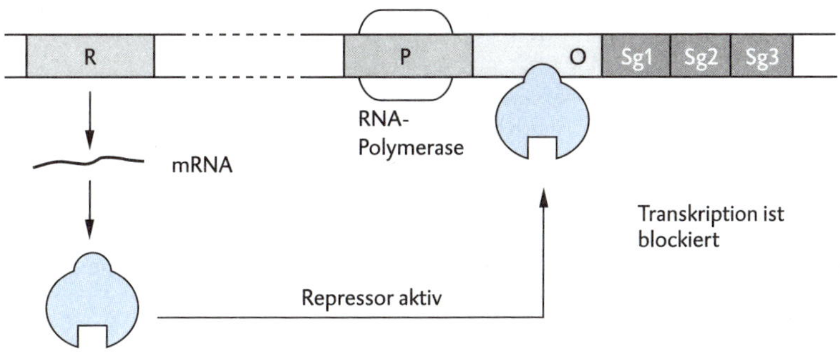

Diese Hemmung der Transkription am Operon durch den Repressor wird durch den Induktor (Lactose) aufgehoben. Der Repressor ist ein **allosterisches Protein**. Aufgrund seiner Tertiärstruktur besitzt er eine zweite spezifische Bindungsstelle für den Induktor. Die Bindung erfolgt nach dem Schlüssel-Schloss-Prinzip und ist sehr spezifisch (siehe S. 160).
Sobald den Bakterienzellen Lactose im Nährmedium angeboten wird und einige Moleküle ins Zellinnere gelangen, verbinden sich diese mit dem Repressor. Diese Reaktion führt zu einer Konformationsänderung des Repressorproteins, die auch die erste Bindungsstelle betrifft: Die Bindung des Repressors an den Operator wird gelöst, der Repressor ist inaktiv und verlässt die Bindestelle. Die Ablesung der Strukturgene durch die RNA-Polymerase ist nun möglich, die Enzymproteine zum Abbau der Lactose werden gebildet.
Wenn die Lactose abgebaut ist bzw. die Bakterien in lactosefreies Medium überführt werden, trennen sich die Lactosemoleküle vom Repressor, da die Bindung der Lactose am Repressor reversibel ist (Gleichgewichtsreaktion). Der Repressor nimmt seine ursprüngliche Konformation an und wird aktiv, d. h. verbindet sich wieder mit dem Operator. Die Produktion der Enzyme zum Lactoseabbau wird gehemmt (s. o.).

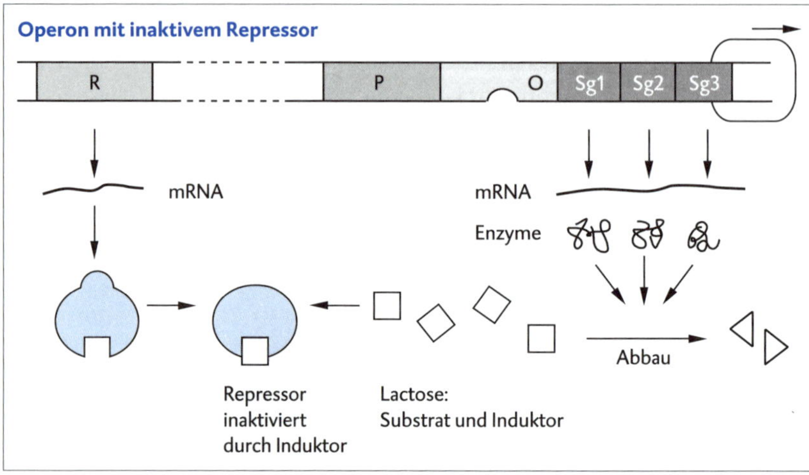

Bei der Genregulation durch **Induktion** wird ein **Repressorprotein** durch ein Substrat **(Induktor)** inaktiviert, was die Transkription entsprechender Strukturgene auslöst.

Zusammenfassung

- Proteine bestehen aus Aminosäure-Bausteinen. Es gibt 20 verschiedene Aminosäuren, die in nahezu unerschöpflicher Vielfalt aneinandergereiht sein können.
- Die chemische Bindung zwischen den Aminosäuren heißt Peptidbindung.
- Die charakteristischen Eigenschaften der Proteine hängen in erster Linie von der Art und Abfolge der Aminosäuren ab. Diese Aminosäuresequenz (Primärstruktur) ist für jedes Protein genetisch festgelegt.
- Raumstrukturen verleihen den Proteinen eine zusätzliche Vielfalt. Man unterscheidet nach zunehmender Komplexität Sekundär-, Tertiär- und Quartärstruktur.
- Ein Gen ist der Abschnitt auf der DNA, der ein Polypeptid codiert.
- Der genetische Code besteht aus einer Kombination von drei der vier möglichen Basen der DNA. Ein solches Basentriplett enthält die Information über eine Aminosäure.
- Die Proteinbiosynthese lässt sich in zwei Abschnitte gliedern:
  a Transkription: Abkopieren der Basensequenzen eines DNA-Abschnitts in die Basensequenz einer mRNA
  b Translation: Übersetzen der Basensequenz der mRNA in die Aminosäuresequenz des Proteins
- Den meisten Merkmalen eines Organismus liegen Genwirkketten zugrunde. Sie enthalten Informationen für Enzyme, die in Syntheseketten angeordnete Reaktionen katalysieren.

- Mutationen sind Veränderungen der genetischen Information eines Organismus. Sie führen meistens zu ungünstigen Allelen, häufig wirken sie tödlich.
- Durch Mutationen kann sich die Zahl oder die Struktur der Chromosomen oder die Basenabfolge eines Gens ändern.
- Mutationen in den Keimzellen führen zu Nachkommen, die die jeweilige Mutation in allen Zellen tragen. Somatische Mutationen bleiben auf Körperzellen, sie werden nicht auf die Nachkommen vererbt.
- Mutationen treten spontan auf oder werden durch mutagene Substanzen oder energiereiche Strahlung ausgelöst (induzierte Mutationen).
- Bei der Genregulation durch Induktion beginnt die Transkription der Strukturgene, wenn der dazugehörige Repressor durch eine bestimmte Substanz inaktiviert wird. Häufig ist dieser Induktor das Substrat, auf das die zu bildenden Enzyme einwirken sollen.

Aufgaben

58 Folgende Basensequenz des codogenen Strangs der DNA soll in die entsprechende Aminosäure-Sequenz eines Polypeptids übertragen werden:
ACA AAA CTG AGG GCT TCT ATT

a Beschreiben Sie allgemein den Ablauf der Transkription.

b Welche Aminosäure-Sequenz entspricht der angegebenen Basensequenz der DNA, wenn angenommen wird, dass die Sequenz dem codogenen Strang der DNA entspricht und die Ablesung links beginnt?

c Welche Änderungen in der Aminosäure-Sequenz ergeben sich, wenn auf der linken Seite am Anfang ein Thymin-Nukleotid angefügt wird?

59 Folgende Aminosäure-Sequenz ist vorgegeben:
Phe – His – Met – Ala – Leu – Gly
Durch Verlust eines Nukleotids und anschließendes Einfügen eines anderen Nukleotids wird die Aminosäure-Sequenz wie folgt verändert:
Phe – Leu – Trp – Arg – Ile – Gly

a Bestimmen Sie mithilfe der Code-Sonne oder der Code-Tabelle die mRNA, die der ursprünglichen Aminosäure-Sequenz zugrunde liegt! Beachten Sie dabei, dass der genetische Code degeneriert ist.

b Legen Sie in gleicher Weise die Sequenz der mRNA der veränderten Aminosäure-Kette fest!

c Welches Nukleotid ging verloren, welches wurde eingefügt?

d Welches Ende der ursprünglichen Aminosäure-Sequenz entspricht dem 5'-Ende der mRNA?

60 Welche der folgenden Aussagen sind falsch?
Der genetische Code wird als degeneriert bezeichnet, weil

a nur 61 der 64 Kombinationsmöglichkeiten der vier Basen zu Tripletts zur Kennzeichnung von Aminosäuren dienen,
b weil für die meisten Aminosäuren zwei oder mehrere verschiedene Tripletts codieren,
c weil die DNA von der RNA-Polymerase in beiden Richtungen abgelesen werden kann;
d weil der genetische Code nur für Bakterien gilt.

61 a Erläutern Sie die Aussage der „Ein-Gen-ein-Polypeptid-Hypothese".
b Welche Gene stellen eine Ausnahme von dieser Hypothese dar?

62 Bei Experimenten zur Aufklärung der Replikation der DNA bei Eukaryonten und dem Aufbau der Chromosomen wurde radioaktiv markiertes Thymidin verwendet, nicht jedoch die anderen drei Nukleoside (Adenosin, Guanosin, Cytidin).
Geben Sie eine Erklärung dafür!

63 Durch die Basensequenz der DNA wird die Aminosäure-Sequenz, also nur die Primärstruktur eines Proteins oder Polypeptids festgelegt; zu seiner Funktionsfähigkeit ist aber eine spezifische Tertiärstruktur Voraussetzung. Warum ist keine genetische Information über die Tertiärstruktur notwendig?

64 a Was versteht man unter einer Punktmutation?
b Geben Sie ein Beispiel für eine Punktmutation beim Menschen und begründen Sie, warum es sich hierbei um eine Punktmutation handelt.

65 Durch radioaktive Strahlung wird am 4. Nukleotidabschnitt eines Gens auf der DNA eine Base „herausgebrochen". Welche Auswirkung auf die Wirksamkeit eines Enzyms kann sich daraus ergeben?
Welche Auswirkung kann der Ersatz einer Base im 4. Nukleotid durch eine andere Base auf die Wirksamkeit eines Enzyms haben? Begründen Sie in beiden Fällen Ihre Antwort.

66 a Begründen Sie, warum Autoabgase mutagene Wirkung haben können.
b Kann salpetrige Säure eine Veränderung der Base Thymin verursachen? Begründen Sie Ihre Antwort.

67 Was versteht man unter einem Basenanalogon? Nennen Sie ein konkretes Beispiel und dessen Wirkung.

68 Die folgende Abbildung zeigt links einen Ausschnitt aus einer intakten DNA, daneben die möglichen Wirkungen radioaktiver Strahlung auf diesen DNA-Abschnitt. Beschreiben und deuten Sie die Wirkung der eingezeichneten Strahlen 1–3. Welche Schädigung hat Ihrer Meinung nach die schwerwiegendsten Folgen? Begründen Sie Ihre Ansicht.

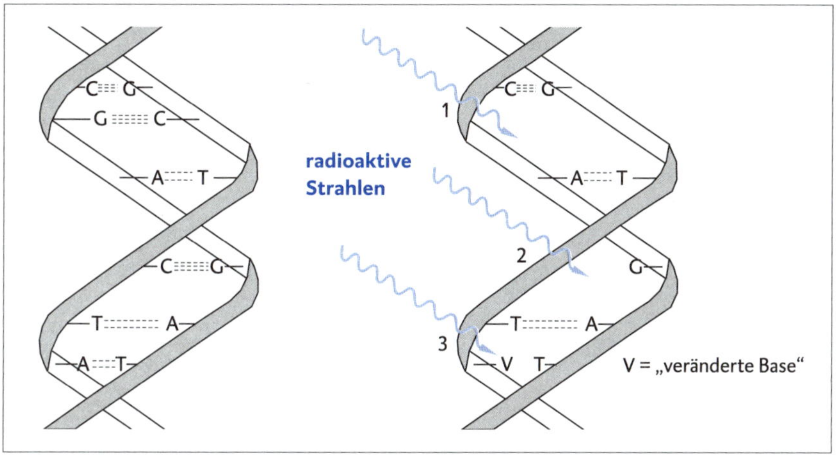

69 Beschreiben Sie die zwei unterschiedlichen Arten der Wirkung von radioaktiven Strahlen auf die DNA.

70 Ist eine Genmutation in einer Somazelle, in einer Keimzelle oder in einer Urkeimzelle am folgenschwersten? Begründen Sie Ihre Antwort.

71 Wie kann man aus genetischer Sicht erklären, dass die Abnahme der Ozonschicht zu häufigeren Hautkrebserkrankungen führt?

72 Beschreiben Sie kurz die drei wichtigsten Reparaturmechanismen der DNA.

73 Beschreiben Sie kurz, welche Rolle Mutationen für den Verlauf der Evolution spielten und heute noch spielen.

74 a Welche drei Typen von Genen bilden nach dem Jacob-Monod-Modell eine regulatorische Einheit bei Bakterien?
b Welche Funktion haben diese Gene?
c Warum müssen sich nicht alle Gene einer solchen Einheit unmittelbar hintereinander auf einem DNA-Abschnitt befinden?
d Welche Folgen hätte die Inaktivierung von jeweils einem dieser Gene für den Lactoseabbau?

10 Aspekte der Gentechnologie

Die Gentechnologie beschäftigt sich mit der Erforschung der Methoden zur Herstellung neu kombinierter DNA (**rekombinante DNA**); in der Gentechnik werden Ergebnisse dieser Forschung praktisch angewendet.

10.1 Methoden der Gentechnik

Ein Grundprinzip der Gentechnik ist es, fremde Erbinformation in eine Zelle (meist eine Bakterienzelle) einzuschleusen, sodass diese dann einen ihr fremden Stoff, entsprechend der eingefügten Erbinformation, produzieren kann.
Voraussetzungen hierfür waren:

- die Entdeckung bestimmter molekularer „Scheren“, die den DNA-Doppelstrang spezifisch schneiden können (**Restriktionsenzyme** oder Restriktionsendonukleasen);
- die Herstellung von Transportmitteln zur Übertragung von DNA (**Vektoren**);
- die Entwicklung der Methoden zur raschen **Sequenzanalyse** (Bestimmung der Reihenfolge der Basenpaare) der DNA bzw. RNA sowie
- die chemische Synthese von Nukleinsäuren (DNA bzw. RNA) in einem computergesteuerten Apparat (**chemische Synthese von Genen**).

In vitro werden Nukleinsäuremoleküle verändert, indem fremde DNA-Fragmente in die Zelle eingeschleust werden. Diese genetisch veränderten Zellen, die nach außen die Information der Fremdgene zeigen (**Genexpression**), werden dann kloniert, d. h. identisch vervielfacht.

Herstellung rekombinanter DNA

Die meisten gentechnischen Veränderungen basieren auf folgendem Prinzip:

1 **Isolierung der DNA des Spenderorganismus** und Zerlegung dieser DNA in Fragmente brauchbarer Größe: Die Membranen der Zellen und Zellkerne der Spenderzellen werden zerstört und die Proteine enzymatisch abgebaut („verdaut“). Aus der Lösung kann die DNA mit Ethanol gefällt werden. Sie wird durch Restriktionsenzyme in kleine DNA-Fragmente (mehrere tausend Basenpaare) zerlegt. Nur kleine DNA-Abschnitte sind stabil genug, um kloniert, d. h. in ein anderes Bakterium übertragen und dort vervielfältigt werden zu können. Größere Fragmente enthalten möglicherweise unerwünschte Gene, deren Produkte die Wirtszelle belasten können.

2 **Isolierung und Aufschneiden eines geeigneten Vektors** für den Einbau von Spender-DNA (Passagier-DNA): Zum Aufschneiden des Vektors wird dasselbe Restriktionsenzym eingesetzt, das zum Zerschneiden der Spender-DNA verwendet wurde.
3 **Hybridisierung:** Verknüpfung der Vektor-DNA mit der fragmentierten Spender-DNA durch Ligasen.
4 **Transformation:** Übertragung der neu kombinierten (rekombinierten) Vektor-DNA auf Zellen eines Empfängerorganismus, eines Wirtes (meist *E.-coli*-Bakterien).
5 **Selektive Identifizierung** und Vermehrung der Wirtszellen, die den rekombinierten Vektor aufgenommen haben, also die gewünschte Genkombination besitzen. Es entsteht eine Population von Zellen mit identischem Erbgut, ein **Klon**. Man spricht daher von DNA-Klonierung.

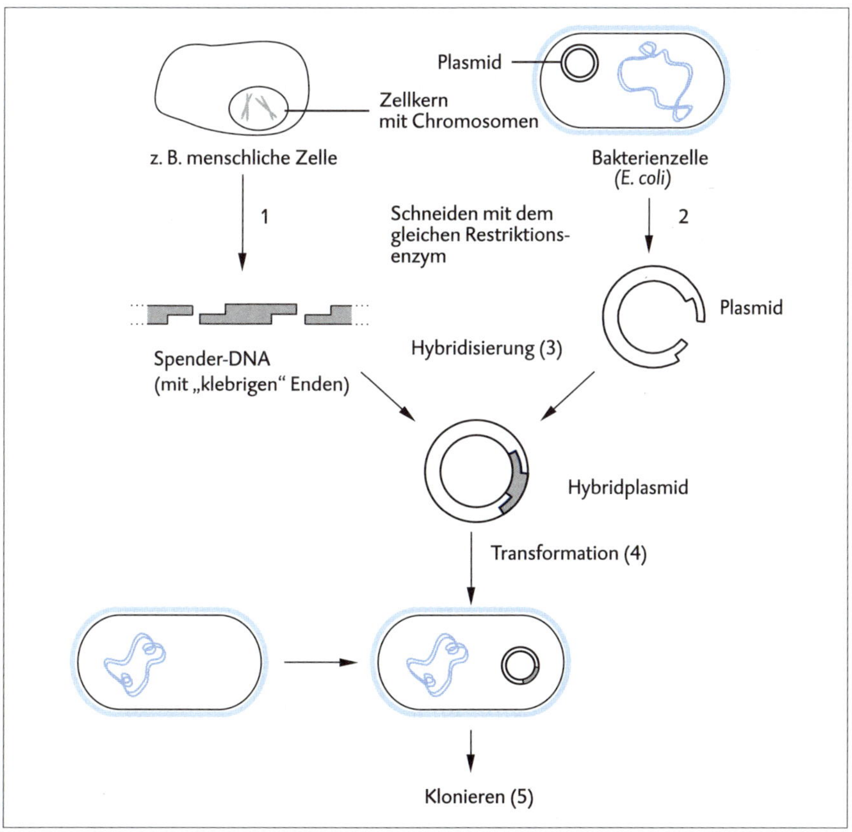

Abb. 56: Herstellung rekombinanter DNA

Enzyme in der Gentechnik

- **Restriktionsenzyme:** Restriktionsenzyme sind Enzymeiweißmoleküle (Endonukleasen), die die DNA an bestimmten Stellen mit einer Sequenz von 4–6 Basen schneiden. Die Schnitte – Durchtrennen des Phosphorsäure-Zucker-Rückgrates in beiden Strängen der DNA – erfolgen in der Regel so, dass einsträngige, komplementäre Enden („klebrige Enden", *sticky ends)* entstehen. Wenige Restriktionsenzyme schneiden die DNA glatt durch, die beiden Schnitte, die das Enzym setzt, liegen dann direkt gegenüber („glatte Enden", *blunt ends).*

Restriktionsenzyme schneiden doppelsträngige DNA an spezifischen Erkennungssequenzen, den **Basenpaar-Palindromen**, also punktsymmetrischen Basenfolgen, die in beiden Richtungen gelesen denselben Sinn ergeben (z. B. das Wort Regallager).

Auf die doppelsträngige DNA angewendet bedeutet dies: Eine Erkennungssequenz für ein Restriktionsenzym ist ein Basenpaar-Palindrom aus 4–6 Basenpaaren, deren Sequenz von beiden 5'-Enden der doppelsträngigen DNA her gelesen die gleiche ist. Dreht man also den DNA-Abschnitt um 180°, so bleibt die Abfolge der Basenpaare dennoch gleich.
(Einzelsträngige DNA wird stets in 5' → 3'-Richtung angegeben und die Basensequenz von links nach rechts gelesen. Bei doppelsträngiger DNA wird der „obere" Strang in 5' → 3'-Richtung geschrieben, der „untere", komplementäre Strang in 3' → 5'-Richtung (siehe S. 76)).

Beispiel

Funktionsweise der Restriktionsenzyme am Beispiel der Restriktionsendonuklease *Eco*RI von *Escherichia coli*:
Das Enzym *Eco*RI besteht aus zwei identischen Untereinheiten, die sich symmetrisch an den oberen und unteren Strang der DNA anlagern.

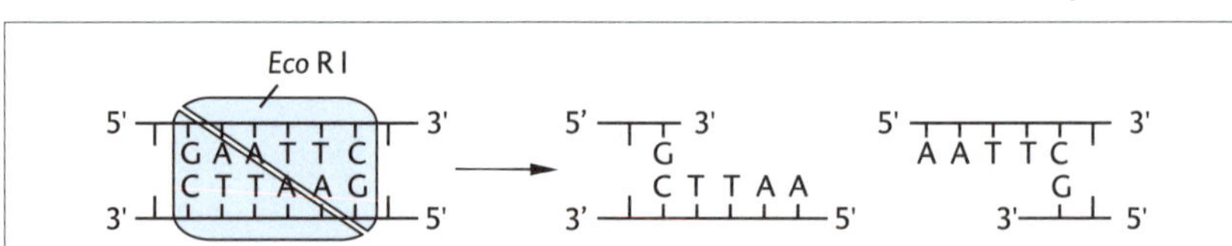

- **Ligasen:** Die überstehenden „klebrigen Enden" von DNA-Restriktionsfragmenten können sich unter Ausbildung von Wasserstoffbrückenbindungen wieder paaren. Dabei ist es gleichgültig, von welchem Organismus die

DNA-Fragmente mit solchen Enden stammen. Zur Verknüpfung von DNA-Fragmenten zu einem stabilen neuen DNA-Molekül sind Enzyme, die Ligasen, nötig. Eine Ligase schließt die Lücken in den Zucker-Phosphat-Ketten beider Stränge durch Ausbildung kovalenter Bindungen. Ligasen können auch ein Nukleotid an eine Kette anfügen. Sie sind somit die „Klebstoffe" der Gentechnik.

- **DNA-Polymerase:** Soll z. B. ein DNA-Einzelstrang kopiert und ein DNA-Doppelstrang aufgebaut werden, setzt man DNA-Polymerase ein. Der Einzelstrang wird als Matrize nach den Regeln der komplementären Basenpaarung kopiert (siehe S. 80). Fast alle Polymerasen benötigen für ihre Funktion einen Starter, den sog. **Primer**. Dabei handelt es sich um einen Teilbereich auf der Matrizen-Nukleinsäure, der bereits doppelsträngig ist.
- **Reverse Transkriptase** (RNA-abhängige DNA-Polymerase): Will man aus isolierter mRNA das entsprechende Gen, d. h. DNA herstellen, so setzt man die Reverse Transkriptase ein, ein Enzym aus Retroviren, das eine RNA-Matrize in ein DNA-Molekül umschreiben kann. Das derart kopierte DNA-Molekül wird copy-DNA oder **cDNA** genannt.

Vektoren

Vektoren (Genfähren) sind als Transportmittel zur Übertragung von Fremd-DNA in Wirtszellen unentbehrliche Instrumente der Gentechnik. Um diese Aufgabe zu erfüllen, müssen Vektoren folgende **Eigenschaften** aufweisen:

- Sie müssen **replizierbar** sein. Daher muss es eine Erkennungssequenz (Startstelle) für Replikationsenzyme *(origins of replication,* „ori") geben.
- Sie müssen einfach und in großen Mengen zu **isolieren** sein. Viele Plasmide liegen in zahlreichen Kopien in einer Zelle vor und können leicht durch Zentrifugation isoliert werden; Viren und Bakterien sind leicht in großen Mengen in Wirtszellen zu kultivieren und zu isolieren.
- Sie sollten geeignete **Schnittstellen** für verschiedene Restriktionsenzyme besitzen, um den Einbau von Fremd-DNA zu ermöglichen. Der Einbau darf keine wesentlichen Funktionen des Vektors stören. Der jeweils verwendete Vektor muss mit dem gleichen Restriktionsenzym (oder einem mit gleicher Erkennungssequenz) aufgeschnitten werden wie die Spender-DNA (→ gleiche *sticky ends).*
- Sie müssen der Wirtszelle einen **Selektionsvorteil** bieten, damit die Träger des Vektors selektiv vermehrt werden können. Genetische Marker für die Selektion sind z. B. Gene, die Resistenz gegen Antibiotika verleihen oder ein Gen für ein Enzym, das die Wirtszelle (Mangelmutante) selbst nicht bilden kann.

Je nach den Wirtszellen verwendet man unterschiedliche spezifische Vektoren. Für die DNA-Übertragung auf Bakterien (meist *Escherichia coli)* verwendet man vor allem Plasmide und Bakteriophagen (siehe S. 60 und 62). Zur Übertragung von Fremd-DNA auf Pflanzenzellen setzt man veränderte Ti-Plasmide (**T**umor **i**nduzierend) des *Agrobacterium tumefaciens* und modifizierte Pflanzenviren ein. Auf tierische Zellen können fremde Gene durch modifizierte Affenviren übertragen werden.

- **Plasmide** als Vektoren: Plasmide sind kleine ringförmige DNA-Moleküle in Bakterien mit einer begrenzten Anzahl von Genen (ca. 2 000–10 000 Nukleotide). Die Plasmidgene codieren keine wesentlichen Funktionen für die Bakterienzelle, befähigen diese jedoch oft zu ungewöhnlichen Stoffwechselleistungen, die ihr nützlich sein können (z. B. Antibiotikaresistenz).

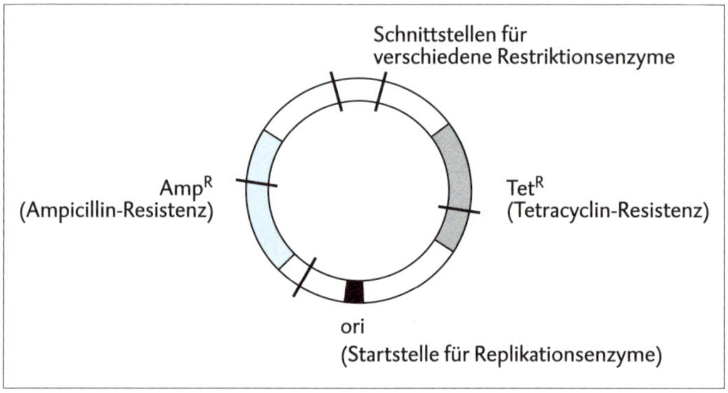

Abb. 57: Plasmid pBR 322

- **Viren** als Vektoren: Viren sind subzelluläre Lebensformen, die genetische Information übertragen. Viren als Vektoren haben gegenüber Plasmiden den Vorteil, dass man größere DNA-Fragmente zur Genübertragung einbauen kann als in Plasmide und eine hohe Zahl von Nachkommen erhält.

Transformation, Identifizierung und Klonieren von DNA

Durch chemische Behandlung der Wirtszelle (Bakterien-, Tierzelle) mit Calcium-Ionen oder einem Detergens (Spülmittel) bzw. durch Applikation kurzer elektrischer Impulse können die Wirtszellen für die Hybrid-DNA durchlässig gemacht werden. Ringförmige DNA-Moleküle (z. B. Plasmid-DNA) werden etwa 10-fach effektiver als lineare DNA-Moleküle aus dem Medium in die Wirtszelle aufgenommen. Im Schnitt nimmt nur jede zehnmillionste Bakterienzelle einen Plasmid-Vektor auf und zwar gleichermaßen Vektoren mit und ohne Fremd-DNA.

Da in einer Population nur sehr wenige Bakterien einen Vektor (z. B. ein Plasmid) aufnehmen, ist es mühsam, diese Bakterienzellen mit dem gewünschten Hybridvektor (Hybridplasmid) zu suchen.

Durch die Wahl eines geeigneten Plasmid-Vektors mit bestimmten Genen als **Marker** (z. B. Antibiotika-Resistenzgene für Ampicillin und Tetracyclin) und durch spezielle Wachstumsbedingungen kann man die Bakterienzellen mit Hybridvektor selektiv heranzüchten (**Hybridvektor-Klonselektion**).

Beispiel

Wird Fremd-DNA durch Verwendung eines entsprechenden Restriktionsenzyms in das Tetracyclin-Resistenzgen des Vektors pBR 322 (siehe Abb. 57) integriert, fällt die Funktion des Resistenzgens aus (**Prinzip der Markerinaktivierung**).
Die behandelten Bakterien werden auf Nährböden mit Ampicillin ausgestrichen, wo sich nur die Kolonien bilden können, die ein (verändertes oder unverändertes) Plasmid aufgenommen und mit ihm die Ampicillin-Resistenz erworben haben. Danach werden die gewachsenen Kolonien mit einem sterilen Samtstempel auf einen Nährboden mit Tetracyclin übertragen (**Stempeltechnik**; Replika-Plattierung). Hier wachsen nur Bakterien, die das unveränderte Plasmid aufgenommen haben; Bakterien mit dem Hybridvektor können keine Kolonien bilden. Durch Vergleich der Koloniemuster auf beiden Nährböden sind die gewünschten Kolonien auf dem Ampicillin-Nährboden identifizierbar. Sie fehlen auf dem Tetracyclin-Nährboden.

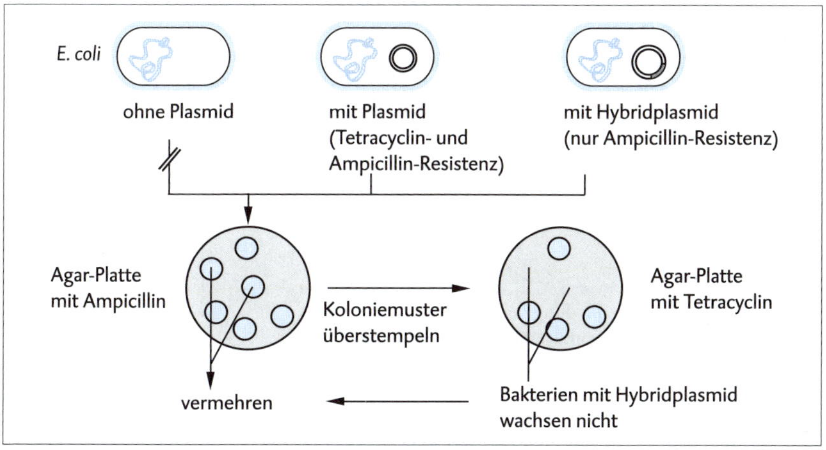

Genbanken

Unter einer Genbank versteht man eine Sammlung von DNA-Bruchstücken aus dem Genom eines Lebewesens. Die verschiedenen Bruchstücke (durch Behandlung der DNA mit Restriktionsenzymen gewonnen) werden nach dem Einbau in Bakterienplasmide in Bakterienkolonien (Klonen) aufbewahrt. Man weiß jedoch nicht, welche Gene oder Teile von Genen sich in einzelnen Bakterienklonen befinden. Man bezeichnet diese Methode deshalb als **Schrotschussklonierung**.

Klonidentifizierung mit Gen-Sonden: Koloniehybridisierung

Um ein bestimmtes Gen in Bakterienklonen mit Hybridvektoren (z. B. in einer Genbank) aufzufinden, muss man zumindest einen kleinen Teil der Aminosäuresequenz des Genproduktes kennen. Man synthetisiert unter Berücksichtigung des genetischen Codes einsträngige, radioaktiv markierte DNA-Stücke mit definierter Basensequenz. Diese bezeichnet man als **Gen- oder DNA-Sonde**.

Mit einer **Gensonde** kann man Kolonien von Bakterien mit Vektoren identifizieren, die ein Fremd-DNA-Fragment mit einem zur Sonde komplementären DNA-Abschnitt enthalten.

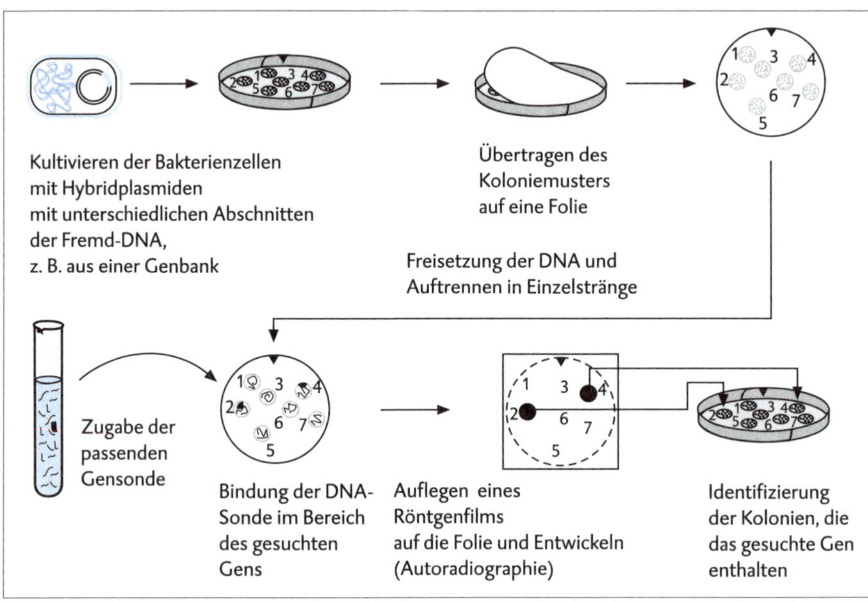

Abb. 58: Koloniehybridisierung

Zur Klonidentifizierung lässt man Bakterien mit der rekombinanten DNA auf einem Nährboden wachsen und überträgt das Koloniemuster auf eine Folie (aus Nitrozellulose). Auf dieser lysiert man die Bakterien mit NaOH-Lösung und denaturiert, d. h. zerlegt die freigesetzte DNA in Einzelstränge. Die hinzugefügte, radioaktiv markierte Sonden-DNA hybridisiert mit einem komplementären DNA-Abschnitt. Die Autoradiographie der fixierten und gewaschenen Folie zeigt die Lage der Bakterienkolonien, die den gesuchten DNA-Abschnitt enthalten. Von der Agarplatte weg können Proben solcher Kolonien in Nährlösungen vermehrt werden. Damit wird auch das gesuchte Gen vervielfältigt und steht dann in ausreichender Menge für weitere Untersuchungen zur Verfügung.

Gewinnung von Spender-DNA auf direktem Weg

Mithilfe der **Polymerase-Kettenreaktion** (*polymerase chain reaction*, PCR) die inzwischen eine der wichtigsten Techniken der molekulargenetischen Forschung darstellt, können theoretisch ohne aufwändige Klonierungsschritte unbegrenzt viele Kopien eines DNA-Abschnittes hergestellt werden. Es genügen bereits geringste Spuren, im Extremfall sogar ein einziges DNA-Molekül. Anwendung findet die PCR daher beim Nachweis von (Punkt-) Mutationen z. B. bei Gentests, beim Nachweis von Genen aus Gewebeproben für die Gerichtsmedizin (Täteridentifizierung) oder beim Vergleich von DNA-Sequenzen verschiedener Organismen (Vaterschaftstest). Die Vermehrung der DNA mittels der PCR läuft in drei Schritten ab:

1 **Denaturierung:** Der DNA-Doppelstrang wird durch Erhitzen auf 94 °C in seine beiden Einzelstränge zerlegt. Diese dienen nun als Matrize für die Synthese neuer DNA.

2 **Hybridisierung:** Zur Synthese von neuer DNA werden kurze doppelsträngige Bereiche als Startpunkte benötigt. Kurze, künstlich hergestellte Oligonukleotide, sog. Primer, deren Basenfolge komplementär zu dem Ende des zu amplifizierenden DNA-Stücks ist, binden in diesem Schritt bei einer etwas niedrigeren Temperatur (je nach Primer 50 – 70 °C) an die 3' Enden der einsträngigen Matrize. Durch die Zugabe zweier unterschiedlicher Primer können so Anfang und Ende der vervielfältigten Sequenz genau definiert werden.

3 **Amplifikation:** Ausgehend vom 3'-Ende der Primer synthetisiert die DNA-Polymerase nun aus zugegebenen Nukleotidbausteinen die zum Matrizenstrang komplementäre Sequenz.

Dieser Zyklus kann in speziellen Apparaten bis zu 40 Mal hintereinander ablaufen. Dabei werden die DNA-Abschnitte mit jedem Zyklus exponentiell vermehrt. Man benutzt dazu die besonders hitzestabile *Taq*-Polymerase aus *Thermophilus aquaticus* (Tiefseebakterien aus heißen Quellen), die auch bei Temperaturen über 90 °C nicht zerstört wird.

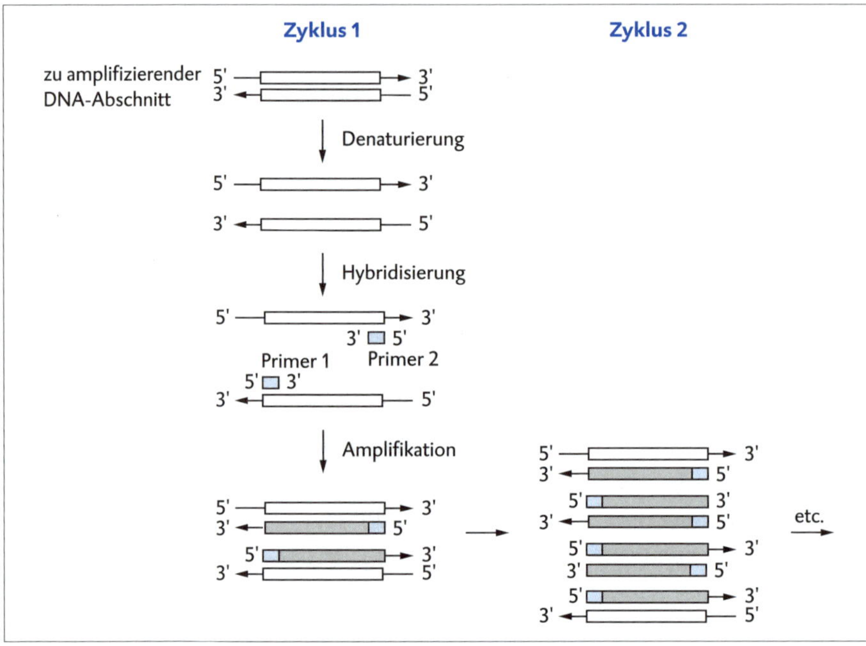

Abb. 59: Polymerase-Kettenreaktion (PCR)

Bei Eukaryonten sind in die Gene DNA-Abschnitte ohne Information über das zu bildende Protein (Introns) eingebaut. Werden solche sog. Mosaikgene in Bakterien übertragen, ist die Genexpression nicht möglich. Durch folgende Methoden kann ein „bakteriengerechtes" Gen hergestellt werden:

- **Herstellung von copy-DNA** (cDNA) durch Umkopieren von mRNA durch das Enzym Reverse Transkriptase: Aus Zellen, in denen das gewünschte Gen besonders aktiv ist, wird die entsprechende mRNA gewonnen. Sie dient als Matrize für die Herstellung eines komplementären DNA-Strangs mithilfe der Reversen Transkriptase (siehe S. 113). Es entsteht die entsprechende cDNA, die nur die codierende Bereiche (Exons) eines Gens umfasst. Einsträngige cDNA kann markiert (durch radioaktive Nuklide oder mit fluoreszierenden Farbstoffen versehen) als cDNA-Sonde zur Klonidentifizierung dienen.

- **Chemische Totalsynthese** von definierten Kopien eukaryontischer Gene: Eine einsträngige Sequenz des Gens wird aus Nukleotiden neu synthetisiert. Die Sequenz lässt sich aus der Aminosäuresequenz des entsprechenden Proteins ermitteln, da der genetische Code bekannt ist. Das zum Doppelstrang ergänzte Gen kann in Vektoren integriert, in Wirtszellen kloniert und zur Expression gebracht werden.
  Für das Peptidhormon Somatostatin, das nur aus 14 Aminosäuren besteht, wurde auf diese Weise das „Somatotropingen“ synthetisiert, das im Genom eines Säugers mit Sicherheit anders aufgebaut ist, jedoch dieselbe Information enthält.

10.2 Anwendung der Gentechnik bei Bakterien, Pflanzen und Tieren

Anwendung der Gentechnik bei Bakterien

Mithilfe gentechnisch veränderter Bakterien können viele **Medikamente** meist preiswerter, reiner und besser verträglich hergestellt werden als durch bisherige, z. T. rein chemische Verfahren. Bis jetzt werden gentechnisch u. a. hergestellt:

- **Insulin:** ein Hormon der Bauchspeicheldrüse, das überschüssigen Blutzucker in Leber- und Muskelzellen als Glycogen speichert und für Diabetiker benötigt wird. Die zur Produktion von Insulin bestimmten Bakterien sind nicht in der Lage, Lactose abzubauen. Deshalb wird in das Plasmid das Lactose-Operon eingebaut, in das als Strukturgen das Insulingen integriert ist. Lactose wirkt in diesem Fall nur als Induktor (siehe S. 104). Statt der Lactose spaltenden Enzyme wird Insulin produziert.
- Der **Blutgerinnungsfaktor** (Faktor VIII), der zur Behandlung von Blutern nötig ist.
- **Interferon** stärkt die Immunabwehr gegen Virusinfektionen und bestimmte Tumore.
- Impfstoff gegen **Hepatitis B**: Durch die gentechnisch gewonnenen Antigene ist eine aktive Immunisierung (siehe S. 132) gegen diese schwere Form der Leberentzündung möglich.

Folgende Anwendungsbereiche der Gentechnik sind in der Zukunft denkbar:

- Herstellung von weiteren Impfstoffen, z. B. gegen Malaria, Grippe, Tollwut, Aids usw.
- Abbau von Schadstoffen in der Natur, (z. B. Ölverschmutzung, Teer, Dioxine, DDT, Altlasten, Abwasserreinigung) und Entfernung von Schwermetallen.

- Effektivere biologische Schädlingsbekämpfung, z. B. mit gentechnisch hergestellten spezifischen Häutungshormonen oder Krankheitserregern.
- Bakterielle Produktion von Energieträgern, z. B. Wasserstoffgas, Methangas, Alkohol (dadurch verminderte Schad- und Abfallbelastung der Umwelt) und von Naturstoffen wie Antibiotika, Alkaloide.
- Bakterielle Auslaugung von erdölhaltigem und erzhaltigem Gestein, z. B. Gewinnung von Cu, Zn, U, Pb, Co, Ni.
- Herstellung technischer Enzyme wie Proteasen, Amylasen, Labferment, alle Enzyme der Gentechnik, z. B. Restriktionsenzyme, Reverse Transkriptase, DNA-Polymerasen, Ligasen etc.
- Produktion wirtschaftlich bedeutender Stoffwechselprodukte: Aminosäuren, z. B. Glutamin, Geschmacksverstärker in Lebensmitteln; bestimmte Aminosäuren, z. B. Methionin und Tryptophan als Beimischung zu Tierfutter.

Die gentechnische Veränderung von Bakterien birgt aber neben den vielen Vorteilen auch bestimmte **Risiken**:
- Störung des ökologischen Gleichgewichts durch veränderte Bakterien in der Natur;
- unbeabsichtigte Übertragung veränderter DNA auf andere Bakterienstämme (horizontaler Gentransfer), z. B. durch Freisetzung von Bakterien aus dem Labor;
- Entstehung neuer krankheitserregender Bakterien oder die Entwicklung neuartiger biologischer Kampfstoffe;
- Verstärkung der „Reparatur-Ideologie“ statt Ursachenbeseitigung. Es wäre besser, weniger Schadstoffe herzustellen, als sie nachträglich mit gentechnischen Mitteln zu bekämpfen.

Nutzung der Gentechnik in der Pflanzenzüchtung

Die bisher erfolgreichste Methode des Gentransfers bei Pflanzen beruht auf einem in der Natur vorkommenden DNA-Transfermechanismus, bei dem Bodenbakterien des Stammes *Agrobacterium tumefaciens* als Vermittler dienen. Diese Bakterien besitzen neben ihrem Bakterienchromosom das **Ti-Plasmid** (**t**umor**i**nduzierend). Bei Befall mit *Agrobacterium tumefaciens* entstehen Wucherungen am Wurzelhals der Pflanzen (Wurzelhalsgallen), die durch die tumorinduzierenden Gene hervorgerufen werden. Diese Gene befinden sich in der T-Region des Ti-Plasmids, die beiderseits von sog. Border-Sequenzen begrenzt wird. Die T-Region wird durch einen der Konjugation ähnlichen Vorgang von den Bakterien in verletzte Pflanzenzellen übertragen. Der konjuga-

tive Transfer wird durch Virulenzgene außerhalb der T-Region gesteuert. Die T-DNA wird im Zellkern der Pflanzenzelle in ein Chromosom integriert und exprimiert. Um die nachteilige tumorauslösende Wirkung zu vermeiden, werden die entsprechenden Gene durch Fremd-DNA (z. B. Gene für die Resistenz gegen bestimmte pflanzliche Krankheitserreger oder das Herbizid) ersetzt. Die zukünftigen Wirtspflanzen werden nun nicht mehr geschädigt.
Um Pflanzenzellen mit dem veränderten Plasmid von unveränderten Pflanzenzellen unterscheiden zu können, wurde ein Markergen, z. B. ein Antibiotika-Resistenzgen, in die T-DNA eingebaut. Die Technik entspricht dem Verfahren bei *E. coli* und seinem Plasmid.

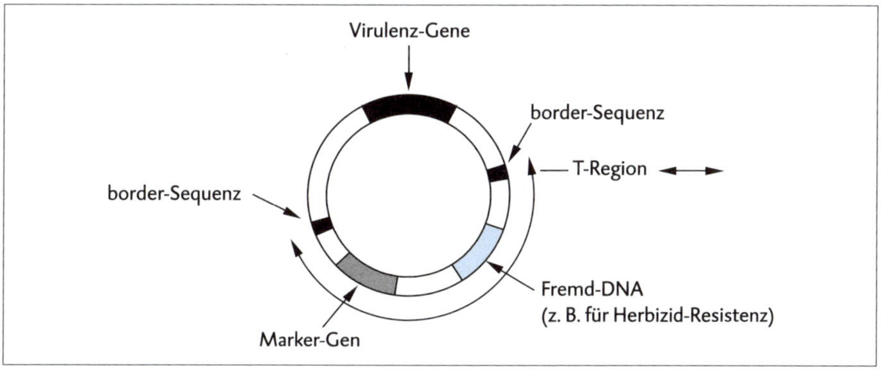

Abb. 60: Ti-Plasmid

Agrobakterien mit modifiziertem Ti-Plasmid übertragen die T-DNA in pflanzliche Protoplasten (zellwandlose Zellen). Auf Nährböden mit dem Antibiotikum, gegen das erfolgreich transformierte Zellen resistent sind, können transformierte Pflanzenzellen selektioniert werden. Sie wachsen zu Zellhaufen heran, die sich zu jungen Pflänzchen differenzieren. Nach mehreren Testserien (z. B. ob die Resistenzgene stabil ins Genom eingebaut sind) kann ein Antrag auf Zulassung von Freilandversuchen gestellt werden.

Die Gentechnik eröffnet neue Wege der Pflanzenzüchtung. Sie ermöglicht:
- die Erzeugung von Pflanzen mit Resistenz gegen Schädlinge und Krankheitserreger sowie Herbizide;
- die Anpassung von Pflanzen an Umweltfaktoren wie Trockenheit, ungünstige (z. B. versalzte, versandete) Böden, Kälte, Nachtfrost, sauren Regen;
- die biologische Stickstoff-Fixierung bei wichtigen Kulturpflanzen (Stickstoff aus der Luft → Vermeidung der Überdüngung von Feldern);

- die Verbesserung der Fotosyntheseleistung (Ausnutzung des Sonnenlichts), der Speicherfunktion, der Wasser- und Nährsalzausnutzung;
- die Züchtung von Pflanzen mit höherem Nährwert und höherem Ertrag;
- die verstärkte Produktion „nachwachsender Rohstoffe", z. B. pflanzlicher Fette (Rapsöl), Kohlenhydrate und Fasern sowie Biogas;
- die Herstellung pflanzlicher Zellkulturen als Produzenten wertvoller Naturstoffe;
- schnellere Neuzüchtungen.

Die **Risiken** bei der Freisetzung eines genetisch manipulierten Lebewesens hängen in erster Linie von folgenden Faktoren ab:
- dem Fortpflanzungs- und Verbreitungspotenzial des Organismus;
- seiner Lebensdauer (das Risiko einer unkontrollierten Ausbreitung bei mehrjährigen Pflanzen ist größer als bei einjährigen Pflanzen);
- der Stabilität seines Erbguts und
- den Möglichkeiten eines natürlichen Gentransfers.

Freilandversuche mit transgenen Pflanzen oder Mikroorganismen könnten folgende Gefahren mit sich bringen:
- Zerstörung des ökologischen Gleichgewichts durch die Ausbreitung der transgenen Pflanze , die durch ihre höhere Vitalität einheimische Pflanzen verdrängt;
- horizontaler Gentransfer über Pollen auf artverwandte Pflanzen könnte z. B. zur Verbreitung von Resistenzgenen auf Wildpflanzen führen
- die Eröffnung neuer biochemischer Stoffwechselwege durch den Einbau fremder Gene könnte zur Entstehung von Verbindungen führen, die für Mensch und Tier oder andere Pflanzen toxisch sind oder Allergien auslösen;
- bedrohte Lebewesen könnten durch die stärkeren gentechnisch veränderten Organismen schneller verdrängt werden und aussterben;
- bedenkenloserer Herbizideinsatz, da er herbizidresistenten Nutzpflanzen nicht schadet.

Nutzung der Gentechnik in der Tierzüchtung

Beim ersten, historischen Experiment eines **Gentransfers** wurde einer Maus das Rattenwachstumshormon-Gen implantiert, woraufhin die transgenen Jungmäuse zu Riesengröße heranwuchsen.
Eine Möglichkeit, **transgene Tiere** zu erhalten, ist die DNA-Mikroinjektion. In den Zellkern befruchteter Säugereizellen (z. B. von Mäusen, Schafen, Schweinen) wird mithilfe einer sehr dünnen Pipette Fremd-DNA (z. B. menschliches Wachstumsgen) injiziert. Bei einem geringen Prozentsatz (ca.

1 %) der Versuche erfolgt der Einbau der Fremd-DNA in ein Chromosom. Nach der Rückimplantation der transgenen Eizelle in das Muttertier entwickelt sich ein Nachkomme, der in allen Zellen dieses Fremdgen aufweist. Zu den Anwendungsmöglichkeiten der Gentechnik bei Tieren gehören u. a.

- Einsatz von gentechnisch gewonnenen Mitteln wie Hormonen und Impfstoffen führt zur Produktionssteigerung. Durch das Hormon Somatotropin, das maßgeblich an der Steuerung der Milchleistung und des Wachstums von Rindern beteiligt ist, könnten mehr Milch und Fleisch erzeugt werden.
- Tiere als Produktionsstätten von Impfstoffen und pharmazeutisch verwertbaren Produkten: Transgene Tiere wie Kaninchen, Schafe und Rinder produzieren nach der Anweisung menschlicher Gene z. B. Humaninsulin, Interferon oder den menschlichen Blutgerinnungsfaktor.
- Erzeugung von transgenen Nutztieren, die z. B. schneller wachsen, mehr Milch oder Wolle produzieren, mehr und besseres Fleisch bilden, krankheits- und stressresistenter sind. Klonen von besonders wirtschaftlichen Tieren.
- Gentransfer bei symbiontischen Mikroorganismen: Gentechnische Veränderung von Pansen-Mikroorganismen führt zur besseren Ausnutzung von einfachen Futterstoffen (z. B. Stroh).
- Entwicklung therapeutischer Konzepte für Erbkrankheiten und Krebserkrankungen. Durch Forschung mit tierischen Geweben lässt sich die große Zahl an Tierversuchen verringern. Die Erforschung von gentechnischen Therapiemöglichkeiten beim Menschen (z. B. Krebstherapie, monogene Erbleiden) kann zunächst an genmanipulierten Tieren, insbesondere an transgenen Labortieren erfolgen.

Mit der Produktion von transgenen Tiere gehen einige **Risiken** einher:

- Die Erzeugung überzüchteter Tiere ist ethisch nicht vertretbar. Transgene Schweine (mit Somatotropingen) haben zwar eine effizientere Futterverwertung und wachsen ca. 11 % schneller als Kontrolltiere. Bei Versuchen wurden 6 % jedoch tot geboren, 20 % starben nach 3–4 Monaten, 30 % starben, bevor sie sechs Monate alt wurden. Die überlebenden Schweine wiesen zusätzlich vielfältige Beeinträchtigungen auf, z. B. Haut- und Gelenkerkrankungen, Magengeschwüre oder Lungenentzündungen.
- Die Tierprodukte können für den Menschen ungesund sein, z. B. durch Rückstände von Hormonen.
- Entstehung von „Agrarfabriken“; Tiere als reine „Produktionsmaschinen“

10.3 Gendiagnose und Gentherapie in der Humanmedizin

In der Humanmedizin gibt es zahlreiche Anwendungsmöglichkeiten für molekulargenetische Diagnose oder gentechnische Veränderung der Erbsubstanz einzelner Zellen, Gewebe oder ganzen Organismen:

- Untersuchung bestimmter Chromosomenbereiche, Aufklärung der Feinstruktur;
- Lokalisation, Isolierung und Sequenzanalyse von normalem Allel und seiner Mutation, dem defekten Allel, mithilfe von Gensonden;
- prä- und postnatale Diagnose zahlreicher Erbkrankheiten (genetische Beratung);
- genetischer Fingerprint in der Kriminalistik;
- Gentherapie bei Körperzellen und Keimzellen.

Humangenom-Projekt

Im Jahr 2003 wurde von der Human-Genom-Organisation die **vollständige Sequenzierung** des menschlichen Genoms bekannt gegeben. Durch die Bestimmung der Abfolge der 3,2 Milliarden Basen der menschliche DNA wird die genetische Information direkt zugänglich. Nun geht es darum, die codierenden DNA-Abschnitte, die eigentlichen Gene, die nur etwa 10 % des Genoms darstellen, zwischen den nicht codierenden Basensequenzen zu finden und zu identifizieren.

Ein zukünftiges Ziel der Genomforschung im Bereich Biologie ist die Aufklärung der Struktur und Funktion des Genoms. In der Medizin richtet sich die Forschung auf die Identifizierung und Analyse von Genen und Stoffwechselwegen, die bei Krankheiten eine Rolle spielen, sowie auf die Entwicklung Genom basierter diagnostischer und therapeutischer Methoden.

Gendiagnose beim Menschen

Der Gendiagnose geht die Isolierung von DNA aus z. B. einer Blut- oder Spermaprobe voraus. Die Analyse des **Restriktionsfragment-Längenpolymorphismus** (RFLP) erfolgt mithilfe von Restriktionsenzymen: Dieselben Restriktionsenzyme spalten die DNA einer Person immer in das gleiche Gemisch unterschiedlich langer DNA-Fragmente. Außer eineiigen Zwillingen besitzen keine zwei Menschen DNA mit identischer Basenfolge. Das DNA-Fragmentlängen-Bandenmuster ist deshalb ein unverwechselbarer **genetischer Fingerabdruck** eines Menschen.

Besonders viele Unterschiede weisen die DNA-Bereiche des Menschen auf, die keine genetische Information enthalten. Oft sind das Abschnitte, in denen sich bestimmte, sehr kurze Basenfolgen unterschiedlich häufig wiederholen (**repetitive Sequenzen**). Da Mutationen in diesen Bereichen keine Merkmalsänderung zur Folge haben und damit nicht der Selektion unterliegen, bleiben sie erhalten. Diese von Mensch zu Mensch verschiedenen Bereiche werden als **polymorphe Bereiche** bezeichnet. Die veränderte Basenfolge in diesen Abschnitten lässt Schnittstellen für ein bestimmtes Restriktionsenzym verschwinden oder entstehen. Deshalb erhält man durch Behandlung der polymorphen DNA verschiedener Menschen mit dem gleichen Restriktionsenzym ein für jeden einzelnen dieser Menschen typisches Gemisch aus DNA-Fragmenten.

Das Verfahren des genetischen Fingerabdrucks läuft in folgenden Schritten ab:

1 **Isolierung** von DNA, z. B. aus Zellen der Mundschleimhaut, des Bluts, in Speichelresten, in Spermaresten.

2 Vervielfältigung bestimmter polymorpher Bereiche der DNA mithilfe der **PCR** (siehe S. 117); zur Absicherung werden drei verschiedene polymorphe Abschnitte untersucht.

2 Behandlung der polymorphen Bereiche mit bestimmten **Restriktionsenzymen**, es entstehen unterschiedlich langer Restriktionsfragmente.

3 **Gel-Elektrophorese** des Gemisches: Die Proben werden auf eine Gelschicht aufgebracht, an die Spannung angelegt wird. Die unterschiedlich langen DNA-Stücke (aufgrund der Phosphatgruppen negativ geladen) wandern im Gleichspannungsfeld zum Pluspol und trennen sich entsprechend ihrer Länge auf. Es entsteht ein Bandenmuster. Die Banden werden durch Fluoreszenz oder radioaktive Markierung sichtbar gemacht.

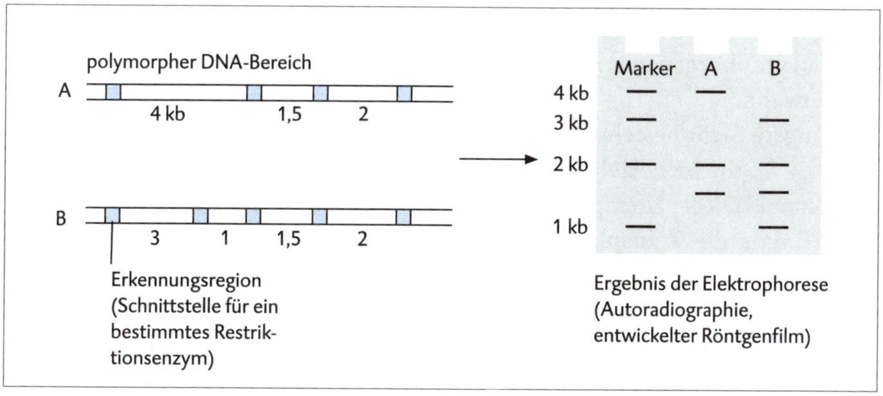

Abb. 61: Prinzip des genetischen Fingerabdrucks, die Abstände der Schnittstellen sind in Kilobasen (1 kb = 1 000 Basenpaare) angegeben.

Auf dieser Methode beruht auch die Aufspürung des Allels für Chorea Huntington (erblicher Veitstanz, ein autosomal-dominantes Erbleiden) auf dem Chromosom 4 des Menschen. Im Normalallel ist ein bestimmtes Triplett (CGA) 6 bis 39-mal hintereinander vorhanden, im mutierten Allel liegt es ca. 40 bis 100-mal vor. Diese Mutation (Vervielfachung des Tripletts) bewirkt eine veränderte Tertiärstruktur des codierten Proteins, was im späteren Leben zu der unheilbaren Nervenerkrankung führt.

Gentherapie bei Körperzellen des Menschen

Die Ziele der **somatischen Gentherapie** sind der Transfer und die Expression des intakten Gens in Körperzellen, die ein entsprechendes defektes Gen enthalten.

Die Methoden, intakte DNA-Stücke in menschliche Zellen einzuschleusen, sind noch mit vielen Problemen behaftet. Ein Erfolg versprechender Weg scheint der über **Retroviren** zu sein, deren krankheitserregende Wirkung und Vermehrungsfähigkeit man vor dem Einbau des menschlichen Gens zerstört hat. Die erste erfolgreiche somatische Gentherapie beim Menschen wurde 1990 an einem Mädchen durchgeführt, das an einer angeborenen schweren Immunschwächekrankheit (SCID) litt. Ursache ist ein Gendefekt, der in T-Lymphozyten zu einem bestimmten Enzymmangel führt, sodass diese für die Immunabwehr ausfallen.

Zuerst musste das intakte Gen in einem modifizierten Retrovirus-Vektor kloniert werden. Mit dem Retrovirus-Vektor übertrug man dann das intakte Gen in Lymphozyten, die man als Stammzellen dem Knochenmark des Mädchens entnommen hatte. Die transgenen und *in vitro* vermehrten Lymphozyten wurden dem Kind durch Transfusion zurück übertragen. Sie siedelten sich in Lymphorganen an und ermöglichten den Aufbau einer wirksamen Immunabwehr.

Auf längere Sicht besteht die Hoffnung, auf diese Weise viele schwere Krankheiten, z. B. die Sichelzellanämie oder die Mukoviscidose (siehe S. 43), heilen zu können. Diese Therapie ist eine Art „Organersatz im Kleinen", mit dem Vorteil, dass die Transplantation gentherapierter eigener Körperzellen keine Abstoßungsreaktion hervorruft. Viele Schwierigkeiten begrenzen jedoch die Erfolgschancen. Das intakte Gen muss isoliert bzw. hergestellt werden. Es muss in ganz bestimmte Körperzellen (die genetisch geschädigten) an der richtigen Stelle eingeschleust und stabil in die Chromosomen eingebaut werden. Dabei darf der Mechanismus der Genregulation und der Genexpression sowie die Funktion der Zelle nicht gestört werden. Erbkrankheiten, die auf einem Defekt mehrerer Gene beruhen, sind auf lange Sicht nicht heilbar.

Bei der Gentherapie von Krebszellen ist das Ziel, fremde Gene in Krebszellen einzuschleusen, die die Wirkung der Krebsgene blockieren oder Substanzen produzieren, die die Krebsentstehung verhindern.

Die Gentherapie von Keimbahnzellen des Menschen ist in der Bundesrepublik Deutschland nach dem Embryonen-Schutz-Gesetz verboten. Viele Gruppen unserer Gesellschaft (z. B. Kirchen, Parteien des deutschen Bundestags) lehnen einen Eingriff in die Keimbahn grundsätzlich ab. Er macht den Menschen zum manipulierbaren Objekt und führt zu einem funktionalistischen Menschenbild und zur Menschenzucht. Beides kann von bestimmten Ideologien abhängig sein. Auf lange Sicht muss die Frage diskutiert werden, ob der Mensch bewusst seine eigene Evolution steuern soll und darf.
Risiken der somatischen Gentherapie sind außerdem:

- Schädigung des Patienten durch nicht einwandfreie Funktion der transplantierten Gene oder durch erneute Virulenz der Retroviren (Vektoren).
- Die Grenze zur Erzeugung von Menschen mit bestimmten Eigenschaften, d. h. zur Menschenzüchtung, ist fließend.

Zusammenfassung

- Unter dem Begriff „Gentechnik" fasst man alle Verfahren zusammen, durch die fremde Gene in eine Zelle übertragen werden.
- Die wichtigsten in der Gentechnik verwendeten Enzyme sind Restriktionsenzyme und Ligasen.
- Durch Klonieren werden größere Mengen eines Gens erzeugt: Das zu klonierende Gen wird in einen Vektor (Genfähre) eingebaut. Diese rekombinante DNA wird in eine Wirtszelle eingeschleust. Bei der Teilung der Wirtszelle wird das übertragene Gen mit vermehrt.
- Zur Übertragung eines Gens in ein Bakterium werden meistens Plasmide verwendet.
- Mit Gensonden (DNA-Sonden) kann geprüft werden, ob Zellen ein bestimmtes Gen enthalten.
- Mit der Polymerase-Kettenreaktion (PCR) lassen sich geringste Mengen DNA identisch vermehren.
- Durch das Verfahren des genetischen Fingerabdrucks lässt sich die DNA z. B. aus Blutspuren eindeutig einer bestimmten Person zuordnen.

Aufgaben

75 Welche Aufgaben haben Restriktionsenzyme in der Gentechnik?

76 a Was versteht man unter einem Basenpaar-Palindrom?
b Welche Rolle spielen Basenpaar-Palindrome in der Gentechnik?

77 Beschreiben Sie stichpunktartig die Arbeitsweise der Gentechnik.

78 In welchen Forschungsbereichen findet die Gentechnik heute schon für den Menschen kommerzielle Anwendung?

79 Welche Bedeutung spielt die Gentechnik in der Kriminologie?

80 Was versteht man unter dem Humangenomprojekt? Welche Bedeutung hat dieses Projekt für die Zukunft des Menschen?

81 Nennen Sie mögliche Risiken der Gentechnik bei Pflanzen, Tieren und dem Menschen.

82 a Wozu dient eine DNA-Sonde?
b Wie wird mit einer DNA-Sonde gearbeitet?

83 Was bewirkt die reverse Transkriptase?

84 Was ist ein Ti-Plasmid und wozu wird es verwendet?

11 Grundzüge der Immunbiologie

Das Immunsystem eines Organismus dient dazu, Angriffe von außen durch Bakterien, Viren, Pilze oder Parasiten abzuwehren und im Inneren des Organismus infizierte Zellen und Tumorzellen aufzuspüren und zu vernichten.

In den Körper eingedrungene Fremdstoffe **(Antigene)** werden von Immunzellen erkannt und mithilfe der von ihnen produzierten Stoffe (Enzyme und **Antikörper**) vernichtet.

11.1 Antikörper

Das Bauprinzip eines Antikörpers

Antikörper sind Proteine aus der Gruppe der **Immunglobuline** (Sammelbegriff für alle Klassen von Antikörpern). Vereinfacht dargestellt weisen sie eine Y-förmige Gestalt auf und bestehen aus vier Polypeptidketten. Je eine leichte (aus ca. 214 Aminosäuren) und eine schwere Kette (aus ca. 440 Aminosäuren) bilden eine der identischen Hälften des Antikörpers. Die Ketten sind durch Disulfidbrücken miteinander verbunden und weisen jeweils einen variablen und einen konstanten Abschnitt auf. Der variable Abschnitt bildet die Komplementärstruktur zu den Antigenen und enthält die **Antigen-Bindestelle**.

Antigene sind in der Regel fremde, zelluläre Oberflächenstrukturen aus Proteinen, die im Organismus die Bildung von Antikörpern auslösen (**Anti**körper **gen**erierende Stoffe).

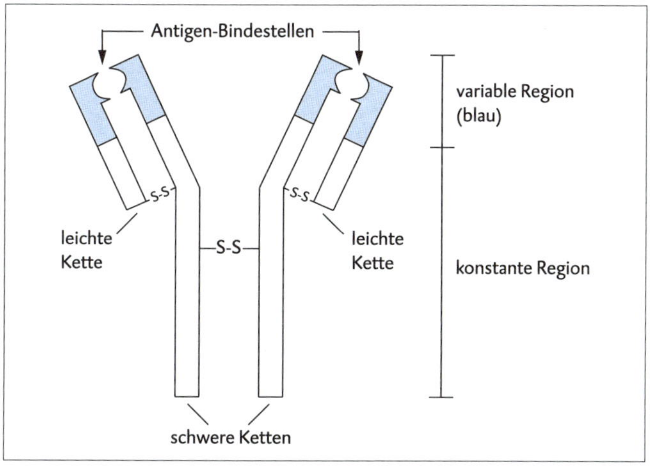

Abb. 62: Aufbau eines Antikörpers

Vielfalt der Antikörper

Da die Antikörper aus zwei verschiedenen Polypeptidketten bestehen (leichte und schwere Ketten), nahm man an, dass zwei verschiedene Gene am Aufbau eines Antikörpers beteiligt sind. Für den konstanten Abschnitt (schwere Kette) genügt ein Gen, für den variablen Teil der Antikörper müssen dagegen jeweils verschiedene Gene vorhanden sein. Die große Vielfalt von Antikörpern kann nur dadurch erklärt werden, dass es für den variablen Teil sehr viele kleinere Genabschnitte gibt, die miteinander kombiniert werden können. Darüber hinaus erhöhen wahrscheinlich Gen- und Chromosomenmutationen (z. B. Deletionen und Inversionen) die genetische Variabilität dieser DNA-Abschnitte. Man nimmt an, dass auf diese Weise bis zu 10^{11} verschiedene variable Abschnitte und damit verschiedene Antikörper gebildet werden können.

In der DNA der Knochenmarkszellen sind V-, C- und J-Genabschnitte *(variabel, constant* und *joining)* für die **Bildung der leichten Ketten** hintereinander angeordnet. Dazwischen befinden sich jeweils Abschnitte, die keine Information für ein Polypeptid tragen. Es gibt ca. 200 bis 300 V-Abschnitte, vier J-Abschnitte und einen C-Abschnitt. Die V- und J-Abschnitte tragen die Information für den variablen Abschnitt der leichten Kette. Irgendeines der V-Segmente wird mit einem J-Segment verbunden, indem die dazwischen liegenden Genabschnitte der DNA eine Schleife bilden (**somatische Rekombination**). Nach dem Abbau dieser Schleife (Deletion) erfolgt die Transkription unter Bildung einer prä-mRNA. Das sog. **Spleißen** (Entfernen von RNA-Abschnitten durch Schleifenbildung) bewirkt die Kopplung des ausgewählten V-Abschnitts und des J-Segments mit dem C-Segment. Übrige J-Segmente und Abschnitte ohne Information für ein Polypeptid werden dabei entfernt. An der reifen mRNA erfolgt nun die Translation. Allein die Kombination der V- und J-Segmente ergibt 1 200 (300 · 4) verschiedene Varianten von leichten Ketten.

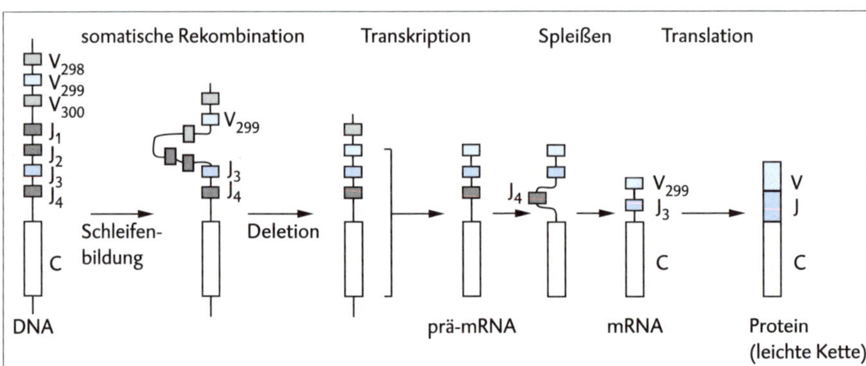

Abb. 63: Bildung der leichten Kette eines Antikörpers

Für die Bildung der variablen Region der **schweren Kette** wird zwischen das V- (ausgewählt aus ca. 1000 V-Abschnitten) und J-Segment noch ein D-Segment eingefügt, das in 15 verschiedenen Formen auftritt. Dadurch wird die Vielfalt der Antikörper zusätzlich noch erhöht.

Antigen-Antikörper-Reaktion

Die variablen Abschnitte der Antikörper sind so gestaltet, dass sie wie Negativstrukturen zur bestimmten Oberflächenmerkmalen der Antigene passen (Schlüssel-Schloss-Prinzip). Meist wirken nur einige Makromoleküle oder auch nur kleine Abschnitte dieser Moleküle antigen. Diese Molekülbereiche werden als **antigene Determinanten** oder **Epitope** bezeichnet.

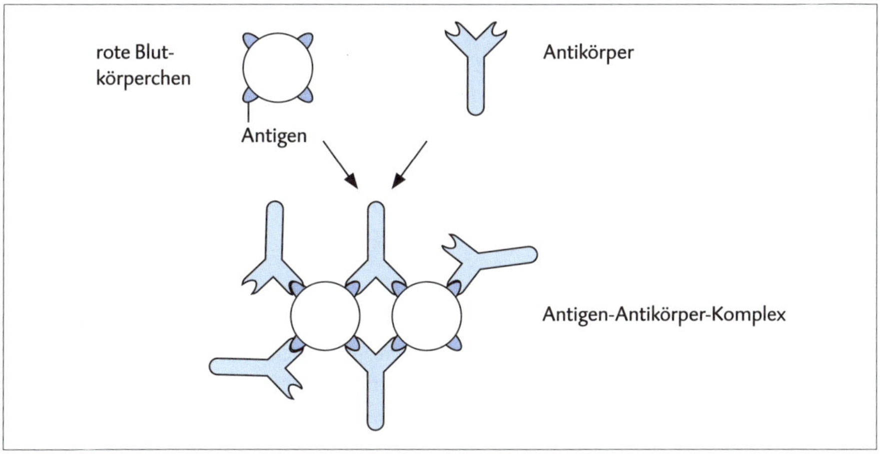

Abb. 64: Schlüssel-Schloss-Prinzip (schematisch)

Die Antikörper hüllen den Erreger ein oder verbinden ihn mit anderen Erregern und hindern ihn auf diese Weise daran, sich an die Rezeptoren der Wirtszelle zu heften. Durch die Umhüllung der Erregerzellen mit Antikörpern werden die Erreger für die Phagocytose vorbereitet (Opsonierung).

Ein Antigen weist viele verschiedene **Epitope** auf, an die spezifische Antikörper binden können. Bei der Reaktion zwischen Antigen und Antikörper unterscheidet man zwischen **Präzipitation** und **Agglutination**.

Treffen zueinander komplementäre Antikörper und Antigene in gelöster Form aufeinander, kommt es zu einer **Präzipitationsreaktion**, bei der sich netzartige unlösliche Komplexe bilden. Dagegen sind an der **Agglutinationsreaktion** unlösliche Antigene, die meist mit der Oberfläche von Zellen fest verbunden sind, beteiligt.

Impfung

Die Abwehr von Krankheitserregern durch Antikörper wird medizinisch bei der Impfung angewendet. Dabei unterscheidet man die aktive und passive Impfung. Bei der **aktiven Immunisierung** wird der Körper bewusst mit abgeschwächten oder abgetöteten Erregern infiziert. Der Organismus bildet gegen die Antigene der Erreger Antikörper und Gedächtniszellen, die über Jahre hinweg den Bauplan der Antigene speichern. Bei einer tatsächlichen Infektion mit den Erregern können dann viel schneller die entsprechenden Antikörper aufgebaut und somit der Ausbruch der Krankheit verhindert werden. Aktive Impfungen werden gegen Pocken, Kinderlähmung, Keuchhusten, Diphtherie, Masern und Tetanus (Wundstarrkrampf) durchgeführt.
Bei der **passiven Immunisierung** werden dem Körper direkt Antikörper gegen bestimmte Erreger injiziert. Die Antikörper gewinnt man aus dem Blut von aktiv geimpften Tieren. Eine passive Impfung erfolgt z. B. bei Verdacht einer Infektion mit Tollwut- oder Tetanuserregern oder nach Bissen von Giftschlangen.

> Bei der **aktiven Immunisierung** werden **Antigene** verabreicht, der Körper bildet selbst die dazu passenden Antikörper. Diese Form der Impfung dient hauptsächlich der **Vorsorge**. Bei der **passiven Impfung**, die zur **Therapie** einer bereits ausgebrochenen Infektion durchgeführt wird, werden **Antikörper** injiziert.

11.2 Ablauf und Bedeutung von Immunreaktionen

Organe und Zellen des Immunsystems

Zu den Komponenten des Immunsystems zählen die primären Organe Knochenmark und Thymus sowie die sekundären Organe Lymphknoten, Mandeln und Milz.
Das **Knochenmark** (engl. *bone marrow*) ist die wichtigste Bildungsstätte der **B-Lymphozyten** oder B-Zellen. Sie wandern direkt ins Blut oder in das Gewebe.
Der **Thymus** ist eine innersekretorische Drüse, die das Wachstumshormon Thymosin produziert. Er ist beim Säugetier auch unter dem Namen „Bries“

bekannt. In der Rindenschicht des Thymus werden die **T-Lymphozyten** oder T-Zellen hergestellt.
Bei den **Lymphknoten** handelt es sich um bohnengroße Organe, die im gesamten Lymphsystem verteilt sind und gehäuft in der Achsel und in der Leistengegend, am Hals und in den Ellbogen- und Kniebeugen auftreten. Sie enthalten eine große Anzahl von Lymphozyten.
Die **Mandeln** sind die Produktionsstätten von Lymphozyten im Bereich des Rachens. Beim Kontakt mit Antigenen produzieren die in den Mandeln vorhandenen immunkompetenten Zellen große Mengen spezieller Antikörper.
Die **Milz** kann selbst Lymphozyten produzieren, speichert aber auch B- und T-Lymphozyten. Bei Infektionen vermehren sich die Lymphozyten rasch und wandeln sich in spezielle Immunabwehrzellen um.
Die wichtigsten immunologisch aktiven Zellen sind die **Lymphozyten** (B- und T-Zellen) und die **Phagozyten** (Fresszellen).

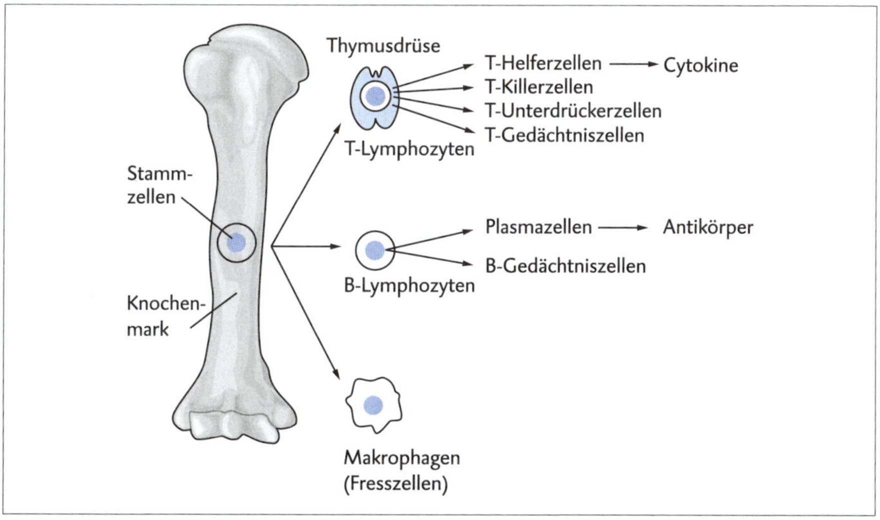

Abb. 65: Überblick über die Herkunft und die Entwicklung der wichtigsten Zellen des Immunsystems

Die Reaktionen des Immunsystems

Bei den Mechanismen der Immunabwehr unterscheidet man die unspezifische Abwehr von der spezifischen Immunität.
Die **unspezifische, angeborene Abwehr** beginnt bei den immunologischen Barrieren der Haut und der Schleimhäute, die den Organismus vor dem Eindringen von Fremdkörpern schützen. Sind bereits Fremdstoffe in den Körper eingedrungen, werden sie von Makrophagen aufgenommen und verdaut.

Makrophagen sind in der Lymphe und im Gewebe vorkommende Fresszellen (Phagozyten), die eine Sonderform der Leukozyten (weiße Blutkörperchen) darstellen. Diese unspezifische Immunabwehr findet man bei wirbellosen Tieren.

Die Mechanismen der **unspezifischen Immunabwehr** sind angeboren und unveränderlich. Mit ihrer Hilfe werden schnell und unterschiedslos alle Fremdstoffe, die in einen Organismus eindringen, bekämpft.

Wirbeltiere besitzen darüber hinaus noch eine **spezifische, erworbene oder adaptive Immunität** durch Bildung von Antikörpern gegen eingedrungene Antigene. Diese Immunität entwickelt sich erst nach der Geburt, wenn der Körper mit verschiedenen infektiösen Partikeln in Kontakt kommt. Sie richtet sich spezifisch gegen bestimmte Merkmale der „Angreifer“ und wird daher erst nach einigen Tagen wirksam. Bei der spezifischen, erworbenen Immunabwehr unterscheidet man die zellvermittelte und die anitkörpervermittelte (humorale) Reaktion.
Bei der **zellvermittelten Reaktion** erfolgt eine Zerstörung von infizierten Zellen durch **T-Lymphozyten**, die im Thymus hergestellt werden.

Bei der **zellvermittelten Immunantwort** produzieren die **T-Lymphozyten** nach ihrer Aktivierung Lymphokine (Cytokine) oder wandeln sich in T-Killerzellen um. **Cytokine** sind Botenstoffe, die weitere immunologische Reaktionen steuern. **T-Killerzellen** können andere, fremde oder infizierte Zellen oder auch Krebszellen angreifen und abtöten.

Wenn fremde Moleküle oder Stoffe, Viren, Bakterien u. Ä. in den Organismus gelangen, werden sie zunächst von den Makrophagen angegriffen, durch Phagozytose ins Innere der Fresszellen aufgenommen und in einzelne Bruchstücke (Antigene) zerlegt. Diese Bruchstücke der körperfremden Strukturen (Peptidfragmente) werden von bestimmten Membranproteinen, den Antigenpräsentiermolekülen bzw. **MHC-Molekülen** *(major histocompatibility complex)* im Zellinneren gebunden, zur Oberfläche der Makrophagen transportiert und dort präsentiert.
Jeder T-Lymphozyt besitzt auf seiner Oberfläche zahlreiche gleichartige, nur für ihn spezifische Rezeptoren, die ähnlich wie Antikörper gebaut sind (T-Zellrezeptoren). Wenn die Oberflächenstrukturen eines T-Lymphozyten zufällig zur Struktur der von den Makrophagen präsentierten Bruchstücke komplementär sind, verbinden sie sich mit diesen Antigenen **(Erkennungs-**

phase). Dadurch werden die T-Lymphozyten aktiviert, d. h. zur Zellteilung und zur Differenzierung in vier verschiedene T-Lymphozytentypen angeregt (**Differenzierungsphase**), die anschließend unterschiedliche Funktionen ausführen (**Wirkungsphase**):

- Typ 1 produziert Lympho- bzw. Cytokine (z. B. Interferone). Da sie die Abwehrreaktionen des Körpers mehrfach unterstützen (z. B. bei der Aktivierung von Makrophagen und bei der Bildung von T-Killerzellen und Antikörpern), bezeichnet man sie als **T-Helferzellen**.
- Typ 2 wird durch die T-Helferzellen zur Zellteilung angeregt und es entstehen **T-Killerzellen** (cytotoxische T-Zellen) mit den gleichen Rezeptoren wie der aktivierte T-Lymphozyt sie besaß. Die T-Killerzellen zerstören kranke Zellen, die die komplementären Peptidfragmente präsentieren. Die Präsentation der Peptidfragmente durch die kranken Zellen erfolgt in ähnlicher Weise wie die Präsentation der Bakterien- oder Virenbruchstücke durch die Makrophagen. Die T-Killerzellen sondern Enzyme ab, die die Zellmembran der kranken Zelle auflösen (Lyse).
- Typ 3 ist auf noch nicht ganz geklärte Weise in der **Abschaltphase** an der Beendigung der Immunreaktion beteiligt, wenn das entsprechende Antigen nicht mehr vorhanden ist und die Bildung von T-Killerzellen und Antikörpern gehemmt werden soll (**T-Unterdrückerzellen** oder T-Suppressorzellen).
- Typ 4 speichert die Struktur der Antigene durch Bildung langlebiger **T-Gedächtniszellen**. Auf diese Weise erwirbt sich der Organismus eine lang andauernde Immunität. Bei erneutem Befall durch denselben Erreger setzt die Immunantwort wesentlich schneller ein.

Die **humorale oder antikörpervermittelte Reaktion** ist von der zellvermittelten Antwort abhängig und erfolgt über die Körperflüssigkeiten des Blutes oder der Lymphe (lat. *humor:* Flüssigkeit). **B-Lymphozyten**, immunologisch aktive weißen Blutkörperchen (Leukozyten), die in ihrer Entwicklung das Knochenmark durchlaufen müssen, produzieren Antikörper. Im intakten Immunsystem gibt es Millionen von verschiedenen B-Lymphozyten, von denen jeder auf seiner Oberfläche nur *eine* Sorte von Antikörpern trägt.

> Bei der **humoralen Immunantwort** werden diejenigen **B-Lymphozyten** zur Teilung angeregt, die einen Antikörper produzieren, der an ein Antigen der eingedrungenen Fremdkörper binden kann. Antikörper-Antigen-Komplexe werden anschließend von Makrophagen verdaut.

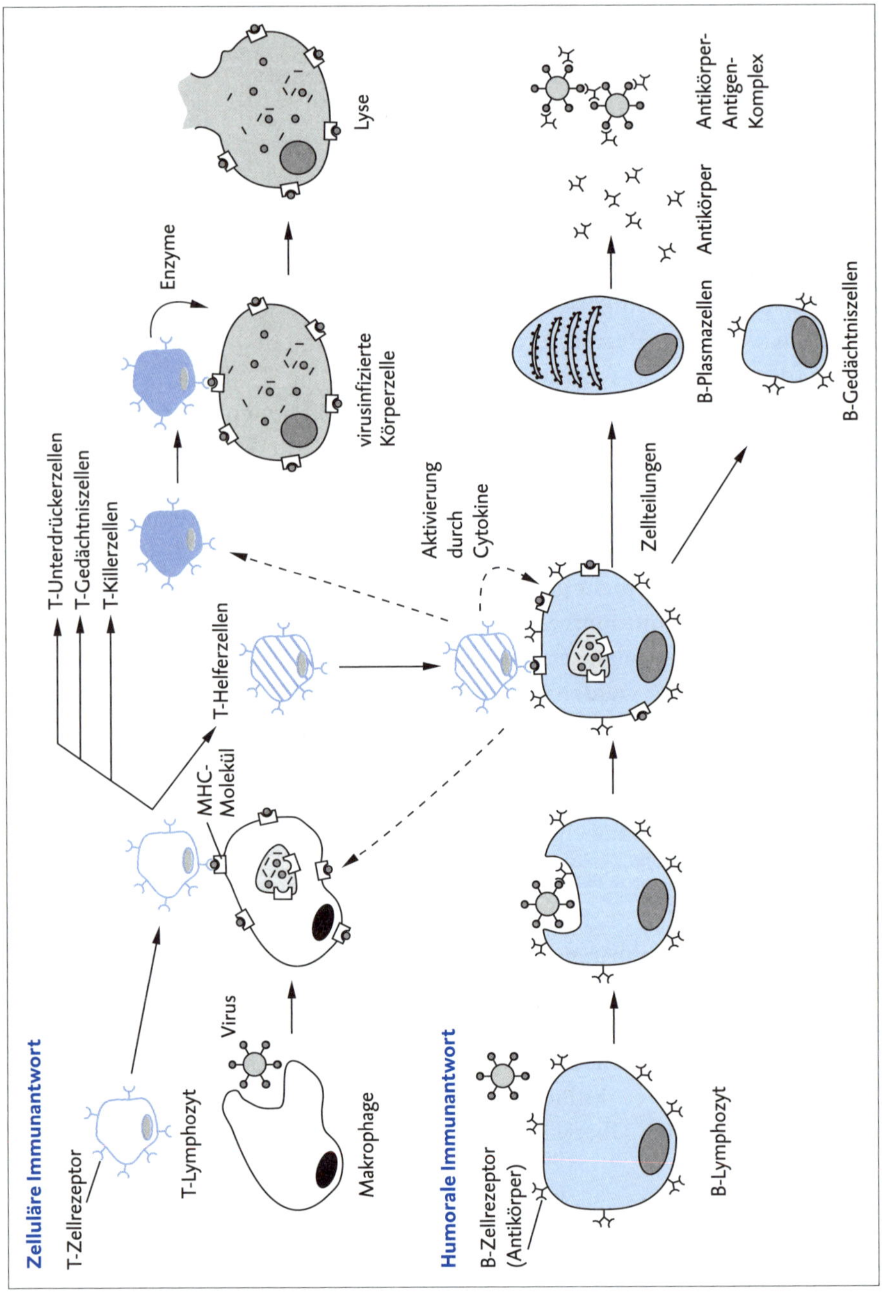

Abb. 66: Zelluläre und humorale Immunantwort

Wenn die Antikörperstruktur eines B-Lymphozyten zufällig zur Oberflächenstruktur in den Körper eingedrungener Viren passt, verbinden sich diese Antikörper mit dem Antigen der Viren. Einige Viren werden vom B-Lymphozyten aufgenommen und im Inneren der Zelle zerlegt. Die Bruchstücke werden an **MHC-Moleküle** gebunden und an der Oberfläche des B-Lymphozyten präsentiert. Um den B-Lymphozyten zur Teilung anzuregen, müssen nun noch in der zellvermittelten Immunantwort gebildete **T-Helferzellen**, die den passenden komplementären Rezeptor zu den präsentierten Antigenen besitzen, an den MHC-Antigenkomplex binden (**gekoppelte Erkennung**). Sie produzieren dann Cytokine, die die B-Lymphozyten zu Zellteilungen anregen.
Die Vermehrung der Lymphozyten geschieht durch Klonierung, d.h. aus einem einzigen bestimmten Lymphozyten entstehen viele, völlig identische Tochterzellen, die immer dieselben Antikörper produzieren (**klonale Selektion**). Dabei entsteht ein Klon von ca. 1 000 Plasmazellen (erkennbar an einem stark ausgeprägten endoplasmatischen Reticulum), die wiederum jeweils eine große Zahl von Antikörpern erzeugen, die mit den Viren Antigen-Antikörper-Komplexe bilden. Diese Komplexe werden schließlich von Makrophagen aufgenommen und verdaut.
Ein Antigen stimuliert in der Regel nicht nur einen Typ von B-Lymphozyten zur Klonbildung, sondern mehrere, da sich an die verschiedenen antigenen Determinanten mehrere unterschiedliche B-Lymphozyten binden können. Das entstehende Gemisch aus unterschiedlichen Antikörpern wird als **polyklonal** bezeichnet.
Aus den B-Lymphozyten entstehen neben den Plasmazellen langlebige **Gedächtniszellen**, die die Information der Antikörperstruktur über Jahre hinweg speichern können. Bei erneuter Infektion beginnen sie sofort mit der Produktion von Antikörpern.

Monoklonale Antikörper

Da sich die im Blut vorhandenen unterschiedlichen Antikörper nur schwer voneinander trennen lassen, müssen monoklonale Antikörper, die spezifisch für eine einzige antigene Determinante sind, auf anderem Weg gewonnen werden. MILSTEIN und KÖHLER entwickelten 1975 eine Methode zur Herstellung solcher Antikörper. Sie machten sich zunutze, dass sich krebsartig wuchernde B-Lymphozyten nahezu unbegrenzt vermehren und somit einheitliche Klone bilden.

Eine Maus wird mit einem bestimmten Antigen, gegen das Antikörper gebildet werden sollen, immunisiert. **Aktivierte B-Lymphozyten** aus der Milz dieses

Tieres werden mit **Myelomzellen** fusioniert (Tumor-B-Lymphozyten). In einem speziellen Medium verschmelzen sie zu Hybridomzellen, die die Eigenschaften beider Ausgangszellen aufweisen. Sie können problemlos in einem Nährmedium gezüchtet werden, sind also praktisch unsterblich und produzieren laufend Antikörper eines einzigen Typs. Ein Nährmedium, in dem nur Hybridomzellen überleben können, ermöglicht die Trennung dieser Zellen von nicht fusionierten Zellen. Durch starke Verdünnung werden entstandenen die Hybridomzellen vereinzelt. Sie können nun mit dem verwendeten Antigen getestet und bei positiver Reaktion kloniert werden.

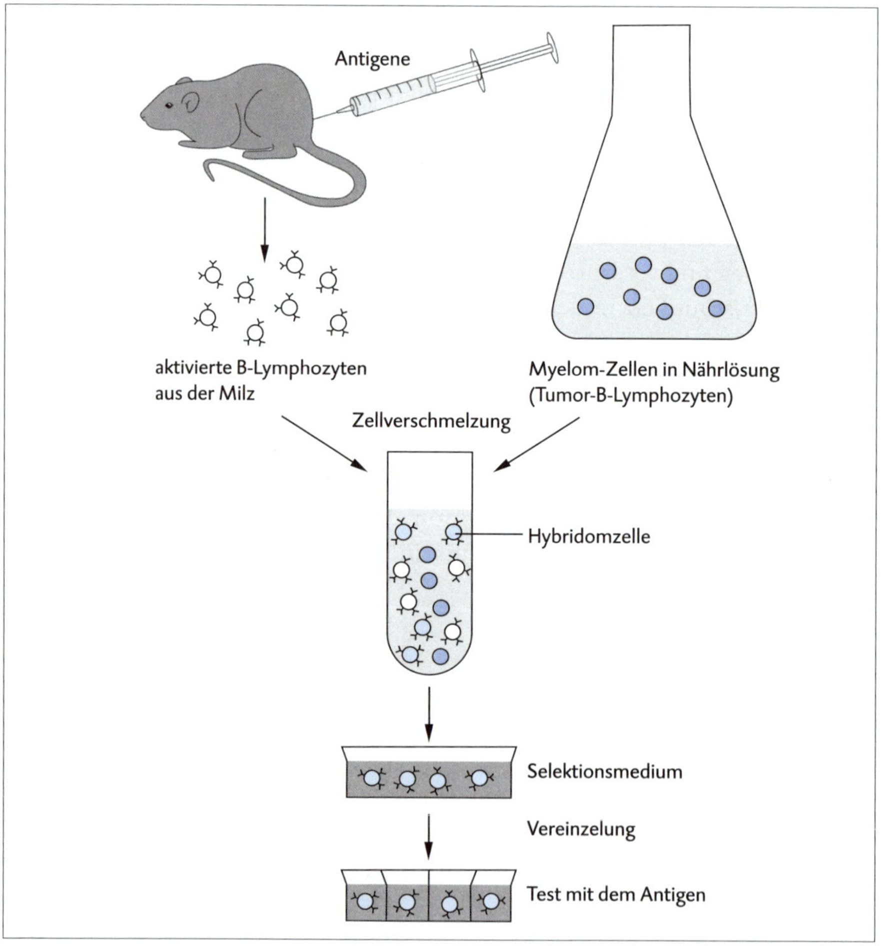

Abb. 67: Gewinnung monoklonaler Antikörper

Monoklonale Antikörper und spezielle Giftstoffe können zu **Immuntoxinkomplexen** verknüpft werden. Diese Komplexe spüren z. B. Krebszellen auf und töten sie ab. Dazu werden monoklonale Antikörper, die sich spezifisch an Krebszellantigene anheften, mit einem Giftstoff (Toxin) gekoppelt. Das Immuntoxin (Antikörper + Giftstoff) dockt an die Krebszelle an; der Giftstoff löst sich vom Antikörper und tötet die Tumorzelle ab. Normale Körperzellen werden vom Immuntoxin nicht angegriffen, da Antigen- und Antikörperstruktur nicht übereinstimmen.

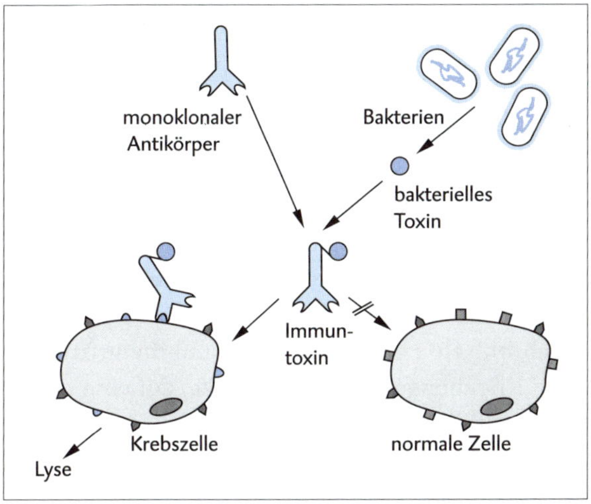

Abb. 68: Kopplung von Antikörpern mit Zellgiften

Monoklonale Antikörper werden auch in der **medizinischen Diagnostik** immer häufiger eingesetzt. Man kann sie radioaktiv markieren und sehr schnell ein genaues Abbild eines Tumors oder bestimmter Proteine erhalten.
Auch **Schwangerschaftstests** können mit monoklonalen Antikörpern gegen das Hormon HCG, das im Blut oder im Harn von Schwangeren nachgewiesen werden kann, durchgeführt werden. Bei der **Krebsvorsorge** wird teilweise schon mit monoklonalen Antikörpern gearbeitet, z. B. um Hormone aufzuspüren, die bei Anwesenheit von Krebszellen im Organismus gebildet werden.

11.3 Fehlreaktionen des Immunsystems

Autoimmunerkrankungen

Das intakte Immunsystem kann körpereigene von körperfremden Proteinen unterscheiden. Bei einer Autoimmunerkrankung greifen jedoch die Lymphozyten eigene Körpersubstanzen an, was häufig mit lebensbedrohlichen Folgen verbunden sein kann. Folgende Möglichkeiten der Entstehung von Autoimmunerkrankungen sind denkbar:

- Um ein Antigen als „eigen“ zu erkennen, muss es schon während der Embryonalentwicklung mit den immunkompetenten Zellen in Kontakt kommen. T-Lymphozyten, die durch diesen Kontakt Antikörper produzieren, werden abgetötet. Versagt dieser Ausleseprozess, greifen die produzierten Antikörper das körpereigene Eiweiß an, z. B. bestimmte Antigene der Insulin produzierenden Inselzellen der Bauchspeicheldrüse bei vielen Patienten mit Diabetes Typ I (jugendlicher Diabetes).
- Aufgrund anatomischer Barrieren kommt mitunter auch kein Kontakt mit speziellen Körperzellen zustande, z. B. bei bestimmten Proteinen der Augenlinsen, des Nervensystems, der Schilddrüse oder der Spermien. Wenn diese Proteine später doch in das Blut gelangen, werden sie als „fremde“ Antigene angegriffen.
- Obwohl die Aminosäuresequenz der Proteine genetisch festgelegt ist und somit auch die Primär-, Sekundär- und Tertiärstruktur, kann es manchmal zu Veränderungen der Konformation von körpereigenen Eiweißmolekülen kommen. Die Folge davon ist wiederum die Bildung von Autoantikörpern. Man nimmt an, dass z. B. chronisch entzündlicher Gelenkrheumatismus (Zerstörung von Knorpel und Knochengewebe der Gelenke) auf eine solche Autoimmunerkrankung zurückzuführen ist.
- Schließlich können auch Zellen oder ganze Gewebe durch Strahlen, Chemikalien und bestimmte Medikamente so verändert werden, dass der Organismus sie als fremde Antigene betrachtet und mit Autoantikörperbildung darauf reagiert.

Allergien

Nicht jeder proteinhaltige Stoff, mit dem der Körper in Kontakt kommt, löst eine Immunabwehrreaktion aus; so zeigt sich z. B. bei Wolle, Fell, Nahrungsmitteln oder Kosmetika im Allgemeinen keine Reaktion. Mitunter kann es jedoch vorkommen, dass der Körper auf diese Stoffe ebenso reagiert wie auf Antigene von Krankheitserregern. Nach dem Erstkontakt kommt es zur **Sensibilisierung**, d. h. es werden immunkompetente Zellen (z. B. Gedächtniszellen) gebildet. Bei einem erneuten Kontakt mit dem Fremdkörper kommt es dann zur spontanen Immunabwehrreaktion, die schwere Krankheitssymptome hervorrufen und mitunter sogar zum Tod führen kann. Eine derartige Überempfindlichkeit gegenüber körperfremden, aber ansonsten unschädlichen Stoffen bezeichnet man als **Allergie**. Allergie bedeutet so viel wie eine unan-

gemessene Reaktion auf einen Reiz; sie stellt eine übersteigerte, fehlgeleitete Immunabwehrreaktion dar.
Die Abwehrreaktion auf Allergene, d. h. allergieauslösende Stoffe, kann kurz nach dem Kontakt mit dem Allergen einsetzen oder auch erst nach einiger Zeit. Man spricht deshalb von einer **Sofort-** oder von einer **Spättypreaktion**.
Bei der Auslösung von Allergien spielt von den fünf Antikörperklassen A, D, E, G und M insbesondere das **Immunglobulin E (IgE)** eine entscheidende Rolle. Das Allergen veranlasst die B-Lymphozyten zur Produktion von Plasmazellen, die wiederum Immunglobuline (Antikörper) erzeugen, vor allem solche der Klasse E. Bei der Nahrungsmittelallergie dringen die in der Nahrung, z. B. der Milch enthaltenen Allergene durch die Schleimhaut des Magen-Darm-Trakts und führen zu einer Produktion von IgE. Das IgE ist noch nicht für die allergische Reaktion verantwortlich, stimuliert aber besondere Zellen, die mit zahlreichen Körnchen (Granula) angefüllt sind, die **Mastzellen**. Diese Mastzellen besitzen unzählig viele Rezeptoren für IgE-Moleküle, die bei der Sensibilisierung von den IgE-Molekülen besetzt werden. Beim zweiten Kontakt des Organismus mit dem Allergen wandern die Antigene direkt zu den IgE-Molekülen, die auf den Mastzellen sitzen, und verbinden sich mit ihnen. Daraufhin setzt die Mastzelle Granula frei, deren Inhalt, bestimmte chemische Stoffe (z. B. Histamin), in das umgebende Gewebe entleert wird und dort die typischen allergischen Symptome verursacht, wie z. B. Erweiterung der Blutgefäße (Rötung der Haut) und Erhöhung der Permeabilität der Zellmembranen für Wasser und Plasmaproteine (Bläschenbildung).

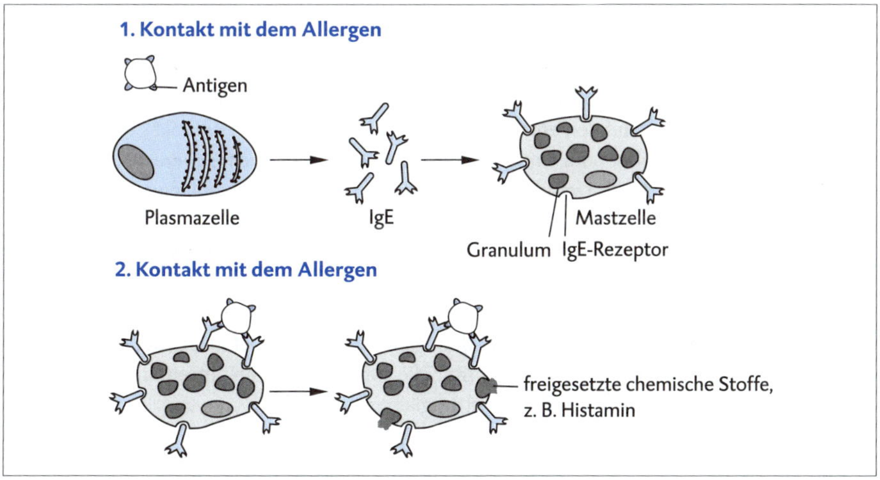

Abb. 69: Allergische Reaktion

Als **Allergene** kommen die verschiedensten Stoffe in Frage: Pollen von Gräsern, Sporen von Schimmelpilzen, bestimmte Arzneimittel, Tierhaare, Fisch- oder Milcheiweiß oder Ausscheidungen von Insekten oder Spinnen, z. B. der Hausstaubmilbe.

Welcher Stoff für die Auslösung einer Allergie verantwortlich ist, kann nur durch einen umfangreichen Allergietest herausgefunden werden. Dabei wird das vermutete Allergen mit einem Pflaster auf die Haut aufgebracht oder als Tropfen auf die Haut aufgetragen und diese dann leicht eingeritzt. Besitzt der Organismus bereits IgE-Antikörper, die die Mastzellen besetzt haben, dann werden die Mastzellenbläschen im Bereich der Einstichstelle entleert. Dies zeigt sich in der Regel durch Bläschenbildung, Schwellung und Rötung der gereizten Stelle innerhalb kurzer Zeit.

Zusammenfassung

- Spezifische Immunreaktionen lassen sich durch Antigene auslösen. Dabei kommt es zur Bildung von spezifischen Antikörpern.
- Jeder Antikörper passt mit seinem variablen Bereich zu einem bestimmten Antigen. Die konstanten Bereiche sind artspezifisch.
- Die spezifische Immunreaktion geht von B- und T-Lymphozyten aus.
- T-Lymphozyten bewirken die zellvermittelte Immunreaktion. Nach Kontakt mit dem betreffenden Antigen differenzieren sie sich zu antigenspezifischen T-Helfer-, T-Killer-, T-Unterdrücker- und T-Gedächtniszellen.
- Der Kontakt zwischen Antigen und T-Lymphozyten erfolgt über Makrophagen (durch Antigen-Präsentation).
- B-Lymphozyten sind an der humoralen Immunreaktion beteiligt. Sie können sich in Antikörper bildende Plasmazellen und Gedächtniszellen umwandeln.
- Plasmazellen können sich nur bilden, wenn die Antigene sowohl mit den passenden B-Lymphozyten als auch mit den entsprechenden T-Lymphozyten in Kontakt getreten sind.
- Der außerordentlich hohen Zahl möglicher Antigene entspricht eine ebenso hohe Anzahl unterschiedlicher B-Lymphozyten und damit auch unterschiedlicher Plasmazellen und Antikörper.
- T-Helferzellen setzen bei Kontakten mit anderen Immunzellen aktivierende Cytokine frei.
- Durch aktive Immunisierung bilden sich Gedächtniszellen, die einen vorbeugenden Schutz gegen eine spätere Infektion mit dem gleichen Erreger bieten. Bei der passiven Immunisierung werden Antikörper gespritzt, die sofort gegen den betreffenden Erreger wirken, aber keinen bleibenden Schutz ermöglichen.

Aufgaben

85 Nennen Sie die Organe des menschlichen Immunsystems.

86 Beschreiben Sie den Aufbau eines Antikörpers und erklären Sie das Prinzip seiner Funktion.

87 Warum erhalten Organempfänger nach einer Transplantation Immunsuppressiva? Welche Nachteile sind für die Empfänger damit verbunden?

88 Für manche von Viren ausgelöste Infektionskrankheiten, z. B. Tollwut, wird für die breite Bevölkerung keine aktive Impfung empfohlen.
Beschreiben Sie das Prinzip der aktiven Tollwutimpfung und geben Sie den Grund an, warum keine allgemeine prophylaktische Tollwutschutzimpfung in der Bevölkerung durchgeführt wird.

89 Woraus besteht der Impfstoff bei einer passiven Tollwutimpfung? Wie wird dieser Impfstoff gewonnen?

90 „Im 18. Jahrhundert mussten Kleinkinder mit winzigen Verletzungen an Händen und Fingern an Kuhpocken erkrankte Kühe melken und waren fortan gegen die gefürchtete Pockenerkrankung geschützt."
Erklären Sie mithilfe der heutigen Kenntnisse über die Immunbiologie, wie diese Kinder eine Immunität gegenüber der Pockenerkrankung entwickelten.

91 a Gibt man zu einer Bakteriensuspension bestimmte Antikörper, kommt es schon bald zu einer sichtbaren Ausflockung.
b Die Ausflockung der im Blutserum gelösten Serumproteine erfolgt ebenfalls bei Zugabe entsprechender Antikörper.
Wie nennt man den Vorgang a und den Vorgang b in der Fachsprache? Worin unterscheiden sich diese beiden Vorgänge?

92 Wodurch unterscheidet sich die unspezifische von der spezifischen Immunabwehr?

93 Wie erklärt man sich die große Vielfalt der Antikörper?

94 Welche einzelnen Entwicklungsstufen muss ein Antikörper bei der Entstehung durchlaufen?

95 Wie kann man monoklonale Antikörper herstellen und welche Bedeutung haben sie in der Medizin?

96 Was versteht man unter einer Allergie?

97 Stellen Sie die Entstehung einer allergischen Reaktion anhand eines selbst gewählten Beispiels dar

Strukturelle und energetische Grundlagen der Lebensvorgänge

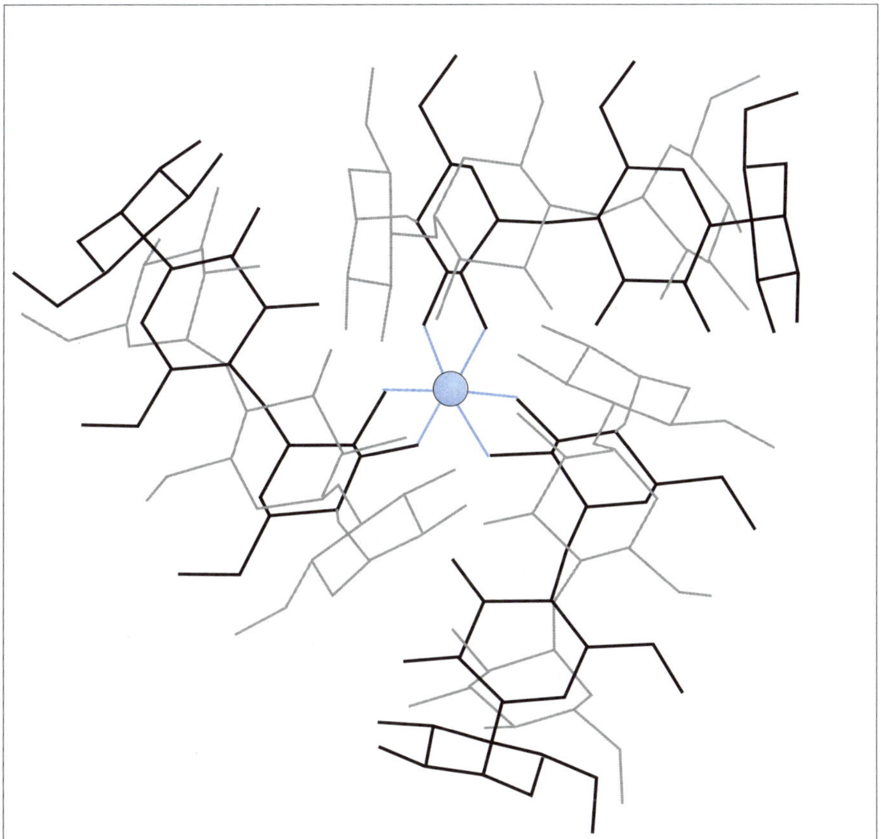

Komplexe Kohlenhydrate haben oft ein Metallatom als Zentrum, das alles zusammen hält, wie das α-Cyclodextrin, ein Kohlenhydrat-Metall-Komplex mit 3 zylindrischen Cyclodextrinen aus je 6 Glucoseeinheiten.

12 Bauprinzip und Funktion wichtiger Biomoleküle

12.1 Lipide

Obwohl Neutralfette (Glyceride, z. B. Speisefette, Öle) und Lipoide (z. B. Phospholipide, Steroide und Carotinoide) strukturell sehr unterschiedlich sind, werden sie aufgrund ihres Lösungsverhaltens zu den Lipiden zusammengefasst.

Lipide sind unlöslich in Wasser (**hydrophob**) und löslich in unpolaren organischen Lösungsmitteln, z. B. Benzin (**lipophil**).

Lipide kommen aufgrund ihres Lösungsverhaltens im Zellplasma kaum frei vor, sondern werden in Zellorganellen (z. B. Liposomen) oder in spezialisierten Speicherzellen des Fettgewebes als **Reservestoffe** abgelagert. Phospholipide sind Bausteine von **Biomembranen** (Elementarmembranen). Das wichtigste Steroid der Wirbeltiere ist das Cholesterin. Es tritt als Bestandteil von Membranen auf und stellt die Ausgangsverbindung für die **Steroidhormone** (z. B. Geschlechtshormone) dar. Carotinoide sind gelbe und orange **Pflanzenfarbstoffe** (siehe S. 179 ff.)

Neutralfette

Neutralfette sind **Triglyceride**, d. h. dreifache Ester des dreiwertigen Alkohols **Glycerin** und meist langkettiger Carbonsäuren (**Fettsäuren**).
Die Fettsäurereste können gesättigt sein: Säurereste der Buttersäure (Butansäure, C_3H_7COOH), Palmitinsäure (Hexadecansäure, $C_{15}H_{31}COOH$), Stearinsäure (Octadecansäure, $C_{17}H_{35}COOH$). Die wichtigsten ungesättigten Fettsäurereste sind die der Ölsäure ($C_{17}H_{33}COOH$, eine Doppelbindung), Linolsäure ($C_{17}H_{31}COOH$, zwei Doppelbindungen) und Linolensäure ($C_{17}H_{29}COOH$, drei Doppelbindungen).
Die Anzahl der Kohlenstoffatome in natürlich vorkommenden Fettsäuren ist meist geradzahlig, da Bildung und Abbau über eine Verbindung mit zwei Kohlenstoffatomen (C_2-Körper) erfolgen. Ein Triglycerid kann sowohl gesättigte als auch ungesättigte Fettsäurereste aufweisen. Die meisten Fette sind zudem Gemische verschiedener Triglyceride.
Die Doppelbindungen der **ungesättigten Fettsäurereste** bewirken einen starren Knick in der Kohlenstoffkette. Dieser Knick behindert die Ausbildung von zwischenmolekularen Anziehungskräften im flüssigen und festen Aggregatzustand. Fette mit einem hohen Anteil von ungesättigten Fettsäureresten

sind deshalb bei Raumtemperatur flüssig (Öle, z. B. Sonnenblumen-, Erdnuss-, Walöl). Fette, die nur **gesättigte langkettige Säurereste** enthalten, sind fest (z. B. Butter, Kokosfett).

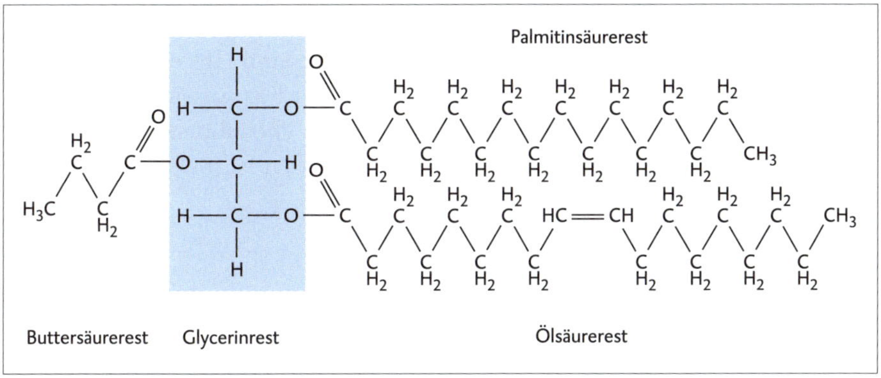

Abb. 70: Strukturformel eines Fettmoleküls

Im tierischen (und menschlichen) Stoffwechsel können nur die gesättigten Fettsäuren hergestellt werden. Ungesättigte Fettsäuren sind Produkte von Pflanzen und müssen von Tieren und Menschen als essenzielle Nahrungsbestandteile aufgenommen werden (z. B. in Pflanzenölen).
Sowohl Aufbau (Veresterung, Esterbildung) wie auch Abbau (Verseifung, Esterspaltung) der Fette ist im Stoffwechsel unter Mitwirkung von Enzymen (siehe S. 158 ff.) möglich. Bei der Esterbildung wird die Hydroxygruppe (OH-Gruppe) des Alkohols Glycerin mit der Carboxygruppe (COOH-Gruppe) der Fettsäure unter Abspaltung von einem Molekül Wasser verknüpft.

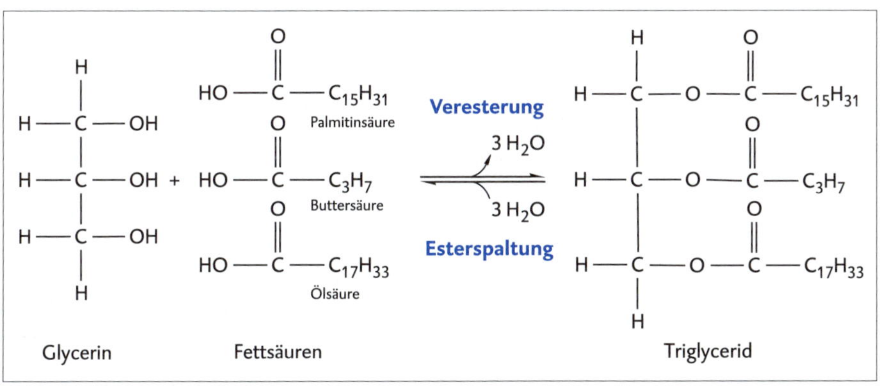

Abb. 71: Auf- und Abbau von Fetten

Die Esterspaltung wird auch als **Verseifung** bezeichnet, da sie unter Laborbedingungen nicht durch Zugabe von Wasser, sondern einer Lauge erfolgt und die Fettsäuren am Ende der Reaktion als Salze (Seifen) vorliegen.

Lipoide

Phospholipide sind den Neutralfetten ähnlich: Sie sind Glyceride, bei denen jedoch nur zwei Hydroxygruppen des Glycerins mit Fettsäuren verestert sind. Die dritte OH-Gruppe geht eine Esterbindung mit Phosphorsäure ein, an die über eine weitere Esterbindung ein Alkohol gebunden ist. Bekannte Vertreter dieser Gruppe sind die **Lecithine**.

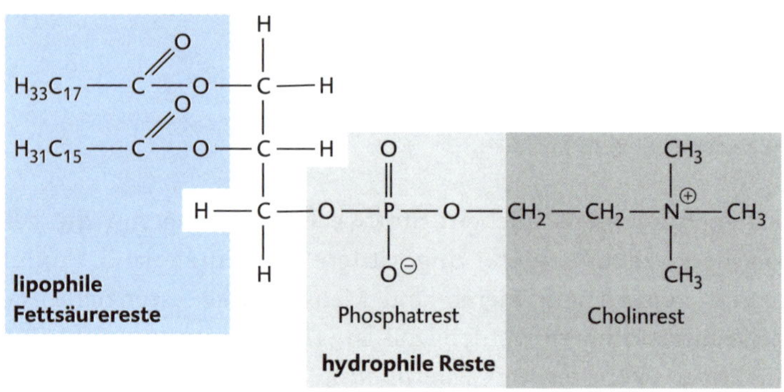

Abb.72: α-Lecithin

Lecithine weisen wegen ihres polaren Molekülbaus sowohl hydrophile als auch lipophile Eigenschaften auf. Dadurch bilden sie in wässriger Umgebung schnell Doppelschichten aus, deren hydrophilen Seiten nach außen zeigen. Lipiddoppelschichten sind die Grundbausteine der Biomembranen.

Nach dem **Flüssig-Mosaik-Modell** (*fluid mosaic model*) der Biomembran „schwimmen" in einer zähflüssigen Lipiddoppelschicht mit einander zugewandten hydrophoben (lipophilen) Enden zahlreiche Proteine.

Manche dieser Proteine liegen nur teilweise in der Membran (**periphere Proteine**), andere reichen durch den ganzen Lipidfilm (**integrale Proteine**). Mehrere dieser Proteine können zu Komplexen zusammentreten und eine **Membranpore** bilden. Integrale Proteine und Membranporen haben besondere Bedeutung beim Stofftransport durch die Membran. Die polaren Eigen-

schaften der Proteine (siehe S. 85) ermöglichen den Durchtritt von Wasser und wasserlöslichen Stoffen, z. B. Ionen, durch die Membran (vgl. hierzu chemiosmotische Theorie der ATP-Bildung bei der Fotosynthese und Atmungskette, siehe S. 183 und 199). Häufig geschieht dies auch durch aktiven Stofftransport entgegen dem Konzentrationsgefälle (z. B. Natrium-Kalium-Pumpe in der Membran von Nervenzellen).
Lipide und Proteine auf der Membranaußenseite können Kohlenhydratketten (**Glycolipid, Glycoprotein**) tragen, die als Rezeptoren dienen, z. B. zur Zellerkennung wie die Oberflächenantigene der roten Blutkörperchen (siehe S. 32 f.) oder zur Informationsübermittlung durch Hormone.

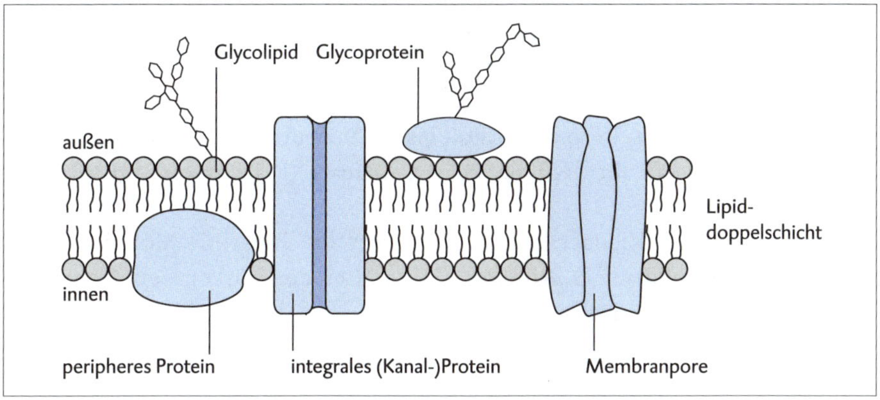

Abb. 73: Flüssig-Mosaik-Modell einer Biomembran

Durch die Biomembranen werden abgegrenzte Reaktionsräume mit einem relativ konstanten chemischen Milieu geschaffen (**Kompartimentierung**). Dieses Prinzip tritt nicht nur bei den Zellmembranen auf, sondern auch bei den Zellorganellen (z. B. Chloroplasten, siehe S. 171 f.). Die wichtigste Aufgabe der Membranen ist daher die **Kontrolle des Stoff- und Energietransports** sowie die **Weitergabe von Informationen**, z. B. in Form elektrischer Ströme.

12.2 Kohlenhydrate

Unter dem Begriff „Kohlenhydrate“ (Saccharide) wird eine große Zahl von Naturstoffen zusammengefasst, die als **Bau-** und **Gerüststoffe** für pflanzliche und tierische Organismen (Cellulose, Chitin) dienen oder als **Betriebsstoffe** am Energiestoffwechsel beteiligt sind (Glucose, Stärke, Glycogen).

Die Analyse verschiedener Kohlenhydrate im 19. Jahrhundert ergab, dass sie Kohlenstoff, Wasserstoff und Sauerstoff im Verhältnis $C_n(H_2O)_n$ enthalten, was im Namen zum Ausdruck gebracht wird. Für viele Kohlenhydrate trifft diese Zusammensetzung jedoch nicht zu, andererseits werden Verbindungen, deren Summenformel dieser allgemeinen Verhältnisformel entsprechen (z. B. Essigsäure, Milchsäure), nicht zu den Kohlenhydraten gerechnet. Die Kennsilbe der Stoffgruppe ist „-ose".
Je nach Anzahl ihrer Einzelbausteine (Monomere) werden die Saccharide in verschiedene Gruppen eingeteilt:

- **Monosaccharide** (Einfachzucker): Diese einfachsten Kohlenhydrate sind die die Einzelbausteine oder Monomere, aus denen durch Aneinanderreihung Makromoleküle (Polymere) aufgebaut werden können, z. B. Glucose (Traubenzucker), Fructose (Fruchtzucker), Galactose.
- **Oligosaccharide** (Mehrfachzucker): Zwei bis acht Monomere sind miteinander verknüpft. Besondere biologische Bedeutung haben die Disaccharide Saccharose (Rohr-, Rübenzucker), Maltose (Malzzucker) und Lactose (Milchzucker).
- **Polysaccharide** (Vielfachzucker): Hunderte bis Tausende Monomere bilden Makromoleküle, z. B. Amylose (Bestandteil der Stärke), Cellulose (Zellstoff), Glycogen (tierische Stärke).

Monosaccharide

Sie lassen sich an der Zahl der Kohlenstoffatome im Molekülgerüst unterscheiden. Besondere Bedeutung im Zellstoffwechsel besitzen die Hexosen (sechs C-Atome), die Pentosen (fünf C-Atome) und die Triosen (drei C-Atome).
Bestimmte Eigenschaften wie ihre gute Wasserlöslichkeit und leichte Oxidierbarkeit und die Summenformel $C_nH_{2n}O_n$ weisen darauf hin, dass Monosaccharide Hydroxygruppen (OH-Gruppen) enthalten. Die Aufklärung der Molekülstrukturen zeigte, dass sie außerdem entweder eine Aldehyd- oder eine Ketogruppe besitzen. Man unterscheidet deshalb **Aldosen** und **Ketosen**.
Die wichtigsten Einfachzucker mit der Summenformel $C_6H_{12}O_6$ sind **D-Glucose**, eine Aldohexose, und **D-Fructose**, eine Ketohexose.

Die beiden Hexosen können in offener Kettenform in der **Fischer-Projektionsschreibweise** dargestellt werden. Die Bezeichnung D- bezieht sich auf die Stellung der OH-Gruppe am C-Atom 5. Da dieses C-Atom (ebenso wie alle anderen mit * markierten asymmetrischen C-Atome) vier verschiedene tetraedrisch angeordnete Reste trägt, ist **Spiegelbildisomerie** möglich. Durch Vertauschen der waagrecht angegebenen Reste an den asymmetrischen C-

Atomen erhält man das Spiegelbild des Moleküls, die L-Form. In der Natur treten überwiegend **Hexosen in D-Form** auf. Die Spiegelbildisomeren unterscheiden sich nur in ihrem Verhalten gegenüber polarisiertem Licht und in ihrem Reaktionsverhalten bei enzymatischen Umsetzungen. So wird die Schwingungsebene des polarisierten Lichts, das durch eine D-Glucoselösung fällt, nach rechts gedreht (+). L-Glucose ist linksdrehend (–).

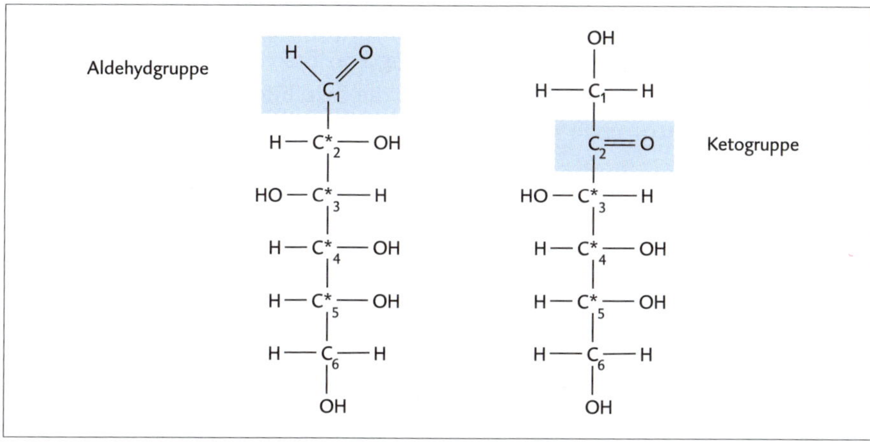

Abb. 74: D-Glucose (links) und D-Fructose (rechts) in der Fischer-Projektion

Glucose und Fructose können ringförmige Moleküle bilden. Die Ringform ist die bevorzugte Molekülform und wird in der **Haworth-Projektion** dargestellt.

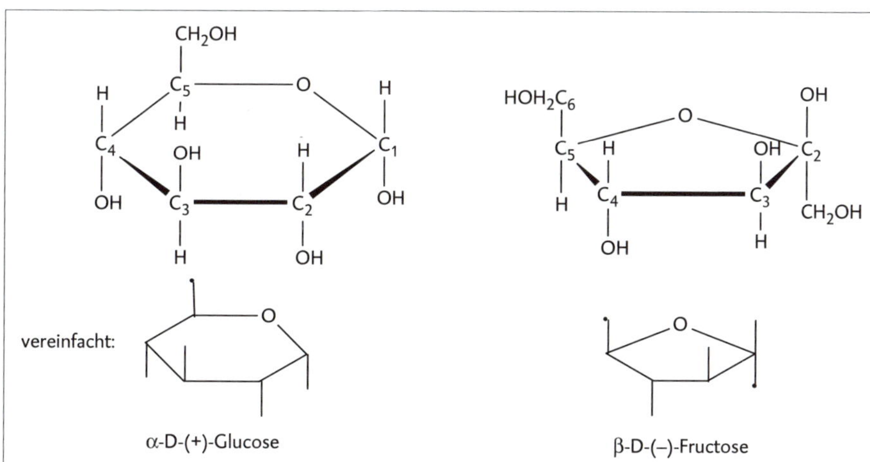

Abb. 75: D-Glucose (links) und D-Fructose (rechts) in der Haworth-Projektion

Der Ringschluss erfolgt zwischen den C-Atomen 1 und 5 bei der Glucose sowie dem C-Atom 2 und 5 bei der Fructose. Das Ring-Sauerstoff-Atom stammt von der OH-Gruppe am C_5-Atom. Die Reste am C-Atom 1 der Glucose bzw. C-Atom 2 der Fructose können durch den Ringschluss verschiedene Positionen erhalten. Steht die OH-Gruppe am C_1-Atom der Glucose nach unten, nennt man sie α-Glucose; ragt sie nach oben, wird sie als β- bezeichnet. Für das C_2-Atom der Fructose gilt Entsprechendes.
Glucose und Fructose, die aufgrund ihrer Struktur als Aldose und Ketose zusammengehören, können durch Mitwirkung von Enzymen ineinander umgewandelt werden. Die Reaktion erfolgt über die instabile Endiolform und wird als **Keto-Enol-Tautomerie** bezeichnet.

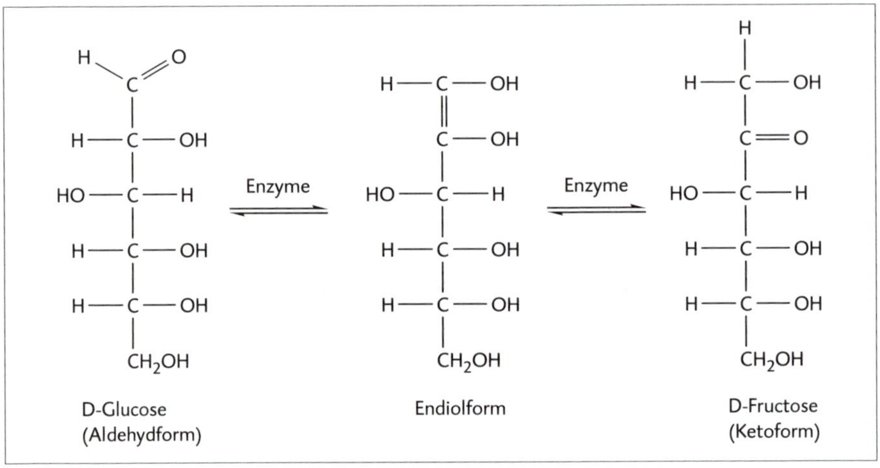

Abb. 76: Keto-Enol-Tautomerie

Im Stoffwechsel treten Monosaccharide (und andere Stoffe, z. B. Säuren und Aldehyde) häufig als Phosphorsäureester auf. Dazu wird bei der **Phosphorylierung** enzymkatalysiert eine Hydroxygruppe eines Substrats mit einem Phosphatrest unter Wasserabspaltung verknüpft (Veresterung).

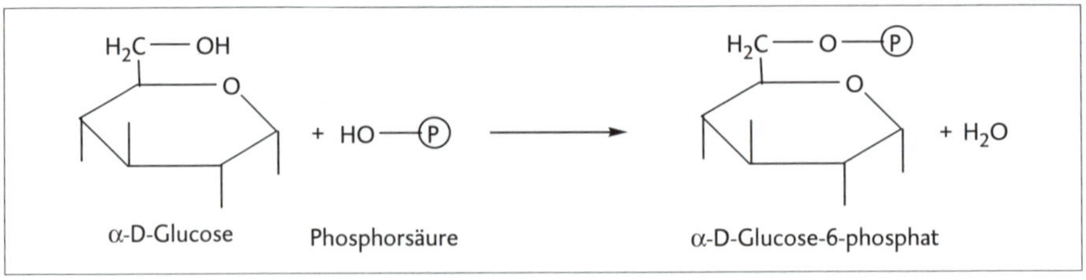

Abb. 77: Phosphorylierung

Disaccharide

Die Verknüpfung von Monosacchariden zu Di- oder Polysacchariden über ein Sauerstoffatom wird als **glycosidische Bindung** bezeichnet. Die Bildung einer glycosidischen Bindung zwischen zwei Monosaccharidmolekülen erfolgt unter Wasserabspaltung (Kondensation; Spaltung eines Disaccharids in zwei Monosaccharide = Hydrolyse). Die Disaccharide der Hexosen haben die Summenformel $C_{12}H_{22}O_{11}$. Wichtige Disaccharide im Stoffwechsel sind:

- **Maltose:** Zwei α-Glucosemoleküle sind verknüpft: α-1→ 4-glycosidische Bindung. Maltose tritt vor allem im Malz auf, da in keimendem Getreide Stärke zu Maltose abgebaut wird.
- **Cellobiose:** Zwei β-Glucosemoleküle sind verknüpft: β-1→ 4-glycosidische Bindung.
  Cellobiose tritt z. B. im Rindermagen als Abbauprodukt der Cellulose auf.
- **Saccharose:** Je ein Molekül α-Glucose und β-Fructose sind verknüpft: α-1→ β-2-glycosidische Bindung.
  Saccharose tritt in Früchten und Speicherorganen der Pflanzen auf und stellt die Transportform der Fotosyntheseprodukte von den Blättern zu den Speicherorganen dar.

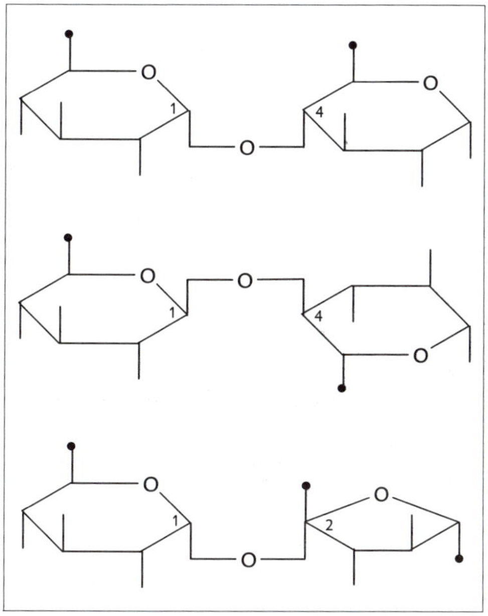

Abb. 78: Maltose, Cellobiose und Saccharose

Polysaccharide

Die wichtigsten in der Natur vorkommenden Polysaccharide bauen sich ausschließlich aus Glucosemolekülen auf.

- **Pflanzliche Stärke:** Stärke ist der bedeutendste **Reservestoff** der Pflanzen und bildet die wichtigste Kohlenhydratquelle für die menschliche Ernährung. Sie besteht zu einem Drittel aus Amylose und zu zwei Dritteln aus Amylopektin. In der **Amylose** sind 250 bis 500 α-Glucose-Moleküle durch wiederholte α-1→ 4-glycosidische Bindungen verknüpft. Das unverzweigte Makromolekül windet sich schraubenartig.

Das Amylopektin besteht aus mehr als 2 000 α-Glucose-Moleküle, die α-1→ 4-glycosidisch verknüpft sind. Etwa bei jedem 25. Glucosemolekül tritt eine Verzweigung auf (α-1→ 6-glycosidische Verknüpfung).

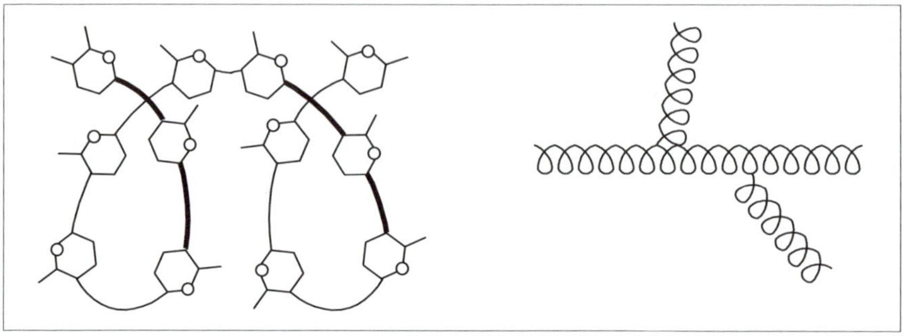

Abb.79: Strukturausschnitte von Amylose (links) und Amylopektin (rechts)

- **Glycogen** (tierische Stärke): Glycogen kommt als **Reservestoff** in den Muskeln, der Leber und in Körperzellen vor.
  Bis zu 100 000 α-Glucose-Moleküle sind α-1→ 4-glycosidisch verknüpft, mit Verzweigungen, die etwa bei jedem 14. Glucosemolekül auftreten (α-1→ 6-glycosidisch).
- **Cellulose:** Cellulose bildet mit anderen Kohlenhydraten die **Gerüstsubstanz** für die pflanzlichen Zellwände.
  Mehr als 10 000 β-Glucosemoleküle sind durch β-1→ 4-glycosidische Bindung verknüpft. Es entsteht ein lineares, unverzweigtes Makromolekül. Etwa 100 dieser Molekülfäden bilden, parallel gelagert und durch Wasserstoffbrücken zusammengehalten, dünne Fibrillen, die in mehreren Schichten mit unterschiedlicher Faserrichtung die Zellwand aufbauen.

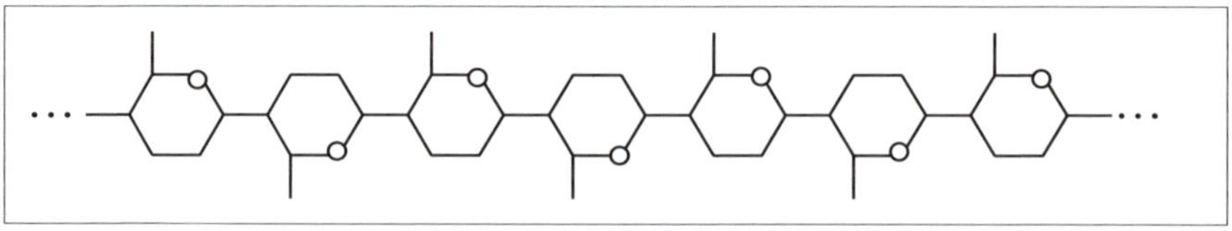

Abb. 80: Strukturformelausschnitt von Cellulose

12.3 Proteine (Eiweißstoffe)

(siehe Kapitel 9.1)

Zusammenfassung

- Die wichtigsten Stoffgruppen der Biomoleküle sind Kohlenhydrate, Proteine, Nukleinsäuren und Fette.
- Kohlenhydrate, Proteine und Nukleinsäuren sind Makromoleküle, die durch Verknüpfung kleinerer Bausteine (Monomeren) entstehen.
- Neutralfette sind Triglyceride aus Glycerin und drei Fettsäuren.
- Monosaccharide werden durch glycosidische Bindung zu Di- und Polysacchariden verknüpft.
- Nach dem Flüssig-Mosaik-Modell sind Membranen aus einer Lipid-Doppelschicht aufgebaut, in der große Proteinmoleküle mosaikartig verteilt und verankert sind.
- Biomembranen sind ein wesentliches Element der Zelle: sie sind sowohl Abgrenzung der Zelle als auch Pforte für den Austausch von Stoffen und Signalen.
- Kompartimentierung: Der Innenraum einer Zelle sowie der Zellorganellen wird durch Membranen in Funktionsräume gegliedert.

Aufgaben

98 In Fett A treten zu zwei Dritteln Palmitinsäurereste und zu einem Drittel Ölsäurereste auf.
Fett B weist zu zwei Dritteln Ölsäurereste und zu einem Drittel Linolsäurereste auf.

a Geben Sie die Strukturformel für ein Molekül des Fettes A an!
b Welches der beiden Fette ist bei Raumtemperatur flüssig? Begründen Sie kurz!

99 Vergleichen Sie tabellarisch Amylose, Glycogen und Cellulose hinsichtlich

a Grundbaustein (Monomer)
b Auftreten von Verzweigungen im Makromolekül
c räumliche Struktur der Makromoleküle
d Vorkommen

100 Wodurch wird die Eigenart eines Proteinmoleküls bestimmt?
Wie entsteht seine spezifische räumliche Struktur?

101 Erläutern Sie die unterschiedliche Bedeutung der Begriffe: Protein, Proteid, Peptid!

102 Welche der folgenden Aussagen ist (sind) falsch?

- a Aminosäuren weisen sowohl sauren als auch basischen Charakter auf.
- b Bestimmte Aminosäuren müssen mit der Nahrung aufgenommen werden, weil sie der menschliche Körper nicht selbst herstellen kann.
- c Proteine sind elektrisch neutrale Teilchen, weil jeweils eine Carboxygruppe und eine Aminogruppe die Peptidbindungen bilden.
- d Durch Wasserstoffbrückenbindungen zwischen den Aminosäureresten ergibt sich die Sekundärstruktur eines Proteins.
- e Die Zugabe einer konzentrierten Salzlösung zu einer Proteinlösung führt zu einer Denaturierung, da das Salz dem Protein die Hydrathülle entzieht.

103 Weshalb stellt nicht Traubenzucker, sondern Stärke die Speichersubstanz der Kohlenhydrate dar?

104 Formulieren Sie die Reaktionsgleichung für die Spaltung eines Fetts.

13 Energiehaushalt und Stoffumsatz

Organismen stehen nicht nur in einem ständigen Stoffaustausch mit ihrer Umgebung (siehe S. 170 ff.), sondern ebenso in einem ständigen Energieaustausch: Sie nehmen gleichzeitig Energie in verschiedenen Formen aus der Umgebung auf (z. B. Licht, Wärme), nutzen sie in den Stoffwechselprozessen und geben sie früher oder später wieder an die Umwelt ab.

13.1 Energieübertragung durch Adenosintriphosphat (ATP)

Der Verlauf vieler chemischer Reaktionen legt die Vermutung nahe, dass nur exotherme Reaktionen bei Raumtemperatur freiwillig ablaufen, bei denen durch die Bildung energieärmerer aus energiereichen Produkten Energie freigesetzt wird. Bei chemischen Reaktionen geht diese Energie als Reaktionswärme verloren. Die Triebkraft der Reaktionen ist das Streben nach einem **Energieminimum**.
Das Schmelzen eines Eiswürfels bei Raumtemperatur zeigt, dass es auch endotherme (Energie verbrauchende) Vorgänge gibt, die freiwillig ablaufen. Beim Schmelzen wird das Kristallgitter des Eises zerstört; die Anordnung der Wassermoleküle im flüssigen Wasser ist wesentlich ungeordneter. Die zweite Triebkraft der Reaktionen ist das Streben nach größtmöglicher **Entropie**. Entropie ist vereinfacht ein Maß für den Grad der Unordnung in einem System.
Aus der Verrechnung von auftretender Reaktionswärme und Entropieänderung ergibt sich die Änderung der **freien Enthalpie** ΔG. Freiwillig ablaufende Reaktionen werden als exergonisch bezeichnet. Die Änderung der freien Enthalpie ΔG ist negativ. Soll eine exergonische Reaktion in umgekehrter Richtung (Rückreaktion) verlaufen, muss Energie zugeführt werden. Die Reaktion ist dann endergonisch, ΔG ist positiv.

Ist die Änderung der Enthalpie während einer Reaktion **$\Delta G < 0$**, handelt es sich um eine freiwillig ablaufende **exergonische** Reaktion, die Energie für Arbeit liefern kann.
Ist **$\Delta G > 0$**, so ist die Reaktion **endergonische** und erfordert die Zufuhr von Energie.

Viele Reaktionen des Stoffwechsels sind endergonisch und beziehen die nötige Energie aus exergonischen Stoffwechselvorgängen. Als Vermittler fungiert in den Organismen **Adenosintriphosphat, ATP**. Die bei einer exergonischen Reaktion frei werdende Energie wird verwendet, um aus Adenosindiphosphat ADP und Phosphat ATP aufzubauen. Die Spaltung von ATP in ADP und Phosphat liefert die Energie, um eine endergonische Reaktion zu ermöglichen. Eine exergonische und eine endergonische Reaktion sind so **energetisch gekoppelt**.

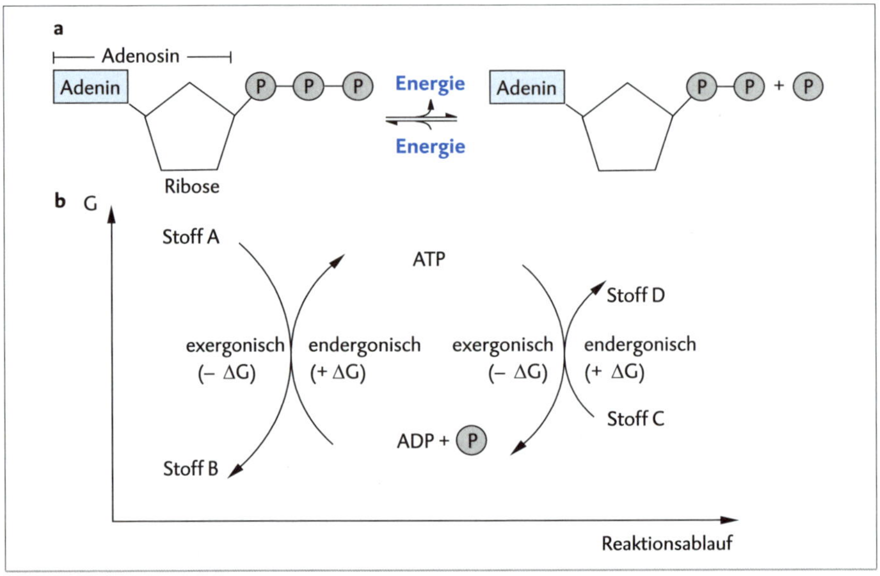

Abb. 81: Spaltung und Aufbau von ATP (a) und Schema der energetischen Kopplung von Reaktionen (b)

ATP ist der **universelle Energieüberträger** einer Zelle. Energie aus exergonischen Reaktionen kann kurzfristig gespeichert und für endergonische Prozesse zur Verfügung gestellt werden.

13.2 Enzyme als Biokatalysatoren

Viele Stoffwechselreaktionen in lebenden Systemen würden nur sehr langsam ablaufen. Die Umsetzung von Substraten (Edukte) in die entsprechenden Produkte wird daher in den Zellen durch Enzyme beschleunigt. Diese **Biokatalysatoren**

- setzen die Aktivierungsenergie, die erforderlich ist, um eine Reaktion in Gang zu bringen, herab und beschleunigen dadurch die Reaktion.
- werden bei der Reaktion nicht verbraucht.
- werden bereits in geringen Konzentrationen wirksam.

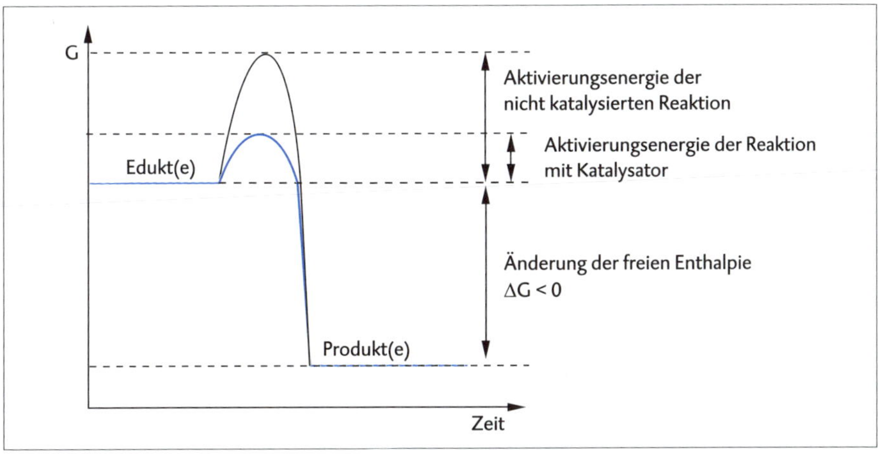

Abb. 82: Energiediagramm für eine katalysierte und eine nicht katalysierte exergonische Reaktion

Die meisten Enzyme sind reine Proteine, z. B. Urease, Pepsin, Trypsin. Die restlichen Enzyme haben Proteidcharakter: An einen Eiweißanteil (**Apoenzym**) ist ein Molekülteil ohne Eiweißcharakter (**Cofaktor**) gebunden. Organische Cofaktoren werden als **Coenzyme** bezeichnet. Fest mit dem Apoenzym verbundene Coenzyme sind sog. prosthetische Gruppen. Wenn ein Coenzym nicht fest mit dem Apoenzym verknüpft ist und auch auf andere Apoenzyme übertragen werden kann, spricht man von **Cosubstrat**. Besonders wichtige Cosubstrate sind ATP bzw. ADP (Übertragung von Phosphatgruppen) und NAD(P)H/H^+ bzw. NAD(P)$^+$ (Wasserstoff übertragend) (siehe S. 177 und 192).

Alle Enzyme setzen nur ganz bestimmte Verbindungen katalytisch um, ihre Substrate (**Substratspezifität**). Manche Enzyme sind **gruppenspezifisch**, d. h. sie setzen ähnliche Verbindungen mit gleichen funktionellen Gruppen um. Jedes Enzym katalysiert nur eine bestimmte Reaktion seines Substrats bzw. seiner Substrate (**Reaktions- oder Wirkungsspezifität**).

Beispiele

Urease reagiert nur mit Harnstoff, nicht aber mit Thioharnstoff, bei dem das Sauerstoffatom durch ein Schwefelatom ersetzt ist. Urease spaltet den Harnstoff hydrolytisch, wirkt auf ihn aber nicht reduzierend.

Alkoholdehydrogenase reagiert mit verschiedenen Alkoholen, z. B. Ethanol und Methanol (jedoch unterschiedlich gut).

Enzyme sind Proteine, die biochemische Reaktionen **katalysieren**. Durch die Herabsetzung der **Aktivierungsenergie** beschleunigen sie die immer gleiche Umsetzung ihrer Substrate: Enzyme sind **substrat- und wirkungsspezifisch**.

Auf der Substrat- und Wirkungsspezifität basiert die systematische Benennung der Enzyme.

Beispiel

Substrat:	Aminosäure
Wirkung:	oxid(ieren)
Kennsilbe:	-ase
Name des Enzyms:	Aminosäureoxidase

Molekularer Mechanismus der Enzymwirkung

Aufgrund ihrer Forschungen kamen MICHAELIS und MENTEN 1913 zur Annahme, dass sich aus Enzym und Substrat eine kurzlebige Verbindung bildet, der **Enzym-Substrat-Komplex**. Seine Existenz ist mittlerweile erwiesen.
Da ein Enzym-Substrat-Komplex rasch wieder zerfällt, können zwischen Enzym und Substrat nur schwache Bindungskräfte mit geringer Reichweite auftreten, z. B. Wasserstoffbrückenbindungen. Die Ausbildung solcher Bindungen setzt voraus, dass sich Enzym und Substrat stark annähern. Enzym und Substrat müssen also in ihrer Molekülform aufeinander abgestimmt sein. Es ist ähnlich wie bei einem Schlüssel, der nur zu einem ganz bestimmten Schloss passt und es aufsperren kann.

Nach der Modellvorstellung des **Schlüssel-Schloss-Prinzips** bindet das Substrat an das aktive Zentrum eines Enzyms. Der entstehende **Enzym-Substrat-Komplex** ist Voraussetzung für die Katalyse.

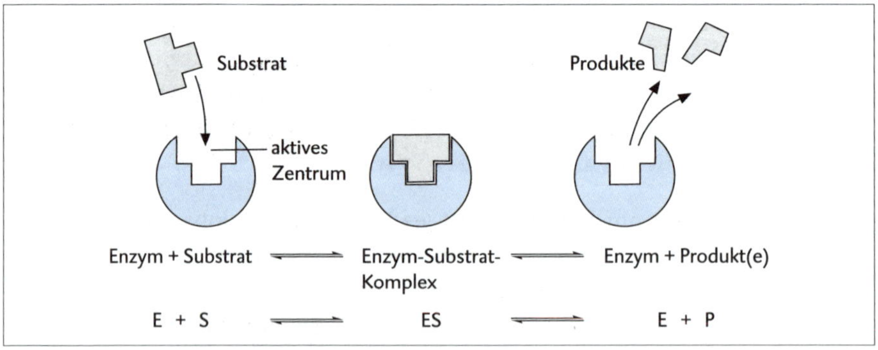

Abb. 83: Modell zum Mechanismus der Enzymwirkung

Tatsächlich ließen sich bei einigen Enzymen spalten- oder taschenförmige Einbuchtungen zur Substrataufnahme nachweisen. Darin befindet sich das **aktive Zentrum**, das die katalytisch wirksamen Atomgruppen enthält. Bei der Bindung des Substrats treten die Atomgruppen des aktiven Zentrums mit den Teilen des Substratmoleküls, die bei der Reaktion verändert werden, in Wechselwirkung. Das führt zu geringfügigen Veränderungen in der Tertiärstruktur von Enzym und Substrat. Der Enzym-Substrat-Komplex befindet sich sozusagen in einem „gespannten Zustand", was den Ablauf der eigentlichen Reaktion erleichtert.

Bei Proteid-Enzymen ist neben der Substratbindung auch die (meist vorher erfolgende) Bindung des Coenzyms notwendig. Die fest mit dem Eiweißanteil verbundene prosthetische Gruppe ist Träger der reaktiven Atomgruppen. Diese werden durch die Enzymreaktion chemisch verändert und müssen in einer Folgereaktion wieder in den ursprünglichen Zustand gebracht werden, bevor die erste Reaktion erneut erfolgen kann.
Bei Enzymen mit leicht abspaltbaren **Cosubstraten** wird dieses wie ein zweites Substrat zusammen mit dem eigentlichen Substrat umgesetzt und daher in der gleichen Menge verbraucht. Das veränderte Cosubstrat ist meistens ebenfalls Cosubstrat eines anderen Enzyms und kann so wieder in den ursprünglichen Zustand überführt werden.

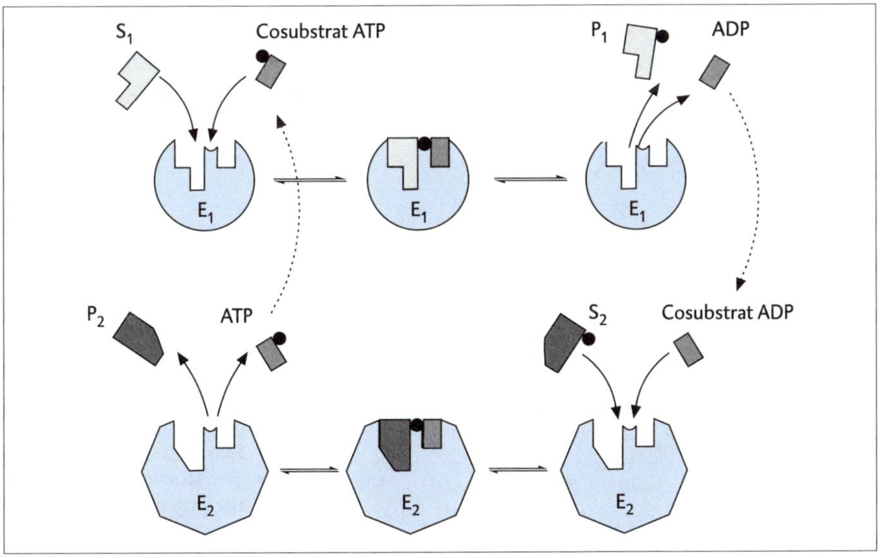

Abb. 84: Modellvorstellung zur Wirkungsweise von Enzymen mit einem Cosubstrat

Abhängigkeit der Enzymaktivität von Außenfaktoren

Die von einem Enzym pro Zeiteinheit umgesetzte Stoffmenge an Substrat ergibt die Reaktionsgeschwindigkeit v einer Enzymreaktion und stellt ein Maß für die Enzymaktivität dar. Diese ist jedoch nicht konstant, sondern von verschiedenen Außenbedingungen abhängig.

Die **Enzymaktivität**, d. h. die von einem Enzym pro Zeiteinheit umgesetzte Substratmenge, ist abhängig von der **Temperatur** und dem **pH-Wert**. **Schwermetallionen** können die Enzymaktivität hemmen.

- **Temperatur**: Die Temperaturabhängigkeit der Enzymaktivität ist das Ergebnis zweier sich überlagernder Funktionen. Nach der **RGT-Regel** (**R**eaktions**g**eschwindigkeits-**T**emperatur-Regel) erhöht sich bei einem Temperaturanstieg um 10 °C die Reaktionsgeschwindigkeit aller chemischen Reaktionen auf das Zwei- bis Dreifache.
  Ab einer gewissen Temperatur wird diese Funktion bei biochemischen Reaktionen aber durch die **Inaktivierungsfunktion** überlagert. Ursache dafür ist die **Hitzedenaturierung** der Enzymproteine. Durch die zugeführte Wärmeenergie werden die Bindungen zwischen den Aminosäureresten, die die Tertiärstruktur stabilisieren, gelöst. Eine Rückkehr in den geordneten Zustand ist aus energetischen Gründen (starke Entropiezunahme) nicht mehr möglich. Die Veränderung der Struktur betrifft auch das aktive Zentrum; die Bindung des Substrats ist nicht mehr möglich.
  Die meisten Enzyme haben ihr Temperaturoptimum bei der Umgebungs- oder Körpertemperatur des Organismus, in denen sie vorliegen, beim Menschen also bei ca. 37 °C.

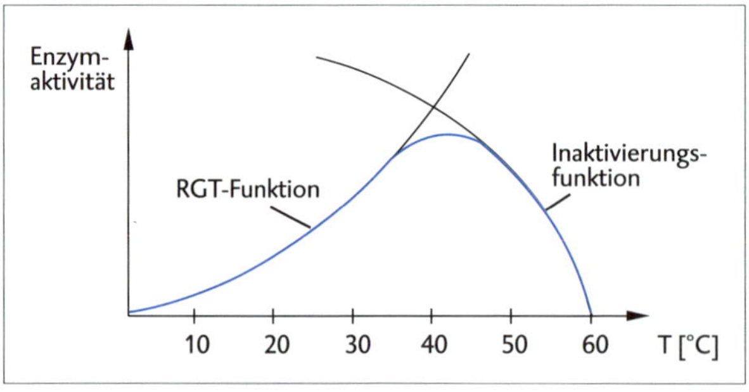

Abb. 85: Temperaturabhängigkeit der Enzymaktivität

- **pH-Wert**: Jedes Enzym zeigt bei einem bestimmten pH-Wert ein Maximum an Aktivität. Die unterschiedliche Lage der pH-Optima ist auf die sauren bzw. basischen Aminosäurereste im Protein zurückzuführen. Da solche Aminosäurereste Ladungen tragen, sind Proteine stets geladene Teilchen und ziehen Wassermoleküle (Dipole!) an, die die **Hydrathülle** des Proteins bilden. Die Zugabe von Säure oder Lauge bewirkt den Entzug der Hydrathülle und eine Änderung des Ladungszustands. Die Folge ist eine Veränderung der Tertiärstruktur und damit der Verlust der Substratbindefähigkeit.

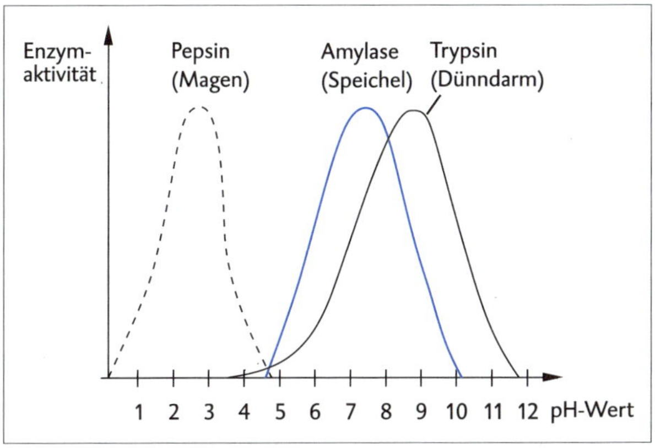

Abb. 86: Abhängigkeit der Enzymaktivität vom pH-Wert

- **Schwermetallionen**: Quecksilber-, Blei-, Kupfer- und Cadmiumionen in höheren Konzentrationen führen zu einer schnellen und **irreversiblen Hemmung** der Enzymaktivität („Vergiftung" des Enzyms). Diese Ionen gehen mit den Aminosäureketten stabile Bindungen ein und deformieren dadurch die Tertiärstruktur.

Einfluss der Substratkonzentration auf die Enzymaktivität

Die Geschwindigkeit einer Reaktion mit oder ohne Katalysator ist außer von den Außenfaktoren auch von der Konzentration der Ausgangsstoffe abhängig. Die Reaktionsgeschwindigkeit nicht katalysierter Reaktionen ist der Konzentration der Edukte direkt proportional. Da Enzyme die Reaktionsgeschwindigkeit erhöhen, kann die erreichte Geschwindigkeit einer Reaktion als Maß für die Enzymaktivität angesehen werden. Bei enzymkatalysierten Reaktionen findet man folgende Abhängigkeit:

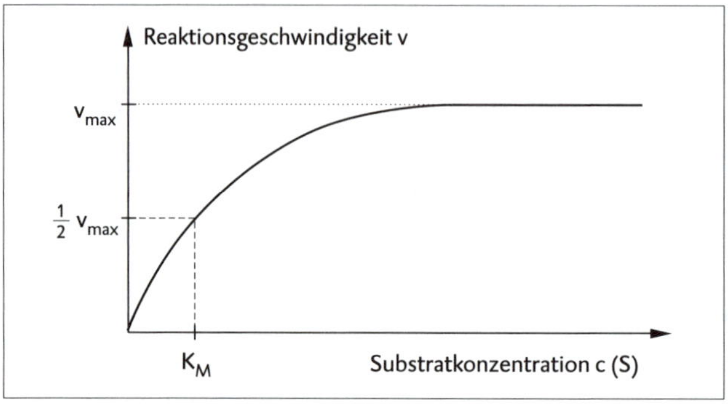

Abb. 87: Michaelis-Menten-Diagramm

Nur bei geringen Substratkonzentrationen zeigt sich eine direkte Proportionalität zur Reaktionsgeschwindigkeit. Bei hohen Substratkonzentrationen nimmt die Reaktionsgeschwindigkeit langsamer zu und erreicht schließlich einen konstanten Wert, die Maximalgeschwindigkeit v_{max}. Dieser charakteristische Kurvenverlauf lässt sich mithilfe des **Schlüssel-Schloss-Modells** erklären: Bei geringen Substratkonzentrationen können die Substratmoleküle sofort mit den Enzymmolekülen zu Enzym-Substrat-Komplexen reagieren; es nehmen nicht alle Enzymmoleküle an der Reaktion teil. Ab einer bestimmten Substratkonzentration sind alle Enzymmoleküle mit Substratmolekülen besetzt; die **Substratsättigung** ist erreicht. Wird nun noch mehr Substrat angeboten, bleibt dies ohne Wirkung, da freie Substratbindestellen fehlen.
Da sich die Kurve asymptotisch der Geraden v_{max} nähert, ist die Substratkonzentration, ab der keine Erhöhung der Reaktionsgeschwindigkeit mehr möglich ist (Sättigungskonzentration *c(S)*), nur schwer ermittelbar. Deshalb wurde die **Michaelis-Konstante** K_M eingeführt.

Die **Michaelis-Konstante K_M** bezeichnet die Substratkonzentration, bei der die Hälfte der Maximalgeschwindigkeit (½ v_{max}) erreicht ist.

Bei der durch den K_M-Wert angegebenen Substratkonzentration liegt die Hälfte der Enzymmoleküle als Enzym-Substrat-Komplexe vor. Bei einem kleinen K_M-Wert ist nur wenig Substrat zur Halbsättigung nötig. Das Enzym weist eine hohe Affinität (Bindefähigkeit) zu seinem Substrat auf und damit auch eine hohe Aktivität. Der Anstieg der Substratsättigungskurve ist steil.
Ein großer K_M-Wert deutet auf eine geringere Affinität und Aktivität des Enzyms hin. Solche Substratsättigungskurven verlaufen flach.

Reversible Enzymhemmung

Die Regulation vieler Stoffwechselreaktionen erfolgt mithilfe spezieller Enzyminhibitoren. Die **reversible Hemmung** von Enzymaktivitäten kann nach verschiedenen Mechanismen verlaufen.

Besitzt ein Hemmstoff eine **ähnliche Molekülstruktur** wie das Substrat, konkurriert er mit dem Substrat um die Bindung an das Enzym. Der Hemmstoff kann sich an das aktive Zentrum des Enzyms binden, wird aber nicht umgesetzt. Dadurch blockiert er für kurze Zeit die Anlagerung und Umsetzung des Substrats. Es handelt sich um eine **kompetitive Hemmung** (Verdrängungshemmung).

Die Stärke der hemmenden Wirkung hängt vom Mengenverhältnis von Substrat und Hemmstoff ab. Ist die Konzentration des Hemmstoffs hoch im Verhältnis zum Substrat, ist die Hemmwirkung stark. Wird die Substratkonzentration sehr stark erhöht (bei gleich bleibender Hemmstoffkonzentration), verschwindet die Hemmwirkung, da nun der Hemmstoff vom aktiven Zentrum der Enzymmoleküle verdrängt werden kann.

Das Michaelis-Menten-Diagramm eines kompetitiv gehemmten Enzyms zeigt einen flacheren Anstieg der Kurve als ohne Hemmstoff. Die Maximalgeschwindigkeit wird zwar erreicht, aber erst bei einer höheren Substratkonzentration. Die **Michaelis-Konstante** der gehemmten Reaktion ist **größer**: Die Affinität des gehemmten Enzyms zu seinem Substrat ist scheinbar geringer, da neben den Enzym-Substrat-Komplexen auch Enzym-Hemmstoff-Komplexe gebildet werden.

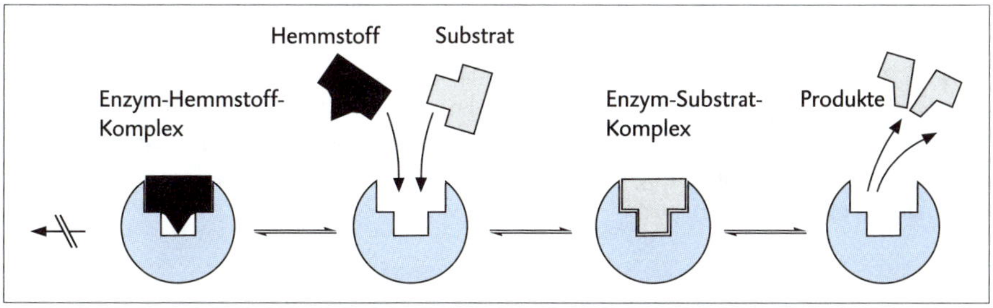

Abb. 88: Kompetitive Hemmung eines Enzyms

Bei der **kompetitiven Hemmung** verdrängt ein ähnliches Molekül das Substrat aus dem **aktiven Zentrum**. Dies kann durch Erhöhung der Substratkonzentration rückgängig gemacht werden.

Bei der **nicht-kompetitiven oder allosterischen Hemmung** weisen Substrat und Hemmstoff keine Ähnlichkeiten in der Molekülstruktur auf. Der Hemmstoff wird nicht am aktiven Zentrum des Enzymmoleküls gebunden, sondern an einer zweiten Bindestelle, dem **allosterischen Zentrum**. Durch die Bindung verändert sich die räumliche Struktur des Enzyms so, dass Anlagerung und Umsetzung des Substrats im aktiven Zentrum verhindert werden. Die Stärke der hemmenden Wirkung ist durch die Substratkonzentration nicht beeinflussbar. Durch den Hemmstoff wird eine bestimmte Menge des Enzyms inaktiviert, sodass der Anteil aktiver Enzymmoleküle sinkt.
Im Michaelis-Menten-Diagramm unterscheidet sich eine allosterisch gehemmte Enzymreaktion von der ungehemmten Reaktion durch eine **geringere Maximalgeschwindigkeit**. Die Michaelis-Konstanten der beiden Reaktionen sind gleich.

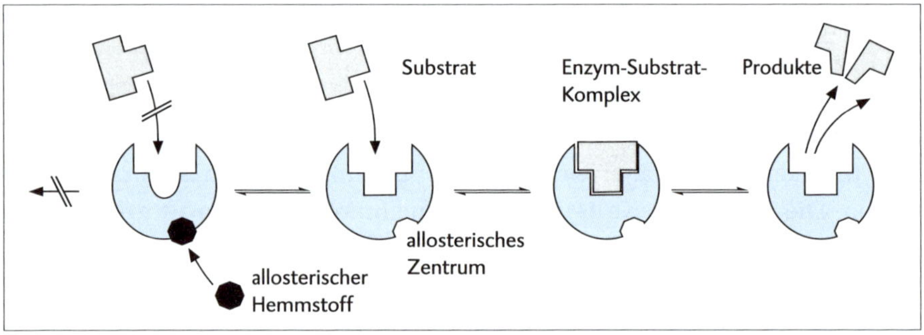

Abb. 89: Nicht-kompetitive Hemmung eines Enzyms

Die **nicht-kompetitive Hemmung** entsteht durch die Bindung eines allosterischen Hemmstoffs am **allosterischen Zentrum** des Enzyms. Da sich dadurch die Form des aktiven Zentrums ändert, hat die Substratkonzentration hier keinen Einfluss. Dieser Mechanismus zur Beeinflussung der Enzymaktivität wird in der Zelle häufig zur **Regulation des Stoffwechsels** benutzt.

Die nicht-kompetitive Hemmung ist insbesondere bei der Regulation längerer Stoffwechselketten zu finden. Dabei hemmt das Endprodukt oder ein spät in der Kette entstehendes Zwischenprodukt eines der ersten Enzyme in der Stoffwechselkette allosterisch (**Endprodukt- oder Rückkopplungshemmung**).

Beispiel

Beim Glucoseabbau (siehe S. 192) katalysiert das Enzym Phosphofructokinase einen der ersten Schritte. Die Citronensäure ist ein Zwischenprodukt eines späteren Abbauabschnitts. Erhöht sich die Konzentration der Citronensäure durch raschen Abbau der Glucose zu stark, wird die Menge der aktiven Phosphofructokinase-Moleküle durch den allosterischen Hemmstoff Citronensäure verringert. Nimmt die Konzentration der Citronensäure durch Weiterverarbeitung ab, wird die Bindung der Citronensäure am Enzym gelöst und das Enzym wieder aktiv.

Zusammenfassung

- Die Änderung der freien Enthalpie bei einer Reaktion setzt sich aus der auftretenden Reaktionswärme und der Entropieänderung zusammen.
- Die freie Enthalpie ist ein Maß für die Energiemenge, die eine exergonische Reaktion freisetzen und eine endergonische Reaktion aufnehmen kann.
- Das ATP/ADP-System dient der Zelle als Energieüberträger und Energiespeicher.
- Exergonische und endergonische Prozesse können in der Zelle über das ADP/ATP-System miteinander gekoppelt werden.
- Enzyme sind Proteine oder Proteide. Sie wirken als Katalysatoren bei fast allen Stoffwechselreaktionen mit.
- Enzyme sind substrat- und wirkungsspezifisch.
- Voraussetzung für eine Enzymkatalyse ist die Bildung eines Enzym-Substrat-Komplexes. Nach dem Schlüssel-Schloss-Prinzip bindet das Substrat an das aktive Zentrum eines passenden Enzyms und wird dort umgesetzt.
- Die Michaelis-Konstante gibt die Substratkonzentration an, bei der eine enzymatisch katalysierte Reaktion die Hälfte der Maximalgeschwindigkeit erreicht.
- Enzymatisch katalysierte Reaktionen lassen sich reversibel durch kompetitive oder nicht-kompetitive Hemmung steuern. Schwermetallionen können Enzyme irreversibel hemmen.

Aufgaben

105 Mischt man Schnee mit Kochsalz, so schmilzt der Schnee. Gleichzeitig sinkt die Temperatur des Gemisches von 0 °C auf – 15 °C ab.
Begründen Sie kurz, warum dieser Vorgang freiwillig abläuft.

106 Welche Vorteile ergeben sich daraus, dass exergonische und endergonische Reaktionen im Organismus nicht direkt miteinander gekoppelt sind?

107 Was sind die wesentlichen Charakteristika eines Biokatalysators?

108 Manche moderne Waschmittel entfalten ihre optimale Waschwirkung nur bei mittleren Temperaturen, für Kochwäsche sind sie weniger geeignet. Die Verbraucherinformation führt als Inhaltsstoffe unter anderem Enzyme auf.

Erklären Sie die beschriebene Eigenschaft der Waschmittel unter Mitverwendung einer grafischen Darstellung!

109 Substanzen, die von einem Enzym nicht als Substrat umgesetzt werden, können dessen Aktivität erniedrigen.
Stellen Sie Gemeinsamkeiten und Unterschiede der kompetitiven und nicht-kompetitiven (allosterischen) Hemmung zusammen!

110 Die Verwendung von bleifreiem Benzin trägt dazu bei, dass nicht noch mehr von den für die Organismen giftigen Bleiverbindungen in die Umwelt gelangen. Wie lässt sich die Giftwirkung der Bleiverbindungen auf Organismen erklären?

111 Amylase ist ein Enzym, das im Speichel vorkommt und den Abbau der Amylose in Maltose katalysiert.

a Beschreiben Sie den Aufbau von Amylose und Maltose!

b In einer Versuchsreihe werden zu unterschiedlich konzentrierten Amylose-Lösungen jeweils gleiche Mengen einer Enzymlösung bestimmter Konzentration gegeben und die Reaktionsgeschwindigkeiten bestimmt.
Beschreiben und erklären Sie anhand des genannten Beispiels die zu erwartenden Messergebnisse!

112 In der Medizin werden Sulfonamide zur Bekämpfung krankheitserregender Bakterien verwendet. Sulfonamide ähneln in ihrer Struktur der para-Aminobenzoesäure, die diese Bakterien zur enzymgesteuerten Synthese einer lebenswichtigen Substanz verwenden.
Erläutern Sie die Wirkung der Sulfonamide unter Mitverwendung einer modellhaften Schemazeichnung!

113 Die Hexokinase überträgt Phosphatgruppen auf Hexosen, wie Glucose und Fructose.
Die Michaelis-Konstante für die Hexokinasereaktion mit Glucose beträgt $K_M = 0{,}15 \cdot 10^{-2}$ mol/L, mit Fructose dagegen $K_M = 1{,}5 \cdot 10^{-2}$ mol/L.

a Was gibt der K_M-Wert an?

b Welche Folgerung ziehen Sie aus dem Vergleich der K_M-Werte?

c Erklären Sie an dem gegebenen Beispiel den Begriff Substratspezifität!

114 Nennen Sie drei experimentell leicht überprüfbare Bedingungen für die Enzymaktivität, die zeigen, dass Enzyme Proteincharakter haben und begründen Sie jeweils kurz.

Biologie fundamentaler Stoffwechselprozesse

Ein Hamburger besteht aus durchschnittlich etwa 14 g Protein, 10 g Fett und 31 g Kohlenhydraten.
Bei der Veratmung dieser Nährstoffe werden ca. 1 200 kJ an Energie frei.

14 Formen des Stoffwechsels

Unter dem Begriff „Stoffwechsel“ werden **alle chemischen Veränderungen** der Stoffe in einem Organismus zusammengefasst. Damit ist der Stoffwechsel das wichtigste Kennzeichen aller Lebewesen, denn die anderen Charakteristika wie Bewegung, Reizbarkeit, Wachstum und Fortpflanzung setzen sein Funktionieren voraus. Die Stoffwechselvorgänge laufen in den Zellen ab und sind immer mit Energieaufnahme oder Energieabgabe verbunden (**Energiewechsel**). Der Aufbau aus Zellen ist ebenfalls ein Kennzeichen der Lebewesen.
Im aufbauenden Stoffwechsel (**Anabolismus**) werden komplexe organische, energiereiche Verbindungen, z. B. Kohlenhydrate, aus einfachen anorganischen, energiearmen Stoffen, z. B. Kohlenstoffdioxid und Wasser, hergestellt. Solche Vorgänge werden auch als **Assimilation** bezeichnet, da körperfremde Stoffe in körpereigene Stoffe umgewandelt werden (lat. *assimilare:* angleichen). Diese Reaktionen verbrauchen Energie, sind also endergonisch. Der wichtigste anabolische Prozess ist die **Fotosynthese** der grünen Pflanzen. Nur sie sind in der Lage, die (nahezu) unerschöpfliche Energiequelle Sonnenlicht zu nutzen.
Der abbauende Stoffwechsel (**Katabolismus**) verläuft im Wesentlichen umgekehrt: Umwandlung von energiereichen organischen Stoffen in energiearme anorganische Stoffe (**Dissimilation**) unter Energiefreisetzung (exergonische Reaktionen). Die wichtigsten katabolischen Prozesse sind **Zellatmung** und **Gärungen**. Die gewonnene Energie dient zur Aufrechterhaltung der Lebensprozesse.

Organismen, die alle benötigten energiereichen Stoffe selbst herstellen können (**Anabolismus, Assimilation**), werden als **autotroph** bezeichnet. **Heterotrophe** Organismen müssen energiereiche Verbindungen aus der Umgebung aufnehmen und zur Energiegewinnung abbauen (**Katabolismus, Dissimilation**).

Verwenden autotrophe Organismen als Energiequelle das Sonnenlicht wie grüne Pflanzen, Algen und Cyanobakterien (Blaualgen), werden sie als **fotoautotroph** bezeichnet. Einige Bakterienarten (z. B. Nitrit-, Nitrat-, Knallgasbakterien) erhalten die zum Kohlenhydrataufbau notwendige Energie aus der Oxidation energiereicher anorganischer Stoffe. Nitritbakterien beispielsweise oxidieren Ammoniak zu Nitrit. Sie sind **chemoautotroph**.
Die autotrophen Lebewesen schaffen die Nahrungsgrundlage für alle anderen Organismen (Tiere, Pilze, die meisten Bakterien), die energiereiche organische Stoffe nicht selbst herstellen können.

15 Energiebindung und Stoffaufbau durch Fotosynthese

15.1 Die Chloroplasten als Organellen der Fotosynthese

Chloroplasten sind linsenförmige Zellorganellen mit einem Durchmesser von 4–8 µm und einer Dicke von 2 µm. Je nach Zelltyp können einige Dutzend bis über hundert Chloroplasten pro Zelle vorkommen.

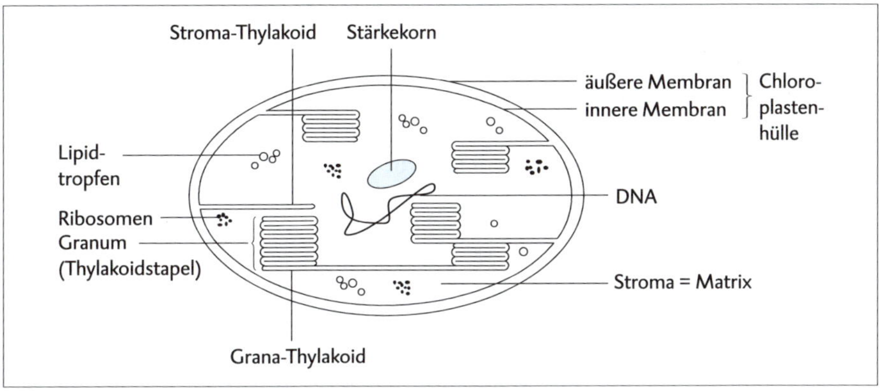

Abb. 90: Schematischer Aufbau eines Chloroplasten

Die Chloroplastenhülle besteht aus zwei aufeinander liegenden Membranen (Abstand 10 nm). Die innere Membran bildet Einstülpungen ins Chloroplasteninnere, die **Thylakoide**. Mehrere aufeinander gestapelte Doppelmembranen bilden ein **Granum** (im Lichtmikroskop sichtbares grünes Körnchen). Die Grana-Thylakoide enthalten die Blattfarbstoffe. Die Grana sind durch schlauchartige Stroma-Thylakoide verbunden.

Das **Stroma** (die Chloroplastenmatrix) ist eine fast farb- und strukturlose Grundsubstanz, die Enzyme zum Aufbau von Glucose, Zwischenprodukte des Kohlenhydratstoffwechsels, Stärkekörner, ein ringförmiges DNA-Molekül, Ribosomen und Lipidtropfen enthält.

Das Vorkommen von DNA und Ribosomen zur Eiweißsynthese deutet auf eine begrenzte Eigenständigkeit der Chloroplasten hin. Chloroplasten können von einer Zelle nicht völlig neu gebildet werden, sondern entstehen durch Teilung. Die beiden Membranen der Organellen sind nicht identisch. Die innere Membran ähnelt in ihrer Struktur der Zellmembran von Bakterien. Diese Eigenheiten stützen die **Endosymbionten-Hypothese**, nach der bestimmte Organellen (außer Chloroplasten auch die Mitochondrien) der Eukaryonten aus aufgenommenen, jedoch nicht verdauten Prokaryonten hervorgegangen sind.

Der Feinbau des Chloroplasten ist ein gutes Beispiel für zwei bei biologischen Strukturen auftretende Bauprinzipien:

- **Oberflächenvergrößerung:** Auf den gefalteten Thylakoidmembranen kann wesentlich mehr fotosynthetisch aktiver Farbstoff untergebracht werden als auf einer glatten inneren Membran.
- **Kompartimentierung:** Die Lichtabsorption und die fotochemischen Primärprozesse, die Lichtreaktionen der Fotosynthese, finden an den Thylakoidmembranen und im Thylakoidinnenraum statt und sind dadurch räumlich getrennt von den im Stroma ablaufenden enzymatischen Sekundärprozessen, den Dunkelreaktionen der Fotosynthese, durch die Kohlenstoffdioxid in Glucose überführt wird. Gleichzeitig bleiben die beiden Teilprozesse über die Membran funktionell gekoppelt.

15.2 Einfluss von Außenfaktoren auf die Fotosyntheseleistung

Um die Fotosyntheseleistung bzw. die Fotosyntheserate experimentell zu ermitteln, kann man sich zweier Methoden bedienen:

- Man misst die Menge des gebundenen Kohlenstoffdioxids bzw. die Zunahme der Glucosekonzentration (oder Stärkekonzentration) im Blatt.
- Man misst – dies ist vor allem bei Wasserpflanzen der einfachere Weg – das Volumen des gebildeten Sauerstoffs.

Da Pflanzen nicht nur Glucose und Sauerstoff herstellen, sondern die Glucose zur Energiegewinnung auch veratmen (oxidieren), geben die experimentell mit den genannten Methoden ermittelten Werte nur die **Nettofotosyntheseleistung** (scheinbare bzw. apparente Fotosyntheseleistung) wieder. Wird der Stoffumsatz durch Zellatmung mit berücksichtigt, erhält man die **Bruttofotosyntheseleistung** (wirkliche bzw. reelle Fotosyntheseleistung).

Abhängigkeit von der Kohlenstoffdioxidkonzentration

Der Kohlenstoffdioxidgehalt der Luft beträgt nur 0,035 Volumen-%. Er ist der Außenfaktor, der die Fotosyntheserate am stärksten begrenzt. Daher steigt bei Zunahme des Kohlenstoffdioxidgehalts die Kurve der Fotosyntheserate zunächst fast linear, proportional zur Zunahme der Kohlenstoffdioxidkonzentration, an und flacht dann ab.

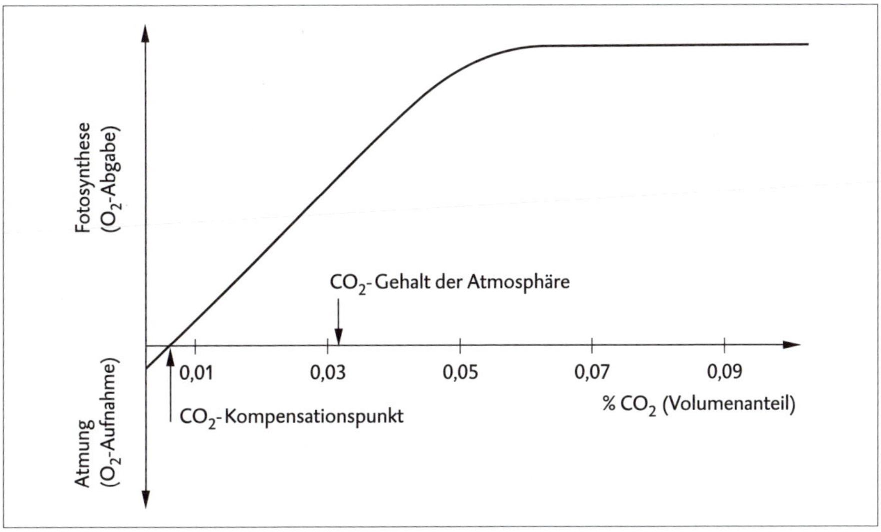

Abb. 91: Abhängigkeit der Fotosynthese von der Kohlenstoffdioxidkonzentration

Eine Sauerstoffabgabe erfolgt erst ab einem CO_2-Gehalt von etwa 0,005 %. Unterhalb dieser CO_2-Konzentration wird von der Pflanze mehr Sauerstoff verbraucht als produziert. Sind Sauerstoffverbrauch und Sauerstoffproduktion gleich groß (in diesem Fall ist auch die Kohlenstoffdioxidproduktion durch Atmung und die CO_2-Aufnahme durch die Fotosynthese identisch), spricht man vom **Kohlenstoffdioxid-Kompensationspunkt** (in der Abbildung 91: Schnittpunkt der Kurve mit der x-Achse).
Hohe Konzentrationen von CO_2 (> 0,15 %) vermindern die Fotosyntheseleistung, sehr hohe Konzentrationen (> 1 %) können die Pflanze sogar schädigen.

Abhängigkeit von der Temperatur

Der Einfluss der Temperatur auf die Fotosyntheserate hängt stark von der verwendeten Lichtstärke ab. Daher ergeben sich im Starklicht und im Schwachlicht zwei unterschiedliche Kurven.
Im **Starklicht** steigt die Kurve steil an bis zum Maximum bei etwa 35 °C. Danach fällt sie noch steiler ab und erreicht bei ca. 43 °C den Nullpunkt. Diese Kurve ähnelt der Kurve der Temperaturabhängigkeit der Enzymwirkung (siehe S. 162 f.). Bis ca. 30 °C folgt der Kurvenlauf der **RGT-Regel** (Reaktionsgeschwindigkeits-Temperatur-Regel). Dabei verdoppelt sich jeweils die Reaktionsgeschwindigkeit bei einer Temperaturerhöhung von etwa 10 °C. Oberhalb von 40 °C werden die Enzymproteine denaturiert, was zum steilen Abfall

der Kurve führt. Die Temperatur erweist sich hier als begrenzender Faktor der Fotosynthese.

Bei **Schwachlicht** verläuft die Kurve zunächst gerade und nimmt dann oberhalb von 35 °C ab. In diesem Fall ist das Licht der begrenzende Faktor der Fotosyntheseleistung. Da fotochemische Reaktionen nicht temperaturabhängig sind (z. B. auch das Belichten eines fotografischen Films), hat die Temperaturzunahme keine Steigerung der Fotosyntheserate zur Folge.

Aus dem unterschiedlichen Kurvenverlauf bei Stark- und Schwachlicht zog BLACKMAN 1905 den Schluss, dass die Fotosynthese aus zwei unterschiedlichen Reaktionssystemen besteht.

Die Fotosynthese setzt sich aus zwei verschiedenen, voneinander abhängigen Teilprozessen zusammen:

- den **Lichtreaktionen**, die lichtabhängig, aber kaum temperaturabhängig sind und
- den **Dunkelreaktionen**, in denen enzymatisch gesteuerte Prozesse ablaufen, die stark von der Temperatur abhängen.

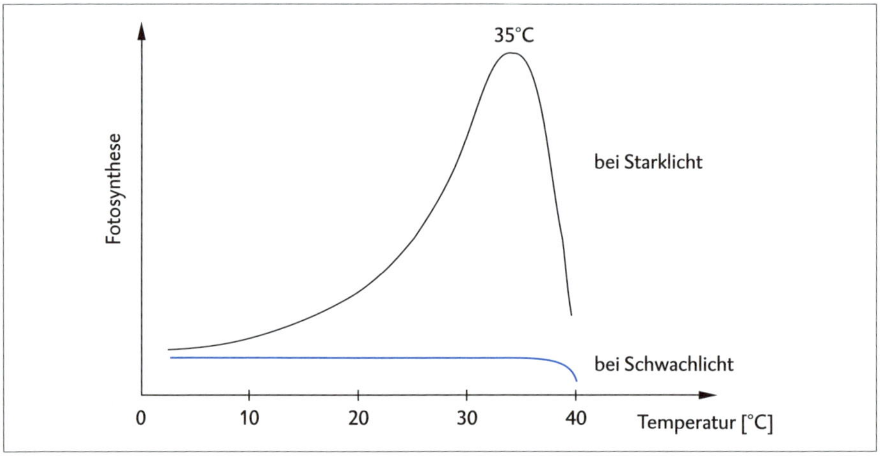

Abb. 92: Abhängigkeit der Fotosynthese von der Temperatur

Abhängigkeit von der Lichtintensität

Pflanzen betreiben nicht nur Fotosynthese, sie atmen auch. Bei Dunkelheit findet überhaupt keine Fotosynthese, sondern nur Atmung statt.

Bei niedriger Belichtungsstärke überwiegt die Atmung, d. h. es wird mehr CO_2 abgegeben als durch Fotosynthese aufgenommen wird. Erst bei einer bestimmten Lichtstärke halten sich Atmung und Fotosynthese die Waage. Die CO_2-Abgabe durch Atmung wird durch die CO_2-Aufnahme durch Fotosynthese kompensiert. Dies ist der **Licht-Kompensationspunkt** der Fotosynthese, in der Abbildung 93 erkennbar als Schnittpunkt der beiden Kurven mit der x-Achse.

Hinsichtlich ihrer Reaktion auf unterschiedliche Lichtintensitäten lassen sich zwei Gruppen von Pflanzen unterscheiden, **Sonnen-** und **Schattenpflanzen**. Werden Sonnenpflanzen nur schwach belichtet, stellt man Kohlenstoffdioxidabgabe fest. Sonnenpflanzen betreiben im Schwachlicht keine oder nur geringfügig Fotosynthese. Da sie aber gleichzeitig Atmung betreiben, verbrauchen sie bei Schwachlicht mehr Glucose als sie durch Fotosynthese produzieren. Daher wird bis zu einer bestimmten Lichtstärke mehr CO_2 abgegeben als aufgenommen. Zunehmende Lichtintensität lässt die Fotosyntheserate bis zu einem Sättigungswert steil ansteigen. Dieser Wert erreicht bei Schattenpflanzen 2 000–10 000, bei Sonnenpflanzen 20 000–80 000 Lux.

Bei Schattenpflanzen setzt die Fotosynthese schon im Schwachlichtbereich ein. Ihr Licht-Kompensationspunkt liegt im Bereich sehr geringer Lichtstärken. Sie erreichen auch ihr Fotosynthese-Maximum schneller als Sonnenpflanzen.

Bei sehr starker Belichtung kommt es zu einer Hemmung der Fotosynthese (**Lichthemmung**), da durch starkes Licht die Chloroplasten und damit die fotosynthetisch wirksamen Pigmente der Zelle zerstört werden. Sehr starke Beleuchtung kann zusätzlich zu einer beträchtlichen Erwärmung der Pflanze führen, die sich wiederum schädigend auf die Enzyme der Dunkelreaktionen auswirkt.

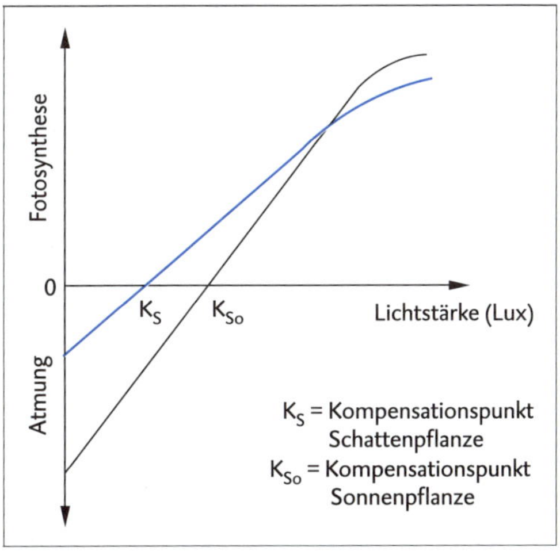

Abb. 93: Fotosyntheserate bei geringen Lichtstärken

Abhängigkeit von der Lichtqualität

Unter der Lichtqualität versteht man die unterschiedlichen Wellenlängen des Lichts. Von einer Pflanze kann Licht der Wellenlängen von etwa 400 bis 700 nm für die Fotosynthese genutzt werden. Dabei gibt es zwei eindeutige Maxima für die Fotosyntheserate, zum einen im blauen Bereich bei etwa 430–470 nm, zum anderen im roten Bereich bei etwa 650–680 nm.

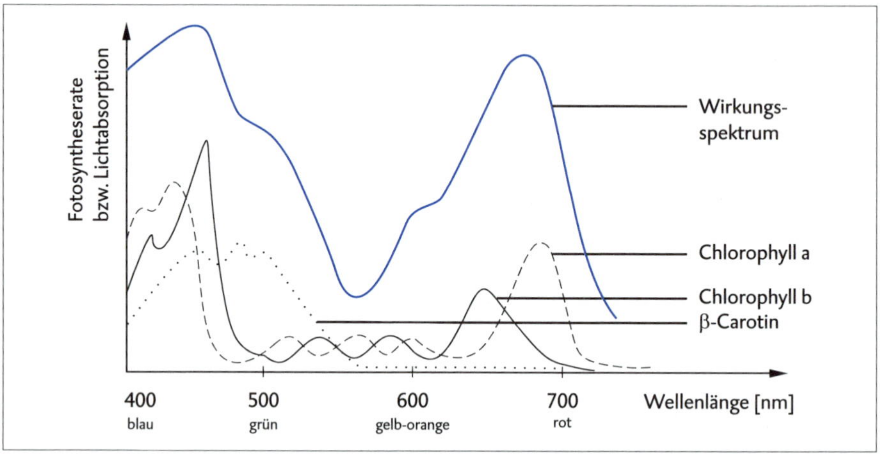

Abb. 94: Abhängigkeit der Fotosynthese von den Wellenlängen des Lichts

Auffällig bei dieser Kurve ist die ungefähre Übereinstimmung der Maxima der Fotosyntheserate (**Wirkungs-, Aktionsspektrum**) mit den beiden Maxima des Absorptionsspektrums des Chlorophylls (siehe S. 179). Im Bereich von 500–600 nm, wo das Absorptionsspektrum des Chlorophylls ein Minimum erreicht, ist jedoch noch Fotosynthese festzustellen.
Neben dem Chlorophyll gibt es weitere Licht absorbierende Farbstoffe, die vor allem im Bereich der Farben Grün und Gelb Lichtquanten aufnehmen können. Es handelt sich dabei in erster Linie um Carotinoide (Carotine und Xanthophylle), die man unter dem Begriff **akzessorische Pigmente** zusammenfasst. Diese Farbstoffe, die auch für die Verfärbung der Blätter im Herbst verantwortlich sind, fungieren als **Lichtsammelfalle** und führen die absorbierten Lichtquanten dem Chlorophyll zu (siehe S. 180 f.).

15.3 Überblick über den Ablauf der Fotosynthese

In der Fotosynthese werden aus den energiearmen Ausgangsstoffen Kohlenstoffdioxid und Wasser mithilfe der Sonnenenergie Sauerstoff und energiereiche Glucose ($C_6H_{12}O_6$) gebildet. Die Abläufe können in folgender Gleichung zusammengefasst werden:

Summengleichung der Fotosynthese:

$$6\,CO_2 + 6\,H_2O \longrightarrow C_6H_{12}O_6 + 6\,O_2 \qquad \Delta G = +2\,870\ \text{kJ}$$

Redoxreaktionen in der Fotosynthese

Die Fotosynthese stellt chemisch gesehen eine **Redoxreaktion** dar: Bei einer Oxidation erfolgt eine Elektronenabgabe, während bei einer Reduktion eine Elektronenaufnahme stattfindet. Einen Stoff, der Elektronen abgeben kann, bezeichnet man als Elektronendonator (Reduktionsmittel). Er wird durch die Oxidation zum Elektronenakzeptor (Oxidationsmittel), der Elektronen aufnehmen kann. Ein Elektronendonator und der aus ihm durch Elektronenabgabe entstehende Elektronenakzeptor bilden ein **Redoxsystem** (bzw. korrespondierendes Redoxpaar).

$$\underset{\text{(Reduktionsmittel)}}{\textbf{Elektronendonator}} \underset{\text{Reduktion}}{\overset{\text{Oxidation}}{\rightleftharpoons}} \underset{\text{(Oxidationsmittel)}}{\textbf{Elektronenakzeptor}} \textbf{ + Elektronen}$$

Oxidation

In der Fotosynthese wird Wasser zu Sauerstoff oxidiert (Nachweis s. S. 184). Elektronendonator (Reduktionsmittel) ist das Wasser; es wird in Sauerstoff und Wasserstoff (gebildet aus Elektronen und Wasserstoffionen) zerlegt. Dieser Schritt der Fotosynthese entspricht einer Elektrolyse des Wassers; die Rolle des elektrischen Stroms übernimmt das Sonnenlicht (**Fotolyse**):

$$12\,H_2O \longrightarrow 24\,H^+ + 24\,e^- + 6\,O_2 \text{ (pro mol Glucose)}$$

Die frei werdenden Elektronen und Wasserstoffionen werden nicht direkt von dem zu reduzierenden Stoff, dem Kohlenstoffdioxid, aufgenommen, sondern an das Wasserstoff übertragende Redoxsystem $NADP^+$ – $NADPH/H^+$ weitergegeben. Der Elektronenrezeptor $NADP^+$ geht dadurch in die reduzierte Form $NADPH/H^+$ über:

$$12\,NADP^+ + 24\,H^+ + 24\,e^- \longrightarrow 12\,NADPH/H^+$$

$NADPH/H^+$ wird als **Reduktionsäquivalent** bezeichnet, da es die Reduktion des Kohlenstoffdioxids ermöglicht. Diese Reduktion ist ein Energie verbrauchender, endergonischer Vorgang. Ein Teil der Sonnenenergie, den die Elektronen bei der Spaltung des Wassers aufgenommen haben, wird zum Aufbau von ATP (Energieträger) aus ADP und einem anorganischen Phosphatrest verwendet (**Fotophosphorylierung**).

$$ADP + \text{Ⓟ} \xrightarrow{\text{Sonnenenergie}} ATP \qquad \Delta G = +29\text{ kJ}$$

Da diese Reaktion bei ausreichender Belichtung stattfinden können, werden sie als **Lichtreaktionen** bezeichnet. Sie laufen an den Thylakoidmembranen, in denen die Blattfarbstoffe lokalisiert sind, und im Thylakoidinnenraum der Chloroplasten ab.

Reduktionsreaktion der Fotosynthese: Dunkelreaktionen

Der vollständig oxidierte Kohlenstoff im energiearmen Kohlenstoffdioxid wird durch Elektronenaufnahme in einen energiereicheren reduzierten Zustand (Glucose) überführt. Die Reduktionsäquivalente NADPH/H⁺ geben dazu Elektronen und Wasserstoffionen ab:

$$12\ NADPH/H^+ \longrightarrow 12\ NADP^+ + 24H^+ + 24\ e^-$$

$$6\ CO_2 + 24\ e^- + 24H^+ \longrightarrow C_6H_{12}O_6 + 6\ H_2O$$

Die notwendige Energie wird durch Spaltung von ATP-Moleküle aus den Lichtreaktionen bereitgestellt:

$$ATP \longrightarrow ADP + Ⓟ + \text{Energie} \quad \Delta G = -29\ kJ$$

Diese Reaktionen sind vom Licht unabhängig und werden deshalb als **Dunkelreaktionen** bezeichnet. Sie laufen im Stroma der Chloroplasten ab.

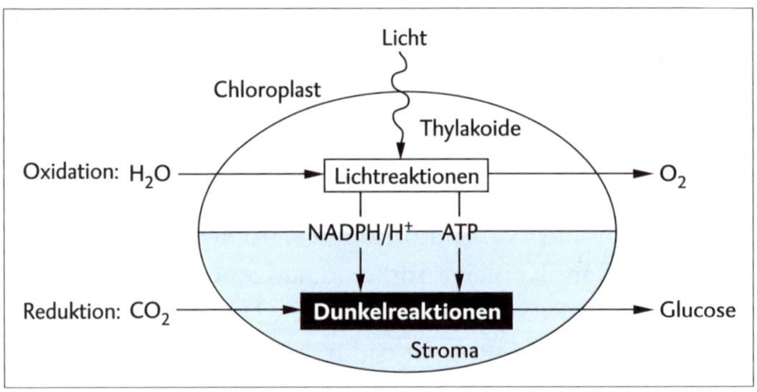

Abb. 95: Übersicht über das Zusammenspiel von Licht- und Dunkelreaktionen

15.4 Die Lichtreaktionen

Fotosynthesepigmente

Ein Farbstoff oder Pigment erscheint farbig, weil er bestimmte Wellenlängen des sichtbaren Lichts absorbieren kann. Die Energie wird von Elektronen des Farbstoffmoleküls aufgenommen. Die nicht absorbierten Wellenlängen werden reflektiert oder durchgelassen und ergeben die Eigenfarbe des Pigments.

Bei der Absorption von Lichtenergie durch Farbstoffe werden **Elektronen** angeregt, d. h. sie gehen in einen höheren Energiezustand über. Besonders leicht anregbar ist ein System von **konjugierten Doppelbindungen**.

Das aus grünen Blättern extrahierte Gemisch der Blattpigmente lässt sich durch Chromatographie in verschiedene Farbstoffe auftrennen: blaugrüne und gelbgrüne Chlorophylle und gelbe bis orange Carotine und Xanthophylle (zusammengefasst auch als Carotinoide bezeichnet).

Die Grundstruktur der **Chlorophyll**-Moleküle bildet ein Porphyrin-Ringsystem aus vier aromatischen, heterocyclischen Fünfringen (Pyrrolringen), das insgesamt elf konjugierte Doppelbindungen aufweist. Im Zentrum des Ringsystems ist ein Magnesium-Ion komplex gebunden. Am Ring IV hängt in Esterbindung der Alkohol Phytol aus 20 C-Atomen (Phytylrest). Chlorophyll a und b unterscheiden sich nur in einer Seitengruppe an Ring II.
Chlorophyll-Moleküle zeigen einen polaren Bau, ähnlich wie die Phospholipide in den Biomembranen: Der Phytylrest verleiht lipophile Eigenschaften, der Porphyrinring dagegen hydrophile. Der Porphyrinring ist deshalb den Proteinschichten der Membran zugewandt; die Phytylreste lagern sich in die Lipiddoppelschicht ein.

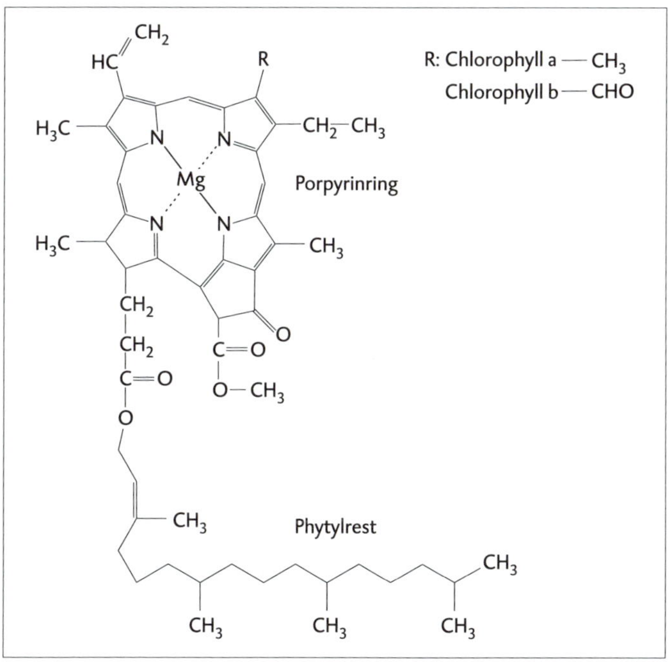

Abb. 96: Molekülstruktur des Chlorophylls

Carotinoide (sauerstofffreie Carotine und sauerstoffhaltige Xanthophylle) sind als akzessorische Blattfarbstoffe ebenfalls an der Lichtabsorption beteiligt. Carotinoide sind langkettige Kohlenwasserstoffe mit zahlreichen konjugierten Doppelbindungen und lipophilem Charakter.

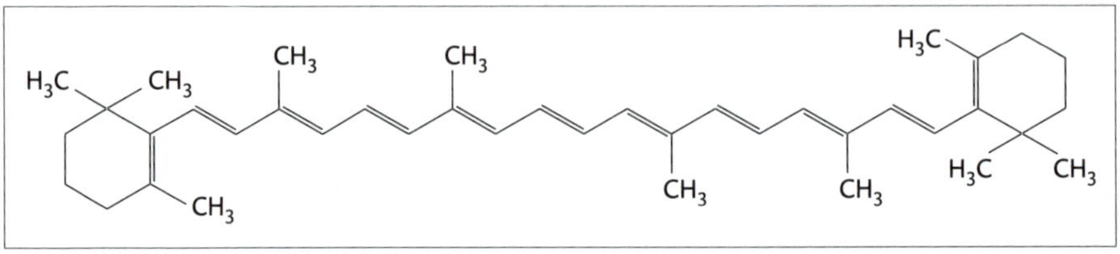

Abb. 97: Molekülstruktur des β-Carotins

Aufbau eines Fotosystems

Bis zu 300 Farbstoffmoleküle bilden, mit Proteinen verbunden, ein Fotosystem in den Grana-Thylakoidmembranen der Chloroplasten. Es besteht aus der **Lichtsammelfalle** (Chlorophylle und Carotinoide) und einem zentralen **Reaktionszentrum** aus einem bestimmten Chlorophyll-a-Molekül und einem Protein.

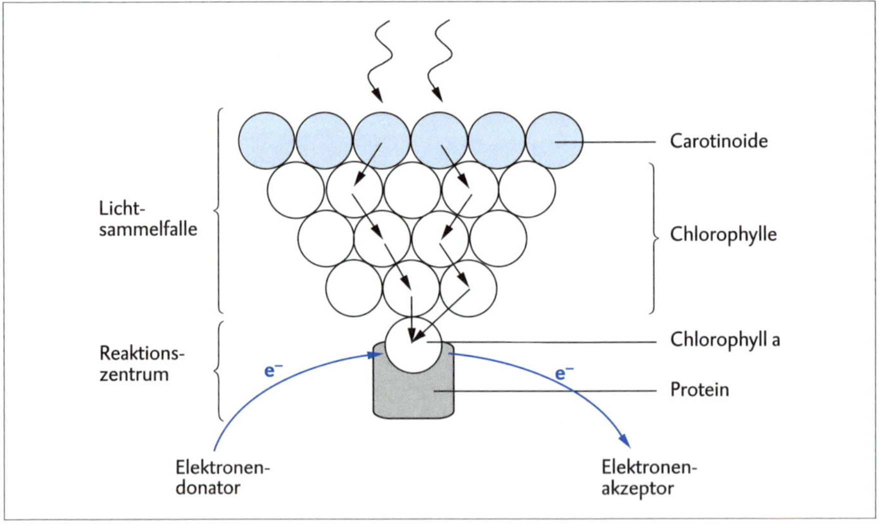

Abb. 98: Schematische Darstellung eines Fotosystems

Die Pigmente am oberen Rand der Lichtsammelfalle absorbieren das einfallende Licht. Sie werden als **Antennenpigmente** bezeichnet. Die Absorption der roten und blauen Wellenlängenbereiche durch die Chlorophylle wird

ergänzt durch die Absorption der gelben und grünen Anteile durch die Carotinoide. Dabei werden die leicht anregbaren Elektronen der konjugierten Doppelbindungen kurzzeitig vom energiearmen Grundzustand in einen angeregten Zustand gehoben. Bei der Rückkehr in den Grundzustand wird die Anregungsenergie nicht als Licht frei, sondern regt ein benachbartes Farbstoffmolekül an, dessen Anregungsenergie etwas niedriger ist. Da die Anregungsenergien der Farbstoffmoleküle in der Lichtsammelfalle von oben nach unten abnehmen, ist die **Energieübertragung** nur in einer Richtung, zum zentralen Reaktionszentrum möglich.
Wird das zentrale Chlorophyll-a-Molekül im Reaktionszentrum angeregt, erfolgt eine **Elektronenübertragung** auf einen Elektronenakzeptor (z. B. von einem Redoxsystem), der dadurch reduziert wird. Das oxidierte Chlorophyll a entzieht einem benachbarten Elektronendonator (z. B. von einem Redoxsystem oder Wasser, das dabei gespalten wird) ein Elektron und erreicht wieder den neutralen Ladungszustand.

Innerhalb der **Lichtsammelfalle** wird die von den Antennenpigmenten absorbierte Lichtenergie entlang eines **Energiegefälles** zum Reaktionszentrum hin transportiert. Vom angeregten Chlorophyll a im **Reaktionszentrum** wird ein **Elektron** auf einen **Elektronenakzeptor** übertragen.

Lichtreaktion II

Die Belichtung des **Fotosystems II** führt zur Anregung des zentralen Chlorophyll-a-Moleküls **P_{680}** (seine Anregungsenergie entspricht der Lichtenergie bei der Wellenlänge 680 nm) und zur Abgabe eines Elektrons. Das Elektron wird über eine Kette von Redoxsystemen weitergeleitet zum Fotosystem I. Jedes Redoxsystem besteht aus einem Elektronenakzeptor (Oxidationsmittel), der ein Elektron aufnimmt und dadurch zum Elektronendonator (Reduktionsmittel) wird. Dieser Elektronendonator gibt das Elektron an ein Redoxsystem mit geringerem Energieinhalt ab. Diese Redoxreaktion wiederholt sich mehrmals; es entsteht eine **Elektronentransportkette**. Alle diese Reaktionen sind exergonisch und setzen Energie frei, die zum Teil zum Aufbau von ATP genutzt wird (**Fotophosphorylierung**).
Das P_{680}-Molekül wurde durch Elektronenabgabe zu einem starken Oxidationsmittel. Es entzieht das fehlende Elektron einem Wassermolekül, das dabei in Sauerstoff und H^+-Ionen gespalten wird (**Fotolyse** des Wassers).

Lichtreaktion I

Das über die Elektronentransportkette weitergeleitete Elektron vom Fotosystem II schließt die Elektronenlücke im **Fotosystem I**, wenn dieses durch Licht angeregt wurde und das Chlorophyll-a-Molekül **P_{700}** ein Elektron an ein Redoxsystem abgegeben hat **(Lichtreaktion I)**. Das letzte Glied dieser Elektronentransportkette ist das Cosubstrat $NADP^+$ als Elektronenakzeptor. Durch Aufnahme von zwei Elektronen und zwei Wasserstoffionen (aus der Wasserspaltung) wird es zum Reduktionsäquivalent **$NADPH/H^+$**.

Bruttogleichung der Lichtreaktionen:

$$12\,H_2O + 12\,NADP^+ + 18\,ADP + 18\,Ⓟ \longrightarrow 6\,O_2 + 12\,NADPH/H^+ + 18\,ATP$$

Außer dem beschriebenen nicht zyklischen Elektronentransport von der Fotolyse des Wassers über die Fotosysteme II und I ist auch ein **zyklischer Elektronentransport** möglich. Die im Fotosystem I freigesetzten Elektronen werden auf eines der Redoxsysteme in der Elektronentransportkette zwischen Fotosystem II und I übertragen und schließlich wieder an P_{700} abgegeben. Auf diese Weise ist eine ATP-Bildung ohne gleichzeitige Bildung von $NADPH/H^+$ und Sauerstoff möglich.

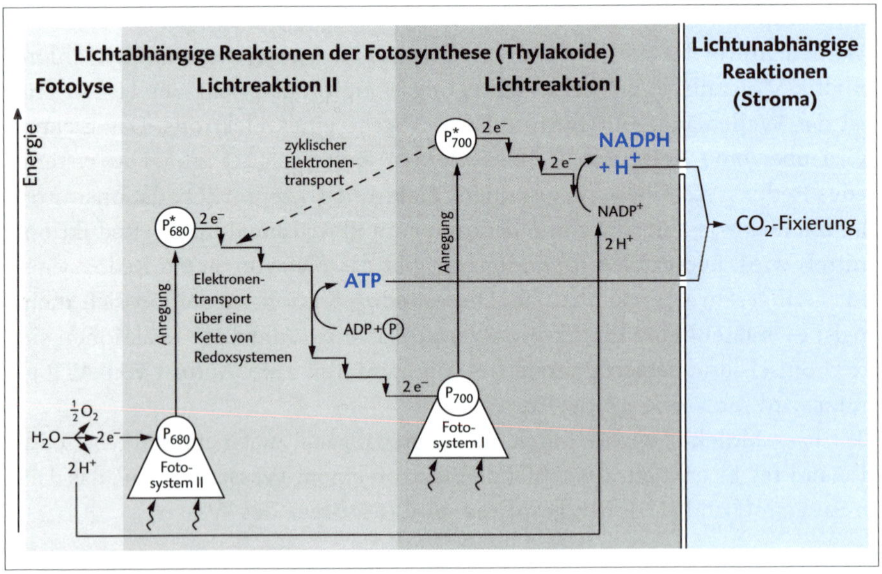

Abb. 99: Schema der Lichtreaktionen

Chemiosmotische Theorie zur ATP-Bildung

Eines der Redoxsysteme der Elektronentransportkette reicht durch die Thylakoidmembran und transportiert Wasserstoffionen aus dem Stroma in den Thylakoidinnenraum. Im Stroma nimmt die Wasserstoffionenkonzentration ab, der pH-Wert steigt. Im Thylakoidinnenraum dagegen steigt die Wasserstoffionenkonzentration, der pH-Wert sinkt (Protonengradient). Es entsteht ein Konzentrationsgefälle (**chemisches Potential**), das einem Unterschied von mehr als zwei pH-Einheiten entspricht.

Durch den Transport geladener Wasserstoffionen durch die Membran entsteht gleichzeitig ein Spannungsunterschied (**elektrisches Potential**). Die Thylakoidmembran ist auf der Stromaseite negativ und zum Thylakoidinnenraum hin positiv geladen. Der Ausgleich dieser beiden Potentiale erfolgt über einen Enzymkomplex, die **ATP-Synthase**, der in der Thylakoidmembran eingelagert ist. Der Wasserstoffionenstrom aus dem Thylakoidinnenraum ins Stroma wird zum Aufbau von ATP aus ADP und Phosphat genutzt. Die Energie des Konzentrationsgefälles und des elektrischen Potentials ist damit in ATP gespeichert.

Die beim Elektronentransport frei werdende Energie wird zum Aufbau eines **Protonengradienten** über der Thylakoidmembran genutzt. Der Rückstrom der Protonen in das Stroma treibt die lichtabhängige ATP-Synthese (**Fotophosphorylierung**) an.

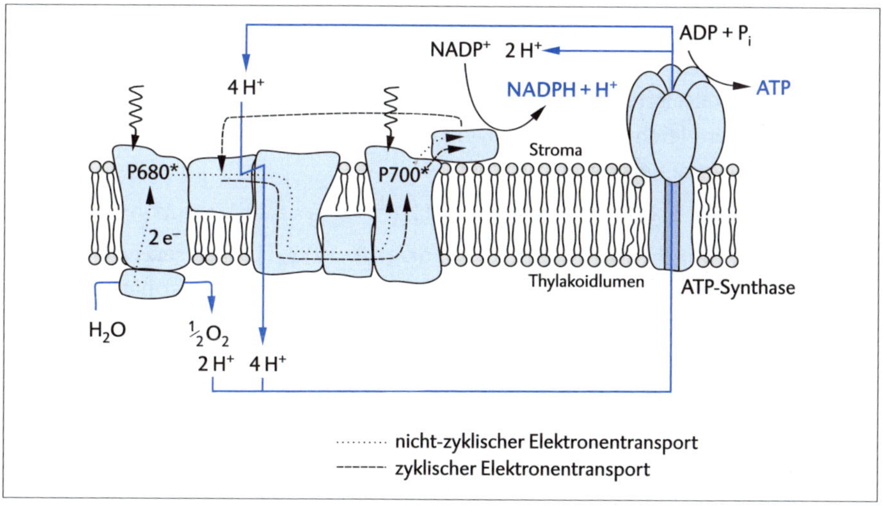

Abb. 100: ATP-Bildung an der Thylakoidmembran (Schema)

Experimente zur Aufklärung der Lichtreaktionen

- **Hill-Reaktion**: HILL gelang es 1940, Chloroplasten aus pflanzlichen Zellen zu isolieren und *in vitro* funktionsfähig zu halten. Die Chloroplasten entwickelten in wässriger Lösung auch dann Sauerstoff, wenn ihnen statt Kohlenstoffdioxid andere reduzierbare Stoffe, z. B. Eisen(III)-Ionen, zugesetzt und sie belichtet wurden.

  $$4\,Fe^{3+} + 2\,H_2O \longrightarrow 4\,Fe^{2+} + 4\,H^+ + O_2$$

  Daraus konnte geschlossen werden, dass der bei der Fotosynthese entstehende Sauerstoff aus dem Wasser stammt und dass die Fotosynthese aus zwei Teilprozessen besteht, da die Sauerstoffbildung von der Reduktion (des Kohlenstoffdioxids) abtrennbar ist.

- **Markierungsexperimente mit Isotopen:** KAMEN und RUBEN (1941) verwendeten als Ausgangsstoff für die Fotosynthese in einem Versuch Wasser, im anderen Kohlenstoffdioxid, die statt des normalen Sauerstoffisotops ^{16}O das schwere Sauerstoffisotop ^{18}O (Tracer bzw. Marker) enthielten. Es wurde untersucht, in welchen Endprodukten das schwere Isotop auftritt.

  $$6\,C^{18}O_2 + 12\,H_2O \longrightarrow C_6H_{12}{}^{18}O_6 + 6\,O_2 + 6\,H_2{}^{18}O$$
  $$6\,CO_2 + 12\,H_2{}^{18}O \longrightarrow C_6H_{12}O_6 + 6\,{}^{18}O_2 + 6\,H_2O$$

  Ist Kohlenstoffdioxid markiert, tritt das schwere Sauerstoffisotop überwiegend in Glucose und in geringem Anteil im Wasser auf. Bei Markierung des Wassers findet man schwere Sauerstoffisotope ausschließlich im Sauerstoff. Damit konnte bewiesen werden, dass der freigesetzte Sauerstoff der Fotosynthese zweifelsfrei aus dem Wasser stammt.
  Die Summengleichung der Fotosynthese muss auf beiden Seiten um sechs Moleküle Wasser erweitert werden:

  $$6\,C^{18}O_2 + 12\,H_2O \longrightarrow C_6H_{12}{}^{18}O_6 + 6\,O_2 + 6\,H_2{}^{18}O$$

- **Nachweis der Fotophosphorylierung:** ARNON (1954) setzte isolierten Chloroplasten in wässriger Lösung ADP, anorganisches Phosphat und Magnesiumionen Mg^{2+} zu und belichtete sie. Er konnte die Bildung von ATP nachweisen. Da diese ATP-Bildung nur im Licht eintrat, nannte er sie Fotophosphorylierung.

- **Emerson-Effekt:** EMERSON bestrahlte Grünalgen mit Rotlicht verschiedener Wellenlängen, z. B. 650 und 700 nm, und zwar abwechselnd und gleichzeitig. Bei gleichzeitiger Belichtung mit Rotlicht beider Wellenlängen ist die Sauerstoffentwicklung höher als die Summe des produzierten Sauerstoffs bei abwechselnder Bestrahlung. Es müssen also zwei unabhängige

Fotosysteme existieren, zwischen denen ein lichtunabhängiger Elektronentransport möglich ist.

15.5 Die Dunkelreaktionen

Die lichtunabhängigen, aber temperaturabhängigen Dunkelreaktionen der Fotosynthese können in drei Phasen untergliedert werden: Fixierungs-, Reduktions- und Regenerationsphase. Diese Reaktionen ergeben einen Kreislauf, der nach seinem Entdecker CALVIN als **Calvin-Zyklus** bezeichnet wird.

- **Fixierungsphase:** Das Kohlenstoffdioxid wird enzymatisch an ein spezifisches Akzeptormolekül, die Pentose Ribulose-1,5-bisphosphat (RubP), gebunden.
- **Reduktionsphase:** Der entstandene C_6-Körper ist instabil und zerfällt sofort in zwei C_3-Körper (3-Phosphoglycerinsäure), die unter Energieverbrauch reduziert werden. Als Reduktionsmittel dient das Reduktionsäquivalent NADPH/H^+ aus der Lichtreaktion. Aus 3-Phosphoglycerinsäure (Glycerinsäure-3-phosphat) entsteht unter Wasserabspaltung 3-Phosphoglycerinaldehyd (Glycerinaldehyd-3-phosphat). Diese Reduktion ist stark endergonisch und nur durch Energiezufuhr aus der Spaltung von ATP aus der Lichtreaktion möglich.

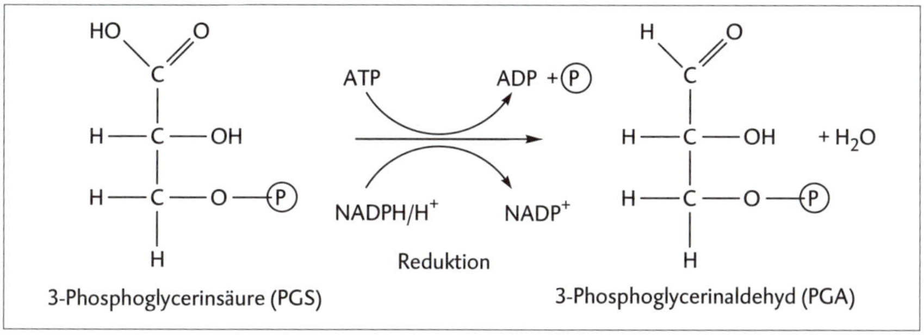

Abb. 101: Reduktion von 3-Phosphoglycerinsäure (PGS) zu 3-Phosphoglycerinaldehyd (PGA)

Damit ist der Kohlenstoff aus dem Kohlenstoffdioxid auf die energiereiche Stufe der Kohlenhydrate angehoben. Aus zwei Molekülen 3-Phosphoglycerinaldehyd entsteht ein C_6-Körper, der nach einigen Umlagerungsreaktionen als Glucose bzw. Fructose in den Stoffwechsel eingeschleust wird. Dort wird er entweder unter Energiegewinn abgebaut oder dient als Baustoff für Stärke, Fette und Proteine.

- **Regenerationsphase:** Zur erneuten Bereitstellung von Akzeptormolekülen werden 5/6 der gebildeten C_3-Körper PGA über komplexe Reaktionsfolgen unter ATP-Verbrauch in Ribulose-1,5-bisphosphat umgewandelt.

Ablauf der Dunkelreaktionen:
- 6 CO_2 werden an 6 Moleküle des Akzeptors RubP gebunden (**CO_2-Fixierung**).
- Spaltung der instabilen C_6-Körper in 12 C_3-Körper PGS
- **Reduktion** von PGS zu PGA unter Verbrauch von 12 ATP und 12 NADPH/H$^+$
- Verknüpfung von 2 PGA zu Fructose oder Glucose
- **Regeneration** von 6 C_5-Körpern RubP aus 10 C_3-Körpern PGA unter ATP-Verbrauch

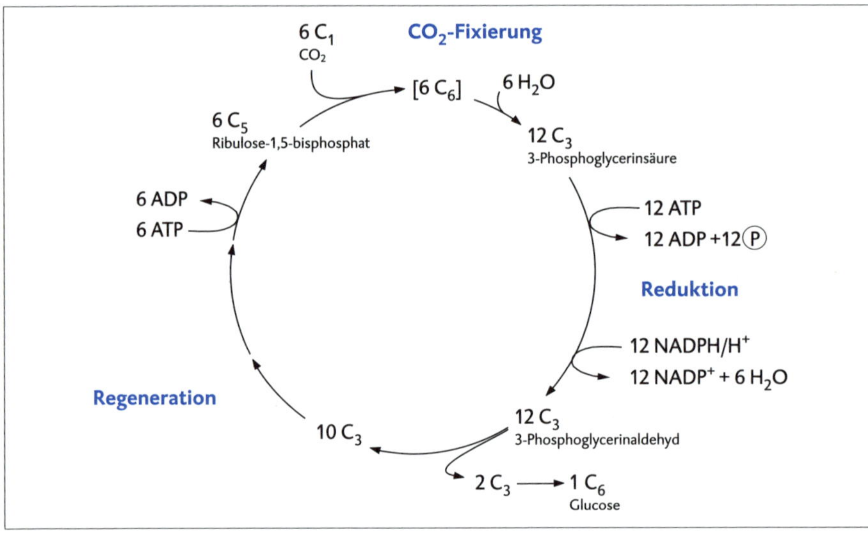

Abb. 102: Calvin-Zyklus

Bruttogleichung der Dunkelreaktionen:

$$6\,CO_2 + 12\,NADPH/H^+ + 18\,ATP \longrightarrow C_6H_{12}O_6 + 12\,NADP^+ + 18\,ADP + 18\,Ⓟ + 6\,H_2O$$

Addiert man die Bruttogleichungen von Licht- und Dunkelreaktionen, ergibt sich die (erweiterte) **Summengleichung** der Fotosynthese:

$$6\,CO_2 + 12\,H_2O \longrightarrow C_6H_{12}O_6 + 6\,O_2 + 6\,H_2O$$

Experimente zur Aufklärung der Dunkelreaktionen

- **Markierungsexperimente:** CALVIN verwendete als Tracer (Marker) das radioaktive Isotop des Kohlenstoffs ^{14}C. Es wurde in Form von gelöstem $NaH^{14}CO_3$ (zerfällt in Kohlenstoffdioxid und Natriumcarbonat) einer belichteten Grünalgensuspension zugesetzt, die durch einen Kunststoffschlauch floss. Die Algen tropften aus dem Schlauch in siedenden Alkohol und wurden dadurch sofort abgetötet. Das radioaktive Kohlenstoffdioxid stand den Algenzellen von Beginn der Injektion der radioaktiven Lösung in den Schlauch bis zum Eintropfen der Algen in den Alkohol für die Fotosynthese zur Verfügung. Diese Reaktionsdauer konnte zwischen 0,4 sec und mehreren Minuten variiert werden.
  Die Fotosyntheseprodukte wurden chromatographisch aufgetrennt und die radioaktiv markierten Substanzen durch Autoradiographie identifiziert. Das Chromatogramm wurde auf einen Röntgenfilm gelegt. Die radioaktive Strahlung führte zu einer Schwärzung auf dem entwickelten Film. Durch Vergleich von Film und Chromatogramm ließen sich die radioaktiven Verbindungen auf dem Chromatogramm lokalisieren, isolieren und chemisch analysieren.
  Bei sehr kurzer Reaktionsdauer wurde nur eine radioaktiv markierte Verbindung gefunden: 3-Phosphoglycerinsäure (PGS), das erste fassbare Produkt der Dunkelreaktionen.
- **Identifizierung des Akzeptormoleküls:** CALVIN untersuchte auch die Zellinhaltsstoffe von Grünalgenkulturen, die längere Zeit unter optimalen Bedingungen Fotosynthese betreiben konnten, qualitativ und quantitativ. Die Zellen enthielten u. a. die Pentose Ribulose-1,5-bisphosphat (RubP) in relativ geringer und PGS in relativ hoher Konzentration. Wenn den Algen Kohlenstoffdioxid entzogen und die Konzentrationen von RubP und PGS bestimmt wurden, ergab sich, dass die Konzentration von PGS wesentlich geringer und die Konzentration von RubP deutlich größer geworden war als vor dem CO_2-Entzug.
  Da kein Kohlenstoffdioxid für die Fixierungsreaktion zur Verfügung stand, wurde RubP akkumuliert. Da die Produkte dieser Reaktion fehlten, konnte auch keine PGS mehr gebildet werden. Die noch vorhandene PGS wurde weiterverarbeitet. Also musste das Ribulose-1,5-bisphosphat das Akzeptormolekül für CO_2 sein.

15.6 Die Bedeutung der Fotosynthese

Die Fotosynthese stellt den wichtigsten biochemischen Vorgang auf der Erde dar. Ihre Bedeutung im Einzelnen:

- **Energiebindung:** Die Sonnenenergie wird von den grünen Pflanzen genutzt, um primär energiereiche Stoffe (ATP und NADPH/H$^+$) aufzubauen.
- **Stoffaufbau:** Mit diesen energiereichen Stoffen werden aus Kohlenstoffdioxid und Wasser Kohlenhydrate aufgebaut, stabile, energiereiche Verbindungen.
- **Freisetzung von Sauerstoff:** Der Sauerstoff aus der Fotolyse des Wassers ist Voraussetzung für die Energiegewinnung von Pflanzen und Tieren.
- **Fixierung von Kohlenstoffdioxid:** Das durch Atmung und Verbrennung entstandene Gas wird aus der Atmosphäre entfernt. Es entsteht ein Stoffkreislauf.

Den Umfang der Syntheseleistung der Pflanzen verdeutlicht eine quantitative Betrachtung. Durch Fotosynthese werden jährlich ca. 160 Mrd. Tonnen Biomasse (Trockensubstanz) produziert. **Biomasse** ist die Masse an organischen Verbindungen in lebenden und abgestorbenen Organismen. Die darin gespeicherte Energie entspricht $3 \cdot 10^{18}$ kJ. Gleichzeitig geben die Pflanzen ca. 200 Mrd. Tonnen Sauerstoff ab.

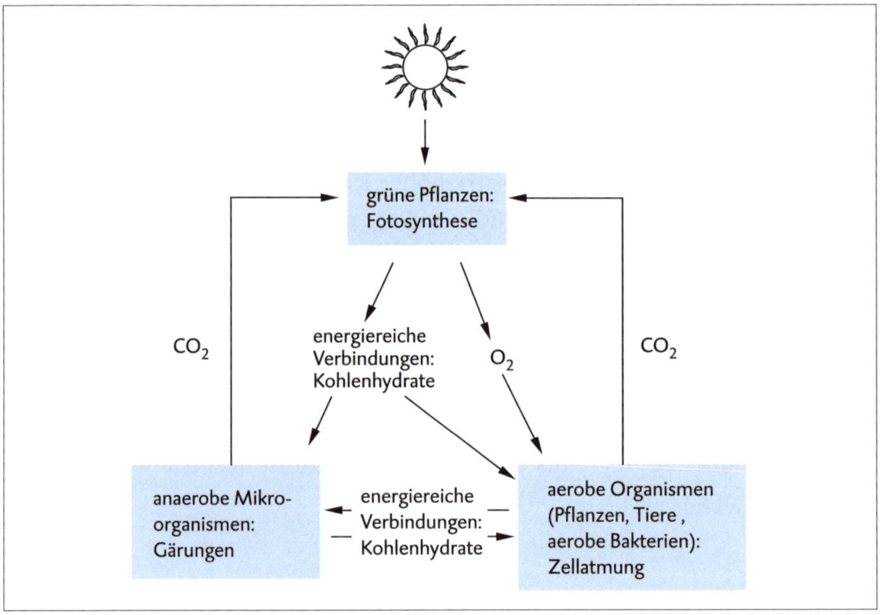

Abb. 103: Vereinfachter Kohlenstoffkreislauf

Zusammenfassung

- Bei der Fotosynthese wird Lichtenergie zum Aufbau energiereicher organischer Stoffe aus energiearmen anorganischen Stoffen genutzt.
- Chloroplasten sind die Organellen der Fotosynthese. Von der inneren Membran der Doppelmembran gehen zahlreiche Thylakoide ins Innere.
- In die Thylakoidmembranen der Chloroplasten sind die Licht absorbierenden Farbstoffe eingelagert.
- Die Fotosyntheseleistung der Pflanzen wird durch Kohlenstoffdioxid-Gehalt der Luft, Temperatur, Lichtstärke und Lichtqualität beeinflusst.
- Der Faktor, der am weitesten vom Optimum entfernt ist, begrenzt die Fotosyntheseleistung.
- Der Vorgang der Fotosynthese ist in Lichtreaktionen (in den Thylakoiden) und Dunkelreaktionen (im Stroma) gegliedert.
- Die Produkte der Lichtreaktionen sind Sauerstoff, Reduktionsäquivalente $NADPH/H^+$ und Energieträger ATP.
- Durch Lichtabsorption im Fotosystem II wird das zentrale Chlorophyll-Molekül P_{680} zur Elektronenabgabe angeregt.
- Beim Transport über eine Kette von Redoxsystemen geben die Elektronen ihre Anregungsenergie ab. Damit wird der Aufbau von ATP ermöglicht.
- Das Elektronendefizit im Fotosystem II wird mit Elektronen aus der Fotolyse des Wassers ausgeglichen.
- Lichtabsorption und Elektronenabgabe erfolgen auch im Fotosystem I. Die angeregten Elektronen werden auf $NADP^+$ übertragen.
- In den Dunkelreaktionen der Fotosynthese wird Kohlenstoffdioxid durch Bindung an den Akzeptor Ribulose-1,5-bisphosphat fixiert.
- Im anschließenden Reduktionsschritt werden Energieträger und Reduktionsäquivalente aus den Lichtreaktionen verbraucht. Aus den Produkten entsteht Zucker.
- Der CO_2-Akzeptor wird in der Regenerationsphase wieder hergestellt.

Aufgaben

115 a Welche Methode ist bei Landpflanzen zur Bestimmung der Fotosyntheserate am besten geeignet? Geben Sie eine kurze Begründung dafür .

b Warum ist die in Aufgabe a verwendete Methode nicht ganz exakt? Begründen Sie kurz die Abweichung des Messergebnisses zur wirklichen (reellen) Fotosyntheserate.

116 a Stellen Sie das Absorptionsspektrum von Chlorophyll (Kombination aus Chlorophyll a und b) grafisch dar und zeichnen Sie in dasselbe Koordinatensystem mit einer gestrichelten Linie die Kurve der Abhängigkeit der Fotosyntheserate von der Lichtqualität ein.

b Warum unterscheiden sich die beiden Kurven im Bereich der Farben grün und gelb?

117 Bei einigen feuchten Höhlen Südfrankreichs, die für Besucher zugänglich sind, überlegt man sich, sie in Zukunft zu schließen, weil Algenwachstum an den Wänden die Wandmalereien zerstört.
Geben Sie zwei Gründe an, warum der tägliche Besucherstrom das Algenwachstum fördert und nennen Sie zwei relativ einfache (!) Möglichkeiten, das Algenwachstum ohne Reduzierung des Besucherstroms, ohne Einsatz von Chemikalien und ohne Austrocknen der Höhle entscheidend zu verringern.

118 Warum erscheinen Blätter grün?

119 Warum werden Blätter im Herbst gelb bis rötlich?

120 Eine Pflanze steht im Zimmer in einer relativ dunklen Ecke. Sie wächst nicht, geht aber auch nicht ein. (Sie wird ausreichend mit Wasser und Mineralsalzen versorgt!). Deuten Sie diese Beobachtung aus der Sicht des Pflanzenphysiologen.

121 Erklären Sie, warum bei starker Belichtung mit einer Neonlampe bei Temperaturen unter 10 °C die Fotosyntheserate relativ gering ist.

122 Was versteht man im Zusammenhang mit der Fotosynthese unter der „Lichtsammelfalle" der Blattfarbstoffe?

123 Geben Sie ein Beispiel für einen autotrophen, aber nicht fotoautotrophen Organismus an.

124 Grünalgen werden unter konstanten, optimalen Bedingungen kultiviert. Die Analyse ihrer Zellinhaltsstoffe ergab konstante Konzentrationen für 3-Phosphoglycerinsäure PGS und Ribulose-1,5-bisphosphat RubP.
Zum Zeitpunkt 0 soll in jeweils getrennten Versuchen

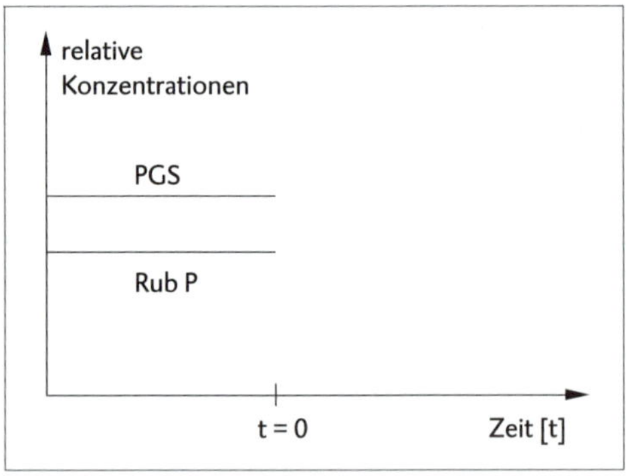

a das Licht ausgeschaltet werden,
b kein Kohlenstoffdioxid mehr im Wasser enthalten sein.

Die übrigen Bedingungen bleiben konstant.
Stellen Sie grafisch dar, wie sich die Konzentrationen von PGS und RubP ab dem Zeitpunkt 0 verändern, wenn Maßnahme a bzw. b durchgeführt wird und begründen Sie Ihre Antwort!

16 Stoffabbau und Energiefreisetzung

Im abbauenden (katabolischen) Stoffwechsel werden energiereiche organische Stoffe in energiearme Stoffe zerlegt. Diese Vorgänge erfolgen schrittweise mithilfe von Enzymen. Die dabei freigesetzte Energie wird durch den Aufbau von ATP aus ADP und Phosphat zum Teil als chemische Energie gespeichert. Die ATP-Moleküle stehen den Zellen dann für alle energiebedürftigen Vorgänge zur Verfügung, z. B. Muskelkontraktion, Aufbau von körpereigener Substanz, Transportvorgänge durch Membranen.
Zunächst müssen die energiereichen Makromoleküle, z. B. Kohlenhydrate und Fette, in ihre kleinsten Baueinheiten, die Monomere, zerlegt werden: Kohlenhydrate in Einfach- oder Doppelzucker, Fette in Glycerin und Fettsäuren und Proteine in Aminosäuren (siehe auch S. 84, 147 und 150). Bei Tieren laufen diese Vorgänge in den Verdauungsorganen ab.
Dann werden die Bausteine in die Zellen aufgenommen, schrittweise in immer kleinere Bruchstücke zerlegt. Die wichtigsten Betriebsstoffe der Zellen sind Einfachzucker wie z. B. Glucose. Sowohl beim aeroben Abbau als auch beim anaeroben (mit bzw. ohne Luftsauerstoff) wird Glucose zunächst zu **Brenztraubensäure** abgebaut.

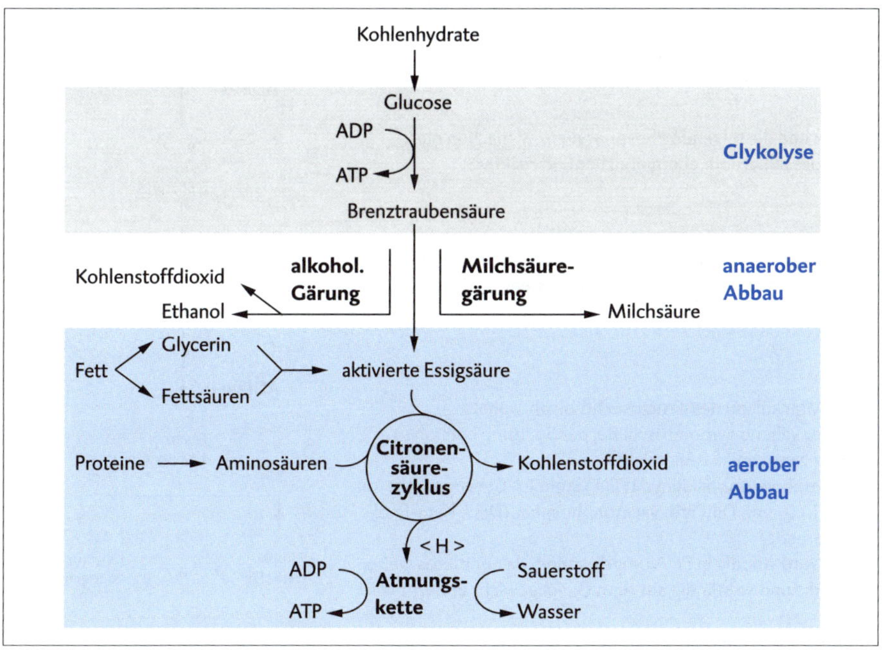

Abb. 104: Übersicht über die wichtigsten Abbauwege

Bei den Gärungen (**anaerober Abbau**) schließen sich Reaktionen zu den Endprodukten Milchsäure bzw. Ethanol und Kohlenstoffdioxid an. Da Milchsäure und Ethanol noch relativ energiereiche Stoffe sind, ist der ATP-Gewinn beim anaeroben Abbau gering.
Organismen, die in der Lage sind, Luftsauerstoff als Oxidationsmittel zu nutzen, können die Brenztraubensäure über die Abbauwege Citronensäurezyklus und Atmungskette vollständig zu Kohlenstoffdioxid und Wasser oxidieren (**aerober Abbau**). Dadurch ist ein großer ATP-Gewinn möglich.

16.1 Glykolyse

Die Glykolyse stellt den ersten Teil sowohl des aeroben als auch des anaeroben Abbaus der Glucose dar. Sie findet im Zytoplasma der tierischen und pflanzlichen Zellen statt.
Im Verlauf der Glykolyse erfolgt eine Zerlegung des C_6-Körpers Glucose in zwei C_3-Körper Brenztraubensäure. Diese Oxidation geschieht unter **ATP- und NADH/H⁺-Gewinn**.

Die Zellmembran ist durchlässig für Glucose. Glucose diffundiert entsprechend dem Konzentrationsgefälle in das Zellinnere. Aktiver Transport ist ebenfalls möglich. Durch die Überführung in Zuckerphosphate ist eine Rückdiffusion aus dem Zellinneren nicht mehr möglich.
Diese und die folgende Phosphorylierung machen die Glucose außerdem energiereicher und reaktiver.

Glucose-6-phosphat wird in das isomere Fructose-6-phosphat umgewandelt (Keto-Enol-Tautomerie, siehe S. 152):

Der Molekülbau des Fructose-1,6-bisphosphats ist weitgehend symmetrisch. Bei der Spaltung entstehen daher zwei ähnliche Moleküle.
3-Phosphoglycerinaldehyd (PGA) steht im Gleichgewicht mit dem isomeren Dihydroxyacetonphosphat (DHS, Keto-Enol-Tautomerie).
DHS wird ständig in PGA umgewandelt, da nur dieses weiterreagiert und so ständig aus dem Gleichgewicht entfernt wird.

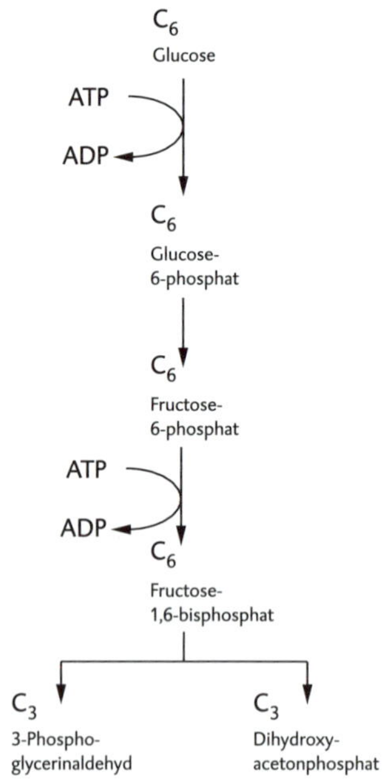

Abb. 105: Ablauf der Glykolyse, Teil 1

PGA wird unter NAD^+-Verbrauch zu Phosphoglycerinsäure (PGS) oxidiert (Abb. 107), wobei Reduktionsäquivalente $NADH/H^+$ entstehen. Dieser Schritt ist stark exergonisch, sodass ATP aufgebaut werden kann (**Substratketten-phosphorylierung**).

PGS wird in zwei Schritten zu Phosphoenolpyruvat (PEP) umgewandelt.

Vom energiereichen PEP wird ein Phosphatrest abgespalten und auf ADP übertragen (ATP-Bildung). Diese Reaktion ist mit der ATP-verbrauchenden Phosphorylierung der Glucose am Anfang der Glykolyse indirekt gekoppelt.

Es entsteht Brenztraubensäure (BTS, auch Ketopropansäure oder Propanonsäure. Das Salz der BTS heißt Pyruvat.)

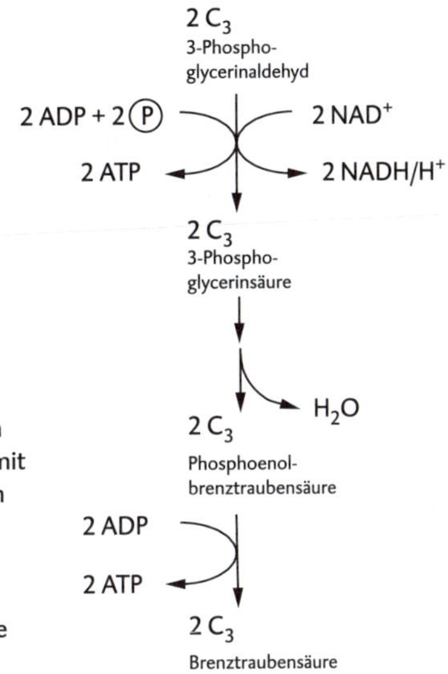

Abb. 106: Ablauf der Glykolyse, Teil 2

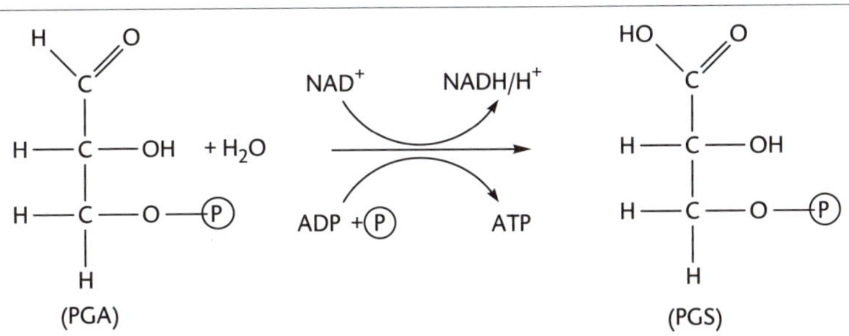

Abb. 107: Oxidation von 3-Phosphoglycerinaldehyd (PGA) zu 3-Phosphoglycerinsäure (PGS)

Stoffbilanz der Glykolyse:

$$\underset{\text{Glucose}}{C_6H_{12}O_6} + 2\,NAD^+ + 2\,ADP + 2\,Ⓟ \longrightarrow \underset{\text{Brenztraubensäure}}{2\,C_3H_4O_3} + 2\,NADH/H^+ + 2\,ATP$$

16.2 Anaerober Abbau der Brenztraubensäure durch Gärung

Der wichtigste Schritt aller Gärungen ist die Reduktion der BTS oder eines ihrer Folgeprodukte durch das Reduktionsäquivalent $NADH/H^+$. Dadurch wird NAD^+ als Oxidationsmittel zurückgewonnen, sodass die Oxidation des PGA zur PGS und damit die Glykolyse weiterlaufen kann.

Gärungen sind ursprüngliche Formen der Energiegewinnung (sauerstofffreie Uratmosphäre; keine besonderen Zellorganellen in den primitiven Zellen vorhanden). Der kurze Abbauweg über die Glykolyse liefert nur eine geringe Energieausbeute und damit noch relativ energiereiche Endprodukte. Gärungen findet man bei Prokaryonten, Hefepilzen oder bei Sauerstoffmangel in eukaryontischen Zellen, die die Fähigkeit zur Gärung noch beibehalten haben.
Pro mol Glucose werden durch die Substratkettenphosphorylierung 2 mol ATP gebildet. Die Spaltung von 1 mol ATP setzt 29 kJ frei, also stehen den Zellen pro mol Glucose 58 kJ Stoffwechselenergie zur Verfügung. Dieser Wert wird verglichen mit der Energie, die bei vollständiger Verbrennung von 1 mol Glucose freigesetzt wird:

$$\text{Wirkungsgrad} = \frac{58\ \text{kJ}}{2870\ \text{kJ}} = 0{,}02 \triangleq 2\ \%$$

Die beiden wichtigsten Gärungsarten unterscheiden sich im Wasserstoffakzeptor und dadurch auch im Endprodukt.

Milchsäuregärung

Auf Brenztraubensäure werden durch ein Enzym mit Cosubstrat $NADH/H^+$ zwei Wasserstoffatome übertragen. Dadurch entsteht die Milchsäure (2-Hydroxypropansäure).

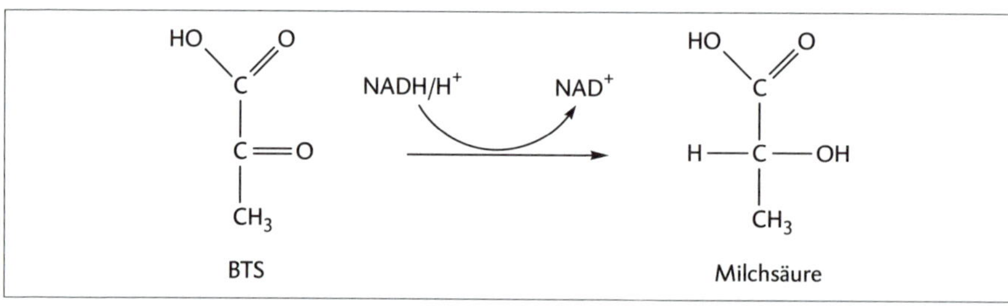

Abb. 108: Reduktion von Brenztraubensäure zur Milchsäure

Bruttogleichung der Milchsäuregärung:

$$\underset{\text{Glucose}}{C_6H_{12}O_6} + 2\,ADP + 2\,Ⓟ \longrightarrow \underset{\text{Milchsäure}}{2\,C_3H_6O_3} + 2\,ATP$$

Milchsäurebakterien spalten das Disaccharid Lactose (Milchzucker) in Glucose und Galaktose und bauen Glucose zu Milchsäure ab. Auf diese Weise entstehen Sauermilchprodukte wie Jogurt und Käse, Sauerteig, Sauerkraut und

Silofutter. Die von den Bakterien ausgeschiedene Milchsäure führt gleichzeitig zu einer **Konservierung** der Nahrungsmittel, da sich unter diesen sauren Bedingungen Fäulnisbakterien und Pilze schlecht vermehren können.

Skelettmuskeln der Säugetiere erhalten bei starker Belastung und/oder fehlendem Training über den Blutstrom zu wenig Sauerstoff, sodass die Muskelzellen kurzfristig auf Gärung „umschalten" können, um weiterhin ATP für die Muskelkontraktion bereitzustellen. Die Sauerstoffschuld muss in der Erholungsphase durch entsprechende Sauerstoffaufnahme abgetragen werden. Die angehäufte Milchsäure wird wieder in Brenztraubensäure überführt und aerob abgebaut oder zum Aufbau von Glycogen verwendet.

Alkoholische Gärung

Von Brenztraubensäure wird zuerst Kohlenstoffdioxid abgespalten (Decarboxylierung) und es entsteht Ethanal, ein C_2-Körper. Diese giftige Verbindung wird unter Verbrauch eines Reduktionsäquivalents NADH/H^+ sehr schnell zu Ethanol reduziert.

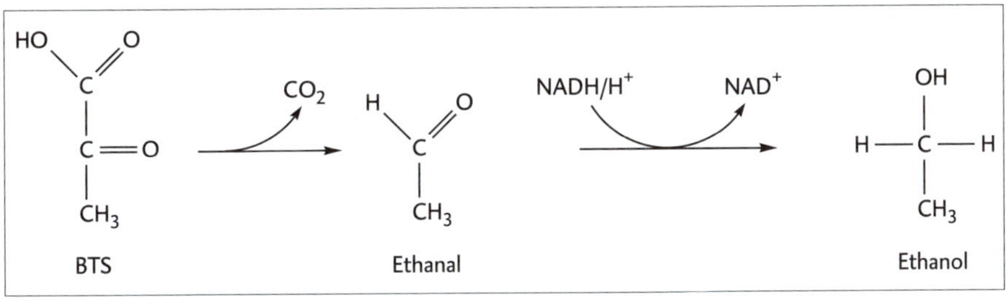

Abb. 109: Decarboxylierung und Reduktion von Brenztraubensäure zu Ethanol

Bruttogleichung der alkoholischen Gärung:

$$\underset{\text{Glucose}}{C_6H_{12}O_6} + 2\,ADP + 2\,Ⓟ \longrightarrow 2\,\underset{\text{Ethanol}}{C_2H_5OH} + 2\,CO_2 + 2\,ATP$$

In einem Versuch zum Nachweis der Kohlenstoffdioxid-Bildung bei der alkoholischen Gärung werden 10 g Glucose und 5 g Hefe vermischt und in 100 mL lauwarmem Leitungswasser suspendiert; um Sauerstoffzutritt zu verhindern, wird ein Gärröhrchen, das mit Kalkwasser gefüllt ist, aufgesetzt. Der Versuchsansatz wird ein bis zwei Tage (bis zur Beendigung der Gasentwicklung) in einen Brutschrank mit ca. 35 °C gestellt. Man beobachtet eine Trübung des Kalkwassers.

Hefen, die alkoholische Gärung durchführen, finden vielfach Verwendung in der **Biotechnologie**:

- Herstellung von alkoholhaltigen Getränken wie Wein oder Bier: Bei ausreichendem Zuckergehalt steigt die Alkoholkonzentration auf etwa 18 Volumenprozent Ethanol. Ein höherer Alkoholgehalt ist für die Hefen tödlich.
- Herstellung von Industriealkohol als Treibstoff, Lösungsmittel oder industrieller Grundstoff: Vergoren werden z. B. zuckerhaltige Abfälle aus der Zuckerrübenverarbeitung.
- Herstellung von Backwaren: Das im Verlauf der Gärung gebildete Kohlenstoffdioxid und verdampfender Alkohol treiben den Teig auf.

16.3 Aerober Abbau der Brenztraubensäure durch biologische Oxidation

Der aerobe Abbau der BTS lässt sich in zwei Phasen gliedern, die sich sowohl hinsichtlich der chemischen Prozesse als auch bezüglich des Ortes, an dem sie ablaufen, unterscheiden:
In der ersten Phase wird in drei Schritten das Kohlenstoffgerüst der BTS abgebaut, indem Kohlenstoffdioxid aus dem noch vorhandenen C-Körper abgespalten wird. Diese drei Schritte sind gleichzeitig mit Oxidationen gekoppelt, in denen die Wasserstoff übertragenden Coenzyme NAD^+ und FAD (Flavinadenindinucleotid) als Oxidationsmittel wirken und dadurch in $NADH/H^+$ und $FADH_2$ überführt werden. Die Reaktionswege sind die **oxidative Decarboxylierung** und der **Citronensäurezyklus**. Sie laufen im Matrixraum der Mitochondrien ab.
In der zweiten Phase, der Endoxidation in der **Atmungskette**, werden alle mit Wasserstoff beladenen Coenzyme (Reduktionsäquivalente) mithilfe von Luftsauerstoff oxidiert und Wasser gebildet. Diese Reaktionen setzen viel Energie frei, die in Form von Energieäquivalenten (ATP) gespeichert und dadurch für andere Stoffwechselprozesse nutzbar wird. Die Reaktionen finden an der gefalteten inneren Membran der Mitochondrien statt.

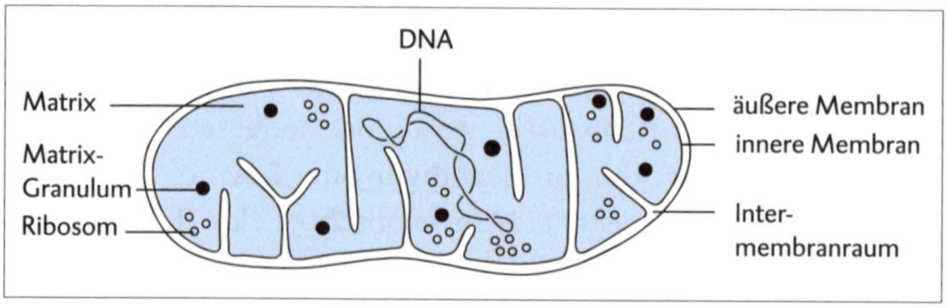

Abb. 110: Schematischer Bau eines Mitochondriums

Die **Summengleichung der Zellatmung** lautet ausgehend von Glucose:

$$C_6H_{12}O_6 + 6\,O_2 + 6\,H_2O \longrightarrow 6\,CO_2 + 12\,H_2O \qquad \Delta G = -2\,870\,kJ$$

Oxidative Decarboxylierung

Die Reaktionen laufen an einem Multienzymkomplex, einer Funktionseinheit aus drei Enzymen, ab. Die wichtigsten Coenzyme sind dabei NAD^+ und Coenzym A.

Im ersten Schritt erfolgt eine **Abspaltung von Kohlenstoffdioxid:** BTS wird decarboxyliert. Das Produkt Ethanal, ein C_2-Körper, wird mit NAD^+ zu Ethansäure (Essigsäure) oxidiert, aus NAD^+ entsteht $NADH/H^+$.

Da Essigsäure ein relativ stabiles Produkt darstellt, wird sie zunächst durch Reaktion mit Coenzym A in einen reaktiven Ester überführt, in die **aktivierte Essigsäure** (oder Acetyl-Coenzym A), einen C_2-Körper.

Aktivierte Essigsäure ist neben BTS eine wichtige Zwischenverbindung im Stoffwechsel der Zellen. Auch die Bestandteile der Fette, Glycerin und Fettsäuren, werden zu aktivierter Essigsäure abgebaut und stehen damit zur Gewinnung von Stoffwechselenergie zur Verfügung.

Citronensäurezyklus

Die aktivierte Essigsäure wird mit einem Akzeptormolekül, der Oxalessigsäure, verbunden. Die entstandene Verbindung ist ein C_6-Körper, die Citronensäure (eine Tricarbonsäure).

In der ersten Hälfte des Citronensäurezyklus erfolgt der endgültige Abbau des Kohlenstoffgerüsts zu Kohlenstoffdioxid durch zweimalige oxidative Decarboxylierung. Es werden zwei Reduktionsäquivalente $NADH/H^+$ und ein GTP (wie ATP ein universaler Energieüberträger in der Zelle) gebildet.

Die zweite Hälfte dient der Regeneration des Akzeptormoleküls Oxalessigsäure. Zwei der Reaktionsschritte sind Oxidationen, in deren Verlauf zwei Reduktionsäquivalente gebildet werden, ein $NADH/H^+$ und ein $FADH_2$.

Stoffbilanz der 1. Phase des aeroben Abbaus der BTS:

$$\underset{BTS}{2\,C_3H_4O_3} + 2\,ADP + 2\,Ⓟ + 8\,NAD^+ + 2\,FAD + 6\,H_2O \longrightarrow 6\,CO_2 + 2\,ATP + 8\,NADH/H^+ + 2\,FADH_2$$

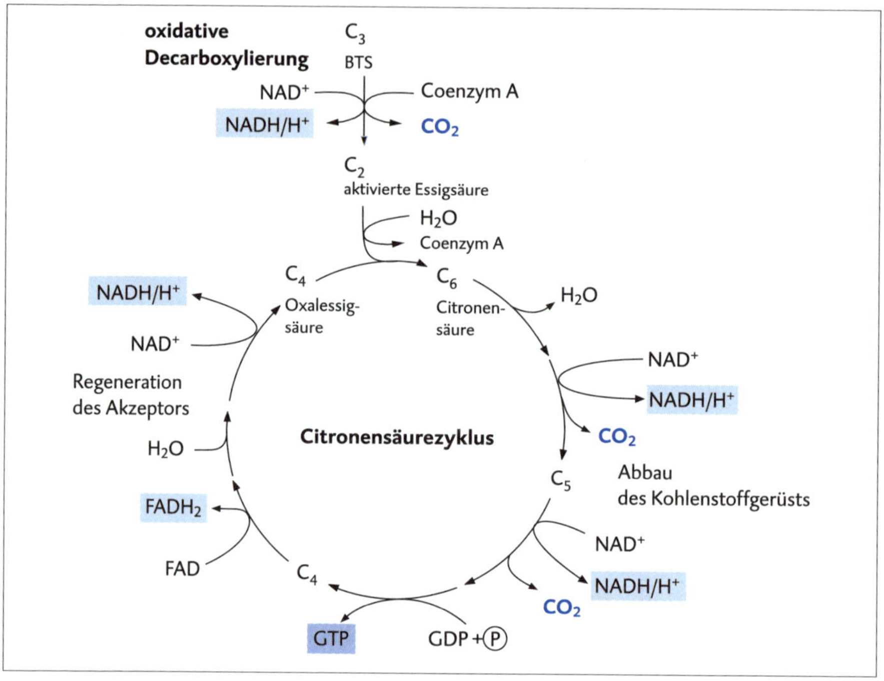

Abb. 111: Abbau der BTS durch oxidative Decarboxylierung und im Citronensäurezyklus

Die Atmungskette

Die chemischen Vorgänge in der Atmungskette lassen sich mit einer Knallgasreaktion vergleichen, bei der Wasserstoff und Sauerstoff explosionsartig und unter Freisetzung von viel Energie zu Wasser reagieren. In der Atmungskette darf die Reaktionsenergie jedoch nicht auf einmal freigesetzt, sondern muss stufenweise abgegeben werden, um den Aufbau von ATP zu ermöglichen (Atmungskettenphosphorylierung, **oxidative Phosphorylierung**).

Dazu wird der Wasserstoff der Coenzyme $NADH/H^+$ und $FADH_2$ an **Redoxsysteme** abgegeben. Diese Redoxsysteme sind in der inneren Mitochondrienmembran nebeneinander angeordnet (Atmungskette). Sie wirken entweder Wasserstoff übertragend (Aufnahme bzw. Abgabe von 2 H^+ und 2 e^-) oder geben nur Elektronen weiter. Als Elektronenüberträger (Elektronenakzeptoren und -donatoren) in den Redoxsystemen sind z. B. Cytochrome beteiligt, die ähnlich aufgebaut sind wie das Chlorophyll oder der Farbstoff des Hämoglobins.

Das letzte Redoxsystem überträgt Elektronen auf Sauerstoffmoleküle, die dadurch zu Oxidionen werden. Diese O^{2-}-Ionen reagieren mit Wasserstoffionen, die von einem der Wasserstoff übertragenden Redoxsysteme abgegeben wurden, zu **Wasser**, was formal der Knallgasreaktion entspricht. Pro mol NADH/H^+ werden drei mol ATP und pro mol $FADH_2$ zwei mol ATP gewonnen.

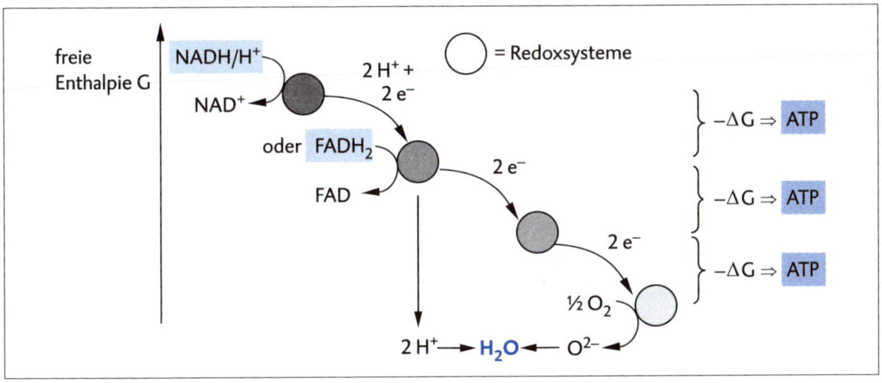

Abb. 112: Schema der stufenweisen Energiefreisetzung in der Atmungskette

Ähnlich wie bei den Chloroplasten liegt auch in die Mitochondrien eine ungleiche Verteilung von Wasserstoffionen und damit auch Ladungen zwischen Intermembranraum und Matrixraum vor (**chemiosmotische Theorie der Atmungskettenphosphorylierung**). Die Redoxsysteme der Atmungskette geben Wasserstoffionen in den Intermembranraum ab; dort entsteht also ein Überschuss an positiven Ladungen und ein niedriger pH-Wert. Der Ausgleich des Ladungsgefälles bzw. des Protonengradienten erfolgt über den Enzymkomplex ATP-Synthase, der ATP aus ADP und Ⓟ aufbaut. Die Energie des Protonenausgleichstroms wird so chemisch in ATP gespeichert.

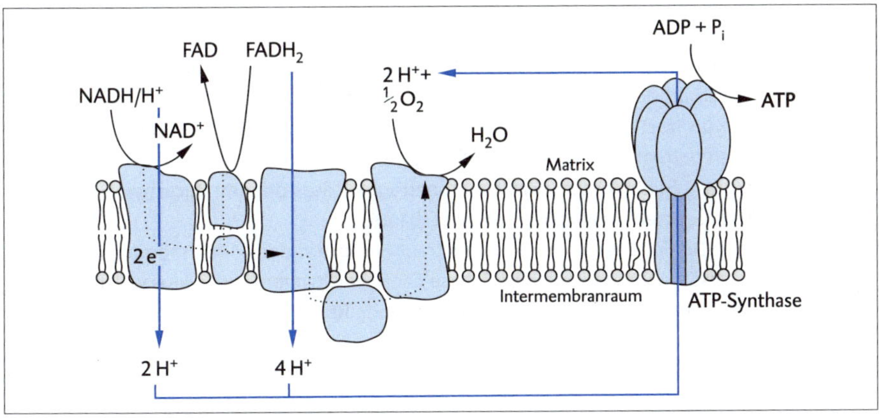

Abb. 113: Prinzip der ATP-Bildung in der Atmungskette

Stoffbilanz der Atmungskette (2. Phase des aeroben Abbaus der BTS):

$$10\ NADH/H^+ + 2\ FADH_2 + 6\ O_2 + 34\ ADP + 34\text{Ⓟ} \longrightarrow 10\ NAD^+ + 2\ FAD + 12\ H_2O + 34\ ATP$$

Die Addition der Gleichungen der Glykolyse und der beiden Phasen des aeroben Abbaus der BTS ergeben folgende Bruttogleichung:

Bruttogleichung des gesamten aeroben Abbaus (Zellatmung):

$$C_6H_{12}O_6 + 6\ O_2 + 6\ H_2O + 38\ ADP + 38\text{Ⓟ} \longrightarrow 6\ CO_2 + 12\ H_2O + 38\ ATP$$

Die Spaltung von 1 mol ATP setzt 29 kJ frei; bei der vollständigen Verbrennung von 1 mol Glucose entstehen 2825 kJ freie Energie.

$$\text{Wirkungsgrad} = \frac{38 \cdot 29\ \text{kJ}}{2870\ \text{kJ}} = 0{,}38 \mathrel{\hat{=}} 38\%$$

Zum Vergleich: Der Wirkungsgrad von Otto-Motoren und Wärmekraftwerken beträgt zwischen 20 und 40 %, der einer Brennstoffzelle allerdings 94 %. Die Energie aus dem Abbau der Glucose, die nicht in ATP gespeichert wird, nutzen Säugetiere und Vögel zur Aufrechterhaltung der Körpertemperatur oder geben sie als Wärme an die Umgebung ab.

Zusammenfassung

- Der Abbau von Nährstoffen kann aerob (Zellatmung) oder anaerob (Gärungen) erfolgen.
- Der erste Abschnitt des aeroben und anaeroben Abbaus ist die Glykolyse.
- Die Glykolyse umfasst den Abbau der Glucose bis zur Brenztraubensäure. Der Energiegewinn beträgt 2 mol ATP/1 mol Glucose.
- Unter anaeroben Bedingungen wird die Brenztraubensäure oder ihr decarboxyliertes Folgeprodukt reduziert zu Milchsäure bzw. Ethanol.
- Unter aeroben Bedingungen wird die Brenztraubensäure in den Mitochondrien in aktivierte Essigsäure umgewandelt und diese dann im Citronensäurezyklus vollständig zu Kohlenstoffdioxid abgebaut. Die dabei entstandenen Reduktionsäquivalente $NADH/H^+$ werden in der Atmungskette oxidiert.

- In der Atmungskette erfolgt die Rückgewinnung der Coenzyme NAD^+ und FAD durch Abspaltung von Wasserstoff von $NADH/H^+$ bzw. $FADH_2$. Beim Transport von Protonen und Elektronen über Redoxsysteme wird Energie freigesetzt, die zum Aufbau von ATP genutzt wird. Die Elektronen werden schließlich auf Sauerstoff übertragen und reagieren mit Protonen zu Wasser.
- Der Energiegewinn durch aeroben Abbau beträgt 38 mol ATP/1 mol Glucose.

Aufgaben

125 Chloroplasten und Mitochondrien sind unverzichtbare Bestandteile pflanzlicher Zellen.

a Nennen Sie Gemeinsamkeiten im Bau dieser Organellen.

b Die Funktion eines Zellorganells ist eng mit seiner Struktur verbunden. Bestätigen Sie diese Aussage, indem Sie den Strukturen von Chloroplasten und Mitochondrien die Funktionen zuordnen!

126 Zur Herstellung von Sauerkraut wird Weißkraut fein gehobelt, etwas gesalzen und in einem Krautfass fest eingestampft.

a Warum fault das Kraut nicht?

b Warum ist der Inhalt des Krautfasses in den ersten Tagen etwas wärmer als die Umgebung?

c Welche Vorteile hat Sauerkraut als Nahrungsmittel gegenüber lange gelagertem Weißkraut?

d Warum verdirbt das Sauerkraut, wenn es nicht fest genug eingestampft wurde oder beim Entnehmen des Sauerkrauts zuviel Luft in das Kraut kommt?

127 Eine bestimmte Menge Glucose soll durch Zusatz einer bestimmten Menge Hefe vollständig zu Ethanol vergoren werden.

a Wie würden Sie dabei vorgehen? (Beschreibung und Begründung!)

b Geben Sie für diesen Gärungsvorgang eine Summengleichung an!

c Wenn nach der Gärung die Hefen abfiltriert werden, lässt sich feststellen, dass ihre Masse zugenommen hat. Hat dagegen die gleiche Menge Hefe die gleiche Menge Glucose veratmet, ist die Zunahme der Hefemasse viel größer.
Geben Sie eine Erklärung dafür!

128 Welche Ergebnisse erwarten Sie bei folgenden Versuchen?
Geben Sie jeweils eine kurze Begründung sowie – falls möglich – eine Bruttogleichung an, die auch den Energieumsatz enthält!

a Als Nährstoff bietet man Hefepilzen frisch gepressten Traubensaft, Luftzutritt fehlt.
b Man setzt einer Lösung von Mineralsalzen Hefe zu und lässt auf den Versuchsansatz Sonnenlicht einwirken.
c Hefe wird unter Belüftung in einer Zuckerlösung kultiviert.

129 Welche der folgenden Aussagen sind richtig?
Aktivierte Essigsäure nimmt eine zentrale Stellung im Stoffwechsel ein,

a weil sie ein stabiles, relativ energiearmes Zwischenprodukt ist,
b weil sie im Rahmen des Glucoseabbaus auftritt und in den Citronensäurezyklus eingeschleust wird,
c weil sie besonders reaktiv ist und deshalb auch für andere Synthesen und Abbauvorgänge verwendet werden kann,
d weil sie zur Energieaufnahme aus dem Citronensäurezyklus dient,
e weil sie auch beim Abbau von Fetten aus Fettsäuren entsteht und so Energiegewinnung aus Fetten ermöglicht,
f weil sie als Zwischenprodukt beim Aufbau körpereigener Fettsäuren aus Kohlenhydraten auftritt.

130 Obst wird unter Kühlung und bei verringertem Sauerstoffanteil der Luft bzw. unter Stickstoff in Hallen gelagert. Was soll dies bewirken?

131 Folgende Versuche werden durchgeführt:
Versuch 1: 5 g Hefe werden in 0,5 L Wasser gegeben, das 50 g Zucker enthält. Das Gefäß wird so verschlossen, dass Gas entweichen, aber nicht eindringen kann.
Versuch 2: 5 g Hefe werden in 0,5 L Wasser gegeben, das 50 g Zucker enthält. Das Gefäß bleibt offen.
Versuch 3: wie Versuch 2, außerdem wird etwas Kaliumcyanid zugesetzt.
Alle Lösungen werden für sechs Stunden am gleichen Ort bei gleicher Temperatur aufbewahrt.

a Welche der Lösungen aus Versuch 1 und 2 enthält nach sechs Stunden die geringere Menge Zucker?
b Geben Sie eine Begründung für Ihre Vermutung.
c Welches wichtige Zwischenprodukt tritt bei allen ablaufenden Vorgängen auf?
d Wie hoch wird der Zuckerverbrauch in Versuch 3 sein? Begründen Sie Ihre Antwort!

Hinweis: Kaliumcyanid blockiert den Elektronentransport in der Atmungskette

Ökologie und Umweltschutz

In §23 des BNatSchG wird festgelegt, dass *Naturschutzgebiete* dem besonderen Schutz von Natur und Landschaft dienen sollen und dort existierende Biotope wild lebender Arten erhalten, entwickelt und wiederhergestellt werden sollen. Als Naturschutzgebiete können Flächen auch ausgewiesen werden, wenn sie aus wissenschaftlichen oder naturgeschichtlichen Gründen, sowie wegen ihrer Seltenheit oder besonderen Schönheit schützenswert sind.

17 Wechselbeziehungen zwischen Lebewesen und ihrer Umwelt

Ökologie ist die Wissenschaft, die sich mit den Wechselbeziehungen von Lebewesen untereinander und ihrer unbelebten (abiotischen) und belebten (biotischen) Umwelt befasst. Ökologie ist also die Lehre vom Haushalt der Natur, den Stoffkreisläufen und dem Energiefluss.
Zum Umweltschutz zählen alle Maßnahmen, die der Erhaltung der natürlichen Lebensbedingungen für Pflanzen, Tiere und den Menschen dienen.

17.1 Abiotische und biotische Faktoren

Als **abiotische Faktoren** bezeichnet man die Standortfaktoren der nicht lebenden Umwelt eines Organismus. Dazu zählen:

- Lichtfaktoren: Lichtstärke und Beleuchtungsrhythmus;
- Klimafaktoren: Wind, Niederschlag, Luftfeuchtigkeit, Temperatur;
- Bodenfaktoren: Humus-, Säure-, Mineralstoff- und Salzgehalt, Zusammensetzung, Verdichtung bzw. Durchlüftung und Wasseraufnahmevermögen.

Auch der Sauerstoff- und Kohlenstoffdioxidanteil der Umgebung spielt eine Rolle. In der untersten Schicht der Atmosphäre sind die beiden letzten Faktoren konstant (O_2-Gehalt: 21 %; CO_2-Gehalt: 0,035 %), mit zunehmender Höhe wird der Sauerstoff- und Kohlenstoffdioxidgehalt der Atmosphäre jedoch geringer.
Der Sauerstoff- und Kohlenstoffdioxidgehalt des Wassers hängt stark von seiner Temperatur ab. Es gilt hier allgemein die Regel, dass Wasser umso mehr Gase aufnehmen kann, je kälter es ist.
Biotische Faktoren sind die Standortfaktoren der lebenden Umwelt eines Organismus, in erster Linie die eigenen Artgenossen (innerartliche Konkurrenz), konkurrierende Arten und Fressfeinde (zwischenartliche Konkurrenz), Parasiten und Krankheitserreger; speziell bei Tieren kommen noch Nahrung, Versteckmöglichkeiten und Sexualpartner dazu.

> **Abiotische Faktoren** beeinflussen in erster Linie das Wachstum und somit die Populationsentwicklung von Pflanzen, während **biotische Faktoren** vor allem für die Verbreitung der Tiere verantwortlich sind.

Der Einfluss von Umweltfaktoren auf Pflanzen

Da Wachstum und damit Vermehrung und Verbreitung von Pflanzen von der Fotosynthese bestimmt werden, sind die entscheidenden Umweltfaktoren auf eine Pflanzenpopulation identisch mit den Faktoren, von denen die Fotosyntheserate abhängt, nämlich Licht, Kohlenstoffdioxid und Temperatur. Die Bedeutung dieser Faktoren für die Fotosynthese wurde bereits früher (S. 172 ff.) besprochen. An dieser Stelle soll daher nur noch auf die darüber hinausgehenden Abhängigkeiten der Pflanzen von diesen Umweltfaktoren eingegangen werden.

- **Licht:** Neben Lichtintensität und Lichtqualität spielt die Belichtungsdauer an einem Tag bzw. der Beleuchtungsrhythmus eine wichtige Rolle für die Ausbildung der Blüte. Manche Pflanzen blühen erst, wenn sie mehr als zwölf Stunden kontinuierlich belichtet wurden (**Langtagpflanzen**, z. B. Gerste, Hafer, Kopfsalat), im Gegensatz zu den **Kurztagpflanzen** (z. B. Weihnachtsstern, Reis, Mais), die nur bei weniger als zwölf Stunden Dauerbelichtung zur Blüte gelangen.
  Auch die Gestalt der Pflanzen oder Pflanzenteile kann vom Licht beeinflusst werden (**Fotomorphosen**). Bäume mit dichten Kronen, z. B. Rotbuchen, bilden im Inneren relativ dünne, großflächige **Schattenblätter** aus, in die das dort noch ankommende Licht gut eindringen kann. Die **Sonnenblätter** im äußeren Kronenbereich haben eine im Verhältnis kleine Oberfläche, sind aber durch das ausgeprägte Palisaden- und Schwammgewebe dicker. Die hohe Sonneneinstrahlung erreicht alle Blattschichten, über die kleinere Oberfläche ist jedoch die Verdunstung geringer.

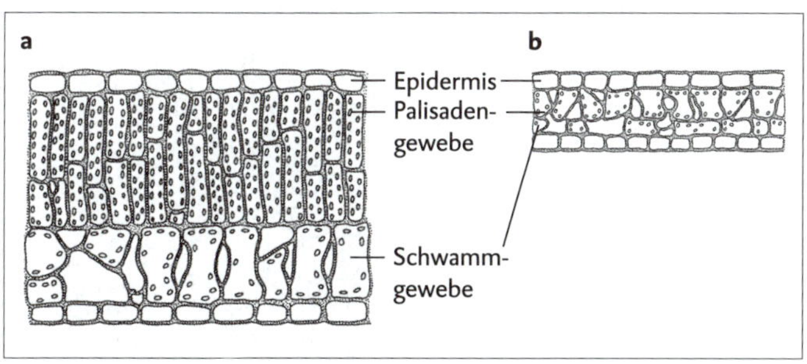

Abb. 114: Sonnenblatt (a) und Schattenblatt (b) einer Buche

- **Temperatur:** Um in der Kälte oder der Hitze des jeweiligen Standorts zu überleben, haben Pflanzen im Lauf der Evolution bestimmte Strategien entwickelt. Laubbäume werfen z. B. in unseren Breiten im Winter die Blätter ab, stellen die Wasserversorgung während der kalten Jahreszeit ein und vermeiden dadurch ein Einfrieren des Zellsafts. So wird verhindert, dass der

Zellsaft, der größtenteils aus Wasser besteht, beim Frieren die Zellwände und Leitbahnen sprengt. Ein Nachteil dieses Blattabwurfs besteht darin, während des Winters auf die Fotosynthese verzichten zu müssen.
Die Nadeln von Fichte, Tanne und Kiefer besitzen eine dicke Cuticula (im Gegensatz zu den Nadeln der Lärche, die im Winter abgeworfen werden) und eine geringe Oberfläche. Beides trägt dazu bei, dass sie wenig Wasserdampf abgeben und der Wassergehalt der Nadelbäume geringer ist als der von Laubbäumen. Außerdem ist der Zellsaft noch konzentrierter, was zu einer Erniedrigung des Gefrierpunktes führt. Sie können, im Gegensatz zu den Laubbäumen, auch noch im Winter bei relativ tiefen Temperaturen Fotosynthese betreiben.

- **Wasser bzw. Luftfeuchtigkeit:** Ist genügend Wasser vorhanden bzw. die Luftfeuchtigkeit entsprechend hoch, sind die Blätter von Pflanzen dünn, großflächig und mit zahlreichen Spaltöffnungen versehen. So wird eine hohe Wasserverdunstung ermöglicht. Der rege Wassertransport gewährleistet eine ausreichende Versorgung mit Mineralstoffen. Solche z. B. in Uferzonen von Gewässern und tropischen Regenwäldern vorkommenden Pflanzen werden als Feuchtpflanzen (**Hygrophyten**) bezeichnet.
  Bei untergetaucht lebenden Wasserpflanzen (**Hydrophyten**) erfolgt die Aufnahme von Wasser und darin gelöstem Kohlenstoffdioxid und gelösten Mineralstoffen über die gesamte Oberfläche. Häufig ist die Blattoberfläche durch feine Zerteilung der Blätter vergrößert.

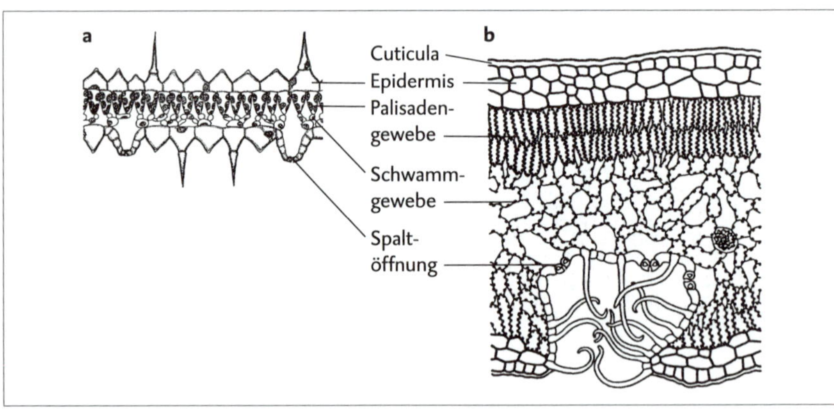

Abb. 115: Blatt eines Hygrophyten (a) und eines Xerophyten(b)

Trockenpflanzen (**Xerophyten**) haben im Lauf der Evolution Angepasstheiten an den Wassermangel entwickelt. Bei trockener Umgebung werden

die Blattoberflächen reduziert, im Extremfall besitzen solche Pflanzen überhaupt keine Blätter, z. B. die meisten Kakteen. Viele Pflanzen schützen sich auch vor zu hoher Wasserverdunstung durch versenkte Spaltöffnungen, eine dicke Cuticula und durch dichte Behaarung der Blattoberfläche. In dem Haarfilz bildet sich ein ruhendes Luftpolster, das durch den abgegebenen Wasserdampf der Blätter eine hohe Feuchtigkeit aufweist. Zwischen dem Luftpolster und den Interzellularen hinter den Spaltöffnungen gibt es daher keinen großen Konzentrationsunterschied in Bezug auf den Wasserdampfgehalt und weniger Wasserdampf wird durch die Spaltöffnungen an die Luft abgegeben. Darüber hinaus haben Trockenpflanzen fleischig-saftige Blätter und Stängel mit Wasser speichernden Geweben entwickelt (**Sukkulenz**), die es ihnen ermöglichen, auch längere Trockenperioden zu überstehen.
- **pH-Wert:** Je nach Zusammensetzung können Böden neutral, sauer oder basisch reagieren, z. B. sind Moorböden sauer, kalkhaltige Böden eher basisch. Preiselbeeren gedeihen nur auf sauren Böden und sind deshalb typische Moorpflanzen, während Luzerne und Leberblümchen eher alkalische Böden bevorzugen.
- **Kohlenstoffdioxid:** Der geringe CO_2-Gehalt der Luft stellt den abiotischen Umweltfaktor dar, der die Fotosyntheseleistung der Pflanzen unter natürlichen Bedingungen am stärksten begrenzt (limitierende Faktoren; Minimumfaktoren; Genaueres siehe S. 210).

Der Einfluss von Umweltfaktoren auf Tiere

Wechselwarme Tiere sind von der Außentemperatur stärker abhängig als Tiere mit konstanter Körpertemperatur. So fallen Amphibien und Reptilien bei niederen Temperaturen in eine **Kältestarre**, während gleichwarme Tiere (wie Vögel und Säuger) bei diesen Temperaturen weiterhin aktiv sind. Dafür benötigen sie, im Gegensatz zu den wechselwarmen Tieren, nach außen einen **Kälteschutz** in Form eines Federkleids oder Fells.
Nicht nur Fell und Federkleid werden durch den Umweltfaktor Temperatur bei Tieren bestimmt, sondern auch Körpergröße.

> Die **bergmannsche Regel** (Größenregel) besagt: In kaltem Klima ist die Körpergröße gleichwarmer Tiere größer als in wärmerem Klima.

Galapagospinguine, die in der Nähe des Äquators beheimatet sind, erreichen nur etwa den zehnten Teil des Körpergewichts der Kaiserpinguine, die im

Polargebiet leben. Größere Tiere besitzen im Verhältnis zu ihrer Masse eine kleinere Oberfläche und strahlen somit relativ weniger Wärme ab als kleinere Tiere (das Volumen nimmt in der dritten Potenz zu, die Oberfläche in der zweiten).
Die Wärmeabstrahlung ist auch für die Größe der Körperanhänge (Schwanz, Ohren, Beine) bei gleichwarmen Tieren verantwortlich.

Es gilt die **allensche Regel** (Proportionsregel): Je kälter das Klima, umso kleiner sind die Körperanhänge.

Eine große Oberfläche, z. B. der Ohren, bedeutet eine große Fläche zum Abstrahlen von Körperwärme. Aus diesem Grund sind die Ohren des Polarfuchses sehr klein und kaum zu erkennen, während die Ohren des Wüstenfuchses, der mit ihrer Hilfe seine Körpertemperatur regelt, fast die Größe seines Kopfes erreichen.

Abb. 116: Beispiele für die bergmannsche (a) und die allensche (b) Klimaregel

Toleranzkurven und ihre Bedeutung für Organismen

Gegenüber einzelnen Umweltfaktoren haben Organismen im Laufe der Evolution unterschiedliche **physiologische Toleranzbereiche** entwickelt, die sich als Toleranzkurven darstellen lassen. Eine solche Toleranzkurve weist drei wichtige Punkte auf: den **Minimum-** und **Maximumwert** als die äußersten Grenzwerte, die der Umweltfaktor bei diesem Organismus annehmen kann, und den **Optimumbereich**, in dem die Entwicklung und Fortpflanzung des Organismus am meisten gefördert wird. Nähert sich die Intensität des Umweltfaktors den Grenzwerten, befindet sich der Organismus im **Pessimum**, in dem viele seiner Lebensfunktionen eingeschränkt sind.

Der **Toleranzbereich** kennzeichnet die Grenzen, in denen ein Organismus die Schwankungen eines Umweltfaktors ertragen kann.

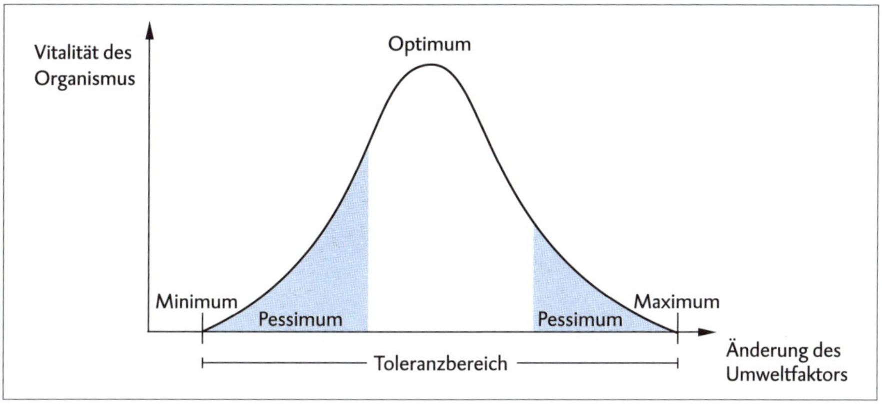

Abb. 117: Toleranzkurve eines Lebewesens

Die Anpassungsfähigkeit verschiedener Lebewesen an denselben Umweltfaktor (ihre **ökologische Potenz**) ist oft sehr unterschiedlich.

Organismen, die einen großen Toleranzbereich gegenüber einem Umweltfaktor aufweisen, bezeichnet man als **eurypotent**, solche mit engem Toleranzbereich als **stenopotent**.

Da **stenöke** Lebewesen, die gegenüber vielen Umweltfaktoren stenopotent sind, nur in bestimmten Biotopen leben können, dienen sie oft als Indikatoren für die Sauberkeit oder für die Verschmutzung eines Lebensraums. Man bezeichnet sie dann als **Leitorganismen**.

Beispiele

Bestimmte Flechten sind gegenüber Luftverschmutzung sehr empfindlich; ihr Auftreten ist ein Beweis für saubere Luft.

In Gewässern sind Eintags- und Steinfliegenlarven Indikatoren für die beste Gewässergüteklasse (I), Zuckmückenlarven *(Chironomus)* und

Bachröhrenwürmer *(Tubifex)* gehören dagegen zu den Leitorganismen der Gewässergüteklasse IV (siehe S. 246).

In Bezug auf die Temperaturtoleranz unterscheidet man kaltstenotherme Arten wie die Bachforelle, die nur in kaltem Wasser leben kann, warmstenotherme Arten wie den Guppy und eurytherme Arten wie den Karpfen, der sowohl in kaltem als auch in warmem Wasser gut gedeiht.

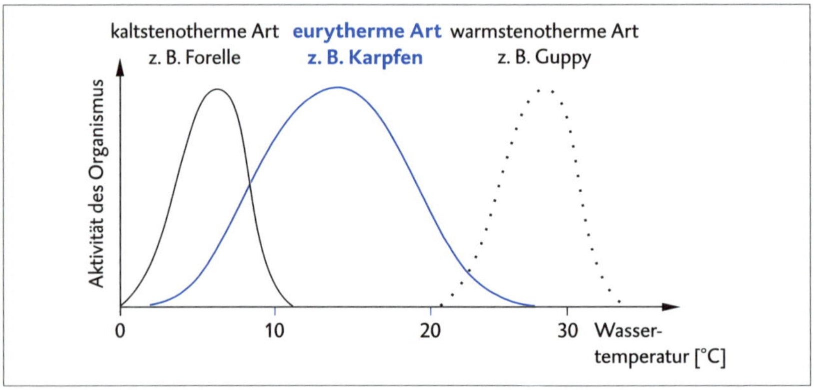

Abb. 118: Temperaturtoleranzkurven von Wasserbewohnern

Zusammenspiel von Umweltfaktoren

Jedes Lebewesen ist nicht nur von einem, sondern von einer Vielzahl von Umweltfaktoren abhängig.

Beispiele

Pflanzen der Polargegenden sind nicht nur optimal an die niedrigen Temperaturen angepasst, sie kommen auch mit einer geringen Humusschicht aus und nützen das an den Polen schwächere Licht für die Fotosynthese besser.

Tiere müssen nicht nur ihren Nahrungserwerb sichern, sondern sich gleichzeitig gegen ihre Artgenossen durchsetzen und sich vor Fressfeinden schützen. Darüber hinaus benötigen sie einen Sexualpartner, um den Fortbestand der Art zu sichern. Gleichwarme Tiere müssen zusätzlich Wärmeverluste vermeiden.

Viele Umweltfaktoren sind voneinander abhängig. Sie beeinflussen sich gegenseitig und können sich mitunter verstärken. Unter der Vielzahl der verschiedenen Ökofaktoren kommt dem Faktor eine Art Schlüsselstellung zu, der am weitesten vom Optimum entfernt ist.

Da derjenige Faktor, der am weitesten vom Optimalbereich eines Organismus entfernt ist, die Wirkung aller anderen Faktoren begrenzt, bezeichnet man ihn als begrenzenden (limitierenden) Faktor oder als **Minimumfaktor**.

Beispiel

Jede Pflanze benötigt zum Wachsen und Gedeihen eine Reihe von chemischen Elementen (u. a. Stickstoff, Phosphor, Kalium, Magnesium und Eisen). Liegt eines dieser Elemente als Minimumfaktor vor, ist auch eine erhöhte Zufuhr der anderen Elemente nutzlos, die Pflanze bringt keinen höheren Ertrag. Da unter natürlichen Bedingungen meist das Element **Stickstoff** den begrenzenden Faktor darstellt, führt die Zufuhr von stickstoffhaltigen Düngemitteln zu enormen Ertragssteigerungen. Diese Erkenntnis wird in der Landwirtschaft angewendet, indem man den Nutzpflanzen stickstoffhaltigen Dünger zuführt.

Inner- und zwischenartliche Konkurrenz – ökologische Einnischung

Bietet man einer speziellen Art von Pantoffeltierchen *(Paramecium aurelia)* optimale Umweltbedingungen, zeigt das Wachstum der Population den typischen Verlauf (Abb. 119). Nach einer Phase des steilen Anstiegs (exponentielles Wachstum) geht die Kurve in die Plateauphase über, in der weder Zu- noch Abnahme der Population erfolgt. Dieses Experiment zeigt dasselbe Ergebnis, wenn man eine andere Art von Pantoffeltierchen *(Paramecium caudatum)* ebenfalls in einem optimalen Kulturmedium hält.
Hält man beide Populationen dagegen, ebenfalls unter optimalen Bedingungen, in einer Mischkultur, unterscheiden sich die Wachstumskurven von *P. aurelia* und *P. caudatum* beträchtlich.

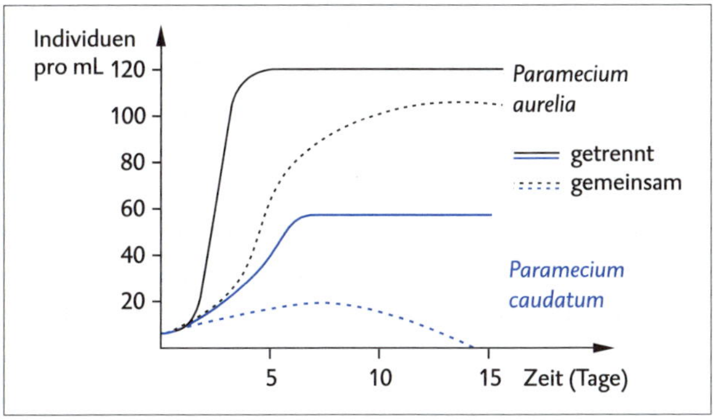

Abb. 119: Experimente zum Konkurrenzausschlussprinzip

Während *P. aurelia* eine ähnliche Wachstumskurve wie in Reinkultur aufweist (der Anstieg in der Wachstumsphase ist etwas flacher), fällt bei *P. caudatum* nach einer geringen Vermehrung die Wachstumskurve ab und erreicht nach einiger Zeit den Nullpunkt. *P. caudatum* ist dem Konkurrenzdruck der anderen Art nicht gewachsen. Im Verdrängungswettbewerb der beiden Arten erweist sich *P. aurelia* eindeutig als überlegen und die Population von *P. caudatum* verschwindet aus dem gemeinsamen Biotop.

Nach dem **Konkurrenzausschlussprinzip** können zwei Arten mit denselben ökologischen Ansprüchen nicht im gleichen Biotop nebeneinander existieren.

P. aurelia erzeugt so viele Nachkommen, dass sich *P. caudatum* nicht weiter vermehren kann und ausstirbt. Beide Populationen haben nur dann eine Überlebenschance, wenn sie verschiedene Lebensräume bewohnen oder sich ihre ökologischen Ansprüche voneinander unterscheiden (**Konkurrenzvermeidung**). Ist dies der Fall, so können sie unterschiedliche ökologische Nischen besetzen (weiteres Beispiel aus dem Pflanzenreich: Konkurrenz zwischen Buchen und Kiefern).

Unter einer **ökologischen Nische** versteht man das spezifische Spektrum der abiotischen und biotischen Umweltfaktoren, die einer Tier- oder Pflanzenart das Überleben ermöglichen.

Daraus ergibt sich eine bestimmte Funktion (Rolle, „Beruf"), die eine Art im Ökosystem ausübt. Das Besetzen unterschiedlicher ökologischer Nischen (**ökologische Einnischung**) spielt in der Evolution eine sehr wichtige Rolle. Nimmt die Population einer bestimmten Art sehr stark zu, herrscht großer Konkurrenzdruck unter den Artgenossen. Mutationen führen jedoch zur Veränderung der genetischen Information und somit zur Veränderung der Lebewesen. Sie können andere ökologische Nischen besetzen. Ein Beispiel dafür ist die Aufspaltung der Darwinfinken in verschiedene Arten mit Spezialisierung auf unterschiedliche Nahrung (Körnerfresser, Insektenfresser). Was für Lebewesen der gleichen Art und sehr ähnlicher Arten zutrifft, gilt auch für artfremde Populationen. So hält ein einzelner Nadelbaum, z. B. eine Fichte, eine große Zahl von ökologischen Nischen für die unterschiedlichsten Tierarten bereit (siehe Abb. 120).
Alle aufgeführten Arten haben sich auf verschiedene Nahrung spezialisiert. Auch der Ort der Nahrungssuche ist unterschiedlich. Neben der unterschiedlichen Nahrung und verschiedenen Orten des Nahrungserwerbs kann im

selben Biotop auch eine unterschiedliche Spezialisierung auf verschieden große Beutetiere der gleichen Nahrungsart erfolgen.

Beispiel Goldhähnchen mit einem Gewicht von ca. 5 g ernähren sich von kleinen Insekten, während die Blaumeisen (Gewicht: ca. 10 g) größere Insekten bevorzugen. Auch unterschiedliche Jagdzeiten (Tag/Nacht) ergeben verschiedene ökologische Nischen (Mäusebussard/Waldohreule).

Abb. 120: Ökologische Nischen einiger Insekten fressender Vogelarten im Wald

17.2 Entwicklung und Regulation von Populationen

Die Anzahl der Organismen einer Art, die in einem Gebiet vorkommen, ist nicht starr festgelegt, sondern bestimmten Schwankungen unterworfen, die von den jeweils herrschenden Umweltfaktoren abhängen. Die zeitliche Veränderung der Individuenanzahl zeigt meist eine charakteristische **Populationsdynamik**.

Eine **Population** umfasst alle in einem relativ abgeschlossenen Gebiet vorkommenden Individuen einer Tier- oder Pflanzenart, die sich uneingeschränkt untereinander fortpflanzen können und daher einen gemeinsamen Genpool besitzen.

Populationswachstum

Das Wachstum einer Population, kann (bei ungeschlechtlicher oder vegetativer Vermehrung) von einem einzelnen Individuum oder (bei geschlechtlicher bzw. sexueller Fortpflanzung) von einem Gründerpaar ausgehen.
Die Individuenzahl einer Population bleibt konstant, wenn die Geburtenrate der Sterberate entspricht. Die Wachstumsrate, die sich aus der Differenz zwischen Geburten- und Sterberate ergibt, ist in diesem Fall gleich Null. Ein

positives Populationswachstum ergibt sich, wenn pro Zeiteinheit durchschnittlich mehr Individuen geboren werden als absterben.

Die **Geburtenrate** (b) ist die Zahl in einer Zeiteinheit durch Geburt hinzugekommener Individuen. Die **Sterberate** (d) ist die Zahl an Individuen, die in einer bestimmten Zeit durch Tod ausscheiden.
Die **Wachstumsrate** (r) ist die Differenz aus Geburtenrate und Sterberate: $r = b - d$.

Beispiel

Wenn auf 1 000 Tiere 500 Nachkommen und 100 Todesfälle kommen, beträgt die Wachstumsrate $r = (500-100) : 1\,000 = 0{,}4 \mathrel{\hat{=}} 40\,\%$.

Unter optimalen Wachstumsbedingungen ist prinzipiell unbegrenztes Wachstum möglich. Bei vegetativer Vermehrung erfolgt das Wachstum **exponentiell**.

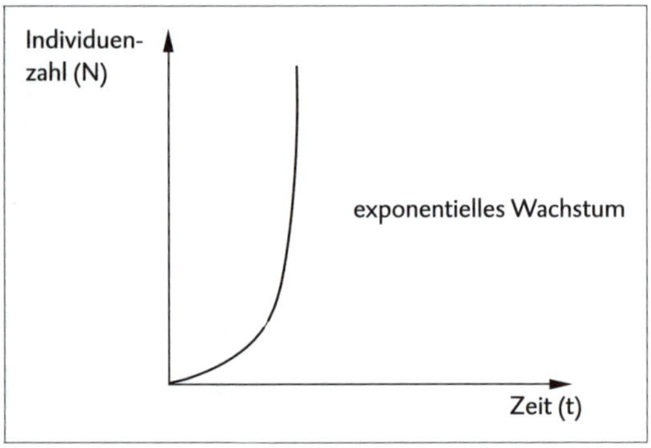

Abb. 121: Exponentielles Wachstum einer Population

Unbegrenztes Wachstum stößt sehr schnell an die Kapazitätsgrenze seiner Umwelt. Würde sich z. B. ein Bakterium, das sich unter Optimalbedingungen alle 20 Minuten teilt, ca. zwei Tage lang ungehemmt exponentiell vermehren, hätte die daraus entstehende Bakterienpopulation die Erde an Volumen bereits mehrfach übertroffen.

In den meisten Fällen folgt das Wachstum einer **logistischen Wachstumskurve**. Nur in der Anfangsphase des Populationswachstums tritt dann exponentielles Wachstum auf (Abb. 122 a). Bei einer Population mit wenigen Individuen gibt es noch genügend Nahrung für alle und der Biotop ist meist groß genug, um die zusätzlichen Artgenossen aufzunehmen. Schon bald verlangsamt sich jedoch das Wachstum, da ein Umweltfaktor begrenzend auf die weitere Vermehrung (in den meisten Fällen ist dies das Nahrungsangebot) wirkt. Die Kurve flacht ab (logistische Phase, b) und nähert sich asymptotisch an die Kapazität der Umwelt an (c). Anschließend geht sie in eine stationäre Phase über, in der die Individuenzahl der **Umweltkapazität K** entspricht. Neuere Untersuchungen im Freiland haben ergeben, dass die Umweltkapazität K mit natürlichen Populationsschwankungen erreicht und eingehalten wird (**fluktuierendes Wachstum**). Eine relativ genaue Einhaltung der Umweltkapazität gelingt nur Populationen, deren Individuen schnell auf eine Überbevölkerung reagieren, indem sie die Fortpflanzungsrate senken, an sozialem Stress zugrunde gehen bzw. keine Ei- und Spermazellen produzieren oder gar die Entwicklung noch ungeborener Embryonen einstellen, wie dies in einer übervölkerten Hasenpopulation der Fall ist.

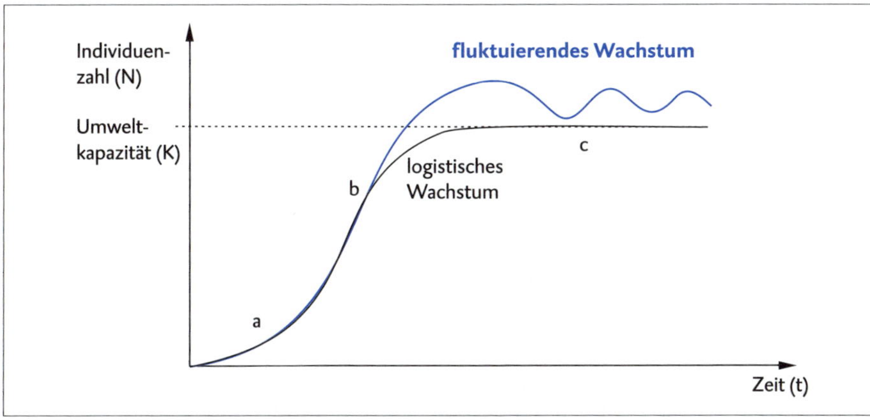

Abb. 122: Logistische Wachstumskurve

Dichteunabhängige und -abhängige Regulationsfaktoren einer Population

Bei den Faktoren, die das Wachstum einer Population begrenzen, unterscheidet man solche, die von der Individuenzahl der Population abhängen (dichteabhängige Faktoren) und jene, die unabhängig von der Dichte der Population auf deren Bestand einwirken.

Dichteunabhängige Faktoren sind vor allem Klima- und Bodenfaktoren. Dabei unterscheidet man solche, die das Populationswachstum hemmen bzw. die Population dezimieren und solche, die das Populationswachstum fördern.

Dichteunabhängige Faktoren, die das Populationswachstum hemmen	fördern
Klimafaktoren: • Überschwemmungen oder Dürrekatastrophen • Kälteeinbrüche oder Hitze	Klimafaktoren: • genügend Niederschläge • mildes Winterklima
Bodenfaktoren: • starke Verdichtung • Mangel an Mineralsalzen oder Versalzung	Bodenfaktoren: • aufgelockerter Boden • mineralstoffreicher Boden

Tab. 14: Beispiele für dichteunabhängige Faktoren

Die meisten **dichteabhängigen Faktoren** sind biotische Faktoren, also die eigenen Artgenossen, aber auch Nahrungsangebot und Fressfeinde, die in einer Rückkopplungsreaktion durch die Größe der Population beeinflusst werden. Bis zu einer bestimmten Populationsdichte fördert eine hohe Nachkommenzahl das Wachstum einer Population. Es handelt sich um einen Regelkreis (Kausalkreis) mit **positiver Rückkopplung**. Regelkreise mit positiver Rückkopplung führen zu einem Aufschaukelungsprozess und zum exponentiellen Anstieg der Individuenzahl einer Population.

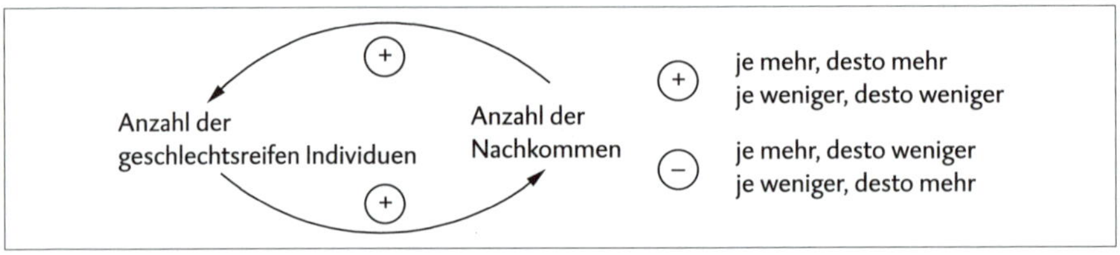

Abb. 123: Regulation der Populationsdichte durch positive Rückkopplung

Beispiel

Je größer die Anzahl der geschlechtsreifen Individuen, desto größer die Anzahl der Nachkommen. Je größer die Anzahl der Nachkommen, desto größer wird die Anzahl der geschlechtsreifen Individuen.

Auch eine frühe Geschlechtsreife und die damit verbundene kürzere Generationenfolge sowie lange Dauer der Fruchtbarkeit führen zu einer schnelleren Zunahme der Individuenzahl einer Population.
Ein großes Nahrungsangebot und das Fehlen von Fressfeinden fördern ebenfalls das Ansteigen der Populationsdichte und können in der Anfangsphase der Populationsentwicklung zu exponentiellem Wachstum führen.
Die meisten dichteabhängigen Faktoren begrenzen jedoch das Wachstum einer Population, z. B. Nahrungsmangel, zahlreiche Fressfeinde, Krankheitserreger (die sich bei einer hohen Populationsdichte schneller ausbreiten können) oder Stressfaktoren (die durch Übervölkerung der Population auftreten). Diese Faktoren wirken sich auf große Populationen stärker aus als auf kleine. Es handelt sich dabei um Regelkreise mit **negativer Rückkopplung**.

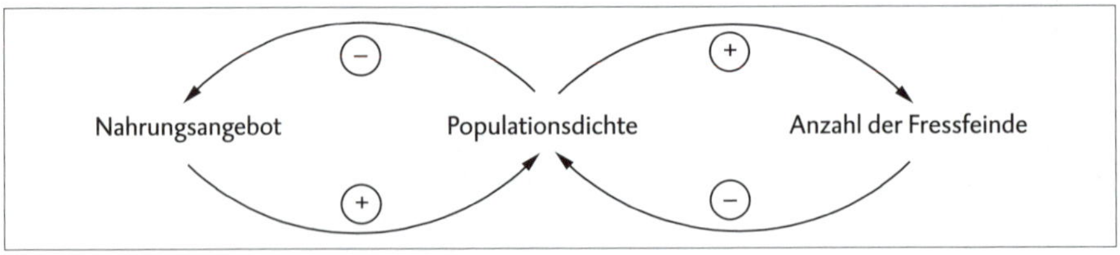

Abb. 124: Regulation der Individuenzahl einer Population durch negative Rückkopplung

Räuber-Beute-Beziehung

Der wichtigste dichteabhängige Faktor für die Regulierung einer Population ist die Anzahl der natürlichen Fressfeinde. Der Regelkreis der in Abb. 124 dargestellten Räuber-Beute-Beziehung (Abhängigkeit der Populationsdichte von der Anzahl der Fressfeinde) lässt sich vereinfacht folgendermaßen ausdrücken: „Je mehr Beute, desto mehr Räuber – je mehr Räuber, desto weniger Beute – je weniger Beute, desto weniger Räuber – je weniger Räuber, desto mehr Beute" und der Zyklus beginnt von vorne. Diese Beziehung gilt aber nur, wenn Räuber und Beute bezüglich der Körpergröße und ihrer Vermehrungsraten in etwa übereinstimmen. Ist der Räuber aber sehr viel größer als die Beute, benötigt er zum Überleben mehr Beutetiere und seine Fortpflanzungsrate ist normalerweise geringer als die der Beutetiere.

Diese Erkenntnisse wurden von dem italienischen Forscher VOLTERRA in Form von mathematischen Beziehungen zusammengefasst, die als **volterrasche Regeln** bezeichnet werden.

1. volterrasche Regel: Die Individuenzahlen der Räuber- und der Beutepopulationen schwanken jeweils um einen **Mittelwert** und bleiben relativ konstant.

2. volterrasche Regel: Sowohl die Populationskurven der Räuber als auch der Beute schwanken mit konstanten Zykluslängen und -amplituden um einen Mittelwert, sind aber gegeneinander **phasenverschoben**. Es treten in jeder der beiden Populationen **periodische Bevölkerungszyklen** auf.

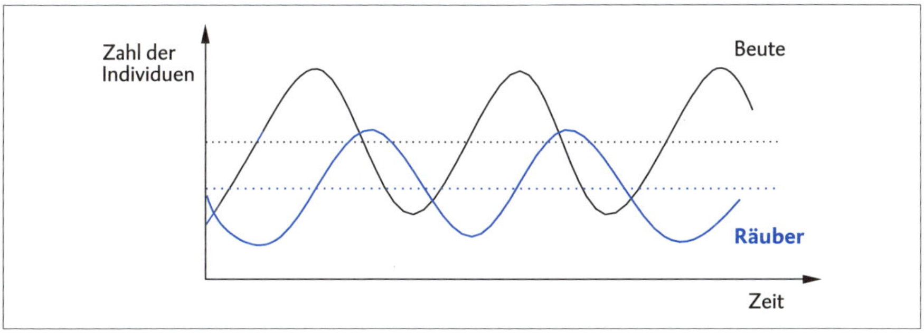

Abb. 125: Schematische Darstellung einer Räuber-Beute-Beziehung

3. volterrasche Regel: Wird durch einen Außenfaktor die Sterblichkeit der Beute und der Räuber gleichermaßen erhöht, pflanzt sich danach die Beute schneller fort als die Räuber; oder anders ausgedrückt: Nach einer gleich starken Verminderung sowohl der Beutetiere als auch der Räuber nimmt die Individuenzahl der Beutetiere schneller zu als die der Räuber.

Die Auswirkungen der letzten der drei Regeln werden z. B. bei der **chemischen Schädlingsbekämpfung** deutlich. Häufig kommt es vor, dass die Schädlingsbekämpfungsmittel sowohl Beute (Schädling) als auch Räuber (Nützling, natürlicher Feind) treffen. Da chemische Schädlingsbekämpfungsmittel meist nicht spezifisch auf einen bestimmten Schädling wirken, werden gleichermaßen Schädlinge und deren natürliche Feinde vernichtet, die Feinde oft noch zusätzlich, wenn sie vergiftete Beute fressen. Stellt man die chemische Schädlingsbekämpfung wieder ein, kommt es plötzlich zur **Massenvermehrung** der Schädlinge.
Da der Schädling dem natürlichen Feind meist zahlenmäßig um ein Vielfaches überlegen ist, kann er mit relativ hoher Wahrscheinlichkeit eine Giftresistenz erlangen. Somit wird das Gleichgewicht noch weiter zugunsten des Schädlings verschoben. Diesem Sachverhalt muss dann mit einem weiteren, oft stärkeren Gifteinsatz begegnet werden. So gelangt man schnell in einen Teufelskreis, aus dem nur der Schädling nicht nur unbeschadet hervorgeht, sondern sich sogar besser vermehren kann als vor dem Gifteinsatz (siehe S. 253 f.).

Entwicklung der Erdbevölkerung

Betrachtet man die Wachstumskurve der Erdbevölkerung über die letzten 10 000 Jahre, stellt man fest, dass es sich dabei bis zum heutigen Zeitpunkt um exponentielles Wachstum handelt.

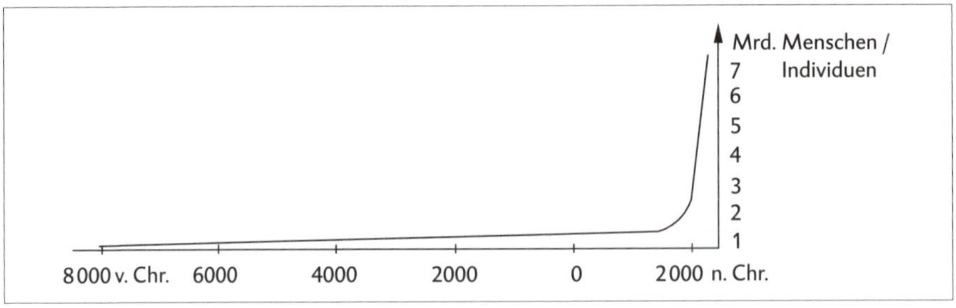

Abb. 126: Wachstumskurve der Menschheit über die letzten 10 000 Jahre

Vor 10 000 Jahren lebten auf der Erde etwa 5 Millionen und zur Zeit von Christi Geburt bereits 250 Millionen Menschen. Diese Zahl verdoppelte sich innerhalb von 1 650 Jahren. Bereits 200 Jahre später (um 1850) zählte man auf der Erde 1 Milliarde Menschen, 1930 war die 2-Milliarden- und 1975 die 4-Milliarden-Grenze erreicht. Im Jahr 2004 bevölkern ca. 6,5 Milliarden Menschen die Erde.
Bei normalem exponentiellem Wachstum verdoppelt sich die Anzahl der Individuen jeweils nach einem konstanten, festen Zeitraum. Im Fall der Erdbevölkerung jedoch verkürzte sich der Zeitraum, in dem eine Verdopplung stattfand, stetig. Während sich die Zahl der Menschen auf der Erde von 1650 bis 1850 von einer halben auf 1 Milliarde erhöhte, verdoppelte sie sich von 3 Milliarden (1960) auf 6,5 Milliarden in nur 44 Jahren. Daher handelt es sich bei der Erdbevölkerung in den letzten 100 Jahren nicht nur um exponentielles, sondern um **superexponentielles Wachstum**.

Folgende Gründe können dafür verantwortlich sein:
- Gewinnung neuer Anbauflächen für die Landwirtschaft;
- enorme Steigerung der Agrarproduktion durch Verbesserung der Technik sowie Einsatz von Schädlingsbekämpfungsmitteln und Kunstdünger;
- Senkung der Sterberate durch bessere hygienische und medizinische Versorgung.

Trotz des enormen technischen, medizinischen und landwirtschaftlichen Fortschritts reicht die Kapazität der Erde für ein derartiges exponentielles Wachstum der menschlichen Bevölkerung nicht aus. Vorsichtige Schätzungen gehen davon aus, dass die Kapazität der Erde höchstens 10–12 Milliarden Menschen beträgt. Die nur noch wenig ausweitbaren landwirtschaftlichen Flächen, die begrenzten Energie- und Rohstoffvorräte sowie die zunehmende Umweltverschmutzung durch Übervölkerung stellen die wichtigsten dichtebegrenzenden Faktoren für die menschliche Population dar.

Obwohl die Bevölkerung mit fast 6,5 Milliarden Menschen die Kapazitätsgrenze der Erde noch nicht erreicht hat, leiden heute schon mehr als 1 Milliarde Menschen an Hunger. Dies liegt weniger an der weltweit zu geringen Produktion von Nahrungsmitteln als an deren ungleicher Verteilung, an Transport- und vor allem an finanziellen Problemen. Gerade in den Ländern der Dritten Welt, in denen das Bruttosozialprodukt am geringsten ist, ist die Bevölkerungszunahme zum gegenwärtigen Zeitpunkt wesentlich größer als in den Industrienationen – trotz Technologierückstand und geringerer Lebenserwartung. In Ländern ohne Altersversorgung stellt auch heute noch eine große Kinderschar eine Art soziale Absicherung für den Lebensabend dar. Dazu kommt der Mangel an Aufklärung über und die oft fehlenden Möglichkeiten des Einsatzes von empfängnisverhütenden Mitteln. Nur wenn es gelingt, die sozialen Strukturen in diesen Ländern zu ändern und die Geburtenrate durch die Einführung von Geburtenkontrolle zu vermindern, wird die Menschheit eine Chance zum Überleben haben. In den hoch entwickelten Industrienationen, z. B. Japan und Deutschland, ist schon heute ein Rückgang der Geburtenrate zu verzeichnen. Die Industrialisierung und der damit verbundene höhere Lebensstandard sind weltweit Voraussetzungen für eine Abnahme der gegenwärtigen hohen Geburtenrate.

Zusammenfassung

- Ökologie ist die Lehre vom Haushalt der Natur. Sie beschäftigt sich mit den Wechselwirkungen der Organismen untereinander und mit den Faktoren der unbelebten Natur:

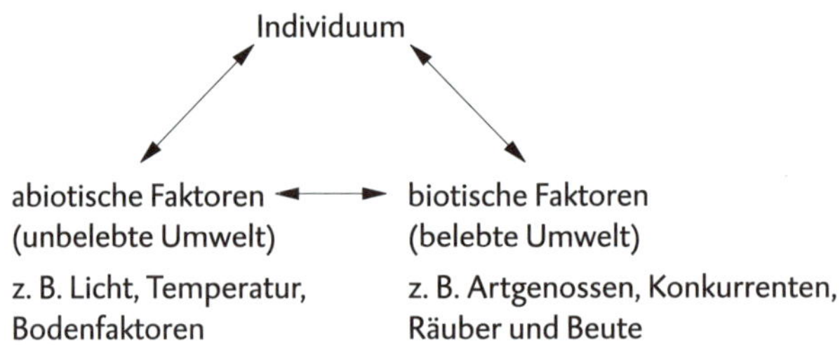

- Jeder Organismus kann Schwankungen von Umweltfaktoren in bestimmten Grenzen ertragen: Toleranzbereich.
- Organismen können im Rahmen ihrer Toleranzbereiche bestimmte Umweltfaktoren nutzen. Aus der Kombination dieser speziellen Umweltfaktoren ergibt sich ihre ökologische Nische.
- Zu einer Population gehören alle Individuen einer Art, die in einem relativ abgeschlossenen Gebiet leben. Die Mitglieder einer Population bilden eine Fortpflanzungsgemeinschaft.
- Die Entwicklung (Dynamik) von Populationen wird von dichteabhängigen (Konkurrenz, Feinde, ...) und dichteunabhängigen (Klima, Boden, ...) Faktoren gesteuert.
- Die Populationsgröße, bei der sich eine Population im Gleichgewicht befindet, wird als Umweltkapazität (K) bezeichnet.
- Populationen von Räubern und ihren Beutetieren unterliegen besonderen Regeln (nach Volterra).

Aufgaben

132 Welche Auswirkungen haben klimatische Faktoren auf das Pflanzenwachstum?

133 Stellen Sie für eine arktische und eine tropische Pflanze die Abhängigkeit der Fotosyntheserate von der Temperatur grafisch in ein- und derselben Skizze dar. Verwenden Sie für die arktische Pflanze eine durchgezogene und für die tropische Pflanze eine gestrichelte Linie.

134 Welche abiotischen Faktoren bestimmen in erster Linie das Wachstum der Pflanzen (nur nennen; es ist keine Begründung verlangt)?

135 a Mit welchen drei Maßnahmen kann man in einem Glashaus den Ertrag von Pflanzen steigern? Kurze Begründung!

b Welche der drei Maßnahmen zeigt den größten Erfolg? Kurze Begründung!

136 In tieferen Wasserschichten, deren Oberfläche von einer dichten Schicht von grünen Wasserlinsen bedeckt ist, findet man autotrophe Purpurbakterien, deren Farbe durch ihren hohen Carotingehalt bestimmt wird. Grünalgen fehlen in diesen Wasserschichten völlig.
Erklären Sie diesen Sachverhalt.

137 Zwei gleiche Nutzpflanzen werden im Experiment – bei sonst völlig gleichen Bedingungen – so gehalten, dass die eine Pflanze (Nr. 1) optimale Tag- und minimale Nachttemperaturen hat, während die andere (Nr. 2) Tag und Nacht einer gleichmäßig hohen, nämlich der optimalen Temperatur der ersten Pflanze ausgesetzt ist. Welche Pflanze bringt einen höheren Ertrag? Begründung!

138 Ein Gewächshaus, in dem die Innentemperatur konstant auf 20 °C gehalten wird, wird mit Blauglasscheiben verglast, ein anderes, direkt daneben stehendes erhält weißes Mattglas (Innentemperatur ebenfalls konstant 20 °C). In welchem dieser beiden Gewächshäuser ist das Wachstum der Pflanzen besser? Begründung!

139 Welchen Vorteil haben Nadel- gegenüber Laubbäumen, die ihre Blätter im Herbst abwerfen?

140 Charakteristische Pflanzen sumpfiger Wiesen sind Sauergräser; Süßgräser sind dort nur spärlich vertreten. Nach dem Trockenlegen solcher Wiesen verschwinden die Sauergräser nach einiger Zeit völlig und die Süßgräser dominieren.

a Interpretieren Sie diese Befunde unter Verwendung ökologischer Fachbegriffe.

b Stellen Sie grafisch die Abhängigkeit des Wachstums der Gräser vom Wasserangebot dar.

141 a In einem Aquarium wird eine Kultur von Pantoffeltierchen herangezogen. Nach einiger Zeit wird der Räuber *Didinium* (Einzeller) zugesetzt. Erläutern Sie das Zustandekommen der abgebildeten Populationskurven.

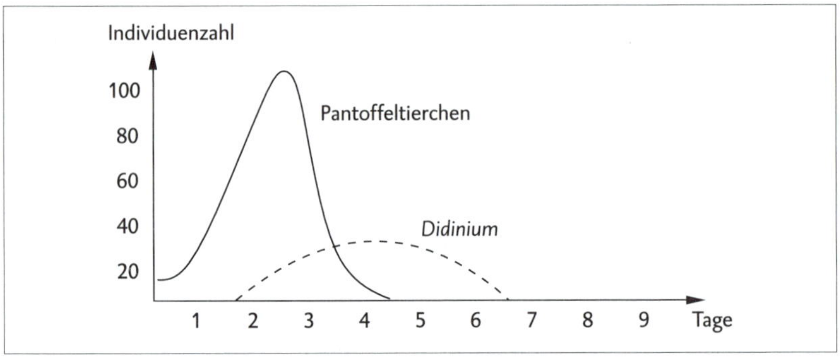

b Welche Populationsentwicklung erwarten Sie, wenn gleichzeitig mit dem Einsetzen des Räubers *Didinium* viele Versteckmöglichkeiten für die Pantoffeltierchen geschaffen werden? (nur Beschreibung)

c Angenommen, es gerät eine geringe Menge Spülmittel ins Aquarium, die zum Absterben eines großen Teils beider Populationen führt. Wie werden sich beide Populationen danach weiter entwickeln?

142 Worauf führen Sie das exponentielle Wachstum der Menschheit in den letzten Jahrhunderten zurück?

143 Drei Einzellerarten werden in Kulturgefäßen getrennt gehalten. Sie zeigen unter den herrschenden Bedingungen optimale Vermehrungsraten. Bringt man die Arten A und B zusammen, zeigt ihr Populationswachstum folgenden Verlauf:

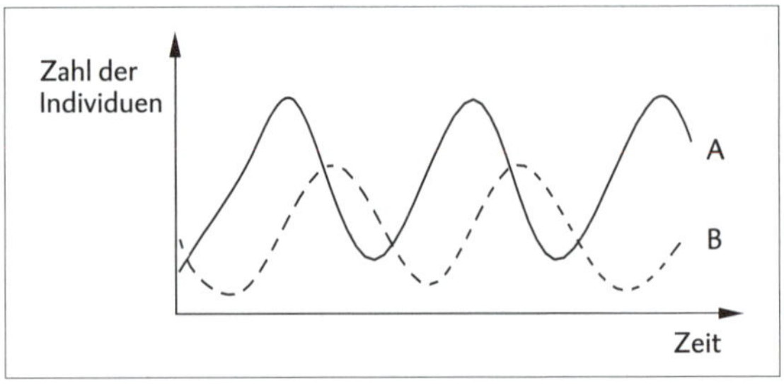

Bringt man die Arten A und C zusammen, ergeben sich folgende Wachstumskurven:

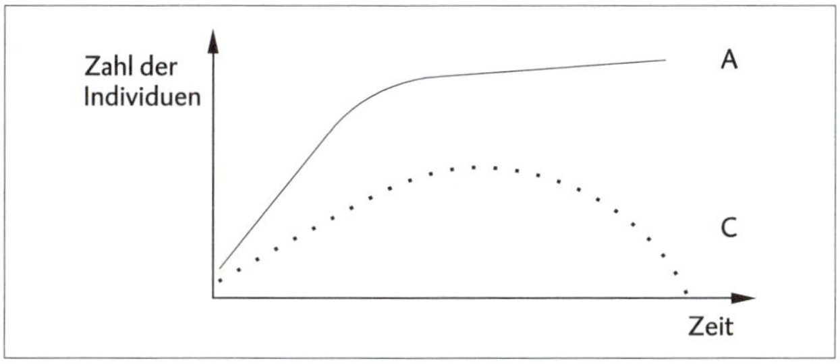

Begründen Sie die unterschiedlichen Populationsentwicklungen und interpretieren Sie die Beziehungen der Arten untereinander.

144 Erläutern Sie kurz folgende Beispiele, wobei Sie jeweils den (die) zutreffenden Begriff(e) verwenden:
Begriffe: Anpassung, Konkurrenz, ökologische Nische

a Ein Hobbygärtner hängt in seinem 500 m^2 großen Garten fünf Meisennistkästen auf. Er wundert sich, dass nur ein einziger besetzt ist, obgleich in der Gegend recht viele Meisen vorkommen.
b Die Entwicklung der Libellen verläuft über ein im Wasser lebendes Larvenstadium. Welchen ökologischen Vorteil bringt diese Art der Entwicklung für die Libellen?

145 Arten eines Verwandtschaftskreises weisen in verschiedenen geografischen Zonen unterschiedliche Körpergrößen und Körpergewichte auf, z. B. Polarfuchs: 9 kg, Rotfuchs: 7 kg; Wüstenfuchs 1,5 kg. Erklären Sie diese Tatsachen!

146 In der afrikanischen Baumsavanne leben Blätter fressende Dikdiks (hasengroße Zwergantilopen), Gerenuks (Giraffengazellen, mittlere Größe) und Giraffen nebeneinander.
Welche Möglichkeit des Zusammenlebens verschiedener Arten zeigt dieses Beispiel? (Geben Sie eine kurze Erläuterung und verwenden Sie Fachbegriffe).

147 Vergleichen Sie anhand eines Regelkreisschemas die unterschiedliche Wirkung von:

a Raubfischen und
b Infektionskrankheiten

auf eine Weißfischpopulation.

18 Ökosystem See

Seen sind stehende Gewässer, die von Festland umgeben sind. Sie zählen, im Gegensatz zum Meer, zu den **Süßwasserökosystemen**, zu denen auch noch die Fließgewässer (Bäche, Flüsse) gerechnet werden.
Je nach Größe der stehenden Binnengewässer unterscheidet man Seen, Teiche, Weiher und Tümpel. **Seen** sind sehr große, Weiher und Teiche mittelgroße und Tümpel die kleinsten stehenden Gewässer. Der Übergang vom Weiher zum See ist fließend. **Weiher** sind so flach, dass die Lichtstärke auch am Grund noch zur Fotosynthese genutzt werden kann.
Im Gegensatz zu Seen und Weihern trocknen **Tümpel** im Laufe eines Jahres ein- oder mehrmals aus und füllen sich vom Frühjahr bis Sommer wieder mit Wasser. Die Lebewesen des Tümpels müssen daher Austrocknungsphasen überdauern oder einen Ortswechsel vornehmen können. Aus diesen Gründen sind Tümpel fischfrei.
Bei **Teichen** handelt es sich um mittelgroße stehende Gewässer, die künstlich angelegt wurden und daher ab und zu teilweise oder ganz abgelassen werden.
Weiher und Seen dagegen trocknen nie aus. Das gleiche gilt für künstlich angelegte Baggerseen, während den künstlichen Stauseen zumindest regelmäßig größere Wassermengen entnommen werden.

Bestimmung der Wasserqualität

Die Wasserqualität von stehenden Gewässern kann sehr unterschiedlich sein. Sie hängt von zahlreichen Umweltfaktoren ab, z. B. der Wassertemperatur und dem Eintrag von Chemikalien in das Gewässer.

> Der Gehalt an anorganischen und organischen Stoffen eines Gewässers, sein Sauerstoffgehalt und die bakterielle Belastung bilden die Grundlage für die Zuordnung eines Gewässers zu einer der vier verschiedenen **Gewässergüteklassen** bzw. Saprobienstufen.

Saprobier sind heterotrophe Organismen, die sich von faulenden bzw. verwesenden Substanzen ernähren. Sie stellen sog. „Leitorganismen" (s. S. 209) für die jeweilige Gewässergüteklasse dar. Oligosaprobe Organismen vertragen nur einen geringen Verschmutzungsgrad, mesosaprobe können auch in mittelstark verschmutzten Gewässern leben und polysaprobe Organismen überleben auch in sehr stark verschmutzten Gewässern.

Güteklasse	Grad der organischen Belastung	Saprobienstufe	Beispiel
I	unbelastet bzw. sehr gering belastet	oligosaprob	Bergsee
II	mäßig belastet	β-mesosaprob	große Seen
III	stark verschmutzt	α-mesosaprob	Teiche, Tümpel
IV	sehr stark bzw. übermäßig verschmutzt	polysaprob	Abwasserbecken

Tab. 15: Einteilung der Gewässergüteklassen

Um die Gewässergüteklasse zu ermitteln, muss entnommenes Wasser verschiedenen Analysen unterzogen werden. Dabei werden folgende Parameter gemessen bzw. bestimmt:

- **Temperatur:** lässt Rückschlüsse auf die Sättigungsgrenze für Sauerstoff zu;
- **elektrische Leitfähigkeit:** gibt Aufschluss über den Ionen- bzw. Salzgehalt des Wassers;
- **pH-Wert:** gibt an, ob das Wasser sauer oder basisch reagiert;
- **Wasserhärte:** Die Carbonathärte gibt die Menge an Calciumhydrogencarbonat und Magnesiumcarbonat an, die Gesamthärte den Gehalt an Calcium- und Magnesiumsulfat;
- **Ionengehalt:** Ein hoher Gehalt einer Wasserprobe an Nitrit-, Nitrat-, Phosphat- und Ammoniumionen ist ein Hinweis auf Überdüngung bzw. auf Belastung des Gewässers mit organischen Substanzen, die abgebaut wurden. Diese Ionen fördern das Pflanzenwachstum und führen zur **Eutrophierung** (siehe S. 247);
- **Sauerstoffgehalt:** Er ist ebenfalls ein Indikator für die Belastung eines Gewässers mit organischen Stoffen. Zur Ermittlung dieser Belastung führt man die Messung des BSB- und des CSB-Wertes durch.
  - **Biologischer Sauerstoff-Bedarf (BSB-Wert):** Die Menge an Sauerstoff, die in einem bestimmten Zeitraum durch mikrobielle Abbauprozesse der organischen Substanzen in einer Messprobe bei 20 °C im Dunkeln unter Luftabschluss verbraucht wird, wird festgestellt. Beträgt der Messzeitraum 5 Tage, spricht man vom BSB_5-Wert. Dieser Wert gibt indirekt an, wie viel biologisch abbaubare Substanzen die Wasserprobe enthält.
  - **Chemischer Sauerstoff-Bedarf (CSB-Wert):** Darunter versteht man die Menge an Sauerstoff, die zum Abbau aller oxidierbaren Substanzen einer Wasserprobe durch Oxidationsmittel (z. B. Kaliumpermanganat) benötigt wird. Der CSB-Wert ist normalerweise höher als der BSB-Wert. Die Differenz der beiden Werte ist ein Maß für den Anteil an biologisch nicht abbaubaren Substanzen.

- **mikrobielle Belastung:** Die bakterielle Untersuchung eines Gewässers lässt Rückschlüsse auf die mikrobiologische Belastung eines Gewässers zu. Zum einen wird die Gesamtzahl der Bakterien ermittelt, aus der man ebenfalls die Wassergüteklasse bestimmen kann. Die Untersuchung auf Coli-Bakterien (die normalerweise im Darm von Menschen und Tieren leben) gibt Hinweise auf die Verunreinigung eines Gewässers durch Fäkalien.

18.1 Gliederung eines Sees in verschiedene Lebensräume

Seen lassen sich sowohl horizontal als auch vertikal gliedern. Die Freiwasserzone **(Pelagial)**, wird vom Bodenbereich **(Benthal)** unterschieden. Das Benthal ist vertikal untergliedert in die Uferzone **(Litoral)**, den Bereich zwischen der untersten Grenze des Pflanzenwuchses und der Wasseroberfläche und den Tiefenboden **(Profundal)**.

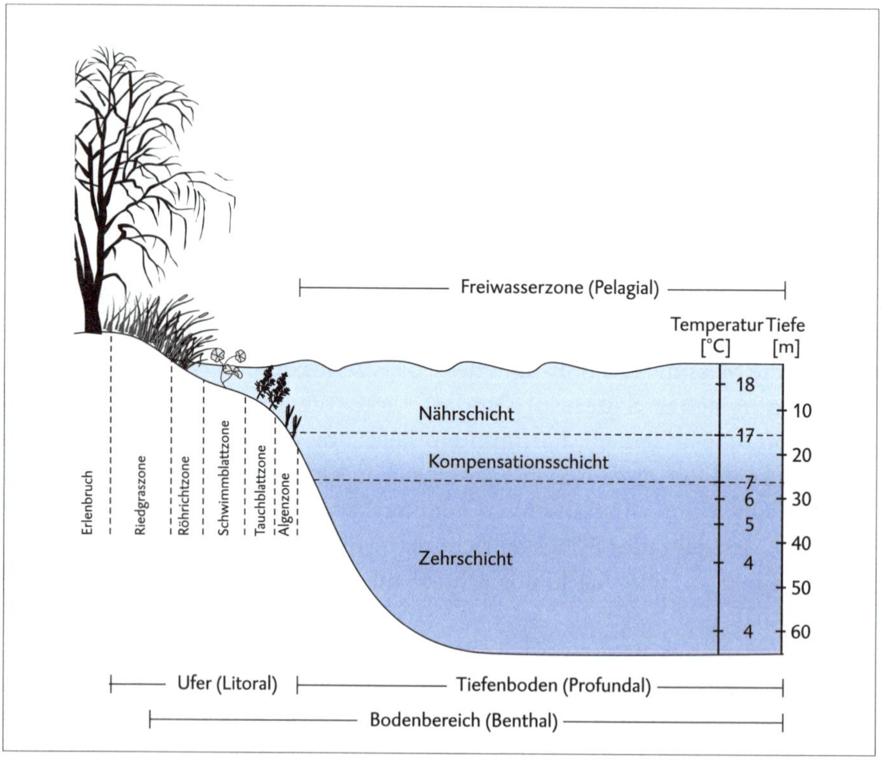

Abb. 127: Horizontale und vertikale Gliederung eines Sees

In Bezug auf Bildung und Verbrauch von Biomasse wird der See vertikal in die obere **Nährschicht** (trophogene Schicht) und die darunter liegende **Zehrschicht** (tropholytische Schicht) unterteilt. Da die Lichtverhältnisse in der Nährschicht gut bis ausreichend sind, findet man in dieser Schicht vor allem autotrophe grüne Pflanzen, die Fotosynthese betreiben. Sie sind die Produzenten, die Nährstoffe (Zucker und Stärke) herstellen und die übrigen Lebewesen mit Nahrung versorgen. Aufgrund der geringen Lichtstärke in der Zehrschicht leben dort nur heterotrophe Organismen, die auf Nahrung angewiesen sind. Zwischen beiden Schichten liegt die **Kompensationsschicht**, in der sich Produktion und Verbrauch von Nährstoffen in etwa die Waage halten. Weiher und Teiche weisen – bedingt durch ihre geringe Tiefe – keine Zehrschicht auf.
Das Litoral lässt sich in mehrere Abschnitte gliedern: Erlenbruch, Riedgraszone, Röhrichtzone, Schwimmblattzone, Tauchblattzone und Algenzone (siehe Abb. 127). Unterhalb der Algenzone ist Fotosynthese aufgrund von Lichtmangel nicht mehr möglich. Hier schließt sich das lichtlose Profundal an.

Zone	typische Pflanzen
Erlenbruch	Erlen, Weiden
Riedgraszone	Riedgräser, Schwertlilien, Seggen, Weiderich
Röhrichtzone	Schilf, Rohrkolben, Binsen, Pfeilkraut, Froschlöffel
Schwimmblattzone	See-, Teichrose
Tauchblattzone	Tausendblatt, Hornblatt
Algenzone	Armleuchteralgen, Grünalgen, Kieselalgen

Tab. 16: Zonierung des Litorals

18.2 Jahreszeitliche Änderungen von Temperatur, Sauerstoff- und Mineralstoffgehalt des Seewassers

Wasser besitzt ein hohes Wärmespeichervermögen. Daher wirken sich rasche Temperaturschwankungen der Luft nur sehr langsam auf die Wassertemperatur aus. Aufgrund seines Wärmespeichervermögens kann es im Sommer viel Wärme aufnehmen und sie in der kalten Jahreszeit wieder langsam an die Umgebung abgeben. Die geringe Wärmeleitfähigkeit des Wassers und die unterschiedliche **Dichte des Wassers** bei verschiedenen Temperaturen tragen dazu bei, dass im Sommer kein großer Wärmeaustausch zwischen dem erwärmten Oberflächenschicht und den tieferen Wasserschichten stattfindet.

Bei 4 °C erreicht das Wasser seine größte Dichte, d. h. Wasser bei dieser Temperatur ist schwerer als wärmeres oder kälteres Wasser (**Dichteanomalie** des Wassers). Deshalb sinkt Wasser mit 4 °C auf den Boden eines Sees; es entsteht eine stabile **Temperaturschichtung** des Wassers.

Im Laufe eines Jahres jedoch bewirken die jahreszeitlich bedingten langfristigen Temperaturschwankungen abwechselnd eine Durchmischung (Zirkulation) bzw. eine Stagnation des Wassers.

Sommerstagnation

Die Oberfläche eines Sees wird durch die Sonneneinstrahlung erwärmt und das Wasser vom Wind durchmischt. Es entsteht eine mehrere Meter tiefe, relativ warme Wasserschicht mit geringer Dichte, das **Epilimnion** (Oberflächenwasser, Deckschicht). Innerhalb dieser Schicht ist die Temperatur mehr oder weiniger einheitlich. Die aufgenommene Wärme kann nicht oder nur geringfügig an die unteren Wasserschichten abgegeben werden. Es kommt zur Ausbildung einer Temperaturschichtung. Im **Metalimnion** (Sprungschicht) tritt ein starker Temperaturabfall auf. Diese Schicht trennt das Epi- vom **Hypolimnion** (Tiefenwasser). Im Hypolimnion nimmt die Temperatur weiter ab und beträgt bei tiefen Seen am Grund konstant 4 °C.

Aufgrund des Temperatur- und Dichteunterschieds zwischen dem Wasser des Epi- und Hypolimnions „schwimmt" das Oberflächenwasser im Sommer auf der Sprungschicht und eine Durchmischung findet nicht statt (**Sommerstagnation**).

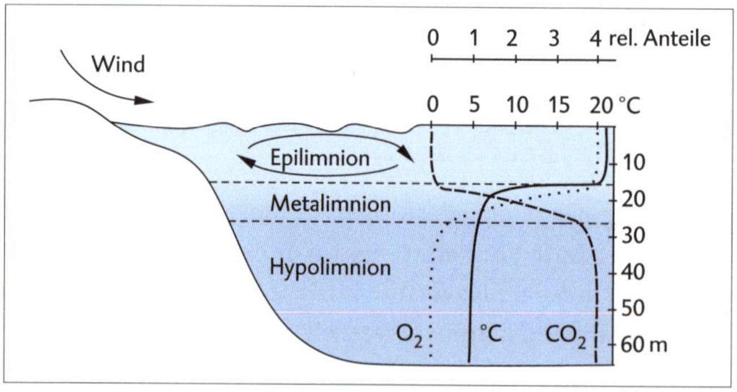

Abb. 128: Sommerstagnation

Hohe Lichtstärken, lange Belichtungsdauer und günstige Wassertemperaturen im Sommer sorgen in der Nährschicht eines Sees für eine hohe Fotosyntheserate und somit für reichliche Sauerstoffbildung und Biomasseproduktion. Es kommt zu einer Sauerstoffübersättigung im Epilimnion. Doch gerade im Sommer ist die Sauerstoffkapazität des Wassers aufgrund seiner hohen Temperatur gering. Ein Großteil des Sauerstoffs kann nicht im Wasser gelöst werden und wird daher an die Luft abgegeben. Die optimalen Bedingungen im Sommer führen nicht nur zu einem schnelleren Wachstum der Wasserpflanzen, sondern auch zu einer starken Vermehrung des Phytoplanktons. Je mehr Phytoplankton sich bildet, desto mehr stirbt schließlich ab und sinkt nach unten ins Hypolimnion.

Aus dem Oberflächenwasser sinken während des Sommers **organische Substanzen** in die Tiefe, die durch Destruenten unter Sauerstoffverbrauch abgebaut werden müssen. Aufgrund der fehlenden Durchmischung der Wasserschichten fehlt die Sauerstoffzufuhr aus dem Epilimnion und der **Sauerstoffgehalt im Hypolimnion nimmt stetig ab.**

Nur in **nährstoffarmen (oligotrophen)**, tiefen Seen ist die Sauerstoffzehrung im Hypolimnion durch Abbauprozesse so gering, dass sich der Sauerstoffgehalt in der Tiefe kaum ändert. Auch Tiere mit hohem Sauerstoffbedarf können in derartigen Seen den Sommer überleben. In **nährstoffreichen (eutrophen)** Seen dagegen haben nur die Tiere eine Überlebenschance, die mit wenig Sauerstoff auskommen. Zum Abbau der reichlich vorhandenen organischen Sinkstoffe im Hypolimnion wird viel Sauerstoff gebraucht, der dem Wasser entnommen wird. Erfolgt keine neue Sauerstoffzufuhr, sinkt der Sauerstoffgehalt unter den kritischen Grenzwert für das Überleben zahlreicher Tiere, es können mitunter nur noch Tiere überleben, die vorübergehend ohne Sauerstoff oder mit ganz wenig Sauerstoff auskommen können, z. B. Zuckmückenlarven. Die Eutrophierung eines Sees führt daher zur Verminderung der Artenvielfalt.
Sinkt der Sauerstoffgehalt des Hypolimnions unter 1 mg/L, laufen anaerobe Abbauprozesse ab und es bildet sich z. B. giftiger Schwefelwasserstoff, der das Überleben von Organismen praktisch unmöglich macht.

Herbstzirkulation

Im Herbst kühlt das Oberflächenwasser allmählich ab, dadurch nimmt die Dichte zu und das kühlere Wasser sinkt nach unten. Die Temperaturschichtung des Sommers löst sich auf. Die Temperaturen des Wasserkörpers erreichen 4 °C, seine Dichte wird damit einheitlich. Winde und Herbststürme sorgen für eine gute Durchmischung und die Bildung einer Strömung im

Oberflächenwasser. Diese Strömung setzt sich an den Ufern fort und wird nach unten geleitet. Dort trifft sie auf das Tiefenwasser und drückt es auf der anderen Seite wieder nach oben. Es kommt zur Ausbildung einer **Vollzirkulation**. Durch die Zirkulationsströmung gelangt sauerstoffreiches Oberflächenwasser in die Tiefe des Sees und kohlenstoffdioxidreiches Tiefenwasser an die Oberfläche. Der aerobe Abbau der toten Biomasse im Hypolimnion wird beschleunigt. Gleichzeitig werden mit der Strömung aus der Tiefe überschüssige Mineralstoffe wie Phosphate und Nitrate in die oberen Wasserschichten transportiert.

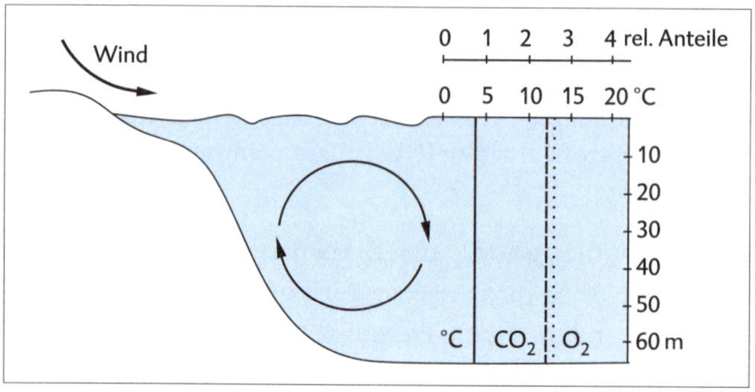

Abb. 129: Herbstzirkulation

Winterstagnation

Im Winter kühlt das Oberflächenwasser der Seen wieder ab. Nur sehr große Seen, z. B. der Bodensee, bleiben wegen ihrer hohen Wärmekapazität im Winter meist eisfrei. Da Wasser mit einer Temperatur von weniger als 4 °C leichter ist als solches von 4 °C, bleibt es an der Wasseroberfläche, bis es den Gefrierpunkt erreicht. Beim Gefrieren dehnt es sich, im Gegensatz zu den meisten anderen Flüssigkeiten, aus. Eis besitzt daher eine geringere Dichte als Wasser und schwimmt auf der Wasseroberfläche. So bildet sich auf der Wasseroberfläche eine Eisschicht, die bei zunehmender Kälte zwar immer dicker wird, aber gleichzeitig wegen ihrer schlechten Wärmeleitfähigkeit, als Isolator gegen die Kälte dient. Selbst in sehr kalten Wintern erreicht die Eisschicht höchstens eine Dicke von 50 cm. Das darunter liegende Wasser mit seinen Lebewesen ist vor weiterer Eisbildung geschützt.
Die Eisschicht im Winter verhindert das Durchmischen des Wassers bei Wind und Sturm. Es kommt daher zur Winterstagnation. Der Sauerstoff, der durch die Herbstzirkulation in das Hypolimnion gelangte, ist im Winter Voraussetzung für die weitere vollständige Remineralisation der abgesunkenen toten Biomasse (Selbstreinigung des Gewässers, s. auch S. 245).

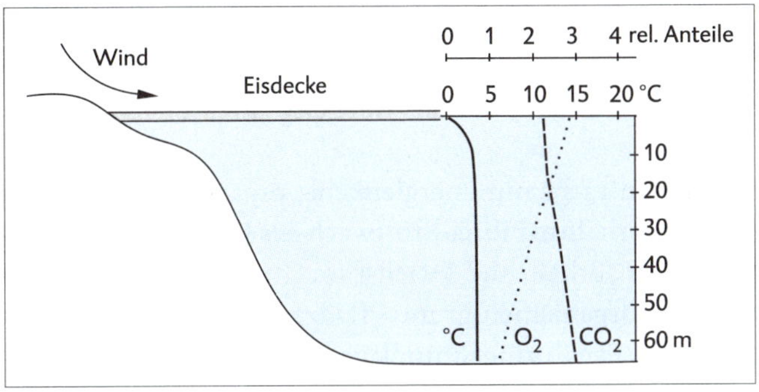

Abb. 130: Winterstagnation

Frühjahrszirkulation

Im Frühjahr erwärmt sich das Wasser erneut, bis es eine einheitliche Temperatur von 4 °C besitzt. Jetzt können die Frühjahrsstürme das Oberflächenwasser durchmischen und es entsteht wiederum eine Zirkulationsströmung ähnlich wie im Herbst, die für einen Stoffaustausch von Mineralien und Kohlenstoffdioxid zwischen Hypo- und Epilimnion sorgt (Abb. 130).
Da die Frühjahrsstürme aber weniger heftig als die Herbststürme sind, ist die **Vollzirkulation** im Frühjahr nicht so ausgeprägt wie im Herbst. Sobald die Wassertemperatur weiter ansteigt, kann sich das Phytoplankton in dem mit CO_2 und Mineralstoffen angereicherten Wasser sehr gut vermehren und bildet die Nahrungsgrundlage für das Zooplankton und höhere Tiere.

18.3 Nahrungsbeziehungen

Der Leitspruch „Fressen und Gefressenwerden" gilt für das Ökosystem See. wie auch für alle anderen Ökosysteme. Lebewesen, die andere fressen, sind in vielen Fällen selbst wieder Beutetiere anderer Organismen. Setzt man die Nahrungsbeziehungen, die zwischen Organismen der verschiedensten Arten bestehen, wie in einem Puzzle zusammen, ergeben sich Nahrungsketten, Nahrungspyramiden und Nahrungsnetze.

Bei einer **Nahrungskette** werden die linearen Beziehungen einzelner Lebewesen in Bezug auf ihre Ernährung aufgezeigt.

Heterotrophe (Fremdernährer) sind nicht wie die autotrophen Organismen (Selbsternährer) in der Lage, ihren Energiebedarf durch Eigenproduktion von Nährstoffen zu decken. Sie sind auf andere Lebewesen angewiesen. Nur grüne

Pflanzen und einige wenige Bakterien können mithilfe des Sonnenlichts (fotoautotroph) bzw. bestimmter chemischer Reaktionen (chemoautotroph) energiereiche Verbindungen aufbauen, die der Deckung ihres Energiebedarfs dienen (siehe S. 170).
Autotrophe Lebewesen stellen nicht nur energiereiche, organische Stoffe her, die sie selbst für die Aufrechterhaltung ihres Stoffwechsels benötigen, sondern auch sämtliche Baustoffe zum Erhalt und Wachstum ihres Körpers. Da eine Vielzahl von heterotrophen Organismen grüne Pflanzen frisst, sind die fotoautotrophen Organismen die Ernährungsgrundlage für alle anderen Lebewesen; sie sind das erste Glied in der Nahrungskette der übrigen Organismen. Im Verlauf der Fotosynthese bilden sie aus Wasser und Kohlenstoffdioxid energiereiche Verbindungen (wie Glucose und Stärke), die anderen Lebewesen als Nährstoffe dienen. Sie sind die **Primärproduzenten**, die die Nährstoffe für die übrigen „Verbraucher“, die **Konsumenten**, liefern. Sie stellen in der Nahrungskette die unterste Ernährungsebene (1. Trophieebene) dar.
Die Primärproduzenten werden von verschiedensten Konsumenten gefressen (**Primärkonsumenten**, 2. Trophieebene: Herbivoren = Pflanzenfresser). Die Pflanzenfresser werden wiederum von anderen Lebewesen (3. Trophieebene, Fleischfresser oder Carnivoren) verspeist, man bezeichnet sie als **Sekundärkonsumenten**. Neben den reinen Pflanzen- oder Fleischfressern gibt es noch die Allesfresser oder Omnivoren, die sowohl pflanzliche als auch tierische Nahrung verwerten können.

Beispiel

Im Ökosystem See setzen sich die autotrophen Produzenten überwiegend aus dem Phytoplankton zusammen, d. h. den im Wasser schwebenden, meist einzelligen Algen (1. Trophieebene). Die folgenden Trophieebenen werden durch die heterotrophen Konsumenten besetzt. Sie bauen die durch die Produzenten gebildeten organischen Nährstoffe wieder ab (Dissimilation):

Eine **Nahrungspyramide** erhält man, wenn man zusätzlich zur Nahrungskette noch die Biomasse bzw. die Individuenzahl in den einzelnen Trophieebenen berücksichtigt.

Von Trophieebene zu Trophieebene gehen etwa 90 % der Biomasse verloren. Nur jeweils 10 % der Biomasse der unteren Trophieebene werden in die Biomasse der nächsthöheren Trophieebene umgewandelt. Gleichzeitig nimmt die Körpergröße der Individuen mit steigender Trophieebene zu und die Individuenzahl ab.

Beispiel

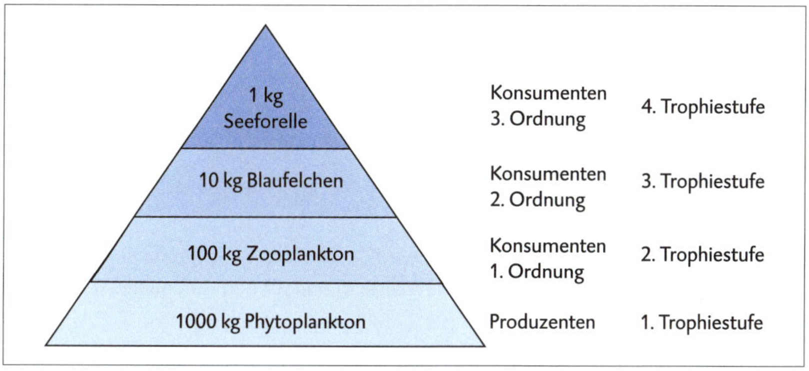

Die Nahrungsbeziehungen in der Natur sind wesentlich komplizierter, als sie durch die Nahrungskette bzw. -pyramide dargestellt werden.

Berücksichtigt man die vielfältigen Wechselwirkungen bei der Erstellung von Nahrungsbeziehungen in einer Biozönose (Lebensgemeinschaft), so erhält man keine linear aufgebaute Nahrungskette, sondern ein verzweigtes **Nahrungsnetz**.

Beispiel

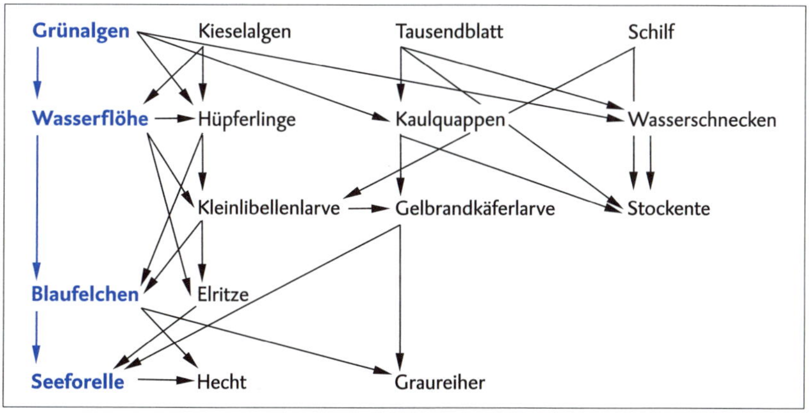

18.4 Stoffkreisläufe und Energiefluss

Biomasse kann nicht unbegrenzt aufgebaut werden. Zur Fotosynthese werden Wasser und Kohlenstoffdioxid benötigt. Wasser ist zwar praktisch unbegrenzt vorhanden, aber das Kohlenstoffdioxid der Atmosphäre wäre schon bald verbraucht. Dies gilt auch für lebenswichtige Mineralstoffe wie die stickstoffhaltigen Mineralsalze Nitrat und Ammonium oder für Phosphate. Auf der anderen Seite sterben Lebewesen nach einiger Zeit und lassen tote Biomasse zurück. Ein Heer von Organismen, die **Destruenten**, z. B. Aas- und Kotfresser, Regenwürmer, die Pflanzenreste verwerten, und vor allem Bakterien und Pilze sorgen dafür, dass diese tote Biomasse zersetzt und wieder dem Aufbauprozess von lebender Biomasse zugeführt wird (**Remineralisierung** der Biomasse). In der Natur findet ständig ein gigantischer Recyclingprozess statt, der die Ausgangsstoffe für den Aufbau von Biomasse, Wasser, Kohlenstoffdioxid und Mineralstoffe, wieder herstellt.

Im **Materiekreislauf** des Ökosystems wird die abgestorbene Biomasse von den **Destruenten** wieder abgebaut (remineralisiert) und für den Aufbau neuer Biomasse bereitgestellt.

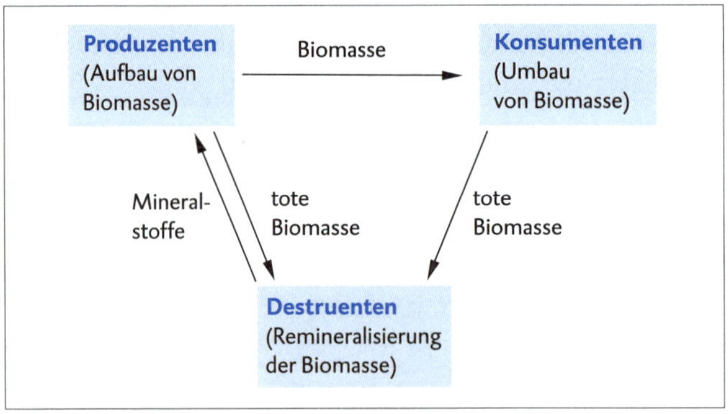

Abb. 131: Vereinfachtes Schema des Materiekreislaufs

Kohlenstoff- und Sauerstoffkreislauf

Kohlenstoff wird der Atmosphäre in Form von Kohlenstoffdioxid bei der **Fotosynthese** von den Produzenten entnommen und in organische Verbindungen (z. B. Zucker oder Stärke) eingebaut. Diese organischen Verbindungen dienen den Konsumenten als Nahrung. Sie werden zum größten Teil oxidiert (**Atmung**). Die Endprodukte der Oxidation sind Kohlenstoffdioxid und Wasser. Die tote Biomasse von Produzenten und Konsumenten wird durch die

Destruenten (meist unter Sauerstoffverbrauch) ebenfalls zu Kohlenstoffdioxid und Wasser umgewandelt. Beide liefern dadurch wiederum die Ausgangsstoffe für die Fotosynthese. Ein Teil der toten Biomasse wandelt sich unter bestimmten Bedingungen in Torf um, aus dem nach langer Zeit **Kohle, Erdöl und Erdgas** entstehen. Diese Kohlenstoffverbindungen werden im Haushalt und in der Industrie zur Energiegewinnung verbrannt, wodurch ebenfalls Kohlenstoffdioxid an die Atmosphäre abgegeben wird. Da aber heute viel mehr fossile, d. h. in früheren Jahrmillionen entstandene, Brennstoffe oxidiert werden, nimmt der Kohlenstoffdioxidgehalt der Luft allmählich zu, was eine der Ursachen für den **Treibhauseffekt** (s. S. 241) ist.
Der Sauerstoffkreislauf hängt eng mit dem Kohlenstoffkreislauf zusammen. Die Produzenten erzeugen bei der Fotosynthese Sauerstoff, der von den Konsumenten und den meisten Destruenten zur Oxidation der Nährstoffe benötigt wird. Dabei entstehen Kohlenstoffdioxid und Wasser, die wiederum Ausgangsstoffe für die Fotosynthese darstellen.

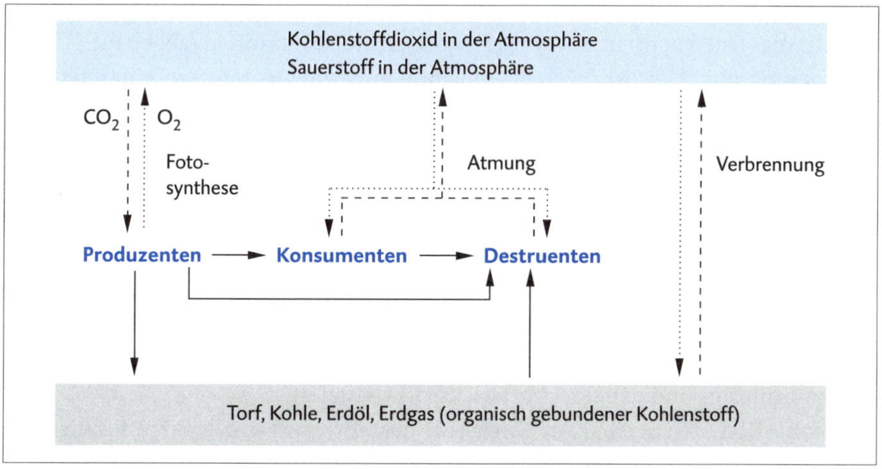

Abb. 132: Vereinfachtes Schema des Kohlenstoff- und Sauerstoffkreislaufs

Phosphat- und Stickstoffkreislauf

Phosphor wird zur Herstellung von **Nukleinsäuren** und **ATP** (bei Wirbeltieren auch zum Knochenaufbau) benötigt. Beim allmählichen Verwesen von Knochen wird Calciumphosphat frei. Andere organische Phosphorverbindungen werden durch Destruenten in Phosphationen zersetzt, die von den Pflanzen aufgenommen und wieder zur Herstellung von ATP und Nukleinsäuren verwendet werden.

Gelöstes Phosphat ist besonders in natürlichen Gewässern nur in geringen Mengen enthalten, es wirkt häufig als begrenzender Faktor. Phosphate gelangen vor allem über die Niederschläge, phosphathaltige Gesteine oder menschliche Einträge in die Seen. Normalerweise sind Auswaschungen aus dem Boden gering, da unbehandelte Böden Phosphat in hohem Maße adsorbieren. Durch übermäßige Phosphatdüngung kann die Adsorptionsfähigkeit des Bodens überschritten werden und Phosphate können in die Gewässer gelangen. Herrschen im See aerobe Bedingungen, bildet sich mit Eisen(III)-Ionen aus dem Sediment schwer lösliches Eisen(III)-phosphat. Phosphat wird dem Wasser entzogen.

Stickstoff wird von allen Organismen zum Aufbau von **Proteinen** und **Nukleinsäuren** benötigt. Stickstoff wird durch die Wurzeln der autotrophen Pflanzen in Form von **Nitrationen** (NO_3^-) und **Ammoniumionen** (NH_4^+) aus dem Boden aufgenommen. Heterotrophe Organismen werden mit Stickstoff in Form von Proteinen und Nukleinsäuren versorgt. Bei der Zersetzung der toten Biomasse werden die organischen Stickstoffverbindungen wieder durch die Destruenten zu Nitrat- und Ammoniumionen abgebaut. Durch Zersetzung von Tier- und Pflanzenleichen entsteht aus den Proteinen das Gas Ammoniak, das mit Wasser zu Ammoniumhydroxid reagiert (Ammoniumionen!). Ammoniumionen entstehen auch beim Abbau von Harnstoff, der von Tieren und Menschen mit dem Urin ausgeschieden wird.
Der Ammoniak kann auch von Nitritbakterien zunächst zu Nitrit- (NO_2^-) und anschließend von Nitratbakterien zu Nitrationen (NO_3^-) umgewandelt werden (**Nitrifikation**, die Nitrit- und Nitratbakterien fasst man auch zu den nitrifizierenden Bakterien zusammen). Bei der **Denitrifikation** wird schließlich das Nitrat von bestimmten Bakterien zur anaeroben Atmung benutzt (Nitratatmung) und dabei zu Luftstickstoff reduziert.
Obwohl die Luft zu 78 % aus Stickstoff besteht, sind nur wenige Pflanzen in der Lage, dieses riesige Stickstoffreservoir zu nutzen. Das Stickstoffmolekül ist äußerst reaktionsträge und nur sehr schwer in die Nitrat- oder Ammoniumionenform zu verwandeln. Nur die **Knöllchenbakterien** können in Symbiose mit Hülsenfrüchtlern (Leguminosen) den Luftstickstoff zum Aufbau von Proteinen und Nukleinsäuren nutzen (Stickstoffbindung).
Durch Blitze oder Vulkanausbrüche, aber auch durch die Verbrennungshitze in den Otto- und Dieselmotoren können sich aus Luftstickstoff und Sauerstoff die Stickoxide bilden, die mit Wasser zur Salpetersäure reagieren, wobei als Säurerest wieder Nitrationen entstehen.

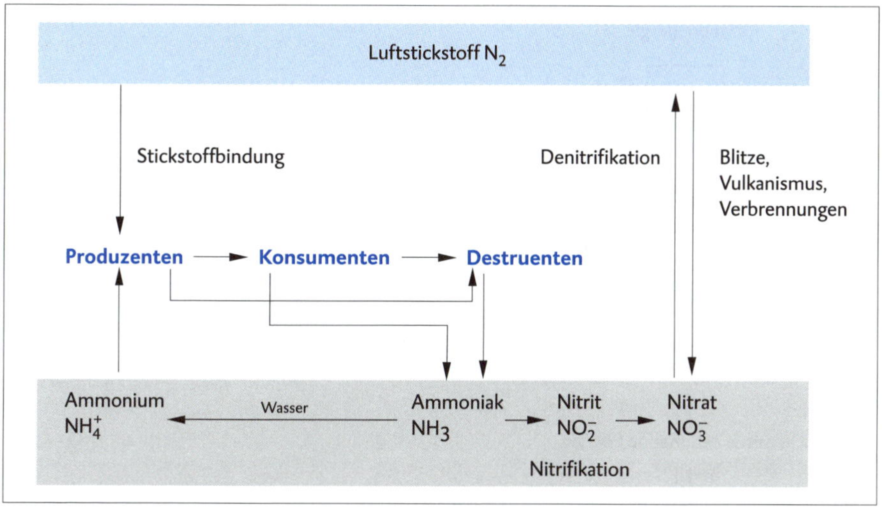

Abb. 133: Vereinfachtes Schema des Stickstoffkreislaufs

Energiefluss

Letztendlich stammt alle Energie auf der Erde von der Sonne, wo Wasserstoffkerne zu Heliumkernen verschmelzen. Die verschiedenen Formen von Energie entstehen durch Energieumwandlungsprozesse.

Im Gegensatz zur Materie wird Energie in der Natur nicht recycelt. Es existiert kein Energiekreislauf, sondern ein **Energiefluss**.

Die Erde ist nur Durchgangsstation für die von der Sonne gelieferte Energie. Sie trifft in Form von Strahlungsenergie (sichtbares Licht, UV-Licht und Wärmestrahlen) auf die Erdoberfläche und wird nur zum geringsten Teil von den grünen Pflanzen zum Aufbau von Glucose, Stärke u. a. verwendet.

In den von Pflanzen hergestellten organischen Verbindungen steckt somit chemisch gebundene Energie. Diese wird durch Oxidationsprozesse (Atmung) oder Gärung wieder freigesetzt. Nur ein geringer Teil der chemisch gebundenen Energie geht als Nahrung für die Konsumenten auf die nächste Trophiestufe über (etwa 1/10) und wird von ihnen zum Aufbau anderer organischer Verbindungen genutzt. Der größte Teil wird in Form von Wärme abgegeben, die in den Weltraum abstrahlt (Abwärme). Dies gilt auch für die bei der Zersetzung der toten Biomasse frei werdende Energie.

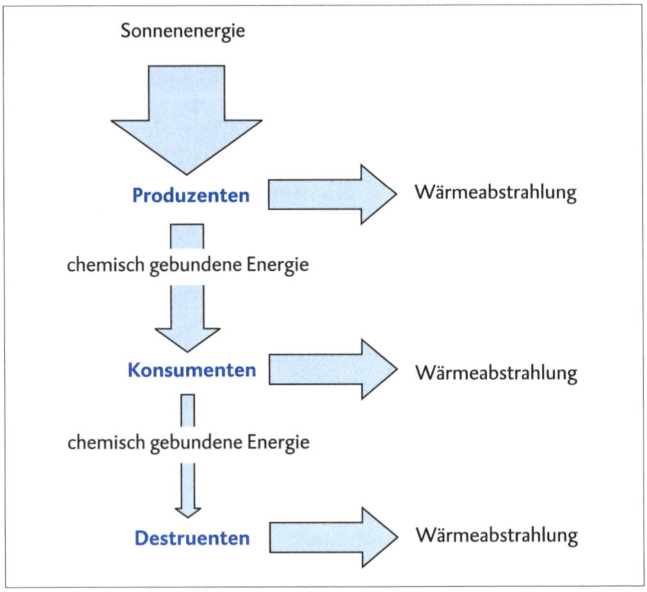

Abb. 134:
Vereinfachte Darstellung des Energieflusses auf der Erde

Zusammenfassung

- Seen sind größere stehende Gewässer, die allseits vom Festland umgeben sind.
- Lebensräume in einem See sind das Pelagial und das Benthal (Litoral und Profundal).
- Physikalische Eigenschaften des Wassers wie Dichte (Dichteanomalie), Lichtdurchlässigkeit und Wärmespeichervermögen sind Grundlagen für das Leben im Wasser.
- Im See wechseln stabile Temperaturschichtungen (Sommer und Winter) und dynamische Zirkulation (Frühjahr und Herbst) miteinander ab.
- Nahrungskette, -pyramide und -netz beschreiben Nahrungsbeziehungen in Lebensgemeinschaften.
- Am Anfang jeder Nahrungskette stehen die autotrophen Produzenten. Ein Teil der von Pflanzen erzeugten Biomasse verzehren die heterotrophen Konsumenten. Tote Biomasse wird von den Destruenten zersetzt.
- Durch die Remineralisierung der Biomasse wird eine Nahrungskette zu einem Materiekreislauf geschlossen.
- Mit dem Stofffluss der Nahrung werden in den organischen Stoffen gebundene Energiebeträge von Trophieebene zu Trophieebene weitergegeben.

Aufgaben

148 Was versteht man unter der trophogenen Zone in einem See? In welchem Tiefenbereich befindet sie sich? Welche Organismen sind dort am meisten vertreten?

149 Vergleichen Sie einen größeren See mit einem Teich oder Weiher in Bezug auf die Winter- und Sommerstagnation.

150 Wie und weshalb unterscheidet sich der Bodensee im Winter in Bezug auf die Temperaturschichtung und den Stoffaustausch gegenüber den anderen deutschen Seen?

151 Warum sollte man beim Anlegen von Gartenteichen darauf achten, dass sie, wenigstens an einer Stelle, eine Mindesttiefe von 80 cm bis 1 m erreichen?

152 In einem oligotrophen See misst man im Sommer im Oberflächenwasser eine Phosphatkonzentration von 0 mg/L, während im tiefen Wasser 5 mg/L gemessen werden.
Fassen Sie die wesentlichsten Ursachen zusammen, die diesen Messwerten zugrunde liegen.

153 Auf welche unterschiedliche Arten kann man die Wassergüte eines Sees ermitteln?

154 a Was ist der BSB_5-Wert? Welche Aussagen kann man durch Ermittlung dieses Wertes über ein Gewässer machen?
b Welche Schlussfolgerungen kann man aus der Differenz zwischen dem CSB-Wert und dem BSB-Wert ziehen?

155 Welche/welcher der folgenden Vorgänge fehlen/fehlt beim Teich und Weiher im Vergleich zum See? Begründung!

a Winterstagnation
b Sommerstagnation
c Frühjahrszirkulation

156 Nehmen Sie an, ein See stehe kurz vor dem „Umkippen“. Welche Maßnahmen würden Sie ergreifen, um diesen See noch zu retten? Begründung!

157 Die folgende Tabelle gibt den Sauerstoffgehalt und die Temperatur eines Sees in Abhängigkeit von der Wassertiefe an:

Wassertiefe (in m)	0	5	10	20	30	40	50
Sauerstoffgehalt (in mg/L)	15	13	12	11	10,5	10	10
Temperatur (in °C)	20	18	16	11	6	4	4

a In welcher Jahreszeit wurden die Messungen vorgenommen? Begründung!

b Um welchen Seetyp handelt es sich bei dem angegebenen Beispiel? Begründung!

158 Seen und Teiche dienen auch der Ernährung des Menschen. Warum ist aus ökologischer Sicht die Forellenzucht in einem Teich nicht sinnvoll? Geben Sie eine mögliche Alternative zur Forellenzucht an.

159 Worin besteht der Unterschied zwischen der Bruttoprimärproduktion und der Nettoprimärproduktion?

160 Welche Auswirkung hat das Einleiten von erwärmtem Kühlwasser in einen See?

161 Welche Stoffkreisläufe treten in der Natur auf (nur Stichworte nennen)? Warum spricht man einerseits vom Stoff*kreislauf* und andererseits vom Energie*fluss*?

162 Welche verschiedenen Bakterien spielen im Stickstoffkreislauf eine Rolle? Geben Sie in Stichpunkten auch kurz deren Funktion an.

19 Eingriffe des Menschen in Ökosysteme und Maßnahmen des Natur- und Umweltschutzes

Vor einigen tausend Jahren, als die Weltbevölkerung insgesamt etwa 50 Millionen Menschen zählte, befand sich unsere Erde noch im ökologischen Gleichgewicht. In Jahrmillionen der Evolution hatte sich der Biotop Erde zu einem sehr stabilen Ökosystem entwickelt. Die Menschen entnahmen diesem Ökosystem, so wie dies viele Naturvölker heute noch tun, nur wenige Rohstoffe und auch die Tier- und Pflanzenwelt wurde durch die menschlichen Eingriffe nicht bedroht. Inzwischen ist die Weltbevölkerung fast um das 1 200-fache angewachsen. Alle diese Menschen brauchen Nahrung, Rohstoffe und Energie. Um diesen ungeheuren Bedarf zu decken, greift der Mensch immer stärker in die Ökosysteme der Erde ein, zerstört natürliche Biotope und gefährdet viele bis dahin stabile Lebensgemeinschaften. Darüber hinaus trägt er zu einer großflächigen Umweltverschmutzung bei, die alle großen Lebensräume wie Luft, Wasser und Boden betrifft.

19.1 Eingriffe des Menschen in die Atmosphäre*

Die Atmosphäre ist vor allem durch die Abgabe (Emission) folgender Gase gefährdet: Kohlenstoffdioxid, Methan, Fluorchlorkohlenwasserstoffe (FCKW), Stickstoffoxide und Schwefeldioxid.

Treibhauseffekt

Ein Treibhaus bzw. Gewächshaus besteht aus Glaswänden und einem Glasdach. Für das sichtbare Licht ist normales Glas durchlässig, nicht jedoch für die langwelligere Infrarot- oder Wärmestrahlung. Treffen nun Lichtstrahlen im Inneren des Gewächshauses auf undurchsichtige Materie, wandelt sich ein Teil von ihnen in langwellige Wärmestrahlen um. Diese werden zum Teil absorbiert, die restlichen Infrarotstrahlen können aber, im Gegensatz zum sichtbaren Licht, die Glasscheiben nicht nach außen durchdringen, sie werden wieder zurückgeworfen und der Treibhausinnenraum heizt sich auf. (Ein ähnlicher Effekt tritt in einem Auto bei Sonneneinstrahlung auf. Der Innenraum wird dabei manchmal bis zu 60 °C heiß.)
Die Gase Kohlenstoffdioxid und Methan zeigen eine ähnliche Wirkung wie Glas. Sie sind ebenfalls für kurzwelliges Licht durchlässig und reflektieren die langwelligen Wärme- bzw. Infrarotstrahlen. Die Folge ist ein allmähliches Auf-

* kein Abitur-Prüfungsstoff im Leistungskurs

heizen der Atmosphäre bei zunehmendem Kohlenstoffdioxidgehalt der Luft. Der Grund für die kontinuierliche CO_2-Zunahme ist zum einen die steigende **Verbrennung von fossilen Brennstoffen** (Kohle, Heizöl, Benzin) und zum anderen der Rückgang an Grünflächen, vor allem die **Abholzung der tropischen Regenwälder.** Dadurch geht die jährliche Kohlenstoffdioxidfixierung durch die Fotosynthese zurück.
Man geht davon aus, dass sich bei Verdopplung des CO_2-Gehalts der Luft von 300 ppm (parts per Million) auf 600 ppm die Temperatur um 3 bis 5 °C erhöht. So gering dieser Betrag zu sein scheint, er hätte katastrophale Folgen für die Erde:

- Die subtropischen Wüstenregionen würden sich weltweit ausdehnen und zu den Polen hin verschieben.
- In unseren Breiten würden die Sommer heißer und trockener werden.
- Ein Teil des Eises an den Polkappen würde schmelzen und den Meeresspiegel um etwa 1 m steigen lassen. Ein beträchtlicher Teil der Küstenbereiche von Bangladesch oder den Niederlanden würde dadurch verschwinden.
- Verheerende Auswirkungen auf die Landwirtschaft und die Nahrungsproduktion
- Die Wasserversorgung in vielen Gebieten würde sich verschlechtern.
- Wahrscheinlich würden aufgrund der angegebenen Folgen große Völkerwanderungen einsetzen.

Mögliche **Gegenmaßnahmen**:

- Energieeinsparung durch Senkung des Benzin-, Kohle- und Heizölverbrauchs
- Steigerung des Erdgasanteils (Methan) als Energielieferant, da bei der Verbrennung von Erdgas bei demselben Heizwert weniger Kohlenstoffdioxid frei wird
- Stärkere Nutzung regenerierbarer Energien wie Solar- oder Windenergie
- Reduzierung des persönlichen Energiebedarfs durch Einsparungen (Wärmedämmung in Häusern, Austausch alter Heizkessel und problembewusstes persönliches Verhalten)
- Senkung des Strombedarfs in den Haushalten (ein Großteil des Stroms wird durch Verbrennen von Kohle und Heizöl erzeugt!) durch Verzicht auf elektrische Wäschetrockner, Einsatz von Energiesparlampen u. Ä.

Abbau der Ozonschicht

Die oberste Schicht der Atmosphäre in 20 bis 40 km Höhe, die Ozonschicht, absorbiert kurzwelliges Licht und schützt so die Lebewesen auf der Erde vor der lebensgefährlichen UV-Strahlung. Sie besteht aus O_3-Molekülen. Diese Ozonmoleküle bilden sich aus der Reaktion eines Sauerstoffmoleküls (O_2) mit einem Sauerstoffatom (O). Die Sauerstoffatome wiederum entstehen durch Einwirkung von UV-Licht auf Sauerstoffmoleküle, die dabei gespalten werden.
Durch Messungen wurde festgestellt, dass die Ozonschicht seit etwa 30 Jahren vor allem über den Polkappen der Erde abnimmt (**Ozonloch**). Verantwortlich dafür sind vor allem Fluor-Chlor-Kohlen-Wasserstoffe (FCKW), die bis vor kurzem als Treibgas in Spraydosen verwendet wurden und heute noch bei der Herstellung von Kühlschränken (als Kühlmittel und zum Aufschäumen von Wärme- bzw. Kälteisoliermaterial) eine wichtige Rolle spielen. Erst nach ca. 20 Jahren erreichen die als Treibgas oder beim Entsorgen von Isoliermaterial frei werdenden FCKW-Moleküle die obere Stratosphäre. Dort werden, unter Einfluss von Licht und UV-Strahlung, **Chlorradikale** von den FCKW-Molekülen abgespalten. Diese sind sehr reaktionsfreudig, entreißen den O_3-Molekülen ein Sauerstoffatom und bilden ClO (Chlormonoxid), es bleiben O_2-Moleküle zurück. Da die Chlorradikale immer wieder aus den gebildeten Chlormonoxidradikalen entstehen und sich dieser Reaktionszyklus häufig wiederholt, kann ein einziges FCKW-Molekül mehr als 1 000 Ozonmoleküle zerstören.

Mögliche **Auswirkungen** des Ozonlochs, das sich vor allem über den Polen und über den Ländern der südlichen Halbkugel (z. B. Australien) ausdehnt:

- Erhöhtes Krebsrisiko, vor allem für Hautkrebs
- Steigerung der Mutationsrate: UV-Strahlen gehören zu den mutagenen Strahlen
- Beeinträchtigung der Beweglichkeit und Orientierung von Planktonorganismen; eine höhere Dosis kann zum Absterben des Planktons führen mit katastrophalen Auswirkungen auf die Nahrungsnetze
- Die Reduzierung des Phytoplanktons trägt zur Steigerung des CO_2-Gehalts der Luft bei, da weniger Kohlenstoffdioxid durch die Fotosynthese gebunden werden kann.
- Schädigung von UV-empfindlichen Cyanobakterien, die Luftstickstoff binden können und dadurch weltweite Reduzierung der Proteinproduktion

Als **Gegenmaßnahme** wurde seit 1991 die FCKW-Produktion weltweit schrittweise verringert. Seit Anfang 2003 gilt ein weltweites Verbot für die Herstellung und Verwendung von vollständig halognierten FCKWs; bis 2030 soll dies nach einem Stufenplan auch auf die teilhalogenierten HFCKWs ausgeweitet werden).

Smog und saurer Regen

Smog ist ein künstliches Wortgebilde aus den englischen Bezeichnungen für *smoke* (Rauch) und *fog* (Nebel). Smog liegt als eine große Dunstglocke meist über Großstädten und Industriegebieten, in deren Luft zu viele Staubpartikel schweben. Im Winter entstammen sie meist den Schornsteinen von Haushalten und Industrieanlagen (Wintersmog). Die Staubteilchen wirken als Kondensationskerne für zahlreiche Säuren in der Luft, z. B. Schwefel-, salpetrige und Salpetersäure (s. u.) und bilden mit den genannten Stoffen einen Dunst oder Nebel. Im Sommer sind es vor allem die Stickstoffoxide, die bei Inversionswetterlagen (umgekehrte Wetterlagen, bei denen Warmluft über einer kühleren Luftschicht liegt und zwischen denen kein oder nur geringer Luftaustausch stattfindet) für die Smogbildung verantwortlich sind. Sie stammen zum größten Teil aus den Auspuffgasen der Kraftfahrzeuge.

Saurer Regen entsteht entweder durch Reaktion von Wasser (Feuchtigkeit) mit Schwefeldioxid oder Stickstoffdioxid. Zunächst bildet sich aus Wasser und Schwefeldioxid (SO_2) die schweflige Säure (H_2SO_3). Diese wird dann durch Sauerstoff zu Schwefelsäure (H_2SO_4) oxidiert.
Stickstoffoxide entstehen im heißen Motorraum aus Stickstoff und Sauerstoff. Zuerst reagieren Stickstoff und Sauerstoff zu Stickstoffmonoxid (NO). Durch Oxidation mit Sauerstoff entsteht aus diesem dann Stickstoffdioxid (NO_2). Stickstoffdioxid reagiert mit Wasser schließlich zur Salpetersäure (HNO_3). Bei höheren Stickstoffoxidkonzentrationen zerfällt Stickstoffdioxid unter Lichteinfluss in Stickstoffmonoxid und ein Sauerstoffatom, das mit einem Sauerstoffmolekül zu Ozon reagiert. Bei starker Sonneneinstrahlung bildet sich daher in stickstoffoxidbelasteter Atmosphäre „Ozon-Smog".

Mögliche **Auswirkungen** von Smog und saurem Regen:

- Reizung der Atemwege und der Lungen
- Smogbildung unterstützt die Bildung von Schwefelsäure und Salpetersäure aus Wasser (Luftfeuchtigkeit) und Schwefeldioxid bzw. Stickstoffoxiden (saurer Regen).
- Stickstoffoxide (NO/NO_2) beschleunigen Oxidationsvorgänge in der Luft

- Saurer Regen schädigt Blätter und Nadeln von Laub- und Nadelbäumen (Cuticula wird zerstört, Blätter und Nadeln trocknen leichter aus).
- Als Folge des sauren Regens tritt auch eine erhebliche Gewässerbelastung auf. Durch die Erhöhung der Wasserstoffionenkonzentration (Erniedrigung des pH-Werts) werden zahlreiche Bakterien und damit Destruenten geschädigt, was eine unvollständige Zersetzung der toten Biomasse zur Folge hat. Das Zooplankton stirbt ab, ebenso Schnecken und Muscheln, da das Calciumcarbonat in ihren Schalen herausgelöst wird, und bei hohen Wasserstoffionenkonzentration kommt es zum Fischsterben.

Mögliche **Gegenmaßnahmen**:
- Verwendung von Katalysatoren in Kraftfahrzeugen (durch sie werden die Stickstoffoxide in den Autoabgasen in unschädlichen Stickstoff und Wasserdampf umgewandelt)
- regelmäßige Kontrolle der Autoabgase (AU: Abgasuntersuchung)
- Verwendung von schwefelarmen Heizmaterialien und Treibstoffen
- Beseitigung von Schwefeldioxid und Stickstoffoxiden aus dem Rauchgas von Kohlekraftwerken (Rauchgaswäsche mithilfe von Calciumhydroxid liefert Calciumsulfat [Gips] und Calciumnitrat).
- Verbot von Fahrten mit dem Auto, vor allem in die Innenstädte, bei hoher Staub- und Rußbelastung der Luft im Winter und Inversionswetterlagen im Sommer
- Geschwindigkeitsbeschränkungen auf Landstraßen und Autobahnen; Autos nicht mit Vollgas und Höchstgeschwindigkeit fahren; vor allem auf kurzen Strecken in den Innenstädten das Fahrrad verwenden

19.2 Selbstreinigung der Gewässer, Gewässerbelastung und Abwasserreinigung

Selbstreinigung der Gewässer

In einem intakten Gewässer halten sich Stoffaufbau durch Produzenten und Stoffabbau durch Destruenten weitgehend die Waage. Ein solches Gewässer ist bis zu einem gewissen Grad belastbar, wenn kurzfristig Biomasse von außen eingetragen wird, z. B. fallende Blätter im Herbst. Die Destruenten benötigen dann zwar mehr Sauerstoff, weil sie sich bei diesen Bedingungen stärker vermehren, dies wird jedoch ausgeglichen durch das schon bald darauf einsetzende vermehrte Wachstum der Pflanzen. Die Pflanzen produzieren mehr Sauerstoff und die aeroben Destruenten können die von außen eingetragene Biomasse rasch remineralisieren (**Selbstreinigung** des Gewässers).

Für das Beispiel eines Fließgewässers soll der dabei stattfindende Abbauprozess etwas genauer betrachtet werden: Vor der Einleitung des Abwassers (z. B. aus einer Brauerei oder Molkerei) hat das Wasser des Bachs eine sehr gute Qualität (Güteklasse I, siehe S. 225) mit einem hohen Sauerstoffgehalt, geringem Gehalt an Phosphat- und Nitrationen sowie Bakterien und Algen.
Nach der Einleitung des Abwassers finden folgende Veränderungen statt (Abschnitt A in Abb. 135):

- Aerobe Bakterien vermehren sich aufgrund des guten Nahrungsangebots (organische Stoffe aus dem Abwasser) und des hohen Sauerstoffgehaltes rasant. Abwasserpilze profitieren ebenfalls von den organischen Abfallstoffen.
- Durch die Trübung des Wassers können die Algen kaum Fotosynthese betreiben. Ihre Zahl geht zurück, ebenso die Sauerstoffproduktion.
- Beim Abbau eiweißhaltiger Stoffe aus dem Abwasser entstehen zunächst Ammoniumionen. Da zu wenig Sauerstoff vorhanden ist, wird der weitere Abbau zu Nitrat verzögert.
- Der Abbau der organischen Stoffe setzt Phosphat frei.

Mit zunehmender Entfernung von der Abwassereinleitung verbessert sich die Wasserqualität wieder (Abschnitt B):

- Durch den fortschreitenden Abbau geht die Trübung des Wassers zurück. Die Zahl der Bakterien und Abwasserpilze nimmt ab.
- Die Algen erhalten mehr Licht für die Fotosynthese.
- Die Algenpopulationen wachsen durch die gute Versorgung mit Nitrat und Phosphat stark an. Die reminieralisierten Stoffe befinden sich nun in ihrer Biomasse.

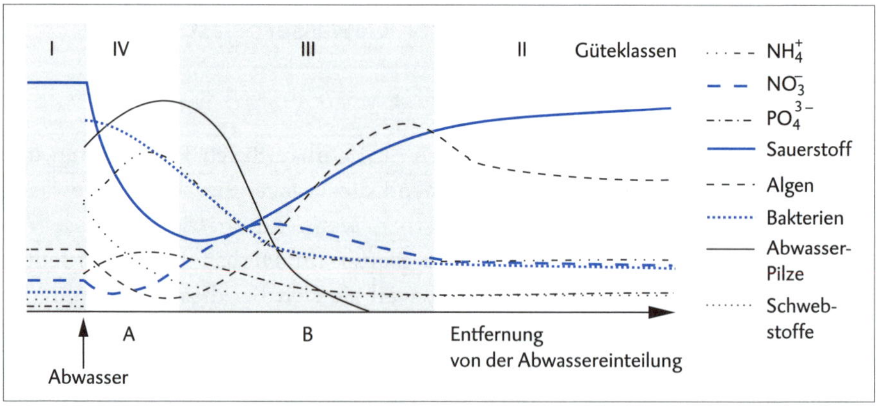

Abb. 135: Selbstreinigung in einem Fließgewässer

Gewässerbelastung und Eutrophierung

Gelangen zu viel organisches Material oder Düngemittel wie Phosphate und Nitrate in ein Gewässer, reicht die Selbstreinigungskraft nicht mehr aus. Dies ist häufig beim Einleiten von ungeklärten Abwässern oder Düngemitteln der Fall, die der Regen in einer dem See nahen Wiese ausgewaschen und in das Gewässer geleitet hat.

Bis zu einem gewissen Grad können Gewässer von außen eingetragene Biomasse abbauen. Diese **Selbstreinigung** kann bei zu starker Belastung mit organischem Material gestört sein. Das Gewässer wird **eutrophiert**.

Daraufhin setzt eine starke Vermehrung der Wasserpflanzen, vor allem des Phytoplanktons ein. Es kommt zur vermehrten Sauerstoffbildung, der größte Teil des gebildeten Sauerstoffs steigt in die Luft, da das Wasser nur eine begrenzte Menge an O_2 aufnehmen kann. Infolge der starken Vermehrung des Phytoplanktons sind die Wachstumsbedingungen für das Zooplankton und die übrigen Pflanzenfresser optimal, sie vermehren sich ebenfalls explosionsartig und verbrauchen einen Großteil des Sauerstoffs. Ist wenig Sauerstoff vorhanden, bildet sich aus dem unlöslichen Eisen(III)-phosphat ($FePO_4$, siehe S. 236) das lösliche Eisen(II)-phosphat. Die freien Phosphationen fördern dann zusätzlich das Pflanzenwachstum.
Nach einiger Zeit stirbt ein Teil des Phytoplanktons wie auch des Zooplanktons und der übrigen heterotrophen Organismen ab. Es kommt zur Anhäufung toter Biomasse, die von aeroben Destruenten abgebaut wird. Die starke Vermehrung dieser Destruenten trägt so lange zum weiteren Sauerstoffschwund des Gewässers bei, bis nur noch **anaerobe Abbauprozesse** möglich sind (Faulschlammbildung). Die giftigen Stoffwechselprodukte dieser anaeroben Organismen, z.B. Schwefelwasserstoff (H_2S) und Ammoniak (NH_3), töten schließlich alle anderen Lebewesen im See, man sagt „der See kippt um“.

Abwasserreinigung

Bei den Mengen an Abwässern, die täglich in Deutschland entstehen, wären schon bald sämtliche Flüsse und Seen mit ihrer Selbstreinigungskraft überfordert. Daher muss Sorge dafür getragen werden, dass diese Abwässer nicht ungeklärt in unsere Gewässer gelangen. Zu diesem Zweck gibt in den meisten Städten und Gemeinden Kläranlagen.

Moderne Kläranlagen verfügen über drei Reinigungsstufen:

1 **Mechanische Stufe:** An einem Grobrechen bleiben die sperrigen Gegenstände hängen. Dann gelangt das Wasser in ein Sandfangbecken, die Fließgeschwindigkeit verringert sich und Sand und Schlamm sinken zu Boden. Im anschließenden Ölabscheider werden Benzin, Heizöl und Fette abgetrennt. In einem weiteren Becken wird die Fließgeschwindigkeit nochmals verringert, sodass die groben Schwebstoffe zu Boden sinken.

2 **Biologische Stufe:** In einem Belebtschlammbecken werden dem Abwasser **aerobe Destruenten** (vor allem Bakterien und Einzeller) zugesetzt, um die organischen Stoffe des Abwassers, ähnlich wie in der Natur, abzubauen. Zur besseren Sauerstoffversorgung wird Luft eingepumpt. Die zersetzten organischen Verbindungen flocken zusammen mit einem Teil der zugesetzten Destruenten aus (**Belebtschlamm**). Der Belebtschlamm wird in einem Nachklärbecken abgesaugt und teilweise in das Belebtschlammbecken zurückgeleitet, um dort optimale Individuendichten aufrecht zu erhalten. Der Großteil der gebildeten Biomasse wird aber in die Faultürme geleitet, wo anaerobe Destruenten die tote Biomasse im Klärschlamm abbauen. Das dabei anfallende Methangas wird zur Wärmeversorgung des Klärwerks verwendet. Der ausgefaulte Schlamm könnte als Dünger an Landwirte abgegeben werden. Allerdings bereitet dies zunehmend Schwierigkeiten, da viele Abwässer mit hochgiftigen Schwermetallen, z. B. Cadmium, belastet sind, die Enzyme schädigen können (siehe S. 163). In solchen Fällen wird der getrocknete und gepresste Klärschlamm auf Deponien gelagert. Mitunter wird Klärschlamm auch mit Kalk vermischt, getrocknet und als Untergrund für Straßenbeläge verwendet. Eine weitere Möglichkeit der Entsorgung besteht im Verbrennen von Klärschlamm bei Temperaturen von ca. 1 000 °C.

3 **Chemische Stufe:**

In der chemische Reinigung werden Phosphate z. B. durch Zugabe von Eisensalzen gefällt oder, wenn nötig, Säuren bzw. Laugen im vorgeklärten Wasser chemisch neutralisiert. Bei hoher Bakterienbelastung erfolgt auch noch eine zusätzliche Desinfektion des Wassers mithilfe von Chlor oder UV-Bestrahlung.

Moderne **Kläranlagen** reinigen das Wasser zunächst **mechanisch** von größeren Schmutzpartikeln, anschließend in einem der Selbstreinigung ähnlichen Prozess **biologisch** durch Destruenten von organischer Substanz und fällen am Ende die gewässerbelastenden Phosphate **chemisch** aus.

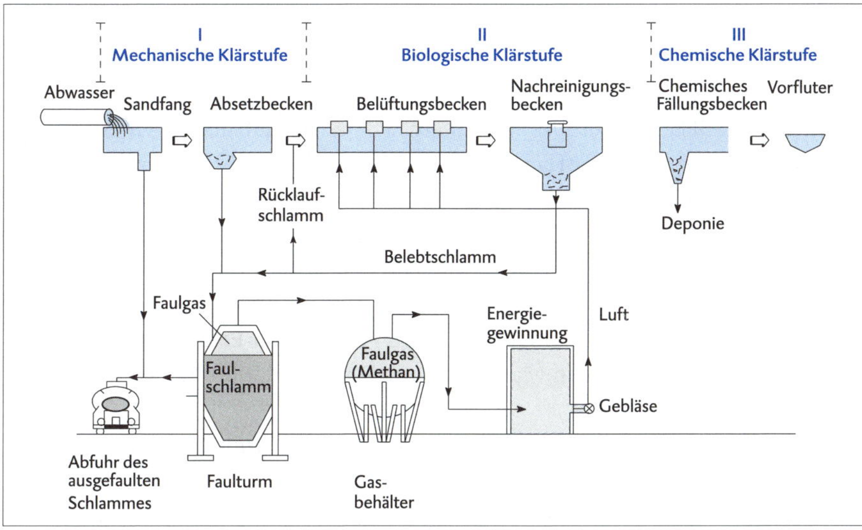

Abb. 136: Schematischer Längsschnitt durch eine Kläranlage

19.3 Landwirtschaft und Waldbau

Zur Zeit von Christi Geburt war Deutschland großenteils noch von Laubwäldern bedeckt. Doch bereits etwa 3 000 v. Chr. griff der Mensch in Mitteleuropa in das Waldgefüge ein. Zwischen 800 und 1 300 n. Chr. war die Zeit der großen Waldrodungen in Deutschland. Bis zum 19. Jahrhundert wurde der Mischwald in Europa gerodet. Heute beträgt die Waldfläche in Deutschland noch etwa 30 % der gesamten Wirtschaftsfläche.

Wälder dienen nicht nur der Holzgewinnung; sie haben im **Naturhaushalt** vielfache Bedeutung und üben Einfluss aus auf:

- das örtliche **Klima** durch erhöhte Abgabe von Wasserdampf,
- den **Wasserhaushalt** (aufgrund zahlreicher Hohlräume im Waldboden sind Wälder ausgezeichnete Wasserspeicher),
- den **Boden** (sie verhindern bzw. vermindern die Bodenerosion durch abfließendes Wasser und auch die Winderosion; sie bilden einen Schutz vor Lawinenabgängen, Erdrutschen und Steinschlag),
- die **Luftreinheit** (durch die Windbremsung sinken Schmutzteilchen zu Boden),
- die **Lärmausbreitung** (Waldstreifen schirmen Siedlungen gegenüber Lärm von Autobahnen ab).

Vor- und Nachteile von Monokulturen

Wenn Wälder forstwirtschaftlich zur **Holzgewinnung** genutzt werden, muss auch rechtzeitig dafür gesorgt werden, dass für geschlagene Bäume Ersatzbäumchen gepflanzt werden. Vor allem aus wirtschaftlichen Gründen ging man immer mehr zur Anpflanzung von Monokulturen über, d. h. es wird auf einer großen Fläche immer nur eine Sorte von Bäumen angepflanzt. Am bekanntesten sind die Kiefernmonokulturen in Nord- und die Fichtenmonokulturen in Süddeutschland. Solche Monokulturen haben für die Holzproduktion einige **Vorteile**:

- Optimale Nutzung der Anbaufläche und gesteigerter Ertrag pro Hektar
- Problemloser Einsatz von Maschinen für Ernte und Abtransport bei großen Anbauflächen
- Rationalisierung der Arbeit beim Säen, Düngen und der Verteilung von Schädlingsbekämpfungsmitteln;
- Günstigere Produktionskosten; Marktvorteile durch Massenproduktion.

Neben diesen wirtschaftlichen Vorteilen gibt es aber auch schwer wiegende **Nachteile** von Monokulturen:

- Anfälligkeit gegen Feuer, Hagel, Wind- und Schneebruch
- Schnellere Ausbreitung von Schädlingen, da für sie ein sehr großes Nahrungsangebot vorhanden ist; dadurch Notwendigkeit des Einsatzes von Schädlingsbekämpfungsmitteln
- Raschere Resistenzausbildung gegen allzu häufig eingesetzte Schädlingsbekämpfungsmittel
- Auslaugen des Bodens durch Mineralstoffentzug, da dem Boden von derselben Pflanzenart immer die gleichen Mineralstoffe entzogen werden
- Notwendigkeit des Einsatzes von Kunstdünger
- Die eingesetzten Chemikalien können über Nahrungsketten in die Nahrung des Menschen gelangen
- Sie bieten kaum Unterschlupfmöglichkeiten für Tiere (z. B. für natürliche Feinde von Schädlingen).
- Verdichtung des Bodens durch Einsatz schwerer landwirtschaftlicher Maschinen
- Schnellere Austrocknung des Bodens nach dem Umpflügen und dadurch erhöhte Gefahr der Winderosion.
- geringe Durchlüftung und Versauerung des Bodens aufgrund der dichten Nadelstreu und geringere Abbautätigkeit von aeroben Destruenten (speziell Nadelwaldmonokultur)

Ertragssteigerung durch Düngung

Für ein gesundes Wachstum benötigt eine Pflanze, neben Wasser und Kohlenstoffdioxid auch Stickstoff, Phosphor, Kalium, Magnesium, Calcium und Schwefel. Je besser der Boden mit diesen Elementen versorgt wird, desto besser ist das Wachstum und folglich auch der Ertrag der Ernte. Unter natürlichen Bedingungen verwest die Pflanze nach dem Absterben, und die von ihr dem Boden entzogenen Elemente werden ihm durch Mineralisierung der Pflanze wieder zugeführt. Werden die Pflanzen jedoch geerntet und abtransportiert, gehen der Bodenschicht diese Elemente verloren und sie müssen dem Boden wieder zugeführt werden. Dies geschieht durch Düngung, die auf drei Arten erfolgen kann:

- **natürliche Düngung:** Dem Boden werden natürliche organische Stoffe in Form von Humus, Torf, Mist, Gülle bzw. Jauche oder Produkte wie Hornspäne zugeführt. Ein Nachteil der natürlichen Düngung ist, dass die Zusammensetzung solcher Düngemittel variiert und nicht oder nur schwer ermittelt werden kann. Auf Torfdüngung sollte man aus ökologischen Gründen ganz verzichten, weil durch die Entnahme von Torf aus der Natur wertvolle Moorbiotope zerstört werden.
- **Gründüngung** (vorwiegend im ökologischen Landbau anzutreffen): Dem Boden werden ebenfalls organische Stoffe zugeführt, aber in Form von grünen Pflanzen, die untergepflügt werden.
- **Einsatz von Kunstdünger oder Mineraldünger:** Auftragen von Mineralsalzen in Form von Ammonium-, Kaliumverbindungen, Nitraten und Phosphaten. Der **Vorteil** der Anwendung von Kunstdünger liegt darin, dass die von den Pflanzen benötigten Stoffe bereits in Ionenform vorliegen und sich somit leicht in Wasser lösen. Daher gelangen sie sehr schnell mit dem nächsten Regen an die Pflanzenwurzeln und können von diesen sofort aufgenommen werden. Darüber hinaus kann man die Zusammensetzung eines Kunstdüngergemisches mit den für die jeweilige Bodenart wichtigsten Komponenten genau dosieren und dem Boden nur die Ionen zuführen, die er wirklich benötigt.

  Den Vorteilen bei der Mineraldüngung stehen aber auch zahlreiche **Nachteile** gegenüber:
  - Zur Produktion von Kunstdünger werden große Mengen an Rohstoffen und Energie benötigt.
  - Kunstdünger kann aufgrund seiner guten Wasserlöslichkeit mit dem Regen leicht ausgewaschen werden und dadurch in nahe liegende Gewässer oder auch ins Grundwasser gelangen. (Ein hoher Nitratgehalt im Trinkwasser ist gesundheitsschädlich!)

- Die Anfälligkeit der Pflanzen gegenüber Schädlingen wird erhöht.
- Bei lang andauernder Düngung besteht die Gefahr von Rückstandsbildungen im Boden.

Intensivierung der Landwirtschaft

In der Landwirtschaft wurde in den letzten Jahrzehnten die Ökologie der Ökonomie untergeordnet, d. h. der Ertragspreis pro Hektar landwirtschaftlicher Fläche diktierte Maßnahmen und Entwicklungen im landwirtschaftlichen Bereich. Viele Hecken wurden vernichtet, Bachläufe begradigt und Feuchtwiesen durch Drainagen entwässert, um große, maschinengerechte Anbauflächen zu schaffen (**Flurbereinigung**).
Doch der Preis für dieses wirtschaftliche Denken ist hoch: Viele Pflanzen und Tierarten wurden seltener und einige Arten starben sogar aus. Landschaftsverödung und Überdüngung (Gülle!), Bodenerosion und Umweltverschmutzung, Energieverschleiß und belastete Nahrung sind einige der wichtigsten Folgen der Intensivierung der landwirtschaftlichen Produktion. Die ökologischen Konsequenzen in der fernen Zukunft sind noch nicht abzusehen. Trotz der Ertragssteigerung in der Tier- und Agrarproduktion sank das Einkommen der Bauern, sodass Subventionen nötig wurden und zahlreiche kleine landwirtschaftliche Betriebe sogar schließen mussten.

Biologischer/ökologischer Landbau

In den letzten Jahrzehnten setzte, ausgelöst durch zahlreiche Skandale in der Landwirtschaft, ein Umdenkprozess ein: Schweinepest, hormonell belastetes Kalbfleisch, Antibiotikarückstände im Fleisch und Rinderwahnsinn (BSE) führten zum Rückgang des Fleischverbrauchs. Das Auftreten von Salmonellen in Hühnereiern aus Legebatterien ließ auch den Eierverbrauch in letzter Zeit sinken. DDT-Rückstände in pflanzlichen Produkten führten zum Verbot dieses Insektizids; Belastung von Gemüse mit Nitrat und Atrazin (ein Herbizid, das im Mais- und Kartoffelanbau verwendet wird) waren der Anlass für einige Landwirte, sich zu Genossenschaften zusammenzuschließen, die „Bio"-Lebensmittel auf den Markt bringen. Sie verzichten z. B. auf jeglichen Einsatz von Kunstdünger und chemischen Schädlingsbekämpfungsmitteln.
Weitere Grundzüge des biologischen und kontrollierten Anbaus bzw. der Tieraufzucht sind:

- Vermeidung bzw. Reduzierung aller Arten von Umweltbelastung
- Pflege und Erhaltung des Bodens durch organische Düngung; keine übermäßige Gülledüngung
- Verzicht auf Kunstdünger und chemische Schädlingsbekämpfungsmittel

- Einsatz von biologischer und biotechnischer Schädlingsbekämpfung; Förderung der Nützlinge
- Verzicht auf Einsatz von Antibiotika
- Kein Einsatz von Masthilfen, Hormonen und Wuchsstoffen in Pflanzenbau und Tierhaltung
- Schaffung einer vielgestaltigen und abwechslungsreichen Kulturlandschaft.

19.4 Schädlingsbekämpfung

Schädlingsbekämpfung kann nach drei Methoden durchgeführt werden, die unterschiedliche Auswirkungen auf die Umwelt haben:

Man unterscheidet die physikalische oder **mechanische** Schädlingsbekämpfung; die **chemische** Schädlingsbekämpfung (Pestizideinsatz) und die **biologische Schädlingsbekämpfung** (Einsatz von natürlichen Feinden). Darüber hinaus kann man alle Methoden miteinander kombinieren, sodass ein optimaler Erfolg bei relativ geringer Umweltbelastung erreicht werden kann (**integrierter Pflanzenschutz**).

Physikalische Schädlingsbekämpfung

Hier wird mit Methoden gearbeitet, die Schädlinge fernhalten sollen, oder es wird versucht, die Schädlinge einzufangen. Dies kann geschehen durch:

- optische und akustische Mittel: Vogelscheuchen, reflektierende Folien, Abdecken der Pflanzen mit Kunststoffnetzen, Lautsprechergeräusche von Angst- und Schreckrufen oder Schreien der natürlichen Feinde.
- mechanische Fallen: z. B. Mäusefallen, Insektenfallen, Schneckenfallen; die Anlockung von Insekten kann dabei durch Licht oder Duftstoffe unterstützt werden; Einsammeln der Schädlinge per Hand (z. B. Kartoffelkäferklauben).
- Leimringe an Obstbäumen, die ein Emporkriechen der Insekten verhindern sollen.

Chemische Schädlingsbekämpfung

Pestizide (Biozide) ist ein Sammelbegriff für chemische Schädlingsbekämpfungsmittel. Je nachdem gegen welche Schadorganismen sie gerichtet sind, unterscheidet man:

- Herbizide (Unkrautvernichtungsmittel),
- Fungizide (Pilzvernichtungsmittel),
- Insektizide (Insektenvernichtungsmittel).

Der Begriff Schädling wird sehr weit gefasst. Ein Lebewesen, das im Allgemeinen als Nützling eingestuft wird, kann unter Umständen zum Schädling werden. Spechte werden normalerweise als Nützlinge angesehen. Gibt es aber zu wenig Schadinsekten, vertilgen sie auch Nützlinge und werden selbst zu Schädlingen.

Schädlinge werden eingeteilt in:
- Gesundheitsschädlinge (z. B. Insekten, die Krankheiten übertragen),
- Kulturpflanzenschädlinge (z. B. Kohlweißling, Kiefernspinner),
- Vorratsschädlinge (z. B. Küchenschaben, Mehlkäfer).

Pestizide werden eingesetzt, weil weltweit etwa 30 % der Ernten durch Schädlinge vernichtet werden. Ein Pestizideinsatz kann jedoch selbst auch enormen Schaden anrichten und manchmal die gegenteilige Wirkung haben, wie das folgende Beispiel zeigt:
Insektizide (z. B. Lindan) wirken nicht artspezifisch, d. h. nicht gezielt, und können auch nützliche Insekten vernichten wie Bienen u. Ä., die zur Bestäubung von Blütenpflanzen wichtig sind. Darüber hinaus können Insektizide von den natürlichen Feinden aufgenommen werden, in deren Körper sich das Gift allmählich ansammelt, bis es die tödliche Dosis erreicht. Nach einem Insektizideinsatz können die natürlichen Feinde auch an Nahrungsmangel sterben. Die wenigen überlebenden Insekten besitzen nun keine natürlichen Feinde mehr und es kann zu einer größeren Massenvermehrung kommen, als es vor dem Gifteinsatz der Fall war (siehe auch 3. volterrasche Regel, S. 218).

Zudem kann ein längerer Einsatz von Insektiziden zur Resistenzbildung unter den Schädlingen führen. In jeder Population treten immer wieder spontane Mutanten auf, die gegen ein Gift resistent sind. Insektizide töten daher nur die nicht resistenten Schädlinge, die resistenten werden selektiert und bilden die Gründerindividuen für neue Populationen, in denen alle Mitglieder gegen das Gift resistent sind.

Weitere **Nachteile** von Pestiziden:
- Rückstände, die in den Boden und mit in die Pflanzen gelangen.
- Anreicherung in Nahrungsketten.

Beispiel

Das bekannteste Beispiel hierfür ist das DDT, ein früher häufig eingesetztes Insektenvernichtungsmittel. Über die Nahrungsketten gelangte es sogar bis in die Muttermilch. Aus diesem Grund wurde es in Deutschland verboten.

Biologische Schädlingsbekämpfung

Bei der biologischen Schädlingsbekämpfung werden gezielt die natürlichen Feinde der Schädlinge eingesetzt (z. B. Räuber und Parasiten). Dadurch werden die Schädlinge zwar nicht ausgerottet, aber ihre Vermehrung wird begrenzt, sodass sie keinen nennenswerten Schaden anrichten können. So konnte die in Europa eingeschleppte San-José-Schildlaus durch Einbürgerung ihres natürlichen Feindes im ursprünglichen amerikanischen Verbreitungsgebiet, einer speziellen Zehrwespenart, unschädlich gemacht werden.

Zur biologischen Schädlingsbekämpfung zählen auch:

- Einsatz von Mikroorganismen, z. B. Krankheitserreger, wie die Myxomatose-Viren gegen die Kaninchenplage in Australien;
- Sterilisation (Sterilmännchen-Methode): Es werden sterile Männchen ausgesetzt, die die Vermehrungsrate des Schädlings vermindern, z. B. bei Malariamücken in Florida;
- Biochemische Methoden: Einsatz von Pheromonen (künstliche Duftstoffe) zum Anlocken des Sexualpartners, z. B. bei Borkenkäfern;
- Genetische Verfahren: Einführung von fremden Rassen, die mit den Schädlingen nur sterile Nachkommen erzeugen, z. B. bei Stechmücken.

Integrierter Pflanzenschutz

Allein angewandt führt weder die mechanische noch die chemische und auch nicht die biologische Schädlingsbekämpfung zum gewünschten Ziel, einem umfangreichen Schutz der Pflanzen vor Schädlingen ohne Umweltbelastung. Werden die Schädlinge radikal bekämpft, kommt es zu größerer Belastung der Umwelt. Wird die Umwelt möglichst geschont, ist die Wirkung auf die Schädlingspopulation geringer.

Ziel des integrierten Pflanzenschutzes ist es, die Pflanzen optimal vor Schädlingen zu schützen und die Umwelt möglichst wenig zu belasten. Dazu dienen in erster Linie indirekte Schutzmaßnahmen vor Schädlingsbefall durch Züchtung widerstandsfähiger Kulturpflanzen und Förderung der natürlichen Feinde. Standortwahl und richtige Düngung spielen ebenso eine Rolle wie die biologische und physikalische Schädlingsbekämpfung. Der Pestizideinsatz wird auf ein Minimum beschränkt. In der Kombination all dieser Methoden unter Einbeziehung des wirtschaftlichen Aspekts wird eine möglichst große und breite Wirkung auf die Schädlinge erzielt und die Umwelt so gering wie möglich belastet.

Ausblick

Nicht nur der Einzelne sollte freiwillig dazu beitragen, die Umwelt zu schützen. Auch der Gesetzgeber muss seinen Beitrag dazu leisten. Die Politiker müssen sich weltweit ihrer Verantwortung bewusst sein, eine lebenswerte Umwelt zu erhalten oder wieder herzustellen. In der Diskussion um den Tier-, Landschafts- und Naturschutz sollten folgende **Forderungen der Naturschutzverbände** berücksichtigt werden:

- Verankerung des Natur- und Umweltschutzes im Grundgesetz
- Bereitstellung von Planstellen für fest angestellte Naturschützer
- Erhöhung der Fördermittel für Naturschutzprogramme
- verbesserter Gewässerschutz im Bereich der Landwirtschaft
- Einschränkung der Lebendtiertransporte
- Verschärfung der gesetzlichen Maßnahmen zur Rauchgasentschwefelung
- Geschwindigkeitsbegrenzung für Kraftfahrzeuge
- Fahrverbote für Kraftfahrzeuge bei hoher Schadstoffbelastung der Luft
- Stärkere Berücksichtigung ökologischer Forderungen bei großen Bauvorhaben wie Hochgeschwindigkeitstrassen und Autobahnen, Flughäfen und Industrieanlagen

Zusammenfassung

- Die Selbstreinigungskraft eines Gewässers ist sein Vermögen, von außen zugeführte organische Stoffe abzubauen.
- Bei der natürlichen Selbstreinigung führt der Abbau organischer Schmutzstoffe zu einer Vermehrung der Destruenten (vor allem der Bakterien). Die von ihnen freigesetzten Mineralstoffe bewirken eine Überdüngung des Gewässers und damit zu einer Vermehrung der Produzenten (Algen).
- Phosphate und Nitrate sind in oligotrophen Seen Minimumfaktoren für das Algenwachstum. Phosphat sinkt in den toten Algen ins Hypolimnion und wird im Sediment chemisch festgehalten.
- In eutrophen Seen wird bei Sauerstoffmangel Phosphat aus dem Sediment gelöst und fördert dann das Algenwachstum.
- Phosphate und Nitrate aus der Landwirtschaft und den Kläranlagen sowie organische Stoffe aus ungeklärtem Abwasser steigern die Produktivität im Ökosystem See. Es kommt zum Sauerstoffschwund und zu anaerobem Abbau mit Faulgas- und Faulschlammbildung (Eutrophierung, Umkippen des Sees).
- Eine voll ausgebaute Kläranlage umfasst drei Reinigungsstufen: mechanisch, biologisch und chemisch.
- In der biologischen Stufe werden nach dem Prinzip der natürlichen Selbstreinigung organische Stoffe durch Bakterien und andere Einzeller aerob abgebaut.

- In der chemischen Stufe erfolgt die Entfernung von Mineralstoffen wie Phosphat durch Fällung und evtl. eine Neutralisation und Entkeimung des geklärten Wassers.
- Monokulturen sind künstliche Ökosysteme oder Teile von Ökosystemen, in denen bestimmte Arten durch Pflegemaßnahmen besonders begünstigt werden.
- Durch den Anbau von Nutzpflanzen in Monokulturen wird der Ertrag gesteigert. Nachteile sind jedoch z. B. das Auftreten von Schädlingen, die Verarmung des Bodens an Mineralstoffen und die Förderung von Erosion.
- Übermäßiger Einsatz von Düngemitteln belastet das Grundwasser und kann zu Gesundheitsrisiken führen.
- Chemische Schädlingsbekämpfungsmittel vernichten auch Nützlinge, reichern sich in den Nahrungsketten an und führen zur Resistenzbildung bei den Schädlingen.
- Biologische Schädlingsbekämpfung beinhaltet die Begünstigung oder das Ausbringen von Arten, die als Fressfeinde oder Konkurrenten die unerwünschten Arten zurückdrängen.
- Der integrierte Pflanzenschutz stimmt alle wirtschaftlich, technisch oder ökologisch einsetzbaren Verfahren aufeinander ab, um unerwünschte Arten an den Kulturpflanzen unter der Schadensgrenze zu halten.

Aufgaben

163 Worauf beruht die starke Erwärmung eines Treibhauses? Welche Rolle spielt das Kohlenstoffdioxid bei der Entstehung des globalen Treibhauseffekts?

164 Warum tragen große Waldbrände zur Steigerung des Treibhauseffekts bei? Nennen Sie ein weiteres Gas, das für den Treibhauseffekt verantwortlich ist.

165 Nennen Sie drei negative Folgen des Treibhauseffekts.

166 Welche Maßnahmen sollten staatlicherseits erfolgen, um den Treibhauseffekt zu stoppen oder ihn zumindest zu verlangsamen?

167 Welche Rolle spielen FCKW-Moleküle bei der Entstehung und Ausbreitung des Ozonlochs? Warum kann ein FCKW-Molekül Tausende von Ozonmolekülen zerstören?

168 Inwiefern trägt die Zunahme des Ozonlochs auch zur Steigerung des Treibhauseffekts bei?

169 Warum bildet sich vor allem im Sommer häufig über Großstädten Smog?

170 Nennen Sie zwei Faktoren, die die Selbstreinigungskraft eines Gewässers stark beeinträchtigen können, und beschreiben Sie kurz deren Wirkung.

171 Wie entsteht der Klärschlamm in einer Kläranlage?
Welche Probleme treten bei der Verwertung des Klärschlamms auf?

172 Welche Bedeutung hat die chemische Stufe der Abwasserreinigung?

173 Welche zwei Gase sind in erster Linie für die Entstehung des sauren Regens verantwortlich? Begründung! Durch welche Maßnahmen kann man die Bildung des sauren Regens eindämmen?

174 Welche Fakten sprechen aus ökologischer Sicht gegen einen Einsatz von Kunstdünger?

175 Welche Vorteile besitzt biologisch/ökologischer Landbau gegenüber Monokulturen?

176 Welche Nachteile besitzt die chemische gegenüber der biologischen Schädlingsbekämpfung?

177 Was versteht man unter dem „integrierten Pflanzenschutz"?

Lösungen

1 richtig: c, e, f, g, h, i
falsch: a, b, d, k

2 Es können vier verschiedene Spermien entstehen.

3 a Mitose: Findet in allen Körper- oder Somazellen statt.
Meiose: Findet in den Keimdrüsen (Gonaden) bei der Bildung der Geschlechtszellen statt.

b Mitose: Aus einer Mutterzelle entstehen zwei identische Tochterzellen.
Meiose: Aus einer Mutterzelle (Urkeimzelle) entstehen vier nicht identische Tochterzellen mit jeweils halbiertem (haploidem) Chromosomensatz (beim Mann vier Spermazellen; bei der Frau eine Eizelle und drei Richtungskörperchen).

c Mitose: Erzeugung von erbgleichen Zellen.
Meiose: Erzeugung von erbungleichen Zellen (mit unterschiedlicher genetischer Information) durch zufällige Verteilung von väterlichen und mütterlichen Chromosomen und Stückaustausch von Chromosomen durch Crossing-over.

4

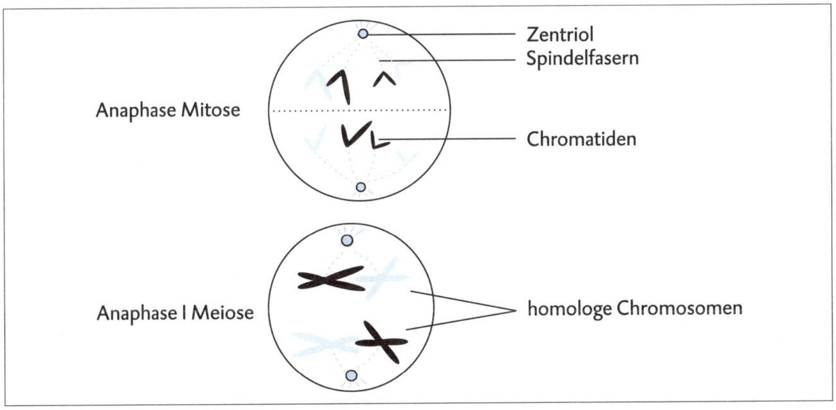

5 Das Anaphasechromosom besteht nur aus einem Chromatid.

6
- Negative rezessive Gene erscheinen nicht gleich im Phänotyp.
- Bei diploiden Organismen kommt es zu einer Neukombination von Genen, was bei haploiden Organismen nicht möglich ist.

- Genetische Information bzgl. eines Merkmals ist doppelt vorhanden. Bei der Schädigung eines Gens kann das homologe Gen die Funktion noch teilweise aufrechterhalten.

7 Sie erhöht die genetische Variabilität durch
- zufällige Verteilung der Chromosomen während der Reduktionsteilung in der Meiose;
- zufällige Neukombination von väterlichen und mütterlichen Chromosomen bei der Befruchtung;
- Trennung von gekoppelten Genen beim Crossing-over während der Keimzellenbildung.

8

Spermatogenese	Oogenese
Bildung von vier gleich großen Spermien	Bildung von einer großen Eizelle und drei Richtungskörperchen
Reduzierung des Cytoplasmas	ungleichmäßige Verteilung des Cytoplasmas

9 Der Spindelapparat während der Äquationsteilung (2. Reifeteilung) wird nicht ausgebildet, sodass die Chromosomen in Chromatiden getrennt, aber nicht zu den Polen gezogen werden. Die Eizelle enthält die doppelte Anzahl von Chromosomen.

10 a Es handelt sich um einen dihybriden, intermediären (Farbe) bzw. dominant-rezessiven (Blütenrand) Erbgang.

b Wortlaut der 1. mendelschen Regel: siehe S. 18
Die F_1-Generation ist untereinander gleich: violette, glatte Blütenblätter.

c Eltern: RRFF × BBff; F_1-Generation: RBFf

d Es treten sechs verschiedene Phänotypen auf: violett-glatt; rot-glatt; blau-glatt; violett-fransig; blau-fransig; rot-fransig.

e Am häufigsten vorhanden ist der Phänotyp: violett-glatt (6mal)
Am seltensten vorhanden ist der Phänotyp: rot-fransig und blau-fransig (je 1mal).

f Phänotypenverhältnis: rot-glatt : violett-glatt : blau-fransig
1 : 2 : 1

Erbschema:

P-Generation: $\frac{R}{F}\frac{R}{F}$ $\frac{B}{f}\frac{B}{f}$

Keimzellen (P): $\frac{R}{F}$ $\frac{R}{F}$ $\frac{B}{f}$ $\frac{B}{f}$

F_1-Generation:	R/F B/f		R/F B/f	
Keimzellen (F_1):	R/F	B/f	R/F	B/f
F_2-Generation	R/F R/F	R/F B/f	R/F B/f	B/f B/f
Phänotypen:	rot-glatt	violett-glatt		blau-fransig
	1 :	2 :		1

11 a P-Generation: AABB × aabb
F_1-Generation: AaBb

b Nur zwei (AB und ab), da die Gene für Farbe und Stielform auf einem Chromosom liegen (Möglichkeit des Crossing-overs ausgenommen):
A/B und a/b

c Diese Pflanzen können nur durch Crossing-over bei der Meiose entstanden sein. Dadurch wurden die gekoppelten Gene entkoppelt, was zur Bildung der Ausnahmefälle führte.

12 Wortlaut der 3. mendelschen Regel: siehe S. 18. Diese Regel gilt nicht, wenn die zu untersuchenden Gene gekoppelt sind, d. h. auf einem Chromosom liegen.

13 Man muss diese rot blühenden Pflanzen untereinander kreuzen und die Nachkommen auf die Blütenfarbe untersuchen. Treten (bei einer genügend hohen Anzahl von Nachkommen) immer nur rot blühende Pflanzen auf, kann man davon ausgehen, dass die Pflanze reinerbig ist.

14 a Dominant sind die Merkmale schwarz und einfarbig.

b Allel für schwarz: A Allel für einfarbig: B
Allel für braun: a Allel für gescheckt: b
Rasse 1: AaBb, Rasse 2: aabb

c Es handelt sich um eine dihybride Rückkreuzung.

d

	ab	ab	Phänotypen:
AB	AaBb	AaBb	schwarz-einfarbig
ab	aabb	aabb	braun-gescheckt
Ab	Aabb	Aabb	schwarz-gescheckt
aB	aaBb	aaBb	braun-einfarbig

15 Wortlaut der 2. mendelschen Regel S. 21. Jedes Beispiel eines monohybriden intermediären Erbgangs ist geeignet, bei dem die F_1-Generation untereinander gekreuzt wird: so ergibt z. B. die Kreuzung von zwei rosa blühenden Pflanzen (bei intermediärer Vererbung der Farben rot und weiß) in der Folgegeneration: rot : rosa : weiß
1 : 2 : 1

16 a Am wahrscheinlichsten ist: Das Kind ist kurzfingrig oder schwerhörig. *Begründung:* Da die beiden von den Eltern geerbten Gene der Frau auf verschiedenen Chromosomen liegen müssen (eines stammt vom Vater und eines von der Mutter), werden die Gene normalerweise auch getrennt weitervererbt.

b Nur wenn es zum Crossing-over bei der Meiose kommt. Die Gene für Kurzfingrigkeit und Schwerhörigkeit können dadurch in einem Chromosom gekoppelt werden. Da die beiden Genorte aber sehr eng beieinander liegen, ist dies sehr unwahrscheinlich.

17 a D-A-C-B (bzw. B-C-A-D) und A-C-D-B (bzw. B-D-C-A).

b AD: falsch: 2 % und 0,5 %
BD: falsch: 3 %, 1,2 % und 1 %

c B-C-A-D (bzw. D-A-C-B)

18 Der Mann besitzt Blutgruppe A/rhesuspositiv. Durch die Bluttransfusion erhielt die Frau Blutkörperchen mit Antigen D, was die Sensibilisierung (Bildung von Antikörpern D) der Mutter auslöste. Das gemeinsame Kind ist, wie der Vater, rhesuspositiv. Während der Schwangerschaft diffundieren die Antikörper aus dem mütterlichen Blut zum Kind und führen zur Verklumpung der roten Blutkörperchen, die Antigene D tragen. Als Folge der Zerstörung von roten Blutkörperchen tritt Gelbsucht auf (Schema S. 35).

19 Bei der Geburt können geringe Mengen kindlichen Bluts in den Kreislauf der Mutter gelangen. Die normalerweise zu erwartende Sensibilisierung der rhesusnegativen Frauen durch die kindlichen Antigene D unterbleibt, weil die Antigene A, die sich ebenfalls auf den roten Blutkörperchen des Kindes befinden, durch die Antikörper A des mütterlichen Bluts angegriffen werden. Es kommt zur unschädlichen Verklumpung der wenigen kindlichen Blutkörperchen im Blut der Mutter und die ca. vier Wochen dauernde Antikörper-D-Bildung tritt nicht ein.

20 **a** Genotyp Vater: I^Ai/Dd (oder $A0/Rh^+rh^-$)
Mutter: ii/dd (oder $00/rh^-rh^-$)
Kind: ii/dd

Begründung: Da das Kind das rezessive Merkmal rhesusnegativ reinerbig besitzen muss, damit es phänotypisch auftritt, muss der Vater bezüglich des Rhesusfaktors mischerbig sein.
Weil das Antigen A über 0 dominiert, muss bei Blutgruppe 0 das Kind das Antigen 0 auch vom Vater erhalten haben, dieser also A0 sein.

b Eltern: Vater A0 Rh^+ rh^- Mutter 00 rh^- rh^-
Keimzellen: A Rh^+, 0 Rh^+, A rh^-, 0 rh^- 0 rh^-
Kinder: A0 Rh^+ rh^-, 00 Rh^+ rh^-, A0 rh^- rh^-, 00 rh^- rh^-
25 % : 25 % : 25 % : 25 %
Wahrscheinlichkeit für ein Kind mit Blutgruppe 0/rhesuspositiv: 25 %

21 Es können alle drei Kinder von diesem Elternpaar abstammen, da der Blutgruppe A des einen Elternteils der Genotyp A0 entsprechen kann. Dieser kann sein Allel 0 z. B. an das Kind mit Blutgruppe B (Genotyp dann B0) weitergegeben haben. Das Kind mit der Blutgruppe AB erhielt das Allel A vom Elternteil mit Blutgruppe A und das Allel B vom Elternteil mit AB. Das Kind mit Blutgruppe A kann den Genotyp AA oder A0 aufweisen.

22 Nondisjunction (N!) in der Reduktions- (R) und Äquationsteilung (Ä) der Meiose (Spermienbildung):

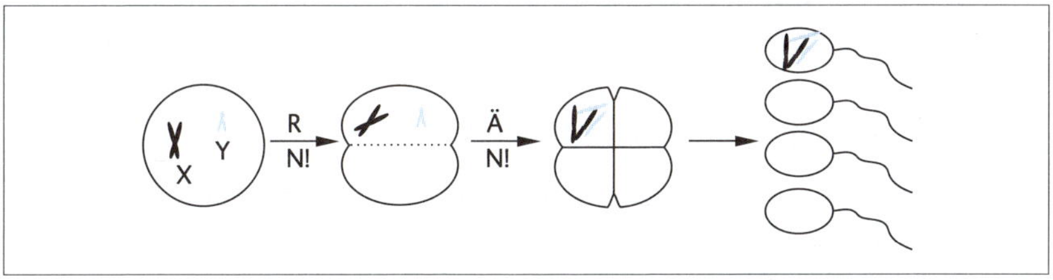

23 Bei der Spermatogenese:

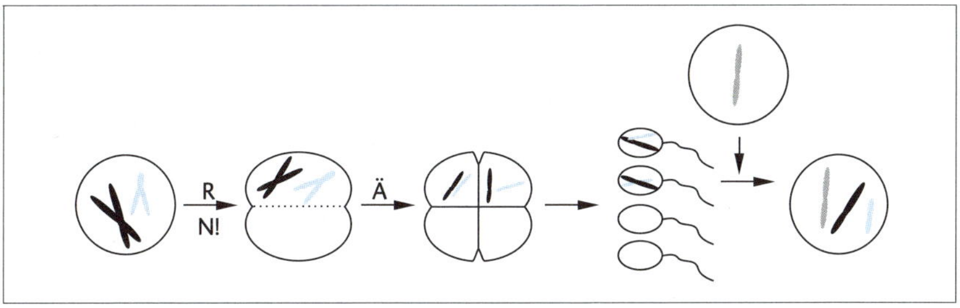

Bei der Oogenese:

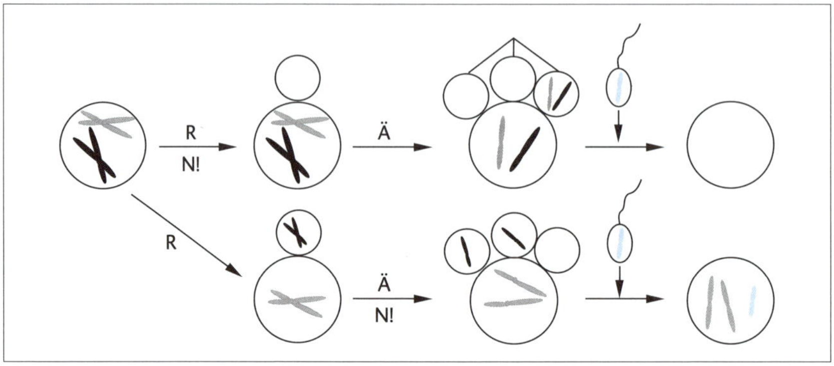

24 a z. B. überdurchschnittlich groß, psychisch labil, niedriger IQ

b

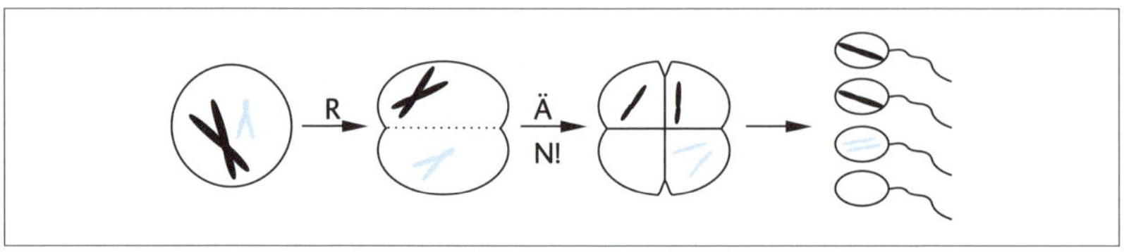

25 Die Wahrscheinlichkeit beträgt 100 %. Durch die Verklebung der homologen Chromosomen Nr. 21 können diese bei der Reduktionsteilung der Meiose in den Urkeimzellen nicht voneinander getrennt werden. Die Äquationsteilung verläuft normal. Es liegen also Eizellen mit zwei verwachsenen Chromatiden Nr. 21 oder ohne Chromatiden Nr. 21 vor. Durch Befruchtung mit einem normalen Spermium entstehen somit trisome Zygoten, die sich zu Trägern der Trisomie 21 entwickeln können und monosome Zygoten, die absterben.

26 a Es handelt sich um ein autosomal-rezessives Erbleiden:

- dominant-rezessiver Erbgang: Aus der Ehe der phänotypisch gesunden Frau Nr. 3 mit einem ebenfalls phänotypisch gesunden Mann geht ein krankes Kind hervor. Das Ehepaar ist mischerbig, das Kind reinerbig rezessiv.
- autosomaler Erbgang: Aus der Ehe der phänotypisch gesunden Frau Nr. 2 und ihrem gesunden Mann geht eine kranke Tochter hervor. Bei einem gonosomalen Erbgang wäre nur ein kranker Sohn möglich.

Genotypen: 1: AA oder Aa; 2: Aa; 3: Aa; 4: aa

b Der genetische Defekt bewirkt einen Enzymmangel: Phenylalanin kann nicht in Tyrosin umgewandelt werden. Es kommt zu Phenylalaninüberschuss und Tyrosinmangel; die Folgen davon sind ein verändertes Zellmilieu, die Veränderung des Nervengewebes und Schwachsinn. Phenylalanin wird teilweise in Phenylbrenztraubensäure umgewandelt und im Harn ausgeschieden.

c Wird der Defekt am Neugeborenen 4 festgestellt (Nachweis des Phenylalaninüberschusses im Blut), erhält es bis zum Alter von 10 Jahren eine phenylalaninarme, tyrosinreiche Diät. Danach ist das Gehirn ausgereift und keine Schädigung mehr zu erwarten.

27 a dominantes Allel für normale Muskeln: A
rezessives Allel für Muskeldystrophie: a
dominantes Allel für Farbtüchtigkeit: B
rezessives Allel für Rotgrünblindheit: b

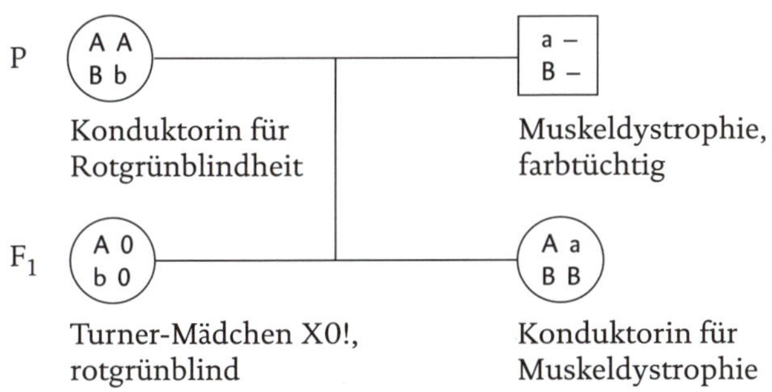

b

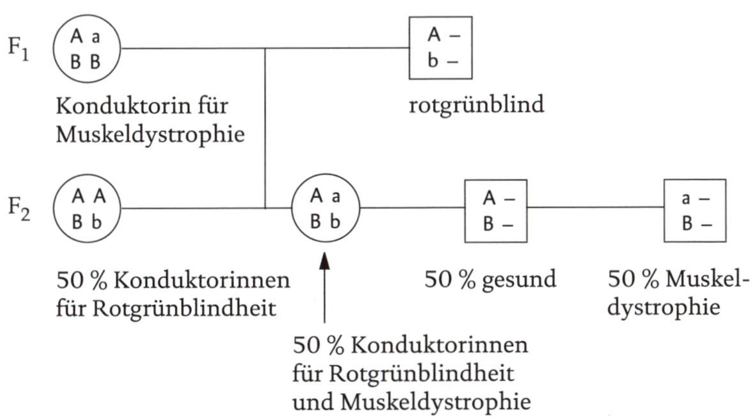

28 a Der Sohn hat die Rotgrünblindheit von der Mutter geerbt. Der Vater ist hemizygot, d. h. das Y-Chromosom trägt kein Allel für Farbtüchtigkeit

oder Rotgrünblindheit. Die Mutter muss also Konduktorin der Rotgrünblindheit sein.

b Die Tochter hat von beiden Elternteilen das defekte Allel, das auf den X-Chromosomen lokalisiert ist, geerbt.

29 Nondisjunction eines Chromosoms 21 bei der 1. Zellteilung der Zygote führt zu einer Zelle mit drei Chromosomen Nr. 21 und zu einer Zelle mit einem Chromosom Nr. 21. Die letztgenannte Zelle ist nicht lebensfähig (autosomale Monosomie). Aus der trisomen Zelle werden durch normale mitotische Teilungen immer nur trisome Zellen entstehen. Wenn alle Zellen des Körpers das Chromosom 21 dreimal enthalten, führt dies zur Ausbildung des Down-Syndroms.

30 Tochter reinerbig gesund, ihr Partner ebenfalls reinerbig gesund ⇒ alle Kinder phänotypisch gesund.
Tochter reinerbig gesund, der Partner mischerbig gesund ⇒ alle Kinder phänotypisch gesund, aber 50 % Überträger.
Tochter reinerbig gesund, ihr Partner reinerbig krank ⇒ alle Kinder phänotypisch gesund, aber alle Überträger.
Tochter mischerbig gesund, der Partner reinerbig gesund ⇒ alle Kinder phänotypisch gesund, aber 50 % Überträger.
Tochter mischerbig gesund, der Vater mischerbig gesund ⇒ 25 % der Kinder werden an Phenylketonurie erkranken.
Tochter mischerbig gesund, der Partner leidet an Phenylketonurie ⇒ 50 % der Kinder werden an Phenylketonurie erkranken.

31 Heterozygotentest: Injektion einer gewissen Menge Phenylalanin ins Blut. Nach einer bestimmten Zeit wird die Konzentration von Phenylalanin im Blut mithilfe des Guthrie-Tests gemessen. Bei homozygot Gesunden: niedrige Konzentration an Phenylalanin, bei heterozygot Gesunden: hohe Konzentration an Phenylalanin.

32 a Die Wahrscheinlichkeit beträgt 25 %.
Begründung: Phenylketonurie wird rezessiv vererbt. Beide Eltern müssen Überträger für das rezessive Gen sein, das die PKU bedingt.
A = Gen für gesund; a = Gen für krank
Genotyp der Eltern: Aa × Aa
Genotypen der Nachkommen (entsprechend dem Kombinationsquadrat):

quadrat):	AA (1×)	Aa (2×)	aa (1×)
Phänotypen:	reinerbig gesund	mischerbig gesund	reinerbig krank
	25 %	50 %	25 %

b Die Wahrscheinlichkeit für das erste Kind beträgt 1/4, die Wahrscheinlichkeit für das zweite Kind ebenfalls 1/4. Die Wahrscheinlichkeit, dass beide Kinder an Phenylketonurie erkranken, ist somit: $1/4 \times 1/4 = 1/16 = 0{,}0625 = 6{,}25\,\%$.

33 a Die Wahrscheinlichkeit beträgt 0 % (!)
Begründung: Es entstehen zur Hälfte Eizellen mit zwei Chromosomen 21(H) und solche ohne Chromosom 21 (–). Das gleiche trifft für die Samenzellenbildung zu.

Kombinationsquadrat:

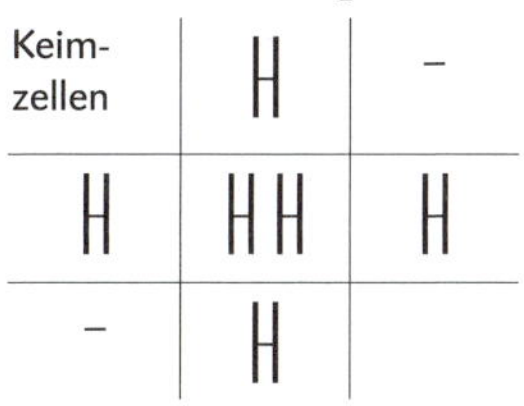

Die Nachkommen mit vier Chromosomen Nr. 21 sind nicht lebensfähig, ebenso die Nachkommen ohne Chromosom Nr. 21. Die lebensfähigen Nachkommen besitzen alle zwei Chromosomen 21 und sind daher phänotypisch alle gesund.

b Die Wahrscheinlichkeit beträgt 100 % (!).
Begründung: Es entstehen zur Hälfte Eizellen mit zwei Chromosomen 21 und solche ohne Chromosom 21. Die Samenzellenbildung erfolgt normal, d. h. alle Samenzellen enthalten ein Chromosom Nr. 21.

Kombinationsquadrat:

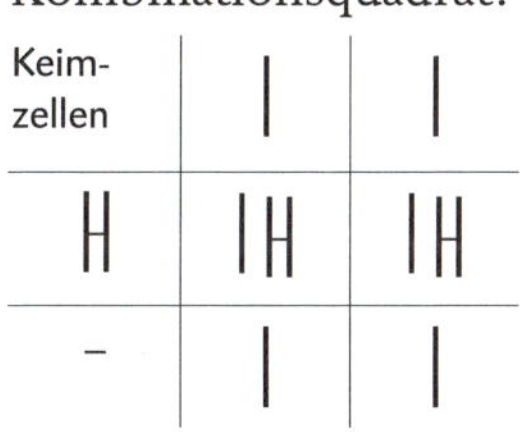

Die beiden Nachkommen mit einem Chromosom 21 sind nicht lebensfähig (autosomale Monosomie ist letal!). Daher besitzen alle lebenden Nachkommen drei Chromosomen Nr. 21. Sie haben alle Trisomie 21.

34 Die Wahrscheinlichkeit beträgt 50 %. Begründung: 50 % der Eizellen der Frau mit Down-Syndrom enthalten ein Chromosom Nr. 21, 50 % zwei Chromosomen Nr. 21. Die Hälfte der befruchteten Eizellen enthält folglich drei Chromosomen, die andere Hälfte zwei Chromosomen Nr. 21.

Kombinationsquadrat:

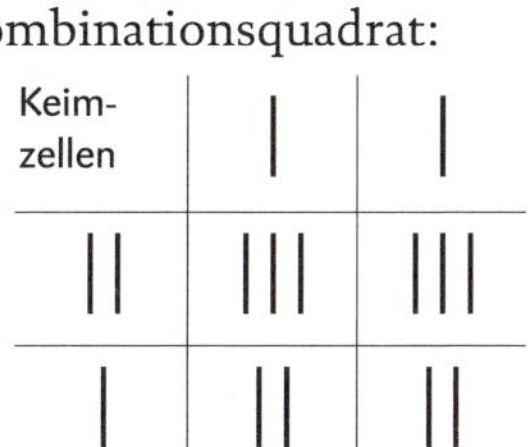

50 % der Nachkommen haben Trisomie 21.
50 % der Nachkommen sind normal (gesund).

35 Es gibt zwei Möglichkeiten:
1 Die beiden Gene liegen gekoppelt auf einem X-Chromosom.
Wahrscheinlichkeit für Jungen = 50 %
Wahrscheinlichkeit für Mädchen = 0 % (aber 50 % Überträgerinnen)
2 Die beiden Gene liegen getrennt auf zwei X-Chromosomen.
Wahrscheinlichkeit für Jungen = 100 % (50 % Bluter; 50 % rotgrünblind)
Wahrscheinlichkeit für Mädchen = 0 % (aber alle Überträgerinnen)

36 a Die Mutter, denn das Bluter-Gen auf dem X-Chromosom des Großvaters kann nur über eine Tochter des Großvaters weitergegeben worden sein.
b Ja. Das Bluter-Gen muss von beiden Eltern vererbt sein. Der hemizygote Mann ist phänotypisch bluterkrank.
c 50 %, da sie das Bluter-Gen von der heterozygoten Mutter haben.

37 – Ultraschalluntersuchung, Amniozentese, Chorionzottenbiopsie, Nabelschnurpunktion, Chromosomenanalyse und biochemische Untersuchungen (z. B. des Fruchtwassers).
– Heterozygotentest und Stammbaumanalyse.

38 siehe Kapitel 7, S. 60

39

Bakterienzelle	tierische Zelle
Zellwand	fehlt
1 ringförmiges Chromosom (kein Zellkern)	mehrere Chromosomen im Kern
wenig differenziertes Cytoplasma	mit einer einfachen oder doppelten Membran umgrenzte Organellen (Mitochondrien, Golgiapp., ER)

40 GRIFFITH verwendete für seine Versuche abgetötete S-Pneumokokken, die neben DNA noch eine Vielzahl von organischen Verbindungen enthielten. Er zeigte also nur, dass es sich bei dem transformierenden Agens um einen chemischen Stoff handeln musste, nicht aber um welchen.

41 Nur ein vollständig ausgebildeter Phage ist zur Infektion fähig, seine DNA genügt nicht. Seine Proteinhülle enthält die notwendigen Erkennungsstrukturen für die Bakterienzellwand und den Injektionsapparat.

42 Siehe S. 70 f., Definition Transduktion.
Beispiel: Während des lytischen Vermehrungszyklus in *E. coli* wird ein Teil des Bakterienchromosoms, das z. B. die Befähigung zur Leucin-Synthese enthält, in einen Phagenkopf verpackt. Nach der Infektion neuer Wirtszellen, die Leucin nicht herstellen können, bleiben einige Bakterienzellen intakt (unlysiert) und können Leucin synthetisieren (wachsen auf Minimalmedium). Die übertragene Bakterien-DNA hat mit der Empfänger-DNA rekombiniert.

43 a Vermehrung eines temperenten Phagen: Adsorption – Injektion – Integration (siehe S. 63 f.).
b Spezielle Transduktion (siehe S. 70 f)
Ausgliedern des Prophagen – falsches Crossing-over – Übertragung von DNA bei Infektion – Rekombination.
c Die Gene A und b liegen rechts bzw. links von der Integrationsstelle des Prophagen. Der transduzierende Phage enthält entweder das Gen A oder das Gen b.
Transduktion von A in Empfänger mit a und B → Rekombinante AB; Transduktion b in Empfänger a und B → Rekombinante ab; nicht transduzierender Phage → aB bleibt erhalten. Fehlen von Ab: Ein transduzierender Phage kann nur beide Gene übertragen, wenn sie nebeneinander auf dem Chromosom liegen. Tritt Ab nicht auf, liegt die Integrationsstelle zwischen den beiden Genen und trennt sie voneinander.

44 a Siehe S. 67 f.
b Das Chromosom ist ringförmig.
Die Hfr-Stämme unterscheiden sich in der Startstelle und der Richtung des Transfers.

45 Durch Konjugation und Rekombination zwischen Bakterien der beiden Mutantenstämme entstanden lebensfähige Bakterien.

46 DNA = Desoxyribonukleinsäure; -nukleinsäure = Substanz mit sauren Eigenschaften, die im Kern (Nukleus) vorkommt. Desoxyribose = Zucker (mit fünf C-Atomen), der ein O-Atom weniger enthält als Ribose.

47 Pyrimidinbasen: Cytosin, Thymin, „kurze" Basen; Sechserring mit N-Atomen.
Purinbasen: Guanin, Adenin, „lange" Basen; Sechserring mit N-Atomen, daran Fünferring mit N-Atomen.

48 a 1 : 1

b verschieden; kann nicht angegeben werden

c verschieden; kann nicht angegeben werden

d 1 : 1

49 28 %.
Begründung: 22 % Adenin-Nukleotide bedeutet auch 22 % Thymin-Nukleotide. Cytosin- und Guanin-Nukleotide haben zusammen einen Anteil von 56 %. Cytosin-Nukleotide : Guanin-Nukleotide = 1 : 1, d. h. der Cytosin-Nukleotidanteil allein entspricht der Hälfte.

50 Lösung siehe Abb. 36, S. 77.

51 Mithilfe der sog. Röntgenstrukturanalyse. Bestrahlung der DNA mit Röntgenstrahlen. Diese werden durch die Moleküle gebeugt; auf lichtempfindlichem Papier entsteht ein typisches Beugungsmuster. Anhand dieses Beugungsmusters lassen sich räumliche Strukturen des Moleküls berechnen.

52 Die RNA enthält anstelle der Base Thymin die Base Uracil.
Die RNA enthält anstelle des Zuckers Desoxyribose den Zucker Ribose.
Die RNA liegt meist einsträngig vor, die RNA-Stränge sind kürzer.

53 Im Verhältnis 1 : 3.
(Von acht Bakterien in der F_3-Generation enthalten zwei Bakterien halbschwere DNA.)

54 Schwere (^{15}N)- und leichte (^{14}N)-DNA stünden im Verhältnis von 1 : 7. (Von acht Bakterien in der F_3-Generation enthielten sieben die leichte und eine die schwere DNA).

55 In der 2. Generation.

56 Theoretisch ja, aber in der Praxis nicht. Radioaktive und nichtradioaktive DNA würden sich nicht im spezifischen Gewicht unterscheiden und könnten daher nicht durch Zentrifugieren voneinander getrennt werden. Im Gemisch ließen sich in der Praxis radioaktive und nichtradioaktive DNA nicht voneinander unterscheiden.

57 Der Doppelfaden der DNA enthält (zwar komplementär) die gleiche Information zweifach. Auf diese Weise ist gesichert, dass ein Fehler in der genetischen Information wieder repariert werden kann. Durch komplementäre Basenpaarung wird auf einfache Weise eine identische Replikation der DNA ermöglicht.

58 a Siehe S. 88 ff und Abb. 46, S. 91

b Der angegebenen Basensequenz des codogenen Strangs entspricht folgende Sequenz des Codestrangs der DNA:

TGT TTT GAC TCC CGA AGA TAA

Da die mRNA statt Thymin Uracil enthält, lautet die Basensequenz:

UGU UUU GAC UCC CGA AGA UAA

Entsprechend der Code-Tabelle ergibt sich folgende Aminosäure-Sequenz:

Cys – Phe – Asp – Ser – Arg – Arg – *Stopp*

c Die Basensequenz der mRNA lautet nun, da entsprechend der komplementären Basenpaarung der Base Thymin die Base Adenin entspricht:

AUG UUU UGA CUC CCG AAG AUA A

Daraus ergibt sich folgende Aminosäure-Sequenz:

Met – Phe – *Stopp*

In Bakterienzellen würde diese Basensequenzänderung zu einem verkürzten Polypeptid führen.

59 a

Aminosäure-Sequenz:	Phe –	His –	Met –	Ala –	Leu –	Gly –
Basensequenz der mRNA:	UUU	CAU	AUG	GCG	CUA	GGG
oder:	UUC	CAC		GCA	CUU	GGU
oder:				GCC	CUG	GGC
oder:				GCU	CUC	GGA
oder:					UUA	
oder:					UUG	

b veränderte

Aminosäure-Sequenz:	Phe –	Leu –	Trp –	Arg –	Ile –	Gly –
Basensequenz der mRNA:	UUU	CUA	UGG	CGC	AUA	GGG
oder:	UUC	CUU		CGU	AUU	GGU
oder:		CUG		CGG	AUC	GGC
oder:		CUC		CGA		GGA
oder:		UUA		AGA		
oder:		UUG		AGG		

c Das 2. Nukleotid des 2. Tripletts (mit Base A) ging verloren, vor das erste Nukleotid des vorletzten Tripletts wurde ein Adenin-Nukleotid eingefügt.

d Das linke Ende der Aminosäure-Sequenz entspricht dem 5'-Ende der mRNA.

60 Falsch sind die Aussagen a, c, d

61 a Ein Gen ist der DNA-Abschnitt, dessen primäres Genprodukt ein Polypeptid oder Protein ist (vgl. S. 94 f).

b Eine Ausnahme stellen die Operatorgene dar, da sie zur Regulation der Genaktivität beitragen und nicht für bestimmte Eiweißstoffe codieren.

62 Bei Experimenten, die die DNA zum Gegenstand haben, wird Thymidin als Marker verwendet, weil Thymin als Base nur in der DNA und nicht in den Ribonukleinsäuren vorkommt.

63 Die Aminosäure-Sequenz oder Primärstruktur bedingt die Sekundär- und Tertiärstruktur: Durch Wasserstoffbrücken, die von den Peptidbindungen ausgehen, wird die Sekundärstruktur aufrechterhalten; die Aminosäure-Reste ermöglichen die Bindungen, z. B. Disulfidbrücken, die die Tertiärstruktur stabilisieren.

64 a Eine Punktmutation ist eine Genmutation, bei der nur ein einziges Basenpaar verändert wird.

b Sichelzellanämie. Durch den Austausch einer einzigen Base wird anstelle der Aminosäure Glutamin die Aminosäure Valin in das Hämoglobinmolekül eingebaut.

65 Ein Enzym besteht aus einigen hundert Aminosäuren. Wird das 4. Nukleotid herausgebrochen, ändert sich ab der 2. Aminosäure die gesamte Sequenz der folgenden Aminosäuren. Die Folge ist eine totale Veränderung der Tertiärstruktur dieses Enzyms. Wird die 4. Base ausgetauscht, wird nur die 2. Aminosäure dieses Enzyms verändert. Dies bedingt keine oder nur eine geringe Änderung der Tertiärstruktur und damit keine oder nur eine geringe Veränderung der Wirksamkeit dieses Enzyms.

66 a In den Autoabgasen sind Stickoxide enthalten, die mit Wasser oder der Luftfeuchtigkeit salpetrige Säure bilden. Salpetrige Säure zählt zu den mutagenen Stoffen.

b Salpetrige Säuren ersetzen in den organischen Basen die Aminogruppe durch die OH-Gruppe. Da Thymin keine Aminogruppe enthält, wird es durch salpetrige Säure nicht verändert.

67 Ein Basenanalogon ist eine chemische Verbindung, deren Struktur einer Pyrimidin- oder Purinbase ähnelt und diese ersetzen kann. Konkretes Beispiel: Bromuracil; es wird anstelle der Base Thymin eingebaut.

68 1 Doppelstrangbruch der DNA
2 Einzelstrangbruch der DNA
3 Punktmutation (nur eine Base der DNA wird verändert.)
Strahl 1 hat die schwerwiegendsten Folgen, da hier ein Doppelstrangbruch der DNA vorliegt. Die Information wird in beiden Strängen verändert, wenn z. B. Fehler bei der Replikation auftreten.

69 Direkte Einwirkung von radioaktiven Strahlen auf die DNA führt zu Einzel- oder Doppelstrangbrüchen der DNA oder zu chemischen Veränderungen der Basen.
Durch Einwirkung von radioaktiven Strahlen auf die Wassermoleküle einer Zelle kommt es zur Radiolyse des Wassers. Die dabei frei werdenden Radikale reagieren mit den Bausteinen der DNA und führen ebenfalls zur Veränderung der genetischen Information.

70 Eine Genmutation in einer somatischen Zelle kann zur Bildung eines bösartigen Tumors führen. Vielfach sterben solche Zellen aber auch ab und es zeigt sich keine äußerliche Wirkung. Ist eine Keimzelle von einer Genmutation betroffen, so tritt diese Mutation bei den Nachkommen auf, vorausgesetzt, diese Keimzelle kommt auch zur Befruchtung. Ist die Urkeimzelle von einer Genmutation betroffen, werden alle sich daraus entwickelnden Keimzellen diese Mutation tragen. Mit jeder Keimzelle, die zur Befruchtung kommt, wird diese Mutation an die Nachkommen weitergegeben. Am folgenschwersten ist daher eine Genmutation in einer Urkeimzelle.

71 Die Ozonschicht stellt einen Filter für die energiereichen UV-Strahlen dar. UV-Strahlen wirken mutagen, d. h. sie können die Erbinformation verändern, z. B. durch Dimerisierung von Thyminbasen. Krebszellen entstehen sehr wahrscheinlich durch Veränderung des genetischen Materials. Mehr UV-Strahlen bedingen mehr DNA-Veränderungen und erhöhen dadurch die Wahrscheinlichkeit der Entstehung von Krebszellen.

72 Fotoreaktivierung; Excisions- und Postreplikations-Reparatur (Beschreibung siehe S. 101 f).

73 Durch Mutationen wird die genetische Variabilität von Populationen erhöht. Mutationen führen zur Veränderung der Erbsubstanz und somit zu

neuen Eigenschaften ihrer Träger. Nach der Lehre DARWINS werden die negativen Mutationen durch Selektion ausgemerzt. Die am besten angepassten Organismen überleben im Kampf ums Dasein.

74 a Regulatorgen, Operatorgen, Strukturgene

b Regulatorgen: Sein Genprodukt ist ein allosterisches Enzym, das in seiner aktiven Form das Operatorgen besetzt (Schlüssel-Schloss-Prinzip) und dadurch eine Transkription der Strukturgene verhindert.
Operatorgen: Es ist den Strukturgenen vorangestellt und kontrolliert ihre Aktivität. Eine Bindstelle ermöglicht die Anlagerung des aktiven Repressors.
Strukturgene: Ihre Genprodukte sind Enzyme, die die Umsetzung bestimmter Stoffe katalysieren.

c Das Regulatorgen ist vom Operon (Promotor, Operatorgen und Strukturgene) räumlich getrennt, da es über den Repressor mit dem Operatorgen in Kontakt treten kann. Operatorgen und Strukturgene müssen räumlich verbunden sein, um die Ablesung durch die RNA-Polymerase zu ermöglichen.

d Inaktivierung des Regulatorgens: Der Repressor fehlt oder ist funktionslos, das Operon ist ständig aktiv, die Enzyme zum Lactoseabbau werden laufend gebildet, gleichgültig, ob Lactose vorhanden ist oder nicht.
Inaktivierung des Operators: eine Bindung des Repressors in nicht mehr möglich; Folgen wie oben.
Inaktivierung eines Strukturgens: Es wird z. B. durch Mutation ein fehlerhaftes Enzym gebildet, der Abbau der Lactose ist unmöglich oder gestört (Stoffwechselblock).

75 Restriktionsenzyme haben die Aufgabe, die DNA der Spenderzellen in kleine DNA-Abschnitte zu zerlegen, die dann in die Empfängerzelle übertragen werden können. Die DNA wird durch das Enzym so geschnitten, dass an den Enden kurze, überstehende Einzelstränge entstehen *(sticky ends* bzw. „klebrige Enden“).

76 a Ein Basenpaar-Palindrom ist eine Reihenfolge von Basenpaaren, bei denen die obere Basenfolge von links nach rechts gelesen der unteren Basenfolge von rechts nach links gelesen entspricht.

Beispiel: TAGCTA
ATCGAT

b Spezielle Basensequenzen (Basenpaar-Palindrome) der DNA werden von den Restriktionsenzymen erkannt und (meist) mit überstehenden Enden aufgeschnitten.

77
- Ein geeignetes Plasmid in einem Bakterium wird gesucht und isoliert.
- Ein Restriktionsenzym schneidet ein Plasmid (kleines, zusätzliches, ringförmiges DNA-Molekül in der Bakterienzelle) an einer bestimmten Stelle auf. An der Schnittstelle entstehen sog. *sticky ends* („klebrige Enden").
- Aus der DNA wird mit demselben Restriktionsenzym ein Stück mit dem gewünschten Gen (z. B. Y) herausgeschnitten. Es entstehen die gleichen „klebrigen Enden".
- Das herausgeschnittene DNA-Stück wird in das Plasmid eingebaut und mittels Enzymen (Ligasen) mit den *sticky ends* des Plasmids verbunden. Das Plasmid besitzt jetzt zusätzlich das Gen Y (rekombinante DNA). Ein solches Plasmid wird als Hybridplasmid bezeichnet und dient als Vektor (Genfähre).
- Das Plasmid wird in eine Bakterienzelle übertragen (Transformation).
- Die genetisch veränderten Bakterienzellen werden kloniert (identisch vervielfacht). Sie realisieren nun die Erbinformation des Plasmids (Genexpression).

78 Gentechnische Methoden werden schon heute vor allem bei der Herstellung von Medikamenten angewendet. Insulin (Hormon der Bauchspeicheldrüse, das den Blutzuckerspiegel regelt), Interferon (verstärkt die Immunabwehr und ist ein Antikrebsmittel) und der Blutgerinnungsfaktor VIII werden bereits gentechnisch hergestellt.

79 Mithilfe der Gentechnik können „genetische Fingerabdrücke" hergestellt werden, die für jeden Menschen (mit Ausnahme von eineiigen Zwillingen) unterschiedlich sind. Blut- oder Spermaproben enthalten immer auch Zellkerne mit DNA. Die DNA wird mit einem speziellen Gemisch aus Restriktionsenzymen versetzt. Die Restriktionsenzyme spalten die DNA einer Person immer in dasselbe Gemisch von unterschiedlich langen DNA-Fragmenten. Das Fragmentlängen-Bandenmuster der DNA eines Menschen ist daher immer gleich und kann zur Identifizierung von Verbrechern benutzt werden.

80 Dabei handelte es sich um ein Forschungsprojekt mit dem Ziel, die vollständige Sequenzanalyse der menschlichen DNA durchzuführen. Auf

diese Weise soll anschließend die gesamte Genstruktur des Menschen ermittelt werden.
Nach Abschluss des Humangenom-Projekts kann eine genaue Genkarte des Menschen erstellt werden. Dies ist die Voraussetzung dafür, dass es in der Zukunft einmal möglich sein wird, auf gentechnischem Weg die Gene für Erbkrankheiten beim Menschen gegen gesunde Gene zu ersetzen.

81 Antwort siehe S. 122, 123 und 127.

82 a Sie dient der Identifizierung eines bestimmten DNA-Strangs, der eine Basensequenz enthält, die der DNA-Sonde komplementär ist.
b Eine DNA-Sonde dient zum Auffinden von Bakterien, die ein bestimmtes Hybridplasmid enthalten. Die Bakterien (ohne Plasmid, mit Plasmid und mit dem gesuchten Hybridplasmid) wachsen auf einem Nährboden zu Kolonien heran. Man überträgt das Koloniemuster auf eine Folie. Dort werden die Bakterien abgetötet und ihre DNA wird in Einzelstränge zerlegt. Die zugegebene radioaktiv markierte DNA-Sonde verbindet sich mit den Einzelsträngen, die die zu ihr komplementäre Basensequenz aus dem Hybridplasmid aufweisen. Durch Autoradiografie können die Bakterienkolonien erkannt werden, die das gesuchte Hybridplasmid enthalten.

83 Mithilfe dieses Enzyms kann mRNA in DNA übersetzt werden.

84 Das Ti-Plasmid (tumorinduzierendes Plasmid) stammt aus *Agrobacterium tumefaciens*. Bakterien mit Ti-Plasmid lösen am Wurzelhals einer Pflanze Tumore aus. Die tumorinduzierenden Gene werden gegen Fremd-DNA und Marker-Gene ausgetauscht. Das Ti-Plasmid dient somit als Vektor zur Übertragung pflanzlicher Gene.

85

Knochenmark:	produziert B-Lymphozyten;
Thymus:	produziert T-Lymphozyten;
Lymphknoten:	Speicher für Lymphozyten;
Mandeln:	Produktionsstätte von Lymphozyten;
Milz:	Produktion von Lymphozyten und Speicher für T- und B-Lymphozyten.

86 Beschreibung des Antikörperaufbaus siehe S. 129. Antikörper reagieren mit den passenden Strukturen der Antigene von Fremdkörpern und Krankheitserregern nach dem Schlüssel-Schloss-Prinzip. Sie umhüllen die Fremdkörper oder verkleben sie miteinander zu funktionsunfähigen Anti-

gen-Antikörper-Komplexen, die dann meist von Phagozyten aufgefressen und verdaut werden.

87 Immunsuppressiva sind Medikamente, die das Immunsystem unterdrücken. (Das bekannteste derartige Mittel ist Cyclosporin.) Ohne Immunsuppressiva bilden sich gegenüber den Eiweißstrukturen des Spenderorgans Antikörper, die das gespendete Organ abstoßen würden.
Da die Immunsuppressiva das gesamte Immunsystem unterdrücken, sind die Organempfänger durch Infektionen jeglicher Art gefährdet. Um eine Infektion zu verhindern, muss man im Krankenhaus für eine völlig keimfreie Umgebung des Patienten sorgen.

88 Bei der Tollwutschutzimpfung werden den Impflingen abgeschwächte Tollwuterreger injiziert. Der Organismus bildet daraufhin Antikörper gegen die Antigene der Tollwutviren. Infiziert man sich dann mit virulenten (krankheitsauslösenden) Tollwuterregern, werden diese durch die bereits vorhandenen Antikörper vernichtet.
Die Gefahr einer Tollwutinfektion ist relativ gering. Die aktive Tollwutimpfung zeigt zu viele Nebenwirkungen. Bei der Tollwut kennt man den Zeitpunkt einer möglichen Infektion relativ genau (Biss oder Kontakt mit einem tollwütigen Tier) und man kann dann gezielt eine passive Impfung durchführen.

89 Der Impfstoff besteht aus Antikörpern gegen die Tollwuterreger.
Hasen oder andere Versuchstiere werden mit (abgeschwächten) Tollwutviren infiziert. Die Versuchstiere bilden daraufhin Antikörper gegen die Tollwuterreger. Den Versuchstieren wird Blut oder (in diesem Fall) Rückenmarksflüssigkeit entnommen und gereinigt. Das auf diese Weise gewonnene Serum enthält die Antikörper gegen die Tollwuterreger und stellt den Impfstoff dar.

90 Die Kuhpockenerreger lösen beim Menschen keine Pockenerkrankung aus. Ihre Antigene (Oberflächenstruktur der Zellen) sind aber den Antigenen der Pockenerreger beim Menschen sehr ähnlich. Bei einer Infektion mit Kuhpockenerregern bilden die Menschen daher Antikörper, die auch gegen die echten Pockenerreger wirksam sind.

91 Vorgang a nennt man Agglutination, Vorgang b Präzipitation.
Bei den Bakterien handelt es sich um unlösliche Substanzen, während die Proteine bei b im Blutserum gelöst sind.

92 Bei der unspezifischen Immunabwehr werden eingedrungene Fremdstoffe durch Makrophagen (Phagozyten bzw. Fresszellen) vernichtet.
Eventuell wirkende Antikörper sind von Geburt an vorhanden, d. h. sie werden vererbt. Unspezifische Immunabwehr findet man vor allem bei Wirbellosen.
Die spezifische Immunabwehr findet man bei Wirbeltieren. Sie wird im Laufe des Lebens erworben, d. h. die Antikörper werden erst nach dem Kontakt mit entsprechenden Antigenen gebildet.

93 Für den variablen Teil der Antikörper sind zahlreiche kleine Genabschnitte verantwortlich, die miteinander kombiniert werden können. Gen- und Chromosomenmutationen erhöhen zusätzlich die Variabilität der Antikörper.

94 Aus den Stammzellen im Knochenmark bilden sich B-Lymphozyten, die sich zu Plasmazellen umwandeln. Diese Plasmazellen produzieren dann die Antikörper.

95 B-Lymphozyten werden mit Krebszellen (Myelomzellen) verschmolzen. Es entstehen Hybridomzellen, die sich in Kulturlösung außerhalb des Körpers vermehren und laufend monoklonale Antikörper produzieren.
Anwendung: Biologische „Lenkwaffen" für Medikamente. (Kopplung mit Giftstoffen oder Medikamenten, die gezielt an die kranken Zellen transportiert und dort abgegeben werden können).
Radioaktiv markierte monoklonale Antikörper werden in der medizinischen Diagnostik zur Abbildung von Tumoren und zum Aufspüren bestimmter Proteine eingesetzt; in der Krebsvorsorgeuntersuchung (Aufspüren von Hormonen, die nur bei Anwesenheit von Krebszellen erzeugt werden); beim Schwangerschaftstest (Aufspüren von Schwangerschaftshormonen im Urin).

96 Unter einer Allergie versteht man eine Überempfindlichkeit des Organismus gegenüber körperfremden Stoffen. Sie zeigt sich in einer übersteigerten, fehlgeleiteten Immunabwehrreaktion. Durch die Produktion immer neuer chemischer Werkstoffe, durch neuartige Textilien, Konservierungsmittel in Nährstoffen, Kosmetika, Arzneimittel u. Ä. kommt es immer häufiger zum Kontakt mit allergieauslösenden Stoffen. Wahrscheinlich wird auch der Organismus durch die zunehmende Belastung der Umwelt mit Umweltgiften generell gegenüber allergieauslösenden Stoffen stärker sensibilisiert.

97 *Beispiel:* Hausstaubmilbenallergie
Als allergieauslösender Stoff wirken hier die Ausscheidungen der Hausstaubmilbe. Durch Einatmen des Kots der Hausstaubmilbe kommt es zum Kontakt mit dem Allergen. Das Allergen löst die vermehrte Produktion von IgE aus. IgE-Moleküle besetzen die Rezeptoren der sog. Mastzellen, wodurch diese sensibilisiert sind. Beim zweiten Kontakt verbinden sich die IgE-Moleküle der Mastzellen mit den Antigenen des Allergens. Die Mastzellen setzen daraufhin bestimmte Substanzen (z. B. Histamin) frei, die die allergischen Symptome auslösen, wie z. B. Rötung und Schwellung der Haut, Bläschenbildung u. Ä.

98 a Strukturformel (Strukturformeln der Reste siehe Abb. 70, S. 147):

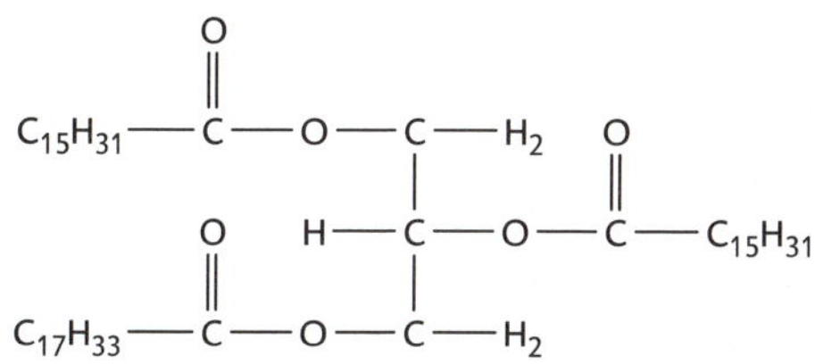

b Fett B ist bei Raumtemperatur flüssig.
Begründung: Ölsäurereste weisen eine, Linolsäurereste zwei Doppelbindungen auf. Durch die Doppelbindungen entstehen unbewegliche Knicke in den Kohlenwasserstoffketten, sodass sich die Moleküle zur Ausbildung von zwischenmolekularen Anziehungskräften nicht dicht zusammenlagern können. Der Zusammenhalt der Fettmoleküle ist bei Raumtemperatur gering und der Stoff deshalb flüssig.

99

	Amylose	Glycogen	Cellulose
a	α-Glucose	α-Glucose	β-Glucose
b	keine	etwa bei jedem 14. Monomer	keine
c	spiralig	räumliches Netz	fadenförmig
d	Bestandteil der Stärke in Samen	tierische Stärke in Leber, Muskeln	Zellwände der Pflanzenzellen

100 Die Eigenart eines Proteinmoleküls wird bestimmt durch die Primärstruktur (Aminosäuresequenz: Art und Aufeinanderfolge der Aminosäuren) und durch seine räumliche Struktur. Letztere entsteht durch Wechselwirkungen innerhalb bzw. zwischen den Peptidketten:

- Sekundärstruktur: Von den Peptidbindungen ausgehend bilden sich Wasserstoffbrückenbindungen; werden sie innerhalb einer Peptidkette gebildet, entsteht eine Helixstruktur; Wasserstoffbrücken zwischen Peptidketten, die parallel liegen, ergeben eine Faltblattstruktur.

- Tertiärstruktur: Die Sekundärstrukturen nehmen eine bestimmte Anordnung im Raum ein; die Bindungen, die den Zusammenhalt ergeben, gehen von den Aminosäureresten aus.

101
- Peptid: 10 bis 100 Aminosäuren sind durch Peptidbindungen verknüpft.
- Protein: Über 100 bis 1 000 Aminosäuren bilden eine Peptidkette.
- Proteid: Es besteht aus einem Eiweißanteil und einer andersartigen Gruppe, z. B. einem Metallion, Farbstoffmolekül oder Vitamin.

102 Falsch sind c und d.

103 Traubenzucker ist gut wasserlöslich. Der osmotische Druck einer Lösung ist von der Teilchenzahl des gelösten Stoffes abhängig. Wenn eine hohe Konzentration von Traubenzucker in der Zelle vorliegen würde, käme es zu einer Aufnahme von Wassermolekülen in die Zelle; sie könnte platzen. Stärke dagegen ist wasserunlöslich und damit osmotisch unwirksam.

104 Siehe Abb. 71, S. 147: Fett + Wasser ⟶ Fettsäuren + Glycerin

105 Schnee bzw. Eiskristalle und Salzkristalle besitzen eine sehr hohe innere Ordnung. Im Wasser und im gelösten Salz ist die Unordnung dagegen ziemlich hoch. Das Schmelzen bzw. Auflösen führt zu einer starken Entropiezunahme. Sie überwiegt in diesem Fall die notwendige Aufnahme von Reaktionswärme für die Vorgänge. Die freie Enthalpie ΔG ist negativ, die Reaktion läuft freiwillig ab.

106 Die Speicherung von chemischer Energie durch den Aufbau von ATP ist unabhängig von Zeitpunkt und Ort der Energiegewinnung.

107 Biokatalysatoren sind zelleigene organische Bestandteile. Sie setzen die Aktivierungsenergie einer chemischen Reaktion herab und beschleunigen die Reaktion. Sie werden dabei nicht verbraucht und wirken bereits in geringen Mengen.

108 Die Aktivität der Enzyme ist temperaturabhängig. Im Temperaturbereich bis 60 °C nimmt die Enzymaktivität bzw. Reaktionsgeschwindigkeit entsprechend der RGT-Regel bei einer Temperaturerhöhung um 10 °C auf das Doppelte bis Dreifache zu. Oberhalb dieser Temperatur werden die Proteinanteile der Enzyme denaturiert. Die Bindungen, die die Tertiärstruktur stabilisieren, werden gelöst; das Protein bildet ein Knäuel. Da die Enzym-

aktivität aufgrund der speziellen Struktur des aktiven Zentrums an die Tertiärstruktur geknüpft ist, geht sie verloren (grafische Darstellung wie Abb. 85, S. 162).

109

	Kompetitive Hemmung	Nicht kompetitive (allosterische) Hemmung
Gemeinsamkeiten	Das Substrat wird nicht umgesetzt. Die Hemmung ist reversibel.	
Unterschiede	Hemmstoff und Substrat strukturell ähnlich	keine strukturelle Ähnlichkeit zwischen Hemmstoff und Substrat
	Anlagerung des Hemmstoffs am aktiven Zentrum	Anlagerung des Hemmstoffs an einer zweiten Bindestelle (allosterisches Zentrum)
	Konkurrenz zwischen Substrat und Hemmstoff am (unveränderten) aktiven Zentrum.	Konformation des aktiven Zentrums wird verändert
	Erhöhung der Substratkonzentration hebt die Hemmung auf	keine Aufhebung der Hemmung durch Erhöhung der Substratkonzentration

110 Die Bleiionen reagieren mit den Aminosäureresten der Enzymproteine. Dabei wird die Raumstruktur verändert. Dies führt zum Verlust der Wirksamkeit, wenn das aktive Zentrum, an dem das Substrat gebunden wird, betroffen ist.

111 a Amylose: Polysaccharid aus α-D-Glucose mit Schraubenstruktur
Maltose: Disaccharid aus α-D-Glucose
α-1→4-glycosidische Verknüpfung der α-D-Glucose-Moleküle bei beiden Sacchariden

b Bei geringen Substratkonzentrationen bewirkt die Steigerung der Substratkonzentration eine direkt proportionale Zunahme der Reaktionsgeschwindigkeit. Bei hohen Substratkonzentrationen führt eine vermehrte Zufuhr von Substrat zu keiner weiteren Zunahme der Reaktionsgeschwindigkeit (Sättigungswert).

Erklärung: Zu Beginn der Versuchsreihe (hohe Enzym-, geringe Substratkonzentration) sind nicht alle Enzymmoleküle gleichzeitig mit Substrat beladen. Wenn mehr Substrat angeboten wird, wird es von den noch freien Enzymmolekülen sofort umgesetzt. Bei hohen Substratkonzentrationen sind alle Enzyme mit Substrat beladen. Auch wenn mehr Substrat angeboten wird, kann nicht mehr davon umgesetzt werden.

112 Aufgrund ihrer ähnlichen Struktur können Sulfonamide wie die para-Aminobenzoesäure am aktiven Zentrum des Enzyms gebunden werden. Sie werden jedoch nicht umgesetzt. Die Bildung einer für die pathogenen Bakterien lebensnotwendigen Substanz unterbleibt; die Bakterien vermehren sich nicht weiter bzw. sterben ab.
Modellhafte Schemazeichnung: Schema zur kompetitiven Hemmung siehe Abb. 88, S. 165.

113 a K_M-Wert: Substratkonzentration, bei der die Enzymreaktion mit halbmaximaler Geschwindigkeit abläuft. Die Hälfte der Enzymmoleküle liegt als Enzym-Substrat-Komplex vor.

b Die Affinität des Enzyms Hexokinase ist gegenüber Glucose größer als gegenüber Fructose, die Enzymaktivität ist mit Glucose größer.

c Substratspezifität: Ein Enzym setzt nur ein bestimmtes Substrat bzw. eine Gruppe von Substraten um, in diesem Fall verschiedene Hexosen; Hexokinase ist gruppenspezifisch.

114 Die Enzymaktivität ist am höchsten bei Temperaturen um 35 °C, einem für das Enzym optimalen pH-Wert und bei Abwesenheit von Schwermetallionen.
Bei Temperaturen über 50 °C werden Bindungen gelöst, die die Tertiärstruktur des Enzymproteins stabilisieren. Ein zu saures oder zu basisches Milieu führt dazu, dass die Ladungen des Proteinanteils verändert werden. Schwermetallionen reagieren mit den Aminosäureresten zu Komplexen. Alle diese Reaktionen bewirken eine Veränderung der Tertiärstruktur des Eiweißanteils des Enzyms, sodass die Bindung des Substrats unmöglich wird.

115 a Bei Landpflanzen eignet sich zur experimentellen Bestimmung der Fotosyntheserate am besten die Messung der Glucose- bzw. der Stärkezunahme. Die Messung der Sauerstoffproduktion bzw. der Verbrauch an Kohlenstoffdioxid ist aufwendiger, da es schwierig ist, in der Luft Volumenänderungsmessungen durchzuführen.

b Auch während des Tages wird ein Teil der Glucose von den Pflanzen veratmet. Aus diesem Grund ist der gemessene Wert immer geringer als der tatsächliche Wert der Fotosyntheserate.

116 a

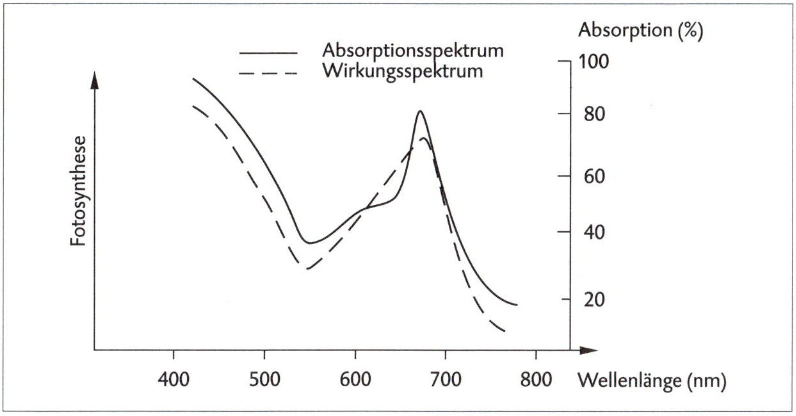

b Da Chlorophyll grün gefärbt ist, reflektiert es in diesem Bereich die einfallenden Lichtstrahlen. Neben Chlorophyll gibt es aber noch akzessorische Pigmente (Carotinoide und Xanthophylle), die im Bereich von 500–600 nm (grün/gelb) Lichtquanten absorbieren und dem Chlorophyll zuführen. Daher kann eine grüne Pflanze auch in diesem Spektralbereich des sichtbaren Lichts Fotosynthese betreiben.

117 Durch die Besucher wird die Kohlenstoffdioxidproduktion erhöht und die Temperatur geringfügig gesteigert. Beide Faktoren steigern die Fotosyntheserate und damit das Wachstum der Algen.
Reduzierung des Algenwachstums wäre möglich durch:

- Absenkung der Lichtintensität;
- Verwendung von Grünfiltern vor den Lampen, die nur grünes Licht durchlassen, das von Chlorophyll nur minimal absorbiert wird.

118 Die Blätter erscheinen dem Auge grün, weil Chlorophyll mit Ausnahme von Grün alle Farben des sichtbaren Lichts absorbiert. Die Wellenlänge des grünen Lichts dagegen wird reflektiert.

119 Vor dem Laubfall im Herbst wird zunächst Chlorophyll zersetzt. (Kälte fördert die Bildung von pflanzlichen Hormonen, die Alterungs- und Abbauprozesse steuern.) Neben Chlorophyll gibt es aber noch andere Blattfarbstoffe, z. B. Carotinoide und Xanthophylle. Diese gelben Farbstoffe sind für die herbstliche Färbung der Laubblätter verantwortlich.

120 Die Fotosyntheserate der Pflanze in der dunklen Ecke ist aufgrund der geringen Lichtverhältnisse relativ niedrig. Die Pflanze produziert daher nur wenig Glucose. Gleichzeitig betreibt die Pflanze aber auch Atmung und verbraucht dabei Glucose. Wenn sie nicht wächst, aber auch nicht eingeht, bedeutet dies, dass sie durch Atmung genauso viel Glucose verbraucht wie sie herstellt (Licht-Kompensationspunkt).

121 Eine Neonlampe erzeugt wenig Wärmestrahlung, daher werden die Pflanzenblätter durch die Lampe nicht erwärmt. Bei einer Temperatur von 10 °C ist die Fotosynthese nur gering.

122 Bei der Lichtsammelfalle handelt es sich um ein System von Blattpigmenten (Carotinoide und Chlorophylle), die durch ihre spezielle Anordnung in der Lage sind, dem zentralen Chlorophyll a die Energie der Lichtquanten zuzuführen (siehe Abb. 98, S. 180).

123 Nitrit-, Nitrat- und Knallgasbakterien

124

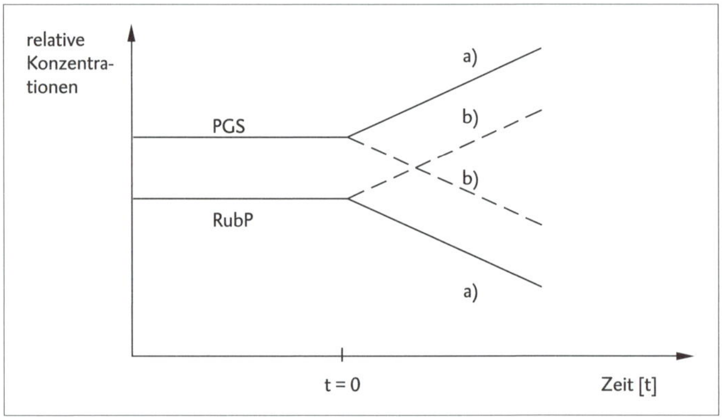

a PGS wird nicht mehr verarbeitet und sammelt sich an, da Reduktionsäquivalente und ATP aus den Lichtreaktionen fehlen; der Zyklus der Dunkelreaktionen ist unterbrochen. RubP wird bei der Fixierung des Kohlenstoffdioxids verbraucht, kann aber nicht mehr regeneriert werden, seine Konzentration sinkt.

b An RubP kann kein Kohlenstoffdioxid mehr gebunden werden, RubP häuft sich an. Die vorhandene PGS wird weiterverarbeitet, da aber keine Kohlenstoffdioxidfixierung mehr erfolgt, sinkt ihre Konzentration.

125 a Gemeinsamkeiten: Doppelmembran, Einstülpungen der inneren Membran, eigene DNA, eigene Ribosomen (eigene Proteinsynthese) Grundsubstanz (Matrix oder Stroma)

b Chloroplasten: Die Lichtreaktionen der Fotosynthese laufen an den Thylakoidmembranen ab, die Dunkelreaktionen im Stroma.

Mitochondrien: Die Atmungskette läuft an der inneren Membran ab, der Citronensäurezyklus in der Matrix.

126 a Durch die Milchsäuregärung wird Milchsäure produziert, die durch ihre saure Wirkung das Wachstum von Fäulnisbakterien unterdrückt (Konservierung).

b Ein Teil der bei der Gärung freigesetzten Energie wird als Wärme abgegeben.

c Durch die Konservierung mit Milchsäure bleiben viele pflanzeneigene Stoffe, z. B. Vitamine, erhalten, die bei langer Lagerung abgebaut werden würden.

d Dann könnten sich Schimmelpilze ansiedeln, die eine saure Umgebung vertragen, aber auf Sauerstoff für die Zellatmung angewiesen sind. Viele Schimmelpilze erzeugen Giftstoffe.

127 a Herstellen einer Suspension aus Hefe, Wasser und Glucose, Verschluss des Gefäßes mit einem Gärröhrchen.
Der Luftabschluss ist notwendig, da Hefen nur bei Sauerstoffmangel von der Zellatmung zur alkoholischen Gärung übergehen.
Die Wassermenge muss so bemessen sein, dass der Gehalt an Ethanol bei vollständiger Vergärung unter 16 bis 18 % bleibt, da Ethanol in höherer Konzentration die Hefen abtötet.

b $C_6H_{12}O_6 \longrightarrow 2\,CO_2 + 2\,C_2H_5OH$

c Bei der Veratmung von Glucose kann wesentlich mehr ATP gebildet werden (Zellatmung: 38 ATP/Glucose, Gärung 2 ATP/Glucose).
Damit steht den Hefen mehr Energie für Wachstumsprozesse zur Verfügung.

128 a Bildung von Ethanol und Kohlenstoffdioxid, da bei Sauerstoffmangel Glucose vergoren wird (alkoholische Gärung).

$$C_6H_{12}O_6 + 2\,ADP + 2\,Ⓟ \longrightarrow 2\,C_2H_5OH + 2\,CO_2 + 2\,ATP$$

b Keine Reaktion, da ein Energie liefernder Stoff fehlt und Hefen keine Fotosynthese betreiben können.

c Bildung von Kohlenstoffdioxid und Wasser, da bei Sauerstoffzufuhr die Gärung unterdrückt wird und die Hefe Glucose veratmet.

$$C_6H_{12}O_6 + 6\,O_2 + 6\,H_2O + 38\,ADP + 38\,Ⓟ \longrightarrow 6\,CO_2 + 12\,H_2O + 38\,ATP$$

129 Richtig sind die Aussagen: b, c, e und f.

130 Durch Kühlung und weniger Sauerstoff in der Umgebung wird die Zellatmung verlangsamt. Dadurch verringert sich der Zuckerverbrauch durch das lebende Gewebe des Obsts. Auch Alterungsprozesse verlangsamen sich. Das Obst bleibt länger frisch und verliert weniger an Gewicht.

131 a Die Lösung aus Versuch 1 enthält die geringere Menge Zucker.

b Da bei der Gärung (Versuch 1) pro Molekül Glucose weniger ATP gewonnen wird als bei der Zellatmung (Versuch 2), müssen die Hefen mehr Glucose vergären als veratmen, um die für ihre Lebensvorgänge notwendige Energie zu gewinnen.

c Brenztraubensäure (BTS)

d Der Zuckerverbrauch dürfte etwa so hoch sein wie bei Versuch 1.

Begründung: Wenn die Atmungskette durch Kaliumcyanid blockiert ist, kann der Abbau der Glucose nur bis zur BTS erfolgen. BTS wird anschließend in der alkoholischen Gärung zu Ethanol und Kohlenstoffdioxid abgebaut.

Genauer: Hohe Konzentrationen an ATP aus der Atmungskette drosseln die Aktivität des Phosphofructokinase der Glykolyse, bei wenig oder fehlendem ATP ist sie sehr aktiv und setzt viel Substrat (Glucose) um. Wenn die Prozesse der Atmungskette nicht mehr ablaufen können, fehlt im Citronensäurezyklus NAD^+, der Zyklus kann nicht mehr weiterlaufen. Einziger verbleibender Abbauweg ist dann die alkoholische Gärung.

132 Klimatische Faktoren sind für die unterschiedliche Verbreitung der Pflanzen in bestimmten Biotopen verantwortlich.

- Temperatur: steigert bis etwa 30 °C die Fotosyntheserate und damit das Wachstum der Pflanzen. Unterhalb von 10 °C hört das Pflanzenwachstum auf.
- Niederschlag: wichtig für die Fotosynthese (Wachstum) und für die Festigkeit der Pflanzen (Turgordruck)
- Luftfeuchtigkeit: in trockenen Gebieten weisen Pflanzen spezielle Einrichtungen des Verdunstungsschutzes (Reduzierung der Blattoberfläche, behaarte Blätter) auf
- Wind: in Gebieten mit starken Winden wachsen nur Sträucher und Gebüsche. Große Bäume bieten dem Wind zu viel Angriffsfläche.

133 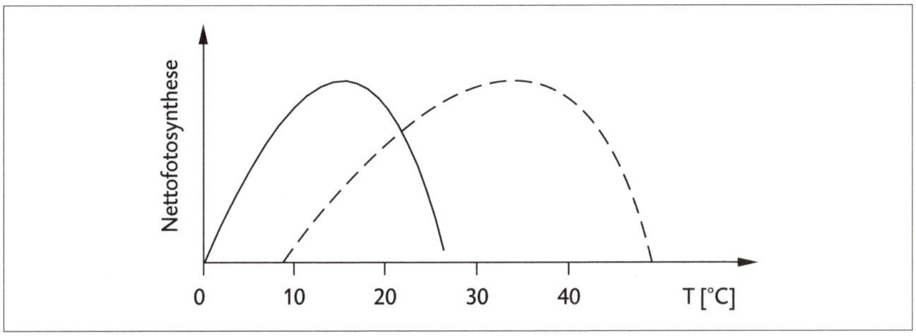

Die arktische Pflanze beginnt bereits um den Nullpunkt herum mit der Fotosynthese und erreicht das Temperaturoptimum relativ früh.
Bei der tropischen Pflanze setzt die Fotosynthese später ein, das Temperaturoptimum wird von ihr erst bei etwa 30–35 °C erreicht.

134 Neben Wasser, Bodenbeschaffenheit und Salzgehalt des Bodens sind dies Licht (sowohl Lichtstärke bzw. Lichtintensität als auch Lichtqualität [Wellenlänge bzw. Farbe des Lichts]), der Kohlenstoffdioxidgehalt der Luft und die Temperatur.

135 a Maßnahmen zur Steigerung des Ertrags:
- Erhöhung der Kohlenstoffdioxidkonzentration;
- Belichtung der Pflanzen auch während der Nacht; zusätzliche Lichtenergie erhöht die Glucoseproduktion.
- Erhöhung der Temperatur bis ca. 35 °C; Steigerung der Reaktionsgeschwindigkeit der enzymatisch gesteuerten Prozesse der Fotosynthese.

b Der Ertrag kann am meisten durch Erhöhung der Kohlenstoffdioxidkonzentration gesteigert werden, da die CO_2-Konzentration der begrenzende Faktor der Fotosynthese ist.

136 Grüne Wasserlinsen filtern aufgrund ihres hohen Chlorophyllanteils vor allem die Blau- und Rotlichtanteile aus dem Licht heraus, sodass in tieferen Schichten überwiegend Gelb- und Grünlichtanteile vorhanden sind. Diese können von Organismen mit hohem Carotingehalt absorbiert und zur Fotosynthese genutzt werden. Grünalgen können unter diesen Bedingungen nicht überleben.

137 Die Pflanze mit optimalen Tag- und minimalen Nachttemperaturen wird den größeren Ertrag bringen.
Begründung: Bei Tag wird diese Pflanze – genau wie die andere – eine optimale Fotosyntheserate aufweisen. In der Nacht veratmen beide Pflanzen

zum Teil die gespeicherte Glucose wieder. Da Stoffwechselvorgänge, wie die Atmung, temperaturabhängig sind, wird die Pflanze mit gleich bleibender Tages- und Nachttemperatur (Nr. 2) mehr Glucose veratmen als Pflanze Nr. 1. Bei Pflanze Nr. 1 ist der Überschuss an Glucose daher größer.

138 Im Gewächshaus mit weißem Mattglas ist das Wachstum besser.
Begründung: Blaues Glas ist nur für blaues Licht durchlässig, weißes Mattglas aber für alle Farben des sichtbaren Lichts, auch für rot. Da das Absorptionsspektrum des Chlorophylls sowohl ein Maximum im blauen als auch im roten Bereich des Lichts hat, stehen im Gewächshaus mit weißen Mattglasscheiben mehr Lichtquanten für die Fotosynthese zur Verfügung. Die Fotosyntheserate im letztgenannten Gewächshaus ist daher höher.

139 Die Nadelbäume (mit Ausnahme der Lärche) können auch im Winter bei Temperaturen über dem Gefrierpunkt Fotosynthese betreiben.

140 a Auf den sumpfigen Wiesen herrscht zwischenartliche Konkurrenz. Aufgrund der größeren Toleranz gegenüber großer Feuchtigkeit dominieren die Sauergräser im Sumpf. Nach dem Trockenlegen werden die Sauergräser wegen geringerer Toleranz gegenüber Trockenheit völlig verdrängt.

b

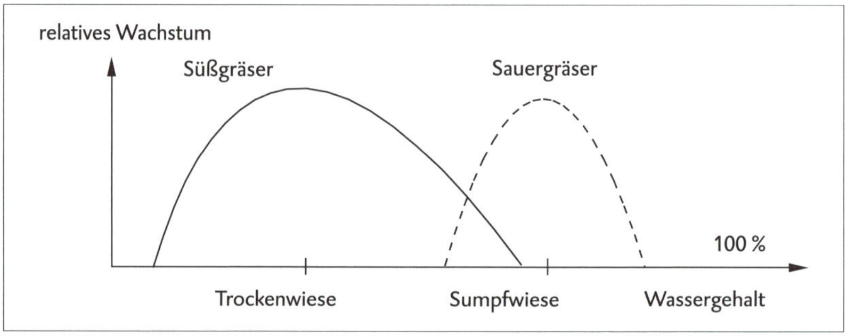

141 a Zu Beginn zeigt die Pantoffeltierchenkultur exponentielles Wachstum. Der Zusatz des Räubers führt dazu, dass er sich aufgrund des großen Nahrungsangebots rasch vermehrt. Die Zahl der Pantoffeltierchen nimmt dadurch ab und zwar umso rascher, je größer die Individuenzahl des Räubers wird.
Mit abnehmender Zahl der Beute sinkt auch die Vermehrungsrate der Räuber. Die Pantoffeltierchen werden schließlich ausgerottet, worauf

mit zeitlicher Verzögerung auch die Räuberpopulation durch Nahrungsmangel stirbt.

b Es ist zu erwarten, dass sich für beide Arten wellenartige Bestandsschwankungen mit phasenverschobenen Häufigkeitsmaxima ergeben, wobei die Zahl der Beute größer als die des Räubers ist.

c Es kommt zunächst zu einer starken Vermehrung der Pantoffeltierchen, da nur wenige Räuber vorhanden sind. Durch die Zunahme der Beutepopulation vermehren sich zeitversetzt auch die Räuber wieder (3. volterrasche Regel).

142 Das exponentielle Wachstum der Menschheit in den letzten Jahrhunderten ist zurückzuführen auf:

- zunehmende Industrialisierung, verbunden mit hoher Produktionsleistung von Massenkonsumgütern;
- Steigerung der landwirtschaftlichen Produktion durch Einsatz von Maschinen und Kunstdünger;
- Verbesserung der medizinischen Versorgung und der hygienischen Verhältnisse, verbunden mit einer Zunahme der Lebenserwartung;
- größere Mobilität durch neue Verkehrsmittel (Eroberung neuer Lebensräume und verbesserte Möglichkeiten des Warenaustausches).

143 a Bei den Arten A und B handelt es sich um eine Räuber-Beute-Beziehung, wobei A die Beute und B der Räuber ist. Dies erkennt man aus den phasenverschobenen Kurven. Nach Volterra ist die Zahl der Beutetiere auch zahlenmäßig größer als die der Räuber.

b Bei den Arten A und C handelt es sich um Konkurrenzausschluss. Beide Arten stellen sehr ähnliche Anforderungen an die Umwelt; ihre ökologischen Nischen überschneiden sich stark. Da Art C ausstirbt, ist Art A besser an die gegebenen Umweltbedingungen angepasst.

144 a Zwischen den Meisen herrscht Konkurrenz um Nahrung und Lebensraum. Um überleben zu können, darf die Populationsdichte nicht zu hoch sein. Der Garten reicht nur für ein Meisenpaar aus (Revierbildung).

b Um Konkurrenz zu vermeiden, sind Libellenlarve und Libelle auf verschiedene Nahrungsquellen und Orte der Nahrungssuche spezialisiert. Sie besetzen unterschiedliche ökologische Nischen. Entsprechend ihrer Spezialisierung sind sie verschieden angepasst:
Libellenlarve: Fangmaske, Beine zum Festhalten, Kiemenatmung (Wasser); Libelle: Flügel, Tracheenatmung, beißende Mundwerkzeuge.

145 Größere Tiere haben im Verhältnis zu ihrem Volumen eine geringere Oberfläche als kleinere. Die Wärmeabgabe ist folglich bei einem größeren Tier in arktischen Gebieten geringer als bei den kleineren Verwandten (bergmannsche Regel).

146 Die drei Arten können nebeneinander im selben Biotop existieren, da sie die Umweltbedingungen auf unterschiedliche Weise nutzen. In dem Beispiel kommt es zur Bildung von ökologischen Nahrungsnischen. Alle drei Arten sind Blattfresser. Sie schöpfen das Nahrungsangebot durch ihre unterschiedliche Körpergröße aus:
Giraffen: Blätter der Baumkronen
Gerenuk: Baum-, Strauchschicht
Dikdik: niedere Sträucher, Unterwuchs

147

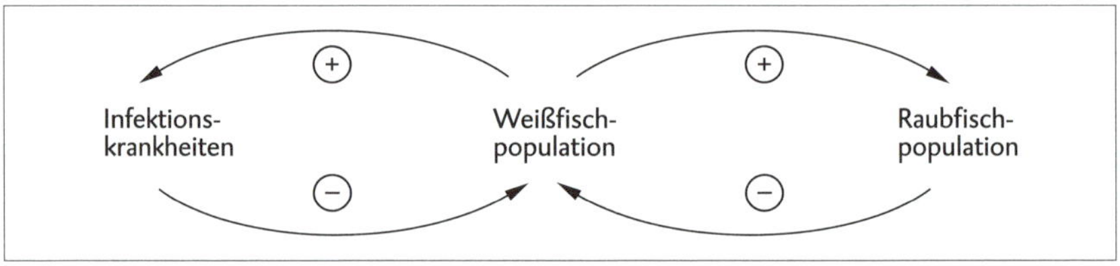

a Bei starker Vermehrung der Weißfischpopulation vermehrt sich auch die Raubfischpopulation stärker, da nun mehr Nahrung zur Verfügung steht. Durch die Vermehrung der Räuber verringert sich wiederum die Weißfischpopulation (negative Rückkopplung).

b Bei einer hohen Populationsdichte der Weißfische ist die Möglichkeit einer Ansteckung durch Infektionskrankheiten größer. Durch die Zunahme der Infektionskrankheiten sterben mehr Weißfische (negative Rückkopplung). Räuber und Seuchen sind dichtebegrenzende Faktoren der Weißfische.

148 In der trophogenen Zone eines Sees findet die Nährstoffproduktion statt. Sie reicht in etwa in eine Wassertiefe von 10 – 15 m. Nur bis zu dieser Tiefe gelangt das Licht, das für die Fotosynthese benötigt wird. Dort leben in erster Linie fotoautotrophe Pflanzen, vor allem das Phytoplankton.

149 Sowohl See als auch Teich zeigen Winterstagnation, da aufgrund der Eisschicht keine Durchmischung der Wasserschichten im Winter erfolgen kann. Ein Teich besitzt im Gegensatz zum See kein Hypolimnion. Die Sommerstagnation fehlt beim Teich, da das gesamte Wasser ständig durch den Wind mehr oder weniger stark durchmischt wird.

150 Der Bodensee ist der größte Binnensee Deutschlands. Aufgrund seines großen Wasservolumens besitzt er eine hohe Wärmespeicherkapazität. Er friert daher normalerweise nicht zu, wodurch eine Winterstagnation verhindert wird.

151 Gartenteiche frieren im Winter zu. Bei geringerer Wassertiefe besteht die Gefahr, dass das Wasser des Gartenteichs bis zum Grund durchfriert und somit alles Leben im Gartenteich vernichtet wird. Die Wärmekapazität eines Gartenteichs mit geringerer Tiefe reicht in kalten Wintern nicht aus, das Durchfrieren zu verhindern.

152 Im Sommer brauchen die Produzenten in der oberen Wasserschicht das Phosphat auf. Phosphat ist im oligotrophen See der Minimumfaktor, der eine Eutrophierung verhindert. Da Sommerstagnation herrscht, wird aus der Tiefe kein Phosphat nachgeliefert. Dort sammelt sich durch die Mineralisation der aeroben Destruenten neben anderen Mineralsalzen auch Phosphat an.

153 Ermittlung der Wassergüte eines Sees:

- Man bestimmt die Menge der organischen Belastung (je mehr organische Stoffe, desto schlechter die Wasserqualität).
- Man untersucht Pflanzen und Tiere (auch Mikroorganismen) des Gewässers und kann anhand bestimmter Leitorganismen die Gewässergüte bestimmen.
- Man bestimmt den Sauerstoffgehalt des Gewässers (je weniger Sauerstoff, desto schlechter die Wasserqualität).
- Man bestimmt den Ammonium-, Nitrat- und Phosphatgehalt (je niedriger diese Werte, desto besser ist die Gewässergüte).
- Man bestimmt die Anzahl der Bakterien (Keimzahl) einer Wasserprobe (je höher die Anzahl, desto schlechter die Wasserqualität).

154 a Unter dem BSB_5-Wert versteht man die Menge an Sauerstoff, die in einem Zeitraum von fünf Tagen unter konstanten Bedingungen (Lichtabschluss, Luftabschluss und einer Temperatur von 20 °C) verbraucht wird. Dieser Wert gibt an, wie viele organische und durch Destruenten abbaubare Stoffe in der Gewässerprobe enthalten sind. Er lässt Rückschlüsse auf die Gewässergüteklasse zu: hoher BSB_5-Wert bedeutet eine schlechtere Wasserqualität.

b Der CSB-Wert ist ein Maß für die Menge an oxidierbaren Stoffen in einer Wasserprobe. Die Differenz von BSB- und CSB-Wert ist ein Maß für den Anteil an biologisch nicht abbaubaren organischen Substanzen.

155 Beim Teich fehlt die Sommerstagnation. Aufgrund der geringen Wassertiefe eines Teichs im Vergleich zum See ist das Wasser eines Teichs im Sommer fast gleichmäßig warm. Aus diesem Grund kommt es auch im Sommer zum Austausch des gesamten Wassers.

156 Das Wasser eines Sees, der kurz vor dem Umkippen steht, weist nur noch einen sehr geringen Sauerstoffgehalt auf. Deshalb können die aeroben Destruenten die tote Biomasse nicht mehr abbauen. Man müsste den See künstlich belüften, um den Sauerstoffgehalt zu erhöhen. Gleichzeitig muss dafür gesorgt werden, dass kein weiteres organisches Material von außen in den See gelangt, also evtl. eine Ringkanalisation bauen und nur noch geklärtes Wasser in den See leiten.

157 a Die Messungen wurden im Sommer vorgenommen. Nur im Sommer existiert die Sprungschicht.

b Es handelt sich um einen oligotrophen See. Auch in großen Tiefen ist viel Sauerstoff vorhanden. Der See ist nährstoffarm.
Begründung:
In der oberen Schicht, in die das Licht eindringen kann, ist der Sauerstoffgehalt nur geringfügig höher als in den tieferen Schichten. In diesem See gibt es also nur wenige Pflanzen, die Sauerstoff produzieren. Die Tiefenschicht ist relativ sauerstoffreich, d. h. es wird wenig tote Biomasse abgebaut.

158 Forellen sind Konsumenten 3. Ordnung, sie stehen in der Nahrungskette im See in der 4. Trophieebene. Beim Übergang von einer Trophieebene zur anderen gehen jeweils etwa 90 % der Biomasse verloren. Daher benötigt man zur Produktion von 1 kg Forellen 1 000 kg Pflanzen. Aus ökologischer Sicht wäre die Karpfenzucht viel sinnvoller. Da sich Karpfen direkt von Pflanzen ernähren, sind zur Produktion von 1 kg Karpfen nur 10 kg Pflanzen nötig.

159 Die Primärproduzenten bauen Glucose, Stärke, Proteine und Fette auf. Die Gesamtheit dieser aufgebauten Stoffe bezeichnet man als die Primärproduktion. Einen Teil dieser Stoffe benötigen die Pflanzen selbst für ihren Betriebsstoffwechsel, d. h. diese Substanzen werden oxidiert, um Energie freizusetzen (Dissimilation). Zieht man den Anteil der dissimilierten Stoffe von der Bruttoprimärproduktion ab, erhält man die Nettoprimärproduktion.

160 Durch die Erwärmung des Seewassers nimmt die Sauerstoffkapazität und damit der Sauerstoffgehalt des Wassers ab. Gleichzeitig laufen aber bei erhöhter Temperatur alle Stoffwechselvorgänge schneller ab, z. B. Atmung und Tätigkeit der aeroben Destruenten. Die Folge ist eine weitere Abnahme des Sauerstoffgehalts. Zwar produzieren die Pflanzen bei höherer Temperatur auch mehr Sauerstoff, dieser kann aber nicht mehr vom Wasser aufgenommen werden. Er entweicht daher an die Luft und steht den Stoffwechselprozessen für die Organismen im See nicht zur Verfügung. Bei starker Erwärmung des Seewassers besteht für den See also die Gefahr des „Umkippens". Zusätzlich wird durch den dauernden Einstrom von warmem Wasser die Frühjahrs- und Herbstzirkulation beeinträchtigt.

161 Kohlenstoff-, Sauerstoff-, Stickstoff- und Phosphatkreislauf
Alle Stoffe, die für Lebewesen wichtig sind, werden in natürlichen Kreisläufen regeneriert. Sie stehen den Organismen für ihren Stoffwechsel wieder zur Verfügung (Kreislauf). Die Energie, die für die Stoffwechselvorgänge nötig ist, kommt von der Sonne. Sie wird von den Pflanzen aufgenommen und wird in Form von chemisch gebundener Energie von einer Trophieebene zur nächsten weitergegeben. Dabei wird jeweils ein Teil der Energie in Form von Wärme frei und letztlich in den Weltraum abgestrahlt (Energiefluss).

162 Knöllchenbakterien (binden Luftstickstoff)
Nitrifizierende Bakterien:
a Nitritbakterien (wandeln Ammoniak in Nitrit um)
b Nitratbakterien (wandeln Nitrit in Nitrat um)
Denitrifizierende Bakterien (wandeln Nitrat in Luftstickstoff um)

163 Jedes Treibhaus im Garten besitzt als Dach Glasscheiben. Sie sind für sichtbare Lichtstrahlen durchlässig, nicht aber für die langwelligeren Wärmestrahlen. Trifft Licht auf Materie, wird ein Teil des Lichts in Wärmestrahlen umgewandelt. Da diese die Glasscheiben nicht nach außen durchdringen können, erwärmt sich der Treibhausinnenraum.
Der globale Treibhauseffekt bewirkt eine allmähliche Erwärmung der Erdatmosphäre. Die Rolle des Glasdachs übernimmt in diesem Fall das Kohlenstoffdioxid.

164 Beim Verbrennen von Holz entsteht Kohlenstoffdioxid. CO_2 ist verantwortlich für den globalen Treibhauseffekt (siehe Antwort 163). Zusätzlich werden durch Waldbrände viele Bäume vernichtet. Diese Bäume stehen

nicht mehr für die Fotosynthese zur Verfügung, den Prozess, der einen Teil des Kohlenstoffdioxids bindet.
Der Treibhauseffekt wird auch durch Methan gefördert, das z. B. in den Mägen von Rindern bei der Gärung der Nahrung entsteht.

165 Folgen des Treibhauseffekts:
- weitere Ausdehnung der Wüstenregionen.
- Schmelzen der Polkappen.
- Überflutung weiter Teile von Küstenstaaten.

166 Maßnahmen zur Verringerung des Treibhauseffekts:
- Erhöhung der Treibstoffpreise;
- Verabschiedung von Gesetzen und Vorschriften zur zwingenden Erhöhung der Wärmedämmung von Häusern und zum Austausch alter Heizkessel mit geringem Wirkungsgrad;
- Subventionierung von privaten Solaranlagen;
- starke finanzielle Förderung der Forschung über regenerierbare Energiequellen;
- Einführung von Geschwindigkeitsbegrenzungen für Autos.

167 FCKW-Moleküle, die in die Atmosphäre gelangen, wandern bis zur Ozonschicht und werden dort durch Sonnenlicht gespalten. Dabei entstehen Chlorradikale, die den Ozonmolekülen ein Sauerstoffatom entreißen. Die Chlorradikale verbinden sich mit dem Sauerstoff zu Chlormonoxid. Dieses zerfällt wieder und dabei werden erneut Chlorradikale gebildet, die dem Ozon wiederum ein Sauerstoffatom entreißen usw.

168 Die aufgrund des Ozonlochs stärkere UV-Strahlung beeinträchtigt auch das Phytoplankton und führt teilweise zum Absterben dieser fotoautotrophen Organismen. Dadurch wird weniger Kohlenstoffdioxid durch die Fotosynthese fixiert. Ein höherer CO_2-Gehalt der Luft steigert den Treibhauseffekt.

169 In der Luft von Großstädten befinden sich viele Staubteilchen, die als Kondensationskerne für Säuren dienen. Es bilden sich ganz feine Säuretröpfchen, z. B. von Salpetersäure. Salpetersäure wiederum entsteht durch Reaktion von Stickstoffoxiden mit der Luftfeuchtigkeit. Stickstoffoxide sind in den Auspuffgasen der Kraftfahrzeuge enthalten. Der Smog tritt im Sommer häufiger auf als im Winter, weil es im Sommer oft Inversionswetterlagen gibt (Warmluft liegt über Kaltluft), in denen kein Luftaustausch stattfindet. Bei derartigen Wetterlagen nimmt die Konzentration von Staub und Stickstoffoxiden über Großstädten besonders stark zu.

170 Faktoren, die die Selbstreinigungskraft eines Gewässers stark beeinträchtigen:

- Eintrag von stickstoffhaltigen Substanzen in das Gewässer, z. B. Gülle, (Nitrate, Ammoniumsalze) oder Phosphate. In diesen Fällen kommt es zu vermehrtem Pflanzenwachstum. Wenn die Pflanzen absterben, reicht der Sauerstoff für die Aktivität der Destruenten nicht mehr aus.
- Erwärmung des Gewässers führt zu Sauerstoffverlust. In sauerstoffarmem Wasser wandelt sich unlösliches Eisen(III)-phosphat in lösliches Eisen(II)-phosphat um. Die Phosphationen stehen dann wieder für das Wachstum der Pflanzen zur Verfügung (s. o.).

171 Klärschlamm entsteht durch Zersetzung und Ausflockung organischer Stoffe im Wasser durch aerobe Destruenten.
Klärschlamm enthält heutzutage meist giftige Schwermetalle, die einen Einsatz als Düngemittel verhindern.

172 Fällung von Phosphaten, Neutralisierung von Säuren und Laugen.

173 Saurer Regen entsteht aus der Reaktion von Schwefeldioxid oder Stickstoffoxiden mit Wasser. Dabei bilden sich schweflige Säure, Schwefelsäure, salpetrige Säure und Salpetersäure.
Die wichtigsten Gegenmaßnahmen sind:

- Einbau von Katalysatoren in Kraftfahrzeuge;
- Verwendung von schwefelarmen Heiz- und Treibstoffen;
- stärkerer Einsatz von Erdgas (Methan) zur Energiegewinnung;
- Reinigung der Rauchgase von Heiz- und Kohlekraftwerken mit Calciumhydroxid.

174 Gegen einen Einsatz von Kunstdünger sprechen:

- Kunstdünger ist in der Herstellung sehr energieaufwendig.
- Bei der Produktion von Kunstdünger werden riesige Mengen von Rohstoffen verbraucht.
- Kunstdünger kann mit dem Regen leicht ausgewaschen werden und so in Bäche, Flüsse und Seen oder ins Grundwasser gelangen. Gefahr der Eutrophierung!
- Da industriell hergestellter Kunstdünger immer mit anderen Chemikalien verunreinigt ist, besteht die Gefahr von Rückstandsbildungen im Boden.

175 Vorteile des biologisch-ökologischen Landbaus:

- Durch den Verzicht auf Kunstdünger werden die Nachteile, die in Antwort 174 angeführt sind, vermieden.
- Durch den Verzicht auf chemische Schädlingsbekämpfungsmittel werden die Nachteile vermieden, die in Antwort 176 aufgeführt sind.
- Durch den Verzicht auf Einsatz von Antibiotika, Hormonen und Wuchsstoffen treten keine Rückstände in der Nahrung auf.
- Eine abwechslungsreiche Kulturlandschaft ist eine wichtige Voraussetzung für intakte Biozönosen.

Biologischer Landbau fördert:

- eine natürliche Zusammensetzung des Bodens,
- Unterschlupfmöglichkeiten und Verstecke für Tiere,
- die Artenvielfalt,
- die Widerstandskraft der Pflanzen gegenüber Naturkatastrophen.

Biologischer Landbau verhindert:

- eine rasche Schädlingsausbreitung,
- die rasche Ausbreitung von Resistenzen gegen z. B. Biozide,
- rasche Austrocknung des Bodens und Winderosion.

176 Nachteile der chemischen Schädlingsbekämpfung:

- Pestizide reichern sich in Nahrungsketten an und gelangen so auch in die menschliche Nahrung.
- Andauernder Pestizideinsatz führt zu Resistenzbildung der Schädlinge.
- Pestizide wirken nicht artspezifisch.
- Pestizideinsatz trifft nicht nur Schädlinge, sondern auch Nützlinge, z. B. die natürlichen Feinde über die Nahrungskette.
- Nach einer Dezimierung von Beute (Schädling) und Räuber (natürlicher Feind) vermehren sich die Beutetiere schneller als die Räuber.

Diese Nachteile werden bei Anwendung der biologischen Schädlingsbekämpfung vermieden. Sie sorgt durch den Einsatz von natürlichen Feinden für ein gesundes Gleichgewicht zwischen Schädlingen und Nützlingen.

177 Unter integriertem Pflanzenschutz versteht man eine sinnvolle und ausgewogene Kombination von physikalischer, biologischer und chemischer Schädlingsbekämpfung, wobei die chemische Schädlingsbekämpfung einen möglichst geringen Anteil haben soll. Auf diese Weise wird die Umweltbelastung in Grenzen gehalten. Im Vordergrund stehen Züchtung von schädlingsresistenten Rassen, wohl überlegte Standortwahl und eine ausgewogene Düngung ohne Kunstdüngereinsatz.

Glossar

abiotische Faktoren
Standortfaktoren der nicht lebenden Umwelt (z. B. Temperatur, Luftfeuchtigkeit, Niederschläge u. Ä.)

Absorptionsspektrum
grafische Darstellung der Lichtabsorptionsfähigkeit eines Farbstoffs: die Lichtabsorption (in %) wird gegen die Wellenlänge des Lichts aufgetragen

Adenin
stickstoffhaltige organische Base; Baustein der DNA/RNA; paart mit → Thymin (DNA) bzw. → Uracil (RNA)

ADP
Adenosindiphosphat; aufgebaut aus der stickstoffhaltigen organischen Base → Adenin, dem Zucker Ribose und zwei Phosphatresten

aerober Abbau
Abbau von energiereichen Stoffen (z. B. Glucose) zur Energiegewinnung mithilfe von Luftsauerstoff

Agglutination
Verklumpung von nicht löslichen Substanzen, z. B. roten Blutkörperchen oder Bakterien, ausgelöst durch → Antikörper

aktives Zentrum
Bereich eines Enzymmoleküls, in dem Bindung und Reaktion des → Substrats erfolgen

Aktivierungsenergie
Energie, die zur Auslösung einer chemischen Reaktion erforderlich ist

Allele
verschiedene Zustandsformen einander entsprechender → Gene → homologer Chromosomen

Allergie
übersteigerte → Antigen-Antikörper-Reaktion infolge Überempfindlichkeit gegenüber körperfremden Stoffen (Allergenen), meist nach Sensibilisierung durch → Antigene

allosterische Hemmung
der Hemmstoff bindet an ein zweites → aktives Zentrum des Enzyms (allosterisches Zentrum) und verhindert durch Veränderung der räumlichen Struktur des Enzyms Anlagerung und Umsetzung des → Substrats

alkoholische Gärung
→ anaerober Abbau von Glucose zu Ethanol und Kohlenstoffdioxid durch Hefepilze

alternative Energien
regenerierbare, d. h. erneuerbare Energien (z. B. Sonnen-, Windenergie) im Gegensatz zu fossilen Brennstoffen, die durch Zersetzung von urzeitlichen Lebewesen entstanden sind (Kohle, Erdöl, Erdgas)

Aminosäuren
Bausteine (Monomere) der Eiweißstoffe (Proteine): an einem C-Atom sind eine Carboxyl-, eine Aminogruppe, ein organischer Rest und ein Wasserstoffatom gebunden

Ampholyt
chemischer Stoff, der als Säure und als Base wirken kann, d. h. Protonen abgeben oder aufnehmen kann

Anabolismus
aufbauender Stoffwechsel: aus einfachen anorganischen, energiearmen Stoffen werden komplexe organische, energiereiche Stoffe hergestellt, z. B. Fotosynthese, → Chemosynthese

anaerober Abbau
Abbau von energiereichen Stoffen (z. B. Glucose) zur Energiegewinnung ohne Luftsauerstoff

Aneuploidie
→ Genommutation, bei der sich die Anzahl der Chromosomen verändert (→ Monosomie; → Trisomie)

Antigene
meist aus Aminosäuren oder Kohlenhydraten bestehende Makromoleküle, die oft in Form von zellulären Oberflächenstrukturen auftreten und im Körper Immunreaktionen (Antigen-

Antikörper-Reaktionen) auslösen

Antikörper
Eiweißmoleküle (→ Globuline),die von Körperzellen gegen Antigene gebildet werden

- humorale: in der Körperflüssigkeit (Blut, Lymphe) beförderte Antikörper
- monoklonale: spezifisch gegen ein Antigen gerichtete Antikörper, gewonnen durch → Klonierung

Antitoxine
spezielle → Antikörper, die pflanzliche und tierische Gifte binden und neutralisieren („Gegengift" gegen von außen eingedrungene Giftstoffe)

Apoenzym
Eiweißanteil eines → Enzyms

Atmosphäre
Gasschicht, die die Erde umgibt

Atmungskette
letzter Abschnitt des → aeroben Abbaus von Glucose: Wasserstoff, der von den → Reduktionsäquivalenten $NADH/H^+$ und $FADH_2$ abgespalten wird, reagiert mit Luftsauerstoff zu Wasser; die dabei frei werdende Energie wird zum Aufbau von → ATP verwendet

Atmungsketten-phosphorylierung
oxidative Phosphorylierung: Synthese von → ATP aus ADP und Phosphat in der Atmungskette

ATP
Adenosintriphosphat; aufgebaut aus der stickstoffhaltigen organischen Base → Adenin, dem Zucker Ribose und drei Phosphatresten; universeller Energieträger in der Zelle, der bei Energie liefernden, → exergonischen Prozessen aus → ADP und Phosphat aufgebaut und bei Energie verbrauchenden, → endergonischen Vorgängen in ADP und Phosphat zerlegt wird

Autoimmunreaktion bzw. -aggression
gegen körpereigene Stoffe gerichtete Fehlsteuerung des Immunabwehrsystems

Autökologie
Teilgebiet der Ökologie, das sich mit den Umwelteinflüssen auf Individuen einer Art und der ökologischen Angepasstheit der Lebewesen befasst

Autosomen
→ Chromosomen mit Ausnahme der Geschlechtschromosomen (→ Gonosomen)

autotrophe Organismen
Organismen, die organische Stoffe selbst herstellen können durch Fotosynthese (fotoautotroph), z. B. grüne Pflanzen, oder durch → Chemosynthese (chemoautotroph), z. B. Nitritbakterien

avirulent
nicht krankheitserregend; nicht pathogen

Barr-Körperchen
anfärbbarer → Chromatinkörper, der dem zweiten inaktivierten X-Chromosom in weiblichen Körperzellen entspricht. Für anormale Zellen mit mehreren X-Chromosomen gilt: Alle X-Chromosomen bis auf eines werden zu Barr-Körperchen

Bastard
(Hybride), Mischling: Produkt der Kreuzung von Eltern mit verschiedenem Erbgut

Benthal
Boden eines Gewässers

biologischer Landbau
Bewirtschaftung von Feldern auf rein natürlicher Basis, ohne Einsatz von Kunstdünger, Unkraut- und Insektenvernichtungsmitteln

Biomasse
Gesamtheit aller von Lebewesen produzierten organischen Substanzen

Biosphäre
Gesamtheit des von Lebewesen besiedelten Teils der Erde (Landoberfläche der Erde, Gewässer und Atmosphäre)

biotische Faktoren
Standortfaktoren der lebenden Umwelt (z. B. Nahrungsangebot, Fressfeinde)

Biotop
Lebensraum

Biozönose
Lebensgemeinschaft der Organismen eines Ökosystems

B-Lymphozyten
immunologisch aktive Zellen (→ Leukozyten), die im Knochenmark (engl. *bone marrow)* hergestellt werden

und zur Bildung von → Antikörpern fähig sind

Boten-RNA
→ mRNA

BSB_5-Wert
Biologischer Sauerstoffbedarf: Menge an Sauerstoff, die in einem Messzeitraum von 5 Tagen durch mikrobielle Abbauprozesse der organischen Substanzen in einer Probe bei 20 °C im Dunkeln unter Luftabschluss verbraucht wird

Brenztraubensäure (BTS)
Ketopropansäure, ein C_3-Körper; Endprodukt der → Glykolyse.

Chemosynthese
Aufbau energiereicher organischer Verbindungen aus energiearmen anorganischen Stoffen, wobei die dazu notwendige Energie aus der Oxidation anorganischer Stoffe stammt

Chiasma
nach dem griech. Buchstaben „Chi" benannte sichtbare Struktur der Überkreuzung von zwei → Chromatiden während des Tetradenstadiums der Meiose

Chloroplasten
Zellorganellen in grünen Pflanzenzellen, Orte der Fotosynthese

Chromatiden
→ Schwesterchromatiden

Chromatin
Gerüstsubstanz des Zellkerns während der Interphase, vorwiegend aus DNA und Proteinen (die im Interphasekern weitgehend entspiralisierten Chromosomen liegen als Chromatinfäden vor)

Chromomeren
anfärbbare Verdichtungen der → Chromosomen

Chromonema
Bestandteil des → Chromosoms; schraubig gewundener Faden

Chromosomen
färbbare Strukturen des Zellkerns, die während der Zellteilung im Lichtmikroskop sichtbar werden; sind Transportform des genetischen Materials, Form und Anzahl sind arttypisch

Chromosomenaberration
strukturell: Veränderung in der Chromosomenstruktur durch Verlust, Austausch oder Verdopplung eines Chromosomenstücks innerhalb eines Chr., zwischen → homologen, aber auch nicht homologen Chromosomen
numerisch: → Genommutation, bei der sich die Anzahl der Chromosomen ändert

Chromosomenmutation
im Mikroskop sichtbare Veränderung der Struktur eines Chromosoms

Citronensäurezyklus
zentraler Abschnitt des → aeroben Abbaus von Glucose: Abbau von aktivierter Essigsäure in Kohlenstoffdioxid und Wasserstoff, der an die → Reduktionsäquivalente $NADH/H^+$ und $FADH_2$ gebunden ist

Coenzym
Nicht-Protein-Bestandteil eines Enzyms

Colchicin
Alkaloid der Herbstzeitlose. Mitosegift; verhindert die Ausbildung des Spindelapparats, bewirkt dadurch → Genommutationen

Crossing-over (Crossover)
Vorgang der Überkreuzung zweier → Chromatiden während der → Meiose, bei Bakterien: Überkreuzung zweier DNA-Stücke.

CSB-Wert
chemischer Sauerstoffbedarf: Menge an Sauerstoff, die zum Abbau der organischen Substanzen einer Wasserprobe durch Oxidationsmittel (z. B. Kaliumpermanganat) benötigt wird

Cytogenetik
Teildisziplin der Genetik, die Struktur, Vermehrung und Verteilung der Chromosomen im Hinblick auf das Erbverhalten untersucht

Deletion
→ Chromosomenmutation, bei der ein Stück des Chromosoms verloren geht

Denaturierung
irreversible Veränderung der Raumstruktur von Proteinen durch Erhitzen, Schwermetallionen oder starke → pH-Wert-Änderung, → Enzyme verlieren dadurch ihre katalytische Wirksamkeit

Desensibilisierung
Aufhebung/Schwächung der allgemeinen immunologischen Reaktionsbereit-

schaft durch stufenweise gesteigerte Zufuhr des anfallauslösenden Allergens

Desoxyribose
Zucker mit fünf Kohlenstoffatomen; Bestandteil der DNA

Destruenten
Zersetzer; Organismen, die tote Lebewesen zersetzen und bestimmte Stoffe (C, H_2O, N_2, O_2, Mineralien) den jeweiligen Kreisläufen zuführen

determinante Gruppe
spezielle Molekülgruppierung (Haftstelle) der → Antikörper, die sich mit dem → Antigen verbinden kann

Diffusion
Wanderung von Teilchen in einem Konzentrationsgefälle aufgrund der Molekularbewegung; dadurch erfolgt ein selbstständiges Vermischen von Flüssigkeiten oder Gasen

dihybrider Erbgang
Erbgang, bei dem die Weitergabe von zwei Merkmalen untersucht wird

diploide Zelle
Zelle mit doppeltem Chromosomensatz

DNA (DNS)
Desoxyribonukleinsäure; hochmolekulares, kettenförmiges Makromolekül, das aus → Nukleotiden aufgebaut ist und schraubenförmige Struktur (→ Helix) aufweist, Träger der genetischen Information

Dominanz
Eigenschaft von Erbfaktoren, sich gegenüber → rezessiven Erbfaktoren im → Phänotyp durchzusetzen

Drosophila
(Fruchtfliege, Taufliege); kleinwüchsige Fliegenart, deren Larven sich in faulenden Früchten entwickeln; wichtiges Versuchstier der genetischen Forschung

Dunkelreaktionen der Fotosynthese
Reaktionsfolge der Fotosynthese, die sich an die → Lichtreaktionen anschließt und die Fixierung und Reduktion von Kohlenstoffdioxid und die Bildung von Glucose (unter Verbrauch von → ATP und → Reduktionsäquivalenten NADPH/H^+) umfasst

Duplikation
strukturelle → Chromosomenmutation, bei der ein Chromosomenabschnitt verdoppelt wird

Effektorzellen
zelluläre Zwischenstadien auf dem Weg der Bildung von → Antikörpern und → Lymphozyten aus → Stammzellen

endergonischer Prozess
Reaktion, bei der Energie zugeführt werden muss; läuft nicht freiwillig ab

Endomitose
Zellteilung, bei der zwar die Chromosomen, nicht aber der Kern verdoppelt werden; führt zu → Polyploidie

energetische Kopplung
Kombination einer → endergonischen und einer → exergonischen Reaktion, wobei der Gesamtprozess exergonisch ist

Enthalpie
Wärmeinhalt eines Systems bei konstantem Druck

Entropie
Grad der Unordnung in einem System

Enzymaktivität
Leistungsfähigkeit eines Enzyms in Abhängigkeit von den Reaktionsbedingungen; angegeben als die von einem Enzym pro Zeiteinheit umgesetzte Stoffmenge an → Substrat

Enzyme
Biokatalysatoren; → Proteine, die im Organismus biochemische Reaktionen starten oder beschleunigen

Epilimnion
Oberflächenwasser eines Sees, das vom Wind durchmischt werden kann.

Erbanlage
→ Gen

Escherichia coli
weltweit verbreitete Bakterienart, die in der Dickdarmflora der Wirbeltiere vorkommt; wichtiges Forschungsobjekt in Genetik und Molekularbiologie

Eugenik
Erbgesundheitslehre; Erblehre, die vor allem im Dritten Reich als „Rassenhygiene" missbraucht wurde

Euploidie
→ Genommutation, bei der sich die Zahl kompletter Chromosomensätze vermehrt oder vermindert

Euryökie
Anpassungsfähigkeit (euryök: anpassungsfähig) von Tieren und Pflanzen an ein breites Spektrum von Umweltfaktoren

eurytherme Organismen
Lebewesen mit großer Temperaturtoleranz

eutroph
nährstoffreich

Eutrophierung
übermäßiger Nährstoffanstieg in einem Gewässer durch Überlastung mit Mineralstoffen und Düngemitteln (wie Phosphaten, Nitraten); häufig durch Einleitung ungeklärter Abwässer ausgelöst

exergonischer Prozess
freiwillig ablaufende Reaktion, bei der Energie freigesetzt wird

F_1-Generation
(von lat.: *filia,* Tochter); erste Tochtergeneration

F_2-Generation
zweite Tochtergeneration

Faltblattstruktur
Sekundärstruktur (Raumstruktur) von Proteinen, die einer Ziehharmonika ähnelt

Fauna
Tierwelt (eines bestimmten Gebiets)

FCKW
Fluor-Chlor-Kohlenwasserstoffe; früher als Treibgas in Spraydosen, heute noch teilweise zur Herstellung von Kühlmitteln für Kühlschränke und geschäumter Kunststoffe (Dämmstoffe); verantwortlich für die Zerstörung der Ozonschicht in der Atmosphäre

Flora
Pflanzenwelt (eines bestimmten Gebiets)

Fotolyse
Spaltung des Wassers mithilfe von Lichtenergie während der → Lichtreaktionen der Fotosynthese

Fotophosphorylierung
Synthese von → ATP aus ADP und Phosphat während der → Lichtreaktionen der Fotosynthese

Fotosystem
Einheit von bis zu 300 Blattfarbstoffmolekülen in einer speziellen Anordnung, eingelagert in die → Thylakoide der → Chloroplasten, dient der Lichtabsorption

Fungizide
(meist chem.) Pilzvernichtungsmittel

Gärung
→ anaerober Abbau von energiereichen Stoffen zur Energiegewinnung

Gameten
→ Keimzellen

Gammaglobuline
→ Immunglobuline

Gedächtniszellen
aus → B- und → T-Lymphozyten gebildete Zellen, können die Struktur eines → Antigens speichern; stellen die Grundlage des lang andauernden immunologischen Gedächtnisses dar

Gen
Erbanlage; früher: Erbeinheit eines „mendelnden Merkmals"; heute: begrenzter DNA-Abschnitt, der die genetische Information zur Bildung eines Proteins enthält

Gendiagnostik (Gendiagnose)
Teilgebiet der Genetik, das sich mit der Aufklärung der Struktur (Sequenzanalyse) und der Lokalisation von Genen befasst

Genetik
Vererbungslehre; Wissenschaft von der Vererbung

genetischer Code
Schlüssel für die Übertragung genetischer Information von den Nukleinsäuren auf die Proteine bei der → Proteinbiosynthese. → ein Triplett der DNA und RNA codiert eine Aminosäure

Genexpression
Verwirklichung der genetischen Information der DNA durch die Bildung von Proteinen. In der Gentechnik: Anregung von Bakterien (nach erfolgtem Einbau von Fremd-DNA), fremde Proteine zu produzieren

Genkartierung
Verfahren zur Bestimmung der Genorte auf den Chromosomen

Genkopplung
Lokalisation von Genen auf ein- und demselben Chromosom; Entkopplung ist

durch → Crossing-over möglich

Genmutation
spontane Änderung der Basensequenz und damit der genetischen Information eines Gens; ist nur ein Basenpaar verändert, spricht man von einer → Punktmutation

Genom
Gesamtheit der Gene einer Zelle

Genommutation
Änderung in der Anzahl der Chromosomen; → Aneuploidie, → Euploidie, → Polyploidie

Genotyp
Summe bestimmter Gene bzw. Erbbild einer bestimmten Genkombination eines Individuums

Genpool
Gesamtheit aller in einer Population vorhandenen Gene und ihrer → Allele

Gentechnologie
Forschungszweig der Genetik, der sich mit der Erforschung der Methoden zur Herstellung → transgener Lebewesen beschäftigt

Gentherapie
Austausch von defekten durch gesunde Erbanlagen

Globuline
Gruppe von Proteinen des Blutplasmas

Glykolyse
erster Abschnitt des → aeroben sowie des → anaeroben Abbaus von Glucose: Spaltung der Glucose in zwei C_3-Körper und Oxidation mithilfe von NAD^+, Endprodukt: → Brenztraubensäure

Gonaden
Keimdrüsen (weibl. Ovar; männl. Hoden)

Gonosomen
Geschlechtschromosomen (beim Menschen: X und Y)

Granulozyten
vielkernige, sich amöboid fortbewegende → Leukozyten mit gekörntem Plasma, die teilweise als → Phagozyten Bakterien vernichten

Guanin
eine der vier Basen der → DNA und → RNA; paart mit → Cytosin

haploid
einfacher Chromosomensatz

Helferzellen
lösen in Verbindung mit den → B-Lymphozyten die Umwandlung von → Plasmazellen in → Antikörper aus

Helix
Molekül mit schraubiger Struktur; → DNA und viele → Proteine besitzen Helixstruktur

Herbizide
(meist chem.) Unkrautvernichtungsmittel

Heterosomen
Geschlechtschromosomen; → Gonosomen

heterotrophe Organismen
Organismen, die komplexe organische, energiereiche Verbindungen für ihren Bau- und Energiestoffwechsel benötigen, z. B. Tiere, Bakterien, Pilze

Heterozygotie
Mischerbigkeit; in einem Chromosomenpaar liegen die beiden entsprechenden Gene nicht in gleichen → Allelen vor

Histon
Protein, das nur in Verbindung mit → DNA auftritt

homologe Chromosomen
paarweise zusammengehörende Chromosomen eines → diploiden Chromosomensatzes mit einander entsprechender Erbinformation; das eine Chromosom des Paares stammt von der Mutter, das andere vom Vater des Individuums

Homozygotie
Reinerbigkeit; in einem Chromosomenpaar liegen die beiden entsprechenden Gene in gleichen → Allelen vor

Humangenom-Projekt
internationales Programm zur Sequenzierung (Sequenzanalyse) der gesamten DNA des Menschen

Hybridplasmid
→ Plasmid, das ein Stück Fremd-DNA enthält

Hybridomzellen
Zellen, die durch Verschmelzen von B-Lymphozyten mit krebsartig veränderten Zellen (Myelomzellen) entstehen und die Eigenschaften beider Zelltypen aufweisen. Grundlage der Herstellung → monoklonaler Antikörper

Hydrophyten (Wasserpflanzen)
Pflanzen (z. B. Seerose) mit besonderer Anpassung an das Leben im Wasser (Schwimmblätter, Spaltöffnungen an der Oberseite)

Hygrophyten (Feuchtpflanzen)
Pflanzen (z. B. Usambaraveilchen) mit besonderer Anpassung an feuchte Luft (große dünne Laubblätter mit transpirationsfördernden Einrichtungen wie feinen Haaren)

Hypolimnion
kühle, stagnierende untere Wasserschicht eines Sees

Immunglobuline
Sammelbegriff für alle Klassen von → Antikörpern

Immunität
Fähigkeit des Organismus, sich gegen von außen eindringende Fremdstoffe (vor allem Krankheitserreger und deren Gifte) zur Wehr setzen zu können

Immuntoxine → Antitoxine

Impfung, aktive
Infektion eines Organismus mit (abgeschwächten) Erregern, gegen die der Organismus → Antikörper bildet, z. B. gegen Tetanus (Wundstarrkrampf)

Impfung, passive
Injektion von → Antikörpern gegen bestimmte Erreger; diese Antikörper gewinnt man aus dem Blut von aktiv geimpften Tieren, z. B. gegen Diphtherie

Insektizide
(meist chem.) Insektenvernichtungsmittel

in vitro
„im Reagenzglas"; Untersuchung biologischer Vorgänge außerhalb des Organismus; i. e. S. die Reaktion in einem zellfreien System, im Gegensatz zur Reaktion in der lebenden Zelle *(in vivo)*

induzierte Mutation
spontane Erbänderung aufgrund experimenteller Eingriffe mithilfe von Strahlen, Chemikalien oder Temperaturschocks

intermediäre Vererbung
Erbgang, bei dem der Einfluss der → Allelen auf die Merkmalsausbildung etwa gleich stark ist

Inversion
→ strukturelle Chromosomenmutation, bei der ein Stück eines Chromosoms abbricht und sich umgekehrt mit demselben Chromosom wieder verbindet

Inzuchtstamm
Population, die durch fortgesetzte Geschwister- bzw. Selbstbefruchtung (Inzucht) genetisch weitgehend einheitlich geworden ist

Karyogramm
im Bild dargestellte geordnete Gesamtheit der Chromosomen eines Chromosomensatzes nach Zahl, Größe und Form

karzinogen
krebserregend

Katabolismus
abbauender Stoffwechsel: Umwandlung energiereicher organischer Stoffe in energiearme anorganische Stoffe unter Energiefreisetzung, z. B. Zellatmung, Gärungen

Katalysator
beschleunigt eine chemische Reaktion, indem er die Aktivierungsenergie herabsetzt; wird bei der Reaktion nicht verbraucht und wirkt in geringen Mengen

Keimzellen
die der Fortpflanzung dienenden Zellen; Geschlechtszellen (Ei- und Samenzelle)

Killerzellen
aus → T-Lymphozyten (T = Thymus) gebildete Zellen, die andere, fremde Zellen abtöten können

Kinetochor
Spindelfaseransatzstelle; → Zentromer

klassische Genetik
Teildisziplin der Genetik, die sich mit den Regeln der Weitergabe der Gene von Generation zu Generation und deren Auftreten als Merkmale in den Folgegenerationen befasst

Klon
Population genetisch völlig einheitlicher Organismen (entsteht z. B. durch ungeschlechtliche Vermehrung)

Klonierung
Verfahren zur Herstellung erbgleicher (identischer) Organismen

Kommensalismus
Mitessertum; Form des Zusammenlebens verschiede-

ner Arten, wobei eine Art von der anderen profitiert, ohne diese zu schädigen oder ihr zu nutzen (z. B. Aasgeier und Landraubtiere; tropische Orchideen auf Laubbäumen)

Kompartimentierung
Unterteilung des Innenraums von Zellen oder Zellorganellen in mehr oder weniger abgeschlossene Räume durch Membranen

Kompensationspunkt
Punkt, an dem Atmung und die Fotosyntheserate gleich groß sind; an diesem Punkt ist weder CO_2-Aufnahme noch -Abgabe zu messen; es findet weder Gewinn noch Verlust an Biomasse statt

Kompensationsschicht
Schicht zwischen → Epilimnion und → Hypolimnion, in der sich Produktion von Nährstoffen (Zucker, Stärke) durch Fotosynthese und ihr Verbrauch in etwa die Waage halten

kompetitive Hemmung
Hemmstoff und → Substrat weisen eine ähnliche Molekülgestalt auf.; der Hemmstoff bindet sich an das → aktive Zentrum des Enzyms, wird jedoch nicht umgesetzt und blockiert die Umsetzung des Substrats

Komplementsystem
ein die Immunabwehr ergänzendes System, das die Lyse (Auflösung), die → Opsonierung und die Verklebung fremder Zellen unterstützt

Konsumenten
Organismen, die auf organische Nahrung angewiesen sind, da sie diese nicht selbst herstellen können

Leitorganismen
Lebewesen, die für ein bestimmtes Biotop und dessen Umweltfaktoren charakteristisch sind. Leitorganismen in Gewässern sind Indikatoren für bestimmte Gewässergüteklassen (z. B. Eintagsfliegen für Gewässergüteklasse I; Zuckmückenlarven für Klasse IV)

Letalfaktor
mutiertes Gen, dessen Expression den Tod des Individuums zur Folge hat

Leukozyten
weiße Blutkörperchen

Lichtreaktionen der Fotosynthese
Reaktionsfolge der Fotosynthese, in der Lichtenergie zum Aufbau von → ATP und → Reduktionsäquivalenten $NADPH/H^+$ verwendet wird

Lichtsammelfalle
trichterförmige Anordnung von Chlorophyllen und Carotinoiden in einem → Fotosystem, die Licht absorbieren und die Energie auf ein spezielles Chlorophyll-Molekül im Reaktionszentrum übertragen

Ligase
Enzym, das DNA-Fragmente miteinander verknüpft; schließt die Lücken in den Zucker-Phosphat-Ketten der DNA durch Ausbildung kovalenter Bindungen

Litoral
Uferzone eines Gewässers

Lymphokine
von T-Helferzellen (T = Thymus) produzierte Stoffe von noch unbekannter chemischer Struktur, die Signalübermittlungsfunktionen übernehmen, aber auch andere Zellen angreifen können

Lymphotoxin
spezielles Lymphokin mit zellwandauflösender Wirkung

Lymphozyten
spezielle → Leukozyten, die zur Bildung von Antikörpern, → Lymphokinen, → Killerzellen und → Granulozyten fähig sind. Nach Art ihrer Herkunft unterscheidet man thymusabhängige → T-Lymphozyten und knochenmarkabhängige → B-Lymphozyten

Lysozyme
Enzyme, die die Zellwände von Bakterien angreifen und zerstören können

Makrophagen
im Blut und im Gewebe vorkommende → Phagozyten (Fresszellen), die eingedrungene Fremdstoffe aufnehmen und verdauen können(→ Phagozytose)

Meiose
Vorgang der Bildung von → Keimzellen

mendelsche Regeln
Zusammenfassung von Gesetzmäßigkeiten im zahlenmäßigen Auftreten von Erbmerkmalen bei der Verer-

bung in den Folgegenerationen

Metalimnion
→ Sprungschicht. Wasserschicht bei Seen in etwa 5–15 m Tiefe, in der ein starker Temperaturabfall beobachtet werden kann

Michaelis-Konstante
Substratkonzentration, bei der die Hälfte der Maximalgeschwindigkeit der Enzymreaktion erreicht wird da die Hälfte der Enzymmoleküle ein Substratmolekül gebunden hat

Mikrophagen
verzweigt-kernige, kleine → Phagozyten

Milchsäuregärung
→ anaerober Abbau von Glucose zu Milchsäure

Minimalmedium
Nährmedium für Bakterienkulturen, das neben einer Energiequelle (Zucker) nur einige Salze enthält

Minimumfaktor
das Wachstum eines Lebewesens limitierender (begrenzender) Faktor

Mitochondrien
Zellorganellen, in denen wichtige Abschnitte des → aeroben Abbaus von Glucose zur Energiegewinnung ablaufen (→ oxidative Decarboxylierung, → Citronensäurezyklus, → Atmungskette)

Mitose
Zellteilung mit identischer Verdopplung der genetischen Information

Modifikation
Merkmalsabweichung in einer Art, die nicht auf genetische Ursachen, sondern auf unterschiedliche Entwicklungs- und Umweltbedingungen zurückzuführen ist

Molekulargenetik
Teildisziplin der Genetik, die die molekularen Ursachen des Vererbungsgeschehens erforscht (z. B. Bau, Struktur, Verdopplung und Veränderung der Erbsubstanz oder Realisierung genetischer Information)

monohybrider Erbgang
Erbgang, bei dem die Weitergabe *eines* bestimmten Merkmals untersucht wird

Monokultur
jahrelanger Anbau von gleichen Pflanzen in einem begrenzten Gebiet (z. B. reiner Fichtenwald)

Monosomie
→ Chromosomenmutation, bei der im → diploiden Chromosomensatz ein Chromosom fehlt

mRNA (mRNS)
messenger-RNA, Boten-RNS; einsträngiges Makromolekül, das einen Teil der genetischen Information der DNA zu den Ribosomen transportiert

multiple Allelie
Vorliegen eines Gens in mehr als zwei → Allelen (z. B. Blutgruppenallele: A, B, 0)

Mutagene
mutationsauslösende Faktoren, z. B. chemische Substanzen und Strahlen

Mutation
spontan auftretende oder experimentell erzeugte, vererbbare Änderung des Erbguts

Mutationsrate
Mutationshäufigkeit; Häufigkeit, mit der in einem bestimmten Gen innerhalb einer Population (bzw. einer Generation) eine Mutation auftritt

Nahrungskette, -netz, -pyramide
Organismen, die in ihrer Ernährung voneinander abhängig sind.

Nettofotosynthese
Differenz zwischen Bruttofotosynthese (gesamte Fotosynthese) und Atmung

Nondisjunction
Nichttrennung von → homologen Chromosomen bzw. → Chromatiden

Nukleinsäuren
Kernsäuren; Makromoleküle (DNA, RNA), die aus → Nukleotiden aufgebaut sind

Nukleolus
Kernkörperchen; Produktionsstätte von → RNA

Nukleotide
Bausteine der DNA und RNA; Verbindungen aus organischen Basen und einem Pentosezucker, der mit einem Phosphorsäurerest verknüpft ist

Nukleus
Zellkern

ökologische Nische
Summe aller unbelebten (abiotischen) und belebten (biotischen) Umweltfaktoren, die einer Tier- oder Pflanzenart das Überleben ermöglicht

Ökosystem
ökologische Einheit aus → Biozönose (Lebensgemeinschaft) und → Biotop (Lebensraum)

oligotroph
nährstoffarm

Opsonierung
Veränderung der Oberfläche von Mikroorganismen und Zellen, die sie für die → Phagozytose vorbereitet

Osmose
selektive → Diffusion durch eine semipermeable (selektiv durchlässige) Membran

oxidative Decarboxylierung
Reaktionsschritte während des → aeroben Abbaus von Glucose, die sich an die → Glykolyse anschließen: von → Brenztraubensäure wird Kohlenstoffdioxid abgespalten, bei der anschließenden Oxidation entsteht → aktivierte Essigsäure, die in den → Citronensäurezyklus eingeschleust wird

Ozon
dreiatomige Form des Sauerstoffs (O_3); die Ozonschicht, die oberste Schicht der Atmosphäre, absorbiert zum großen Teil die kurzwellige ultraviolette, lebensfeindliche Strahlung der Sonne

Palindrom
punktsymmetrische Buchstabenfolge, die in beiden Richtungen gelesen denselben Sinn ergibt (z. B. REGALLAGER)

Parasiten
Schmarotzer; Bakterien, Pflanzen, Tiere, die anderen Lebewesen Nährstoffe entziehen und diese dabei schädigen (z. B. Choleraerreger, Mehltaupilze, Bandwürmer)

pathogen
krankheitserregend, → virulent

Pelagial
Freiwasserzone eines Gewässers

Pestizide
Sammelbegriff für Schädlingsbekämpfungsmittel

Pflanzenschutz, integrierter
Kombination verschiedener, möglichst unschädlicher Maßnahmen zum Schutz von Kulturpflanzen gegen Schädlingen; besteht in erster Linie aus biologischer und mechanischer Schädlingsbekämpfung sowie vorbeugenden Maßnahmen gegenüber dem Schädlingsbefall; der Einsatz von Chemikalien wird dabei auf ein Mindestmaß beschränkt

P-Generation
Parental-/Elterngeneration (lat. *parentes*, Eltern)

Phänotyp
Erscheinungsbild; Merkmalskombination eines Individuums

Phagozyten
Fresszellen; spezielle → Leukozyten, die zur Aufnahme und Verdauung von Fremdkörpern in der Lage sind

Phagozytose
Vorgang der Aufnahme und Verdauung von Fremdkörpern durch → Phagozyten

pH-Wert
Maß zur Beschreibung der Konzentration von H_3O^+-Ionen in einer wässrigen Lösung; pH = 7 neutral, pH < 7 sauer, pH > 7 basisch

Phytoplankton
Gesamtheit der im Wasser schwebenden pflanzlichen Lebewesen

Plasmazellen
Endzellen der B-Lymphozytenreihe, die große Mengen an → Immunglobulinen bzw. → Antikörpern produzieren

Plasmide
kleine ringförmige DNA-Moleküle in Bakterien mit einer begrenzten Anzahl von Genen (2 000–1 0000 Nukleotide)

Pleiotropie
gleichzeitiger Einfluss eines Gens auf die Ausbildung mehrerer Merkmale

Polygenie
Einflussnahme mehrerer Gene auf die Ausbildung eines Merkmals

polyhybrider Erbgang
Erbgang, bei dem die Weitergabe vieler Merkmale untersucht wird

Polyphänie
→ Pleiotropie

Polyploidie
Vervielfachung des gesamten Chromosomensatzes → Euploidie

Population
alle in einem Gebiet vorkommenden Individuen einer Tier- oder Pflanzenart, die sich uneingeschränkt untereinander fortpflanzen können und daher einen gemeinsamen Genpool besitzen

Präzipitation
Reaktion zwischen einem löslichen → Antigen und dem entsprechenden → Antikörper, die zur sichtbaren Ausflockung des Komplexes führt

Produzenten
alle autotrophen Pflanzen und Bakterien, die ihre Nahrung selbst herstellen können; fotoautotroph: Nahrung wird mithilfe des Sonnenlichts erzeugt; chemoautotroph: Nahrung durch chemische Reaktionen hergestellt

Profundal
Gewässer-Tiefenboden

Proteinbiosynthese
Aufbau von Proteinen (speziell → Enzymen) an den → Ribosomen in einer Zelle

Proteine
Eiweißstoffe; Makromoleküle, die aus 20 verschiedenen Aminosäuren aufgebaut sind

Puffer
Lösung, deren → pH-Wert bei Säure- oder Basenzugabe weitgehend konstant bleibt

Punktmutation
→ Genmutation, bei der nur ein Basenpaar verändert wird

Räuber-Beute-Beziehung
Beziehung von Räubern und Beutetieren in einem bestimmten Lebensraum. Räuber rotten ihre Beutetiere nicht aus, sondern die Populationsdichten von Räubern und Beutetieren bleiben relativ konstant und schwanken um einen Mittelwert (1. Volterra-Gesetz)

Recycling
Wiederaufbereitung von Abfällen verschiedenster Art und neuerlicher Einsatz im Produktionsprozess

Reduktionsäquivalent
chemischer Stoff, der als Reduktionsmittel dient, also Elektronen abgeben kann; bei Stoffwechselreaktionen häufig Coenzyme, z. B. $NAD(P)H/H^+$

Reduktionsteilung
Vorgang, bei der der → diploide Chromosomensatz während der → Meiose halbiert wird

reine Linie
Generationsfolge von Organismen mit ausschließlich homozygoten Genen

reinerbig
→ homozygot

rekombinante DNA
neu kombinierte DNA; DNA mit eingebauten fremden DNA-Stücken

Rekombination
Neukombination von Genen durch → Crossing-over und bei der → Meiose

Replikation
(Reduplikation); identische Verdopplung der DNA

Restriktionsenzyme
Enzyme, die den DNA-Doppelstrang an bestimmten Stellen (→ Palindrome) in bestimmter Form zerschneiden (Restriktionsendonukleasen)

rezessives Gen
(lat. *recedere*, zurückweichen) Gen, das sich bei Vorhandensein eines dominanten Allels phänotypisch nicht auswirkt

RGT-Regel (Reaktionsgeschwindigkeits-Temperatur-Regel)
bei einer Temperaturerhöhung um 10 °C verdoppelt bis verdreifacht sich die Geschwindigkeit einer chemischen Reaktion

Ribose
Baustein der → RNA; zu den Pentosen (Zuckermolekül mit fünf C-Atomen) gehörendes Monosaccharid (Einfachzucker)

Ribosomen
Zellorganellen, die für die → Proteinbiosynthese verantwortlich sind

RNA (RNS)
Ribonukleinsäure; mittel- bis langkettige, meist einsträngige Polynukleotide von ähnlichem Aufbau wie die DNA; anstelle von Thymin Uracil, anstelle von Desoxyribose Ribose; spielt eine wichtige Rolle bei → Transkription und → Translation

Rückkreuzung
Erbgang, bei der die F_1-Generation mit dem Elternteil, der Träger der rezessiven Anlagen ist, gekreuzt wird

saurer Regen
säurehaltige Niederschläge, die meist Schwefel- oder Salpetersäure enthalten

Schlüssel-Schloss-Prinzip
zwei Strukturen passen in ihrer Form zueinander; im molekularen Bereich: → Enzym und → Substrat, Hormon und Rezeptor

Schwesterchromatiden
identische Hälften eines Chromosoms, die durch die Spindelfaseransatzstelle (→ Zentromer → Kinetochor) zusammengehalten werden

Smog
zusammengesetztes Wort aus *smoke* (Rauch) und *fog* (Nebel); Dunstglocke, meist über Industrie- und Großstädten

Somazellen
Körperzellen (mit Ausnahme der Keimzellen und deren Vorstufen)

Spontanmutation
sprunghafte, vererbbare Änderung des Erbguts ohne experimentellen Eingriff

Sprungschicht
→ Metalimnion

Stammzellen
undifferenzierte Zellen des Knochenmarks, die sich zu → T- und → B-Lymphozyten entwickeln können

stenotherme Organismen
Lebewesen mit geringer Temperaturtoleranz

Stenökie (stenök)
geringe Anpassungsfähigkeit von Organismen an ein enges Spektrum von Umweltfaktoren (z. B. Forellen leben nur in kalten, sauerstoffreichen Gewässern)

sticky ends
„klebrige Enden" der DNA; überstehende Einzelstrangabschnitte der DNA, die beim Zerschneiden des DNA-Doppelstrangs durch → Restriktionsenzyme entstehen

Strahlengenetik
Teildisziplin der Genetik, die sich mit der Wirkung ionisierender Strahlung auf die Erbsubstanz befasst

Substrat
chemischer Stoff, der von einem → Enzym umgesetzt wird

Substratspezifität
Eigenschaft eines → Enzyms, nur einen bestimmten Stoff, sein → Substrat, umzusetzen

Sukkulenten
Pflanzen mit fleischig-saftiger Beschaffenheit einzelner Organe (Blatt, Spross), die Wasser speichern können, z. B. Kakteen

Sukzession
Übergang einer Lebensgemeinschaft in eine andere innerhalb desselben Lebensraums; auch fortschreitende Besiedlungsfolge eines artenlosen oder artenarmen Biotops durch verschiedene Bakterien, Pflanzen und Tiere

Suppressorzellen
spezielle → T-Lymphozyten, die eine ausgelöste Immunreaktion unterdrücken können

Symbiose
Lebensgemeinschaft von zwei verschiedenen Arten zu gegenseitigem Nutzen

Syndrom
durch dieselbe Ursache ausgelöstes Krankheitsbild mit verschiedenen Symptomen

Tetrade
Vierstrangstadium der gepaarten → homologen Chromosomen während der → Meiose

Thylakoide
bilden ein Membransystem im Inneren eines → Chloroplasten, in dem die Blattfarbstoffe eingelagert sind

Thymin
eine der vier Basen der DNA (in der RNA durch Uracil ersetzt); paart mit Adenin

T-Lymphozyten
immunologisch aktive → Leukozyten, die im Thymus hergestellt werden und nach Umwandlung → Lymphokine, → Killerzellen und → Granulozyten bilden

Toleranz
Bereich der Umweltbedingungen innerhalb dessen ein Lebewesen wachsen und gedeihen kann

Transduktion
Übertragung bakterieller Gene durch Phagen (auf Bakterien spezialisierte Viren)

Transformation
Übertragung von genetischer Information durch reine DNA

transgene Organismen
Lebewesen, in die fremde Gene übertragen wurden

Transkription
Ablesung der genetischen Information bei der Bildung von → mRNA an der → DNA während der → Proteinbiosynthese

Translation
Übersetzung der Information der → mRNA in eine spezifische Aminosäuresequenz bei der → Proteinbiosynthese

Translokation
→ Chromosomenmutation, bei der ein Chromosomenstück abbricht und sich mit einem anderen, nicht homologen Chromosom verbindet

Treibhauseffekt
Wirkung bestimmter Gase (z. B. FCKW, Kohlenwasserstoffen und Kohlenstoffdioxid), die zum Aufheizen der Erde führt

Triplett
aus drei → Nukleotiden bestehende Informationseinheit der DNA und RNA, die eine Aminosäure codiert

Trisomie
meist durch → Nondisjunction entstehende → Genommutation, bei der ein Chromosom dreifach vorhanden ist

t-RNA (t-RNS)
transfer-RNA; RNA-Molekül, das bei der → Translation für die Bildung der Proteine mit verantwortlich ist.; transportiert Aminosäuren zu den Ribosomen

trophogene Schicht
Nährschicht; obere Wasserschicht eines Sees, in der aufgrund der guten Lichtverhältnisse Fotosynthese stattfinden kann und Nährstoffe wie Zucker und Stärke produziert werden

tropholytische Schicht
Zehrschicht; untere Wasserschicht eines Sees, in der aufgrund des geringen oder fehlenden Lichts keine Fotosynthese stattfinden kann; in dieser Schicht leben ausschließlich heterotrophe Organismen, die auf Nahrung angewiesen sind

Uracil
eine der vier Basen der → RNA; ersetzt die Base Thymin der DNA; paart mit der Base Adenin

Vakzination
ursprünglich: Kuhpockenimpfung (ital. *vacca,* Kuh), heute: Impfung mit abgeschwächten oder toten Erregern

vegetative Vermehrung
ungeschlechtliche Vermehrung

Vektor
Transportmittel zur Übertragung von DNA; (DNA-Trägermolekül)

virulent
krankheitserregend, → pathogen

Vollmedium
Nährmedium für Bakterienkulturen, das alle für das Wachstum von Bakterien nötigen Stoffe enthält

Wirkungsspezifität
Eigenschaft eines → Enzyms, an seinem Substrat nur eine bestimmte chemische Veränderung zu katalysieren

Xerophyten (Trockenpflanzen)
Pflanzen (z. B. Kakteen) mit besonderer Anpassung an trockene Standorte (Haarüberzüge, Reduzierung der Oberfläche)

Zentromer
→ Spindelfaseransatzstelle; lichtmikroskopisch sichtbare Einschnürung des Chromosoms, an der bei → Mitose und → Meiose die Spindelfasern ansetzen

Zooplankton
Gesamtheit der im Wasser schwebenden tierischen Lebewesen

Zwitterion
Molekül, das gleichzeitig eine positive und eine negative Ladung trägt, z. B. Aminosäuren

Zygote
befruchtete Eizelle

Literatur- und Quellenverzeichnis

Albert, A.: Monogene Krankheiten. In: Murken/Scholz: 30 Jahre genetische Beratungsstelle (Informationsschrift), München 1993
Bauer, E. (Hrsg.): Biologiekolleg. CVK Verlag, Berlin 1981
Daumer, K.: Genetik. bsv Verlag, München 1993
Daumer, K. , Schuster, M.: Stoffwechsel, Ökologie und Umweltschutz. bsv Verlag, München 1991
Deutsches Institut für Fernstudien an der Universität Tübingen (Hrsg.): Molekularbiologie; Grundlagenblock, Einführung in die Molekularbiologie, Heft 1, 4, 5. Tübingen 1980
Deutsches Institut für Fernstudien an der Universität Tübingen (Hrsg.): Molekularbiologie; Aufbaublock I, Genetische Aspekte, Heft 1, 3. Tübingen 1982
Flörke, U., Wolff, R.: Chemie für die Sekundarstufe II. Dümmler Verlag, Bonn 1991
Gassen, H. G.: Der Stoff, aus dem die Gene sind. J. Schweitzer Verlag, München 1986
Grimm, H.: Gefährdung der Biosphäre. In: Unterricht Biologie, Heft Nr. 162, S. 4 ff., Friedrich Verlag, Hannover 1991
Hafner, L., Hoff, P.: Genetik. Schroedel Verlag, Hannover 1997
Hafner, L., Philipp, E.: Ökologie. Schroedel Verlag, Hannover 1996
Kaudewitz, F.: Genetik, utb 1992
Klinger, R.: Duden-Abiturhilfen, Stoffwechsel und Energieumsatz. Duden Verlag, Mannheim 1990
Kull, U., Knodel, H.: Genetik und Molekularbiologie. J. B. Metzler Verlag, Stuttgart 1980
Linder, H.: Biologie. J. B. Metzler Verlag, Stuttgart 1998
Löwe, B. (Hrsg.): Vita 1 – Genetik, Stoffwechsel, Ökologie. C. C. Buchners Verlag, Bamberg 1994
Miram, W., Scharf, K.-H. (Hrsg.): Biologie heute S II, Neubearbeitung. Schroedel Verlag, Hannover 1997
Moisl, F.: Biologie II. dtv Verlag, München 1974
Moisl, F.: Immunbiologie. In: Unterricht Biologie, Heft Nr. 107, S. 4 ff., Friedrich Verlag, Hannover, 1985
Moisl, F., Knoll, J.: Gefahr durch energiereiche Strahlen. In: Unterricht Biologie, Heft Nr. 120, S. 44 ff., Friedrich Verlag, Hannover 1986
Murken, J.-D., Cleve, H.: Humangenetik. Enke-Reihe zur Ausbildungsordnung für Ärzte, Stuttgart 1996
Preschl, B.: Biochemie der Pflanzen. G. Thieme Verlag, Stuttgart 1995
Richter, G.: Stoffwechselphysiologie der Pflanzen. G. Thieme Verlag, Stuttgart 1976
Schuler, F., Dunk, K. v. d.: Genetik. Verlag Ludwig Auer, Donauwörth 1984
Schuler, F., Dunk, K. v. d.: Stoffwechselphysiologie, Ökologie. Verlag Ludwig Auer, Donauwörth 1982
Spurgeon, R.: Das Umweltbuch. Verlag ars edition, München 1989
Suzuki, D. T., Griffiths, A. J. F., Miller, J. H., Lewontin, R. C.: Genetik. VCH Verlag, Weinheim 1991
Vogtmann, H.: Ökologische Landwirtschaft. In: Unterricht Biologie, Heft Nr. 115, S. 4 ff., Friedrich Verlag, Hannover 1986
Wiese, B., Milde, H.: Abiturwissen Genetik. Ernst Klett Verlag, Stuttgart 1991

Abb. 2: Passarge, E.: Taschenatlas der Genetik, Georg Thieme Verlag Stuttgart 1994
Abb. 3: Institut für Film und Bild in Wissenschaft und Unterricht. Bildreihe R2037, Dia Nr. 4
Abb. 114, 115 (links), 116 (links): Dr. Ole Müller, www.bioscienceart.de
Kapitelbild 1: © naturganznah.de
Kapitelbild 2: © Aaron J. Bell; Ciliate Image Database
Kapitelbild 3: nach Daten des Lehrstuhl für Bioanorganische Chemie und Komplexchemie, LMU München
Kapitelbild 4: © Project Photos
Kapitelbild 5: © PHOTOSTOCK

Stichwortverzeichnis

Ihre Meinung ist uns wichtig!

Ihre Anregungen sind uns immer willkommen. Bitte informieren Sie uns mit diesem Schein über Ihre Verbesserungsvorschläge!

Titel-Nr.	Seite	Vorschlag

Bitte hier abtrennen

Zutreffendes bitte ankreuzen!

Die Absenderin/der Absender ist:

- ☐ Lehrer/in in den Klassenstufen: ____
- ☐ Fachbetreuer/in
  Fächer: ____
- ☐ Seminarlehrer/in
  Fächer: ____
- ☐ Regierungsfachberater/in
  Fächer: ____
- ☐ Oberstufenbetreuer/in
- ☐ Schulleiter/in
- ☐ Referendar/in, Termin 2. Staatsexamen: ____
- ☐ Leiter/in Lehrerbibliothek
- ☐ Leiter/in Schülerbibliothek
- ☐ Sekretariat
- ☐ Eltern
- ☐ Schüler/in, Klasse: ____
- ☐ Sonstiges: ____

Unterrichtsfächer: (Bei Lehrkräften!)

____

STARK Verlag
Postfach 1852
85318 Freising

16-V1T

Bitte ausfüllen und im frankierten Umschlag an uns einsenden. Für Fensterkuverts geeignet.

Kennen Sie Ihre Kundennummer? Bitte hier eintragen.

Absender (Bitte in Druckbuchstaben!)

Name/Vorname

Straße/Nr.

PLZ/Ort

Telefon privat

Geburtsjahr

E-Mail-Adresse

Schule/Schulstempel (Bitte immer angeben!)

Bitte hier abtrennen

(Bitte blättern Sie um)